Teubner-Reihe Wirtschaftsinformatik

B. Britzelmaier / S. Geberl (Hrsg.)
Information als Erfolgsfaktor

# Teubner-Reihe Wirtschaftsinformatik

Herausgegeben von

Prof. Dr. Dieter Ehrenberg, Leipzig
Prof. Dr. Dietrich Seibt, Köln
Prof. Dr. Wolffried Stucky, Karlsruhe

Die „Teubner-Reihe Wirtschaftsinformatik" widmet sich den Kernbereichen und den aktuellen Gebieten der Wirtschaftsinformatik.

In der Reihe werden einerseits Lehrbücher für Studierende der Wirtschaftsinformatik und der Betriebswirtschaftslehre mit dem Schwerpunktfach Wirtschaftsinformatik in Grund- und Hauptstudium veröffentlicht. Andererseits werden Forschungs- und Konferenzberichte, herausragende Dissertationen und Habilitationen sowie Erfahrungsberichte und Handlungsempfehlungen für die Unternehmens- und Verwaltungspraxis publiziert.

# Information als Erfolgsfaktor

2. Liechtensteinisches Wirtschaftsinformatik-Symposium an der Fachhochschule Liechtenstein

Herausgegeben von

Dr. Bernd Britzelmaier
Stephan Geberl

Fachhochschule Liechtenstein

B. G. Teubner Stuttgart · Leipzig · Wiesbaden 2000

Dr. Bernd Britzelmaier

Geboren 1962 in Günzburg. Studienabschlüsse in Betriebswirtschaft und Informationswissenschaft. Promotion an der Fakultät für Mathematik und Informatik der Universität Konstanz. Fünfjährige Industrietätigkeit bei der AL-KO Consulting-Engineering GmbH: Koordination der Controlling-Funktion auf Konzernebene für den Unternehmensbereich Gartengeräte, Beratung für Firmen der AL-KO-Gruppe in den Gebieten EDV, Controlling und Organisation. Vier Jahre Organisation von praxisorientierten Weiterbildungsprogrammen für chinesische Manager sowie Beratung von deutschen Firmen im China-Geschäft an der Universität Konstanz. Längjährige Lehrerfahrung, u. a. an der Universität Konstanz, der Jiao Tong Universität Shanghai (Volksrepublik China) und der Bankakademie Frankfurt/M. Seit September 1996 Dozent an der Fachhochschule Liechtenstein, dort seit Juli Leitung des Fachbereichs Wirtschaftswissenschaften.

Stephan Geberl

Geboren 1966 in Dornbirn, Österreich. Studium der Betriebswirtschaft an der Universität Innsbruck mit den Schwerpunkten Wirtschaftsinformatik und Marketing. Abschluß des Studiums als Mag. rer. soc. oec. Seit 1997 Wissenschaftlicher Mitarbeiter und Dozent an der Fachhochschule Liechtenstein.

Gedruckt auf chlorfei gebleichtem Papier.


Die Deutsche Bibliothek – CIP-Einheitsaufnahme
Ein Titelsatz für diese Publikation ist bei
Der Deutschen Bibliothek erhältlich.

© B. G. Teubner Stuttgart · Leipzig · Wiesbaden 2000

Der Verlag Teubner ist ein Unternehmen der Fachverlagsgruppe BertelsmannSpringer.


Einband: Peter Pfitz, Stuttgart
ISBN-13: 978-3-519-00317-5     e-ISBN-13: 978-3-322-84796-6
DOI: 10.1007/978-3-322-84796-6

# Geleitwort

Im Zuge der vermehrten Bedeutung des tertiären Sektors im Vergleich zum sekundären muss dem Produktionsfaktor „Information" eine herausragende Rolle beigemessen werden. Während dieser Faktor in den Anfangszeiten der elektronischen Datenverarbeitung die klassischen Produktionsfaktoren ergänzte, substituiert er diese heute zunehmend. Es kann davon ausgegangen werden, dass der Informations- und Kommunikationsbereich zukünftig gar als quartärer Sektor betrachtet werden kann. Dies äussert sich auch in einem akuten Arbeitskräftemangel in der Wirtschaftsinformatik, der sogar zum Umdenken in der Einwanderungspolitik mancher Staaten geführt hat.

Information ist heute für die Wirtschaft wie die Verwaltung der herausragende Erfolgsfaktor. Das 2. Liechtensteinische Wirtschaftsinformatik-Symposium greift dieses Thema als Titel auf und betrachtet die Informationsverarbeitung nicht als Selbstzweck, sondern als Instrument zur Unterstützung von Geschäftsprozessen.

Die Beiträge dieses Tagungsbandes zeigen eindrücklich, welchen Stellenwert unsere Fachhochschule und insbesondere der Fachbereich Wirtschaftsinformatik in der Region und bei anderen Hochschulen einnehmen. Ich freue mich, dass es den Organisatoren, denen ich an dieser Stelle herzlich danken möchte, gelungen ist, eine attraktive Mischung von Beiträgen zusammenzustellen. Den Referentinnen und Referenten danke ich für Ihre Bereitschaft, diese Veranstaltung aktiv zu unterstützen. Den Teilnehmerinnen und Teilnehmern am Symposium wünsche ich einen angenehmen und interessanten Aufenthalt in Vaduz. Ich hoffe, dass das zweite Liechtensteinische Wirtschaftsinformatik-Symposium - wie das erste - auch zu einem grossen Erfolg wird und in den nächsten Jahren in derselben Qualität weitergeführt werden kann.

Vaduz, im Juni 2000

Dr. Norbert Marxer
Bildungsminister des Fürstentums Liechtenstein

# Vorwort

Beflügelt durch die Teilnehmerzahlen des 1. Liechtensteinischen Wirtschaftsinformatik-Symposiums war es uns eine Freude, die Vorbereitungen für die Fortsetzung dieser Veranstaltung zu treffen. An der Zielsetzung, eine Plattform zum fachlichen Austausch von Vertretern aus Praxis und Theorie zu schaffen, hat sich dabei nichts geändert.

Unter dem Titel „Information als Erfolgsfaktor" findet sich im vorliegenden Tagungsband ein breites Spektrum an Themen, denen heute in Wissenschaft und Praxis hohe Relevanz zukommt. Neben Beiträgen aus den Kerngebieten der Wirtschaftsinformatik wurden wieder Artikel aus dem geisteswissenschaftlichen Umfeld aufgenommen, um eine kritische Auseinandersetzung mit dem Einsatz von Informations- und Kommunikationstechnologien zu ermöglichen.

Die hohe Resonanz auf unser „call for papers" zeigt den Stellenwert der Wirtschaftsinformatik bei den Unternehmen und Organisationen der Region und die akademische Akzeptanz der Fachhochschule Liechtenstein. Wir bitten um Verständnis, dass aufgrund der hohen Rücklaufquote nicht alle eingereichten Beiträge angenommen werden konnten. Am Rande sei darauf hingewiesen, dass die akzeptierten Beiträge die Meinung der Autorinnen und Autoren widerspiegeln, die nicht unbedingt der Meinung der Herausgeber entsprechen muss.

An dieser Stelle danken möchten wir Herrn Prof. Dr. Dieter Ehrenberg als Mitherausgeber der Teubner-Reihe Wirtschaftsinformatik für die spontane Aufnahme des Tagungsbandes und seine Zusage, sich als Referent aktiv an unserer Veranstaltung zu beteiligen. Dank gebührt auch Herrn Jürgen Weiss vom Teubner-Verlag für seine konstruktive Unterstützung.

Unser besonderer Dank gilt allen Autorinnen und Autoren, die durch Ihre Beiträge ein attraktives Vortragsangebot sowie ein Forum für die Diskussion zwischen Theorie und Praxis geschaffen haben.

Vaduz, im Juni 2000

Bernd Britzelmaier, Stephan Geberl
Fachhochschule Liechtenstein

# Inhalt

8

# Am Anfang war das Bit

Manfred Schlapp
Liechtensteinisches Gymnasium

# 1   Einleitung

Beginnen wir mit einer respektvollen Verneigung vor Altmeister Goethe und hören wir Dr. Faust, sein Alter Ego, der in desperater Stimmung über Gott und die Welt sinniert und in seiner Verzweiflung die Bibel zu Rate zieht:

„Wir sehnen uns nach Offenbarung, / die nirgends würd'ger und schöner brennt / als in dem Neuen Testament. / Mich drängt's, den Grundtext aufzuschlagen, / mit redlichem Gefühl einmal / das heilige Original / in mein geliebtes Deutsch zu übertragen."

Dr. Faust schlägt das Neue Testament auf und beginnt, das berühmte Johannes-Wort EN ARCHEE EEN HO LOGOS (In principio erat verbum) zu interpretieren:

„Geschrieben steht: Im Anfang war das Wort!
Hier stock ich schon! Wer hilft mir weiter fort?
Ich kann das Wort so hoch unmöglich schätzen,
ich muss es anders übersetzen,
wenn ich vom Geiste recht erleuchtet bin.
Geschrieben steht: Im Anfang war der Sinn!
Bedenke wohl die erste Zeile,
dass deine Feder sich nicht übereile!
Ist es der Sinn, der alles wirkt und schafft?
Es sollte stehn: Im Anfang war die Kraft!
Doch auch indem ich dieses niederschreibe,
schon warnt mich was, dass ich dabei nicht bleibe.
Mir hilft der Geist! Auf einmal seh ich Rat
und schreibe getrost: Im Anfang war die Tat!"

Käme Goethe auf die Erde zurück, würde er seinen berühmten Faust-Monolog wohl weiterspinnen. Auf seine Wiederkehr zu warten, ist jedoch ein wenig aussichtsreiches Unterfangen, und so sei an seiner statt der Versuch gewagt, das Johannes-Wort EN ARCHEE EEN HO LOGOS aufzugreifen und „mit redlichem Gefühl" ins Visier zu nehmen!

# 2 Rückblick auf das 20. Jahrhundert

Heraklits berühmtes Bild vom Krieg als dem Vater aller Dinge ist eine Metapher, die leider Gottes sogar im buchstäblichen Sinn wahr ist. Um auf den Zweiten Weltkrieg zurückzublicken: Gross war der technologische Innovationsschub, den dieser Mega-Wahnsinn ausgelöst hat. Betäubt vom Granaten- und Bombenhagel hat aber kaum einer der damaligen Zeitgenossen bemerkt, dass im Wettlauf um den Endsieg die eigentliche Geburtsstunde des Informationszeitalters geschlagen hat.

Als die letzte Bombe explodiert war und die Bastler und Tüftler der Massenvernichtung in ihre zivilen Berufe bzw. in die akademische Forschung und Lehre zurückkehrten, wurde allmählich klar, wohin die Reise geht. Als Wegweiser fungierte etwa Norbert Wiener, der sich ebenfalls als innovativer Waffen-Tüftler hervorgetan hatte. Sein Standardwerk „Kybernetik" zeigte die Fahrtrichtung an, eine Richtung, die der Untertitel „Regelung und Nachrichtenübertragung im Lebewesen und in der Maschine" zum Ausdruck bringt. Der Nachrichtentechniker Karl Steinbuch gab der Fahrtrichtung mit seinem Buch „Automat und Mensch" einen zusätzlichen Akzent: Steinbuch wurde nicht müde, darauf hinzuweisen, dass sein Buch „Automat und Mensch" und nicht „Mensch und Automat" heisse. Dieser Titel unterstreiche seine These, dass einerseits die mit technischer List simulierten Informationsflüsse des Zentralnervensystems schon bald über das biologische Original triumphieren werden und dass andererseits sogar das Bewusstein als solches simuliert werden könne. Und trotzig fügte er hinzu, dass bis zum Beweis des Gegenteils seine These Gültigkeit habe.

Sowohl Wiener als auch Steinbuch verkörperten den praktisch agierenden Nachrichtentechniker. Und so muss auch der Theoretiker gedacht werden, wie zum Beispiel des Duos Shannon and Weaver, zweier Mathematiker, die unmittelbar im Anschluss an den Zweiten Weltkrieg mit ihrer Informationstheorie an die Öffentlichkeit getreten sind und das mathematische Rüstzeug entwickelt haben, mit dessen Hilfe Informationsprozessse, wo immer sich diese auch abspielen, analysiert werden können. Solche Analysen sind der Rohstoff, mit dem Informatiker ihre elektronische Hardware füttern. Für diese Hardware hat sich der Begriff Computer durchgesetzt, ein Begriff, dessen Grundbedeutung (computer = einer, der den Frühjahrsputz macht) sprachkundige Menschen schmunzeln lässt.

Bekanntlich operiert die elektronische Datenverarbeitung nicht mit Hilfe des Dezimalsystems, sondern mit dem Binärsystem. Die Grundeinheit dieses Systems ist ein Bit. In Worte übersetzt, bedeutet ein Bit: Eins - Null, Stromstoss - kein

Stromstoss, Ja - Nein. Das Dezimalsystem verkörpert in des Wortes buchstäblicher Bedeutung die menschliche Leiblichkeit: Anhand der zehn Finger hat der Mensch zu zählen begonnen und kam so auf die Zehnereinheit - ohne Zweifel ein harmloses System. Das binäre System aber verkörpert eine geistige Haltung: Es bringt die primitive Ja-Nein-Logik zum Ausdruck, eine Logik, in der sich das duale Denkmuster eines reduzierten Bewusstseins abzeichnet. Die Moral dieser Logik ist im Geschichtsbuch der Unmenschlichkeit nachzulesen. Nach dem dualen Denkmuster arbeiten die elektronischen Denksklaven. Solche Denkhilfe sollte die Nachdenklichen nachdenklich stimmen.

Den Informatiker bzw. den Mathematiker berühren solche Fragezeichen nicht. Sie dürfen sich über das Binärsystem freuen: Dieses System hat sich im Dienste der Datenverarbeitung als effizienter erwiesen als das Dezimalsystem. Zudem ist es ein mathematischer Hit. Aus dieser Sicht kann ein erstes Fazit gezogen werden, das zugleich auf die Frühzeit der Philosophie verweist:

Im Zentrum numerischer Quantitäten und das heisst: im Zentrum der strukturellen Welt steht das Bit, steht also die Zahl Eins bzw. ihre Negation, die Null!

# 3 Rückblick auf die Frühzeit des Denkens

„Das sechste Jahrhundert - schrieb Arthur Koestler - erinnert an ein Orchester, das erwartungsvoll stimmt. Jeder Spieler ist ganz auf sein Instrument konzentriert und dem Gejaule der anderen gegenüber taub. Dann folgt eine spannungsgeladene Stille. Der Dirigent betritt den Schauplatz, klopft dreimal mit seinem Taktstock und Wohlklang erhebt sich aus dem Orchestergraben. Der Kapellmeister ist Pythagoras von Samos, dessen Einfluss auf die Vorstellungen und dadurch auf das Geschick des Menschengeschlechts wahrscheinlich grösser war als irgendeines anderen Mannes vor oder nach ihm."

Die Denker des sechsten vorchristlichen Jahrhunderts beschäftigte die zeitlose Frage, „was die Welt im Innersten zusammenhält", was also der Ur-Grund und die Ur-Sache von Welt sei. In der Sprache jener Denker hiess die Frage: Was ist die ARCHEE der Welt? Die Antworten suchten die Kosmologen jener Zeit fast ausnahmslos im materiellen Umfeld der Welt: Bestimmte Urstoffe fundieren den Kosmos.

Pythagoras aber vertrat die These, dass die ARCHEE in keiner der postulierten Urstoffe stecke. Denn sie sei kein materielles, sondern ein numerisches Prinzip! Auf den Punkt gebracht, lautete seine These: Die ARCHEE, die Ur-Sache der Welt, ist die Zahl Eins! Da die Strukturen der zeitlichen wie der räumlichen Dimensionen in Zahlen ausgedrückt werden können, beschrieb Pythagoras den gesamten Kosmos als ein Zahlenspiel. Die Zahl als das Mass aller Dinge dokumentiere den Lauf der Gestirne ebenso wie den Rhythmus des Herzschlags

14

oder jene Schwingungen, die wir als Melodie wahrnehmen. Selbst die Musik, die den Menschen wie keine andere Kunst zu verzaubern vermag, lasse sich unschwer in Zahlenreihen übersetzen.

In diesem Sinn ist bei Aristoteles nachzulesen: „Da die Pythagoreer erkannten, dass die Verhältnisse und Gesetze der musikalischen Harmonie auf Zahlen beruhen und dass auch alle anderen Dinge ihrem Wesen nach Zahlen gleichen, vertraten sie die These, dass die Elemente der Zahlen die Elemente aller Dinge seien und dass die ganze Welt Harmonie und Zahl sei."

Mit anderen Worten: Pythagoras hat uns gelehrt, dass die Zahl Eins der Urgrund von allem sei und dass der gesamte Kosmos, der Makro- wie der Mikrokosmos, einer Komposition gehorche, deren Melodie als Zahlenreihe dargestellt werden könne. Alles schwinge nach dieser Melodie, alles sei von dieser kosmischen Komposition gestimmt und bestimmt. Mit dieser Lehre brachte Pythagoras eine Vision zum Ausdruck, die auch moderne Kosmologen vom Schlage eines Albert Einstein beseelt hat.

Pythagoras stand aber schon Pate, als zu Beginn der Neuzeit ein Kepler „die numerischen Quantitäten als die Urbilder der Welt" bezeichnete; oder als Galilei verkündete, dass „das Buch der Natur in der Sprache der Mathematik geschrieben ist, ohne deren Hilfe es unmöglich ist, ein einziges Wort zu verstehen"; oder als Imanuel Kant lehrte, „dass in jeder Wissenschaft nur soviel Wissenschaft anzutreffen ist, als in ihr Mathematik enthalten ist." Die Liste solcher Zitate würde Bände füllen, zumal dann, wenn wir die Brücke in das Informationszeitalter schlagen und zu den Ausführungen von Arthur Koestler zurückkehren.

Koestlers Behauptung, dass Pythagoras alle Denker seiner Zeit in den Schatten gestellt habe, sei um den Zusatz ergänzt, dass dessen Vorgänger Anaximander von Milet nicht minder bedeutend ist. Anaximander antizipierte die Moderne in doppelter Hinsicht: Zum einen hat bereits er - und nicht erst ein Charles Darwin - das Grundkonzept der Evolutionstheorie entwickelt, und zwar ausgehend von der scheinbar paradoxen Frage nach der Priorität von Henne und Ei. Und zum anderen reflektiert sein APEIRON sowohl die Theorie der Unschärferelation der Quantenmechaniker als auch die Vorstellungen heutiger Astrophysiker. Das Universum des Anaximander ist grenzenlos an Dauer und Erscheinungsform: Seiner Ansicht nach existierten schon vor der jetzigen Welt unendlich viele Welten, die sich immer wieder in gestaltlose Masse auflösten und von neuem Gestalt annahmen. Und das Nämliche gelte auch für die unendlich vielen Welten, die noch entstehen werden. Der Kosmos als ein Spiel ohne Grenzen! Ein Spiel ohne Anfang und ohne Ende! Die ewige Wiederkehr von immer Neuem! Welch grossartige Vision!

Lange vor Pythagoras war bereits Anaximander der Meinung, dass die ARCHEE, die Ur-Sache von Welt, kein materieller Stoff sei, sondern ein Prinzip, von dem sich nur sagen lasse, dass es nicht exakt zu (ver)messen sei; es verkörpere den ständigen Wandel und die permanente Verwandlung der Welt. Dieses dynamische Grundprinzip nannte er APEIRON, zu Deutsch: das Masslose bzw. das Nicht-Messbare.

APEIRON ist der erste abstrakte Wissenschaftsbegriff der europäischen Geistesgeschichte., Abstrakte Begriffe sind jedoch augenlos: Sie erreichen nicht die Vorstellungskraft der Menschen. So blieb auch das Anaximander'sche APEIRON ohne Wirkung auf die Zeitgenossen, bis Heraklit auf den Plan trat und diesen abstrakten Begriff in eingängige Bilder übersetzte. Seine berühmt gewordene Metapher „panta rhei (alles fliesst!)" wurde schon bald zum geflügelten Wort. Sie wurde jedoch nicht als befreiende Frohbotschaft, sondern als beklemmende Drohbotschaft missverstanden. Wie soll denn auch ein braver Bürger die Welt verstehen, Gewissheiten gewinnen und in Frieden leben können, wenn alles fliesst, ja zerfliesst?

Die Reaktionen auf Heraklit und das heisst: auf Anaximander waren die typischen Reaktionen verschreckter, kurzsichtiger Menschen. Was Wunder, dass in der Folge jene Philosophie als klassisch in die Lehrbücher eingehen sollte, die Heraklits zerfliessende Welt wieder in wohlgeordnete Bahnen lenkte bzw. in zementierte Kanäle leitete und den Glauben an die altbewährte Oben-unten-rechts-links-Welt wieder herstellte!

Noch einmal sei Arthur Koestler zitiert und zwar sein Bild der „Weltauster": Die „Weltauster", die von den Vorsokratikern - allen voran von Anaximander und Heraklit - aufgebrochen worden ist, wurde wieder zugeklappt! Und lang währte der Atem der sogenannten Klassischen Philosophie! Für Jahrhunderte, ja Jahrtausende sollte in Vergessenheit geraten, dass die Welt ein dynamischer Informationsprozess ist. Immerhin überlebte Pythagoras die Ströme der Zeit und somit seine Lehre, dass die Zahl Eins im Zentrum des Kosmos stehe. Und so sei Plato, dem Ahnherrn der Klassischen Philosophie, ein Kränzchen gewindet, da er in ehrfürchtiger Reverenz vor Pythagoras über den Eingang seiner Akademie den Spruch einmeisseln liess: Wer nichts von Mathematik versteht, darf hier nicht eintreten!

Ziehen wir das Fazit! Nach den Worten von Ludwig Wittgenstein ist die Welt alles, „was der Fall ist". Alle Fälle namens Welt sind Prozesse, die dem Röntgenauge des Forschers als Informationsprozesse erscheinen. All diese unendlich vielen Prozesse - egal ob sie sich im Makrokosmos, im Mikrokosmos oder in der sogenannten Lebenswelt ereignen - können informationstheoretisch analysiert und nachrichtentechnisch simuliert werden.

16

Nähme Goethes Faust aus heutiger Sicht das Neue Testament zur Hand und zerbräche sich seinen Kopf über Sinn und Bedeutung des Johannes-Wortes, so käme er wohl zum Schluss: **„Im Anfang war das Bit!"** Einer solchen Interpretation würde Pythagoras mit Wohlgefallen zustimmen.

Als Schlusswort sei die Feststellung erlaubt: In welchem Bereich auch immer Menschen tätig sind, die sich zur Zunft der Informatiker zählen, solche Menschen haben noch viel vor sich und viel zu tun!

# Telelearning in der Wirtschaftsinformatik

Dieter Ehrenberg
Universität Leipzig

# 1 Einleitung

Auf dem Weg in die Wissensgesellschaft avanciert die Gestaltung der Aus- und Weiterbildung zum zentralen Erfolgsfaktor. Die Notwendigkeit zum permanenten, lebenslangen Lernen erfordert die Reorganisation der Lern- und Lehrprozesse. Traditionelles Vollzeitstudium und aufwendige Weiterbildungsseminare entsprechen nur noch teilweise den Bedürfnissen der Gesellschaft. Auf der Basis leistungsfähiger Informations- und Kommunikationstechnologien wird die Virtualisierung und Individualisierung des Lehrens und Lernens als Chance gesehen, anstehende Bildungs- und Qualifizierungsprobleme zu lösen. Weltweit laufen dazu Forschungen und praktische Erprobungen auf Hochtouren mit ersten Umsetzungen und Erfahrungen in virtuellen (Teil-)Studiengängen, Corporate Universities und beim berufsbegleitenden Telelearning.

„Telelearning" bedeutet die Umsetzung von Lehr- und Lerninhalten unter Einsatz von Informations- und Kommunikationstechnologien, wobei im allgemeinen eine zeitliche und/oder räumliche Trennung von Lernenden und Lehrenden sowie der Lernenden untereinander gegeben ist. Bei Nutzung des Internet wird oft auch der Begriff „web-basiertes Telelearning" verwendet. Multimedial-aufbereitetes Wissen wird damit über globale Datennetze zeit- und ortsunabhängig sowie zielgruppenspezifisch und individuell zugeschnitten verfügbar gemacht.

In diesem Zusammenhang arbeitet das Institut für Wirtschaftsinformatik der Universität Leipzig seit 1997 innerhalb des Kooperationsprojektes WINFOLine an einer virtuellen Lernwelt, die seit dem Wintersemester 1999 von Studierenden aus vier Universitäten für das Studienfach Wirtschaftsinformatik über das World Wide Web genutzt wird.

In dem vorliegenden Beitrag werden auf das Konzept von WINFOLine eingegangen, das dabei entwickelte Rahmensystem WebLearn beschrieben und über Erfahrungen im Einsatz von WINFOLine berichtet.

18

## 2 Konzept WINFOLine

WINFOLine (Wirtschaftsinformatik Online) ist ein Projekt, in dem die Institute für Wirtschaftsinformatik der Universitäten Leipzig, Göttingen, Kassel und Saarbrücken gemeinsam untersuchen, inwiefern Studium und Weiterbildung durch den Einsatz interaktiver, multimedialer Lernangebote qualitativ verbessert und von räumlichen und zeitlichen Aspekten abgekoppelt werden können. WINFOLine wird im Rahmen der Initiative „Bildungswege in der Informationsgesellschaft" von den Bertelsmann und Heinz Nixdorf Stiftungen im Zeitraum 1997-2001 gefördert. Dabei bringen die einzelnen Institute jeweils ihre Kompetenzen auf dem Gebiet der Wirtschaftsinformatik ein.

Am Beispiel des Studienfaches Wirtschaftsinformatik wird ausserdem gezeigt, dass Bildungsangebote exportfähige Dienstleistungen für andere Universitäten sowie die Weiterbildung von Unternehmen sind.

Die Inhalte des durch WINFOLine realisierten interuniversitären Kooperationsmodells zeigt schematisch Abb. 1.

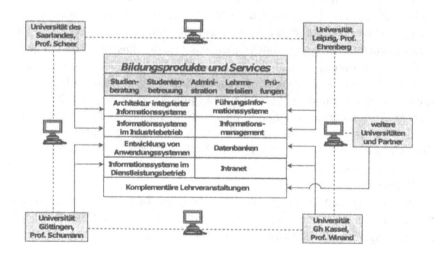

Abb. 1: WINFOLine-Kooperationsmodell

Bildungsprodukte bezeichnen dabei die zu Online-Lehrveranstaltungen gehörenden Lerninhalte, die denen von Präsenz-Vorlesungen entsprechen. Allerdings entstehen diese Bildungsprodukte nicht durch eine einfache

Übertragung beispielsweise von Skripten und Büchern in das Internet. Vielmehr ist es notwendig, das durch die neuen Medien bereitgestellte Potential zur Erhöhung der Qualität und Effizienz des Lehrens und Lernens mit geeigneten pädagogischen und didaktischen Konzepten zu verknüpfen. Potentiale der neuen Medien ergeben sich vor allem durch: [1]

- Eigenverantwortliches Lernen
- Problemorientiertes Lernen
- Kooperatives Lernen
- Instruktionale Unterstützung
- Neues Rollenverständnis der Lehrenden
- Nachfrageorientierte Lehrangebote
- Zeit- und ortsunabhängiger Zugang zu Informationen

In WINFOLine wurde versucht, diese Potentiale durch verschiedene Lehr- und Lernformen sowie die technische und inhaltliche Gestaltung der Lernumgebung wirksam werden zu lassen. Das wird insbesondere mit den Services (s. Abb. 1) erreicht, die eine Unterstützung für die Lernenden bieten.
Dazu gehören Services zur:

- Information/Kommunikation
- Interaktion
- Verwaltung

Auf ausgewählte Services wird im Abschnitt 3 eingegangen.
Andererseits wurde in WINFOLine eine strikte Modularisierung des Wissens, die Verknüpfung der Module über Links sowie die Visualisierung und verschiedene Formen der Interaktivität zwischen Lernenden und Lernprogramm umgesetzt. Um die oft im Zusammenhang mit Telelearning bemängelte fehlende soziale Präsenz der Lernenden teilweise zu ersetzen, sind in WINFOLine Massnahmen enthalten, wie z.B. ein Online-Verzeichnis aller Kursteilnehmer sowie eine Liste der zu einem beliebigen Zeitpunkt gerade aktiven Lernenden eines Kurses. Letztere können im Sinne einer e-mail-Funktionalität persönliche Informationen austauschen.

---

[1] Vgl. Hesse, F.W. (2000), S. 29-49

# 3 WebLearn – ein Rahmensystem für webbasiertes Telelearning

## 3.1 Zielstellung

Zur Umsetzung des Konzeptes von WINFOLine (s. Abschnitt 2) wurde am Institut für Wirtschaftsinformatik der Universität Leipzig das Rahmensystem WebLearn entwickelt.[2] Ausgegangen wird dabei von der Annahme, dass ein Lernsystem von vier Nutzergruppen verwendet wird (s. Abb. 2):

- Autoren, die Bildungsinhalte in Bildungsprodukte überführen
- Lernende, die Bildungsprodukte im Rahmen ihrer Aus- und Weiterbildung nutzen.
- Teletutoren, die die Lernenden beim Telelearning unterstützen.
- Administratoren, die Einteilungen vornehmen, Zuordnungen treffen und Rechte für Lernende, Autoren und Teletutoren vergeben.

Mit WebLearn wird das Ziel verfolgt, durch ein einziges System sowohl die Autoren von Bildungsprodukten, als auch die Lernenden sowie die Teletutoren und Administratoren möglichst effizient zu unterstützen. Damit ergeben sich Anforderungen aus vier Funktionsbereichen, die WebLearn zu erfüllen hat (s. Abb. 2).

## 3.2 Architektur

Die in Abschnitt 3.1 genannten Anforderungen lassen sich durch Ebenen-Architekturen geeignet erfüllen.
Die klassische Zweiebenen-Architektur für die Realisierung von Telelearning (s. Abb. 3) besteht aus einem Web-Server, in dem die Lerninhalte gespeichert sind und wo die Funktionen der o.g. Funktionsbereiche durch externe Tools gestaltet werden sowie einem Client für die Präsentation.

---

[2] Vgl. Röder, S. (2000)

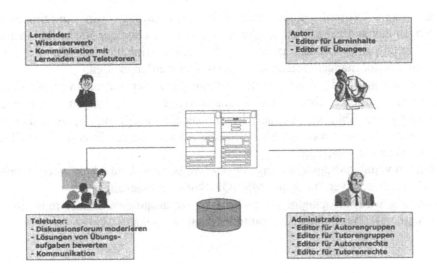

Abb. 2: Durch WebLearn unterstützte Funktionsbereiche

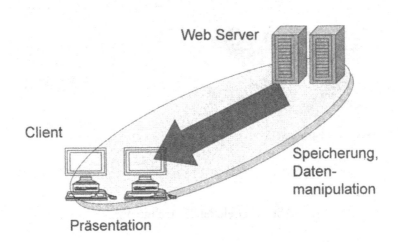

Abb. 3: Zweiebenen Architektur

Neben dem Vorteil einer schnellen Entwicklung von multimedialen Bildungsinhalten ergeben sich bei der Zweiebenen-Architektur Nachteile hinsichtlich Wartung und Wiederverwendung der Bildungsinhalte, da z.B. die Links durch den Autor manuell gesetzt und aktualisiert werden müssen.

Diese Erfahrungen, die bereits in der Anfangsphase der Nutzung von WebLearn gewonnen wurden, führten zur Realisierung einer flexibleren Dreiebenen-Architektur (s. Abb. 4), die aus Datenbank-Ebene für die Speicherung der Bildungsinhalte, Anwendungs-Ebene für die Anwendungslogik und Client-Ebene für die Präsentation besteht.

WebLearn wurde auf der Grundlage dieser Dreiebenen-Architektur unter Nutzung von MS Active Server Pages und MS SQL-Server entwickelt.

Clientseitig wird ein gängiger Web-Browser vorausgesetzt. Dieser muss in der Lage sein, ggf. über Plugins, die multimedialen Lerninhalte darzustellen.

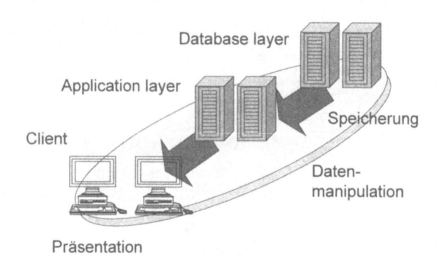

Abb. 4: Dreiebenen Architektur

## 3.3  Knowledge Repository

Flexibilität und Effizienz bei der Erstellung und Wartung von Bildungsprodukten sowie für die Wiederverwendung von multimedial aufbereiteten Lerninhalten wird bei WebLearn durch ein Knowledge Repository (KR) gewährleistet.

Die logische Struktur von KR wird u.a. gebildet durch Bäume, Links und Keywords auf der Basis eines Datenmodells, worauf im Rahmen dieses Beitrags nicht näher eingegangen werden kann.[3]
Insbesondere lassen sich mit KR differenzierte Anforderungen bei der Entwicklung bzw. Zusammenstellung unterschiedlicher Kurse in effektiver Weise umsetzen (s. Abb. 5).

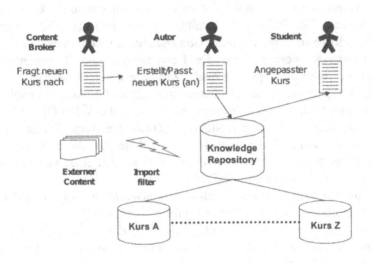

Abb. 5: Customizing von Bildungsinhalten

# 4    Erfahrungen

Im Sommersemester 1999 wurde mit WINFOLine der standortübergreifende Studienbetrieb an den Universitäten Leipzig, Göttingen, Kassel und Saarbrücken mit vier Bildungsprodukten aufgenommen. Seitdem studieren pro Semester ca. 500 Studierende der Partneruniversitäten virtuell. Seit April 2000 stehen die geplanten acht multimedialen Bildungsprodukte (s. Abb. 1) zur Verfügung.
Nach entsprechender Anmeldung und Passwort-Vergabe können Online-Lehrveranstaltungen von den Studierenden individuell abgerufen werden. Damit

---

[3]    Vgl. Röder, S. (2000)

lassen sich zum einen Inhalte bisheriger Präsenzveranstaltungen zeit- und standort-unabhängig studieren, andererseits können WINFOLine-Lerninhalte auch ergänzend zu bestehenden Lehrveranstaltungen eingesetzt werden.

Eine wichtige Aufgabe haben in WINFOLine die Teletutoren, die neben fachlicher Betreuung die Unterstützung der Studierenden bei der Nutzung der neuen Lernumgebung übernehmen. Als Kommunikationsformen dienen dabei e-mail, Chat und Diskussionsforen. Die bisherigen Erfahrungen zeigen, dass die Studierenden sehr rege davon Gebrauch machen und mit den Teletutoren als auch mit den Professoren in wesentlich intensivere Fachdiskussionen kommen, als das im allgemeinen bei Präsenzveranstaltungen der Fall ist. Die innerhalb der Bildungsprodukte zu absolvierenden Übungsaufgaben werden den Teletutoren per e-mail zugesandt, worauf diese die Bewertungen und Kommentare an die Studierenden ebenfalls per e-mail zurücksenden. Ausserdem wird der Lernfortschritt jedes einzelnen Studierenden in einem Lernkonto verwaltet.

Semesterweise finden auch Prüfungen statt, wozu die WINFOLine-Professoren von den jeweiligen Partneruniversitäten Lehraufträge (ohne Honorar!) erhalten. Die Klausuren werden von den für die Bildungsprodukte verantwortlichen Hochschullehrern zentral gestellt und dezentral an den einzelnen Standorten als klassische Präsenzklausuren geschrieben.

Die Institute für Wirtschaftsinformatik der Universitäten Leipzig und Göttingen führten ebenfalls ein internetbasiertes Hauptseminar durch.[4]

Begleitend zu dem Online-Lehrbetrieb findet eine Evaluation und Qualitätssicherung der interaktiven Studienangebote von WINFOLine durch den Fachbereich Psychologie der Universität Giessen statt.

# 5 Ausblick

Die Ergebnisse von WINFOLine zeigen, dass auf dem Gebiet der Wirtschaftsinformatik Online-Bildungsprodukte und damit verbundene Dienstleistungen über Universitätsgrenzen für andere Hochschulen und Unternehmen zur Aus- und Weiterbildung bereitgestellt werden können. Damit ist es z.B. auch möglich, an Hochschulen virtuelle (Aufbau-)Studiengänge oder Spezialisierungsrichtungen zu installieren, bei denen die Bildungsinhalte aus WINFOLine genutzt werden.

Solche und ähnliche Angebote werden auf Grund der bestehenden und ständig zunehmenden Nachfrage, nicht nur auf dem Gebiet der Wirtschaftsinformatik, zu einem elektronischen (Weiter-)Bildungsmarkt führen. Neben Kunden (Studenten, Hochschulen, Unternehmen) werden Wissenslieferanten (Universitäten,

---

[4] Schumann, M. et al. (1999), S. 67-70

Fachhochschulen u.a.) am Markt auftreten, wobei sog. Bildungsbroker kundenspezifische Bildungsprodukte und –leistungen vermitteln werden (s. Abb. 6). Die dabei notwendigen Aufgaben, wie Content Providing, Multimedia Production, die sich bei der Entwicklung, der Nutzung und dem Vertrieb von Lernsoftware ergeben, werden im Sinne von Public-Private-Partnership zu neuen Verbünden der Hochschulen und Weiterbildungszentren mit spezialisierten Firmen führen.

Virtuelle Hochschulen und Hochschulverbünde werden ebenso wie Corporate Universities eine wichtige Rolle bei der künftigen Aus- und Weiterbildung zur Unterstützung des lebenslangen Lernens übernehmen.

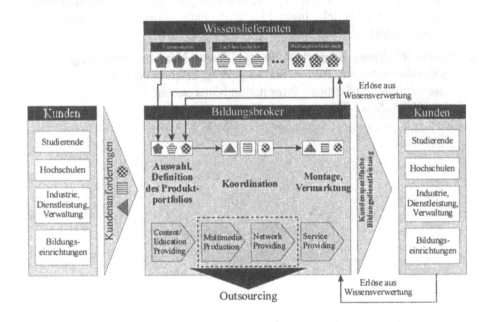

Abb.6: Education Brokerage[5]

---

[5]   Kraemer, W. (1999), S. 24

# 6 Literaturverzeichnis

**Hesse, Friedrich W.; Mandl, Heinz (2000):** Neue Technik verlangt neue pädagogische Konzepte. In: Bertelsmann Stiftung, Heinz Nixdorf Stiftung (Hrsg.): Studium online. Verlag Bertelsmann Stiftung, Gütersloh 2000.

**Kraemer, Wolfgang (1999):** Education Brokerage - Wissensallianzen zwischen Hochschulen und Unternehmen. Information Management & Consulting 14(1999)1, S. 17-26.

**Röder, Stefan (2000):** Modellierung und Entwurf von Web-basierten Lernsystemen unter besonderer Berücksichtigung des nutzerindividuellen Lernens. Arbeitsbericht. Institut für Wirtschaftsinformatik, Universität Leipzig, 2000.

**Schumann, Matthias; Hagenhoff, Svenja; Greve-Kramer, Wolfgang; Ehrenberg, Dieter; Röder, Stefan (1999):** Erfahrungen zum internetbasierten Seminar. Information Management & Consulting 14(1999)1, S. 67-70.

# Aktuelle Sichten auf das prozessorientierte Unternehmen

Klaus Kruczynski
Hochschule für Technik, Wirtschaft und Kultur Leipzig

## 1 Einleitung

Geschäftsprozesse werden im informationellen Zeitalter immer mehr von der Informationstechnologie beeinflusst und getragen. „Das Geheimnis des geschäftlichen Erfolges im digitalen Zeitalter liegt im Erfolg der Informationstechnologie." [Gate99, S. 348]. Dieser fundamentale Zusammenhang ist Ausgangs- und Zielpunkt sowie Herausforderung und Chance für das prozessorientierte Unternehmen.

Nach einer auf diesen Unternehmenstyp ausgerichteten Charakterisierung der Geschäftsprozesse werden drei aktuelle Sichten auf das prozessorientierte Unternehmen ausgewählt und diskutiert:

- Konsequenzen für die IT-Anwendung,
- Organisation des Informationsmanagements,
- Analyse von Geschäftsprozessen.

## 2 Geschäftsprozesse im prozessorientierten Unternehmen

Ein Geschäftsprozess (business process) ist zunächst „*eine zusammengehörende Abfolge von Unternehmungsverrichtungen zum Zweck einer Leistungserstellung...*" [Sche98, S. 3]. Als geeignetes Darstellungsmittel für wertschöpfungsbezogene Geschäftsprozesse haben sich vor allem durch die Verbreitung von Referenzmodellen in ERP-Systemen (z.B. bei SAP, BaaN) ereignisgesteuerte Prozessketten erwiesen. Neben der ablauforientierten Prozessdarstellung in Form von Ereignissen und Funktionen ist für die Prozessrealisierung die Integration der Organisations- und Datensicht unverzichtbar. Aufgabenträger sind personelle (Erfahrungen, Skills, Motivationen der Mitarbeiter) oder automatisierte (Tools, Anwendungssysteme) Ressourcen.

Das Geheimnis des prozessorientierten Unternehmens besteht darin, dass bei der Aufgabenträgerzuordnung zu den Geschäftsprozessen das klassische Vorgehen der Differenzierung in Ablauf- und Aufbauorganisation überwunden und statt dessen dem HORVATHschen Postulat der konsequenten Marktorientierung der gesamten Unternehmung entsprochen wird [Horv98]. Prozessorientierung bedeutet, die Geschäftsprozesse an den Bedürfnissen der Kunden auszurichten. Folglich integrieren HAMMER und SCHEER diese grundsätzliche Zielbestimmung in ihre Definition für einen Geschäftsprozess:

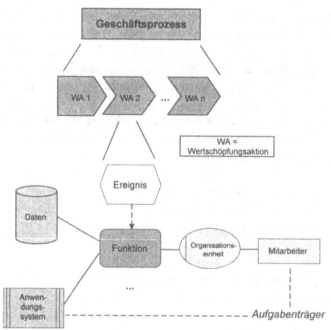

Abb. 1: Sichten und Komponenten eines Geschäftsprozesses

- "A process ... is a related group of tasks that together create a result of value to a customer." [Hamm96, S. 5]
- "Ausgang und Ergebnis des Geschäftsprozesses ist eine Leistung, die von einem internen oder externen 'Kunden' angefordert und abgenommen wird." [Sche98, S. 3].

In der heutigen Unternehmenspraxis verhindern häufig starre, eingefahrene Strukturen die Verbesserung der Geschäftsprozesse. Effektivitäts- und Effizienzpotenziale werden unter Umständen gar nicht erkannt. Deshalb ist der Schaffung einer prozessorientierten Unternehmenskultur eine erhöhte Aufmerksamkeit zu widmen. Sie muss Teil des Informationsmanagements werden. Diese Forderung gewinnt an Brisanz, wenn Geschäftsprozesse multidimensional und im Sinne des Business Improvement Cycle als Kreislauf begriffen werden, der ohne eine ausgeprägte Analysephase nicht zum Erfolg führen kann. Es ist keineswegs marginal, dass der Business Improvement Cycle zum permanenten Kostentreiber wird.

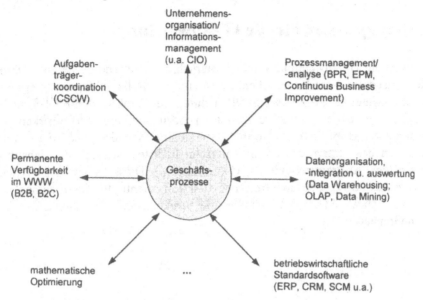

Legende:

| | | | |
|---|---|---|---|
| B2B | Business-to-Business | ERP | Enterprise Resource Planning |
| B2C | Business-to-Consumer | EPM | Enterprise Performance Measurement |
| BPR | Business Process Redesign | OLAP | Online Analytical Processing |
| CIO | Chief Information Officer | SCM | Supply Chain Management |
| CRM | Customer Relationship Management | WWW | World Wide Web |
| CSCW | Computer Supported Cooperative Work | | |

Abb. 2: Dimensionen von Geschäftsprozessen

Da der Erfolg des modernen Unternehmens heute weitgehend davon abhängt, inwieweit es ihm gelingt,

- den sich stürmisch entwickelnden Tendenzen der Marktglobalisierung und -liberalisierung Rechnung zu tragen,
- den Business Improvement Cycle zu beherrschen,
- prozessorientiertes Informationsmanagement im Topmanagement durch einen Chief Information Officer durchzusetzen,
- ein wirksames Customer-Relationship-Management zu aktivieren und
- vom Datenchaos zur Datenintegration zu gelangen,

ergibt sich zwangsläufig die Notwendigkeit, prozessorientiert Ballast abzuwerfen sowie die kundenbezogene Kernkompetenz für die Geschäftsprozesse zu definieren und auszuprägen.

# 3    Konsequenzen für die IT-Anwendung

Nimmt man die IT-Anwendung in den Unternehmen während der letzten Jahresdekade kritisch unter die Lupe, erkennt man zum einen die gelungene Integration unternehmensinterner Prozesse vor allem durch den Einsatz der ERP-Systeme, zum anderen wird das gewaltige Defizit in Bezug auf die Verfügbarkeit und Transparenz kundenbezogener Informationen sichtbar. Kundendaten liegen in den Datenbanken des Unternehmens an unterschiedlichsten Stellen (Vertriebsinformationssystem, Auftragsverwaltung, Controlling ...). Diese Situation ist typisch für das heute häufig noch anzutreffende funktionsorientierte Unternehmen, das durch seine starre Abteilungshierarchie, die Struktureinheiten voneinander "abteilt", an Grenzen stösst.

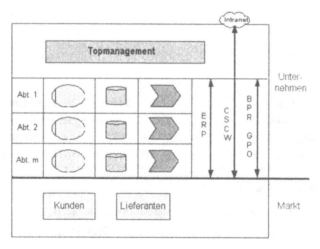

Legende:

| | | | |
|---|---|---|---|
| BPR | Business Process Redesign | ERP | Enterprise Resource Planning |
| CSCW | Computer Supported Cooperative Work | GPO | Geschäftsprozessoptimierung |

Abb. 3: IT-Anwendung im funktionsorientierten Unternehmen [Kruc00]

Aktuellen und zukünftigen Wettbewerbsanforderungen entspricht die übergreifende Organisation der IT-Anwendung im prozessorientierten Unternehmen:

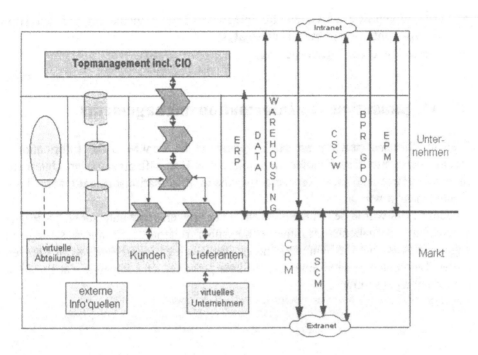

| BPR | Business Process Redesign | ERP | Enterprise Resource Planning |
|---|---|---|---|
| CIO | Chief Information Officer | EPM | Enterprise Performance Measurement |
| CRM | Customer Relationship Management | GPO | Geschäftsprozessoptimierung |
| CSCW | Computer Supported Cooperative Work | SCM | Supply Chain Management |

Abb. 4: IT-Anwendung im prozessorientierten Unternehmen [Kruc00]

Nur dieser Unternehmenstyp entspricht den Anforderungen des informationellen Zeitalters und kann kundengetrieben agieren. Das prozessorientierte Unternehmen trägt von vornherein dem Prinzip Rechnung, dass erfolgreiche Geschäftsprozesse unternehmensübergreifend ablaufen. Folgende Hauptmerkmale kennzeichnen das prozessorientierte Unternehmen:

- Kunden bestimmen Geschäftsprozesse,
- Informationsmanagement als strategiebestimmende Unternehmensaufgabe; CIO im Topmanagement (vgl. dazu Punkt 4),
- umfassendes BPR mit Rückkopplung über den Prozesserfolg durch Verfahren der Prozessanalyse (vgl. dazu Punkt 5),
- durchgängige Prozessketten bis zu den Lieferanten und Kunden (Domäne von CRM in Verbindung mit SCM),

- Data Warehouse als Garant für integrative Datenlogistik und auf das Top-management ausgerichtete Datenanalyse,
- starker Trend zur Virtualisierung.

# 4 Organisation des Informationsmanagements

Weil in Übereinstimmung mit den Ergebnissen des Punktes 3 das Informations-management zum Key Enabler für erfolgreiche Geschäftsprozesse im Unternehmen geworden ist, muss der verantwortliche Informationsmanager zum Top-management gehören.

Im Jahre 1998 wurde bei einem deutschen Energieversorger untersucht, ob bereits vorhandene Aufgabenträger unternehmensübergreifende, vor allem strategisch angelegte Funktion übernehmen können. Dazu wurden signifikante Kompetenzen dreier Kandidaten anhand einer 0-1-2-Skala bewertet. Die folgende Tabelle fasst die Erhebung zusammen:

| Kandidat →<br><br>Kompetenz ↓ | Hauptbereich<br>Unternehmens-<br>planung | temporäres<br>DV-Gremium | DV-<br>Fachabteilung |
|---|---|---|---|
| politisch-<br>organisatorische<br>Kompetenz | 13 | 12 | 5 |
| technische<br>Kompetenz | 0 | 4 | 8 |
| soziale Führungs-<br>kompetenz | 14 | 14 | 14 |
| Einfluss auf Deter-<br>minanten der Infor-<br>mationsfunktion | 11 | 13 | 10 |
| Summe | 38 | 43 | 37 |
| erreichter Prozent-<br>anteil bei max. 58<br>Punkten | 65,5% | 74,1% | 63,8% |

[Bewertungsskala: 0 = nicht gegeben, 1 = teilweise gegeben, 2 = gegeben]

Die ermittelten prozentualen Anteile verweisen mit Nachdruck darauf, dass die kontinuierliche Sicherung des Unternehmenserfolges durch erfolgreiches Infor-mationsmanagement nicht einer Das-genügt-Mentalität überlassen werden kann.

Dem Unternehmen wurde die Erweiterung des Topmanagements um einen CIO dringend empfohlen.

CIO steht für Chief Information Officer. Das auf der Höhe der Zeit stehende Topmanagement braucht die Verstärkung um ein Mitglied, das durch IT- und Business-Kompetenz hervorragend ausgewiesen ist. Trotz aller Marktdynamik ist das Tagesgeschäft nicht die Domäne des CIO. Er muss strategisch arbeiten können, denn Hard- und Softwaresysteme haben mehrjährige Lebenszyklen. Ob in IT-Systeme und IT-Personal investiert werden soll oder eher an ein IT-Outsourcing gedacht wird, ob ein Unternehmen seine Geschäftsprozesse auf die Kernkompetenz reduziert oder globale Fusionierungen anstrebt – der CIO ist heute unentbehrlich.

Viele Unternehmen haben seine Existenznotwendigkeit erkannt, einige sind erst auf dem Weg dahin, andere machen sich etwas vor, wenn sie den Chef der DV-Abteilung in CIO umbenennen. Wie die Säulengrafik zeigt, besteht in Deutschland ein deutlicher Nachholbedarf auf diesem Gebiet. In den meisten Fällen ist noch die klassische Struktur für eine DV-Abteilung zu finden, die in der

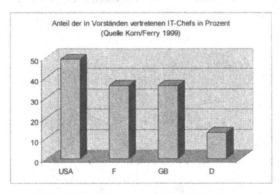

Abb. 5: CIOs in ausgewählten Ländern

Regel einem kaufmännischen Vorstandsbereich beigeordnet ist.

Hier ist niemand, der die Verknüpfung des Gesamtunternehmens mit Lieferanten und Kunden im Sinne von Supply Chain und Customer Relationship Management durchsetzen und damit Zeit und Geld einsparen könnte. Solche Unternehmen sind charakterisiert durch ausufernde bzw. fehlschlagende Projekte, soweit diese über Abteilungsgrenzen hinausgehen.

Es bestehen weitreichende Chancen für Unternehmen, durch einen offensiven Einstieg in die Zukunftsthemen des Informationsmanagements bereits heute den entscheidenden Vorsprung für das nächste Jahrhundert zu erarbeiten, auch wenn erst einmal zusätzlicher Aufwand entsteht. Der Return on Investment wird hervorragend prognostiziert. Nach den Resultaten einer Mc Kinsey-Studie [McKi97] erzielen Unternehmen mit überlegenem Informationsmanagement eine dreimal so

hohe Umsatzrendite wie Unternehmen, die in dieser Disziplin schlechter ab-
schneiden.


# 5 Analyse von Geschäftsprozessen

Der Business Improvement Cycle schliesst notwendigerweise die Prozessanalyse
ein. Erst aus klaren Aussagen zum Prozesserfolg können Entscheidungen über
Korrektur oder qualitativ weiterzuentwickelnde Prozesszyklen abgeleitet werden.
Zweifellos ist das Fehlen geeigneter analytischer Verfahren zur Prozessauswer-
tung ein Hauptgrund für das Fehlschlagen mancher BPR-Projekte. Die bewusste
Entdeckung dieses Defizits ist Quelle eines sich aktuell abzeichnenden Entwick-
lungsschubs, der davon profitiert, dass die dazu benötigten OLAP-Tools ausge-
reift und anwendungsbereit verfügbar sind.
Für die Analyse von Geschäftsprozessen kristallisieren sich gegenwärtig folgende
Ansätze heraus, wenn bei der Analyse von Prozessmodellen von einer ARIS-Um-
gebung ausgegangen wird:

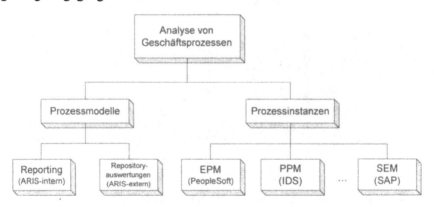

Abb. 6: Ansätze zur Analyse von Geschäftsprozessen

Vor allem die Vorschläge von KAPLAN/NORTON [KaNo97] zum kennzahlen-
bezogenen Benchmarking von Geschäftsprozessen bewirkten den Beginn einer
intensiven Entwicklung analytischer Informationssysteme zur Auswertung von
Prozessinstanzen, die heute in Form solcher Produkte wie

- PeopleSoft EPM (Enterprise Performance Management) -
  [www.peoplesoft.com/en/products_solutions/bus_proc_sol/perf_meas/index.h
  tml; 02.03.00]

- IDS PPM (Process Performance Manager) -
  [www.ids-scheer.de/produkte/ppm/ppm.htm; 02.03.00]
- SAP SEM (Strategic Enterprise Management) - [www.sap.de/sem; 02.03.00]

erste Früchte trägt.

Die Analyse von Prozessmodellen, die in Form erweiterter EPK in einem ARIS-Repository hinterlegt sind, ermöglicht beispielsweise die Beantwortung solcher Fragen wie:

- Welche Organisationseinheit (OE) bearbeitet/erhält welche Informationsträger als Input/Output?
- Welche DV-Funktionen werden von welchen OE genutzt?
- Welche OE arbeitet mit welcher anderen OE zusammen?
- Welche OE benutzt gepflegte Richtlinien, Arbeitsanweisungen etc.?
- Welche Arbeitszeit benötigt eine OE für ausgewählte Prozesse?
- Welche OE führt welche Funktionen aus?

Dabei können die relevanten Antworten über das ARIS-interne Reporting oder über spezielle externe Repositoryauswertungen gefunden werden. Im folgenden sollen drei Möglichkeiten der externen Repositoryauswertung erörtert werden, die für Analyseanforderungen eines deutschen Energieversorgers untersucht worden sind (vgl. dazu [Hütt99]).

❶ Auswertung des ARIS-Repository über OQL (Object Query Language)
Da das ARIS-Repository auf einer objektorientierten POET-Datenbank basiert, liegt es nahe, OQL, eine objektorientierte Erweiterung von SQL, für die Auswertung zu nutzen. Nach Öffnung der ARIS-Datenbank im POET Developer ist diese Möglichkeit gegeben. Z. B. wird im abgebildeten Screenshot nach allen Informationsträgern und Listen recherchiert; dazu sind gemäss ArisObj-Type-Liste die Konstantenwerte 27 und 29 zu verwenden. Die OQL-Recherchen unterliegen jedoch gegenwärtig erheblichen Beschränkungen. Beispielsweise kann in SELECT nur * oder ein Feldname spezifiziert werden, sind JOIN-Operationen nicht zugelassen, und es fehlt eine schlüssige Fehlerbehandlung. Somit sind OQL-Recherchen beim aktuellen Entwicklungsstand nur bedingt geeignet.

36

**❷ SQL-Recherchen nach Datenbankexport**

Die bei OQL beobachteten Einschränkungen wären sofort beseitigt, wenn es möglich wäre, das ARIS-Repository in eine relationale Datenbank zu exportieren, um dann SQL-Auswertungen vorzunehmen. Allerdings wird von der IDS zur Zeit für ARIS keine ODBC (Open Database Connectivity) - Schnittstelle angeboten. Auch die in POET originär vorhanden ODBC-Schnittstelle kann nicht verwendet werden, da in ARIS im Interesse mehrsprachiger Tool-Versionen zur Zeichendarstellung der Unicode Verwendung findet, der von POET-ODBC nicht unterstützt wird. Somit bot es sich zumindest als Zwischenlösung an, Erfahrungen mit einer prototypischen Lösung zu sammeln.

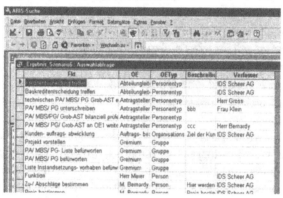

Abb. 8: SQL-Recherche mit ARISImp©

Dazu wurde der an der HTWK Leipzig entwickelte ARIS-Reader ARISImp© genutzt, der Modelle aus dem POET-Repository in eine MS ACCEss-Umgebung transformiert. Anhand von Modellen der ARIS-DemoDB wurden positive Resultate erzielt. Der abgebildete Screenshot zeigt das Rechercheergebnis, wenn angefragt wird, welche Funktionen von welchen Organisationseinheiten ausgeführt werden. Von Nachteil ist, dass mit ARISImp© immer nur ein Snapshot des ARIS-Repository ausgewertet werden kann. Dennoch favorisierte der Energieversorger diesen Lösungsvorschlag.

**❸ ARIS Repository API (Application Programming Interface)**

Der Nachteil, jeweils mit einem Snapshot zu arbeiten, ist sofort behoben, wenn man sich bei Recherchen des Repository API bedient. Jedoch bedingt diese Lösungsalternative profunde Programmierkenntnisse z. B. in C++, Pascal oder JAVA, die bei Nutzern, die durchaus gewohnt sind, mit SQL zu recherchieren, nicht vorausgesetzt werden können.

# 6 Literatur

[Gate99]    Gates, B./Hemingway, C.: Digitales Business. Heyne 1999.

[Hamm96]    Hammer, M.: Beyond Reengineering - how the process-centered organization is changing our work and our lives. Harper Collins Publisher Inc. London 1996.

[Horv98]    Horvath, P.: Controlling, 7. Auflage. Vahlen 1998.

[Hütt99]    Hüttner, S.: Interne und externe Auswertungsmöglichkeiten einer ARIS-Datenbank unter besonderer Berücksichtigung von OQL- und SQL-Abfragen, dargestellt an Anforderungen eines Versorgungsunternehmens. Diplomarbeit an der HTWK Leipzig 1999.

[KaNo97]    Kaplan, S./Norton, P.: Balanced Scorecard. Verlagsgruppe Handelsblatt 1997.

[Kruc00]    "Der Kunde ist König": Customer Relationship Management (CRM). In: Computern im Handwerk 01-02/2000.

[McKi97]    Mc Kinsey 1997. In: InformationWeek (1997) 12.

[Sche98]    Scheer, A.-W.: ARIS – Vom Geschäftsprozess zum Anwendungssystem. Springer 1998.

# GERAM: Ein Standard für Enterprise Integration

Günter Schmidt
Universität des Saarlandes

## 1 Einleitung

Unternehmen unterliegen dem Zwang einer dauernden Anpassung an sich verändernde Marktbedingungen. Ein Werkzeug für das dazu erforderliche Change-Management ist die Unternehmensmodellierung. auf der Basis von Referenzarchitekturen. In diesem Beitrag wird die durch die *IFIP/IFAC Task Force on Architectures for Enterprise Integration* entwickelte Referenzarchitektur *GERAM* analysiert. GERAM wird in allernächster Zeit als International Standard *ISO 15704* vorliegen.

Einige Anforderungen an die Unternehmensmodellierung sollen durch das folgende Szenario verdeutlicht werden. Ein mexikanisches Unternehmen möchte italienische Maschinen auf dem nordamerikanischen Markt verkaufen. Ein Problem ist es, die italienischen Maschinen den nordamerikanischen Sicherheitsvorschriften anzupassen. Dieses Problem kann durch einen deutschen Ingenieur gelöst werden. Das mexikanische Unternehmen möchte auch wissen, wie der Vertrieb der Maschinen organisiert werden sollte, ein Problem, was ein englischer Betriebswirt lösen soll. Die Optimierung der Wertschöpfungskette soll durch ein Supply-Chain-Management-System unterstützt werden. Dessen Entwicklung soll ein indischer Software-Ingenieur übernehmen. Die Zusammenarbeit der verschiedenen Partner, setzt zunächst eine wechselseitige Übersetzung der *Sprachen* Italienisch, Spanisch, Amerikanisches Englisch, Deutsch, Britisches Englisch und Hindi voraus. Dieses Problem ist vergleichsweise einfach und wurde schon vor einiger Zeit gelöst. Viel schwieriger ist die Übersetzung der *Informationen*, die zwischen den beteiligten Fachdisziplinen Betriebswirtschaft, Ingenieurwissenschaft und Informatik ausgetauscht werden müssen.

Solche Übersetzungsprobleme müssen im Rahmen der Unternehmensmodellierung gelöst werden. Eine zusätzliche Komplikation tritt dadurch auf, dass ein Unternehmen kein statisches System ist, sondern verschiedene, zeitlich abgrenzbare Phasen durchläuft. Nicht nur das Unternehmen als Ganzes sondern auch seine Entitäten als Teile unterliegen einem *Lebenszyklus*. Ziel der Modellierung ist die umfassende Dokumentation eines Unternehmens bezogen auf seinen Lebenszyklus und den seiner Entitäten. Mitarbeiter verschiedener

Fachabteilungen mit unterschiedlichen Qualifikationen sind daran beteiligt. Referenzarchitekturen sollen durch Vorgehensweisen und Bausteine die Modellierung von Unternehmen unterstützen.

In diesem Beitrag wird die Unternehmensmodellierung zunächst auf die verschiedenen Phasen des Lebenszyklus abgebildet. Dann wird mit Bezug auf existierende Vorschläge die Referenzarchitektur GERAM vorgestellt und diese mit bekannten Referenzarchitekturen verglichen.

# 2 Unternehmensmodellierung

Unternehmen sind künstliche Systeme, die aus Entitäten bestehen, einem Lebenszyklus unterliegen und dokumentiert werden müssen. Die Entitäten eines Unternehmens beziehen sich auf verschiedene Bereiche wie Planung und Steuerung, Informationsverarbeitung, Organisation, Ressourcen oder Leistungserstellung. Der Lebenszyklus lässt sich unterteilen in die Phasen

(1)    Identification,
(2)    Concept,
(3)    Requirements,
(4)    Design,
(5)    Implementation,
(6)    Operation und
(7)    Decomissioning.

In der Phase *Identification* besteht Nachfrage nach einer Entität, woraufhin in der Phase *Concept* Ziele und Bedingungen für diese Entität genauer festgelegt werden. Die benötigten Eigenschaften der Entität werden in der Phase *Requirements* spezifiziert. Die Phase *Design* dient dem formalen Entwurf der Entität und die Phase *Implementation* der Realisierung der Entität bzw. der Nachfrageerfüllung. Die Phase *Operation* bezieht sich auf Nutzung, Wartung und Pflege der Entität. Schliesslich wird in der Phase *Decomissioning* die Entität wieder still gelegt bzw. entsorgt, da keine Nachfrage nach ihr mehr besteht.

Der Lebenszyklus zwingt Unternehmen zu einem ständigen Re-Design. Dazu bedarf es eines Vorgehens, das durch *Enterprise Integration* unterstützt werden kann. Enterprise Integration ist ein umfassender Ansatz, das Leistungsvermögen eines Unternehmens unter Berücksichtigung seines Lebenszyklus laufend zu verbessern. In [WBB⁺94] wird unter Enterprise Integration das Problem verstanden 'to achieve a pro-active, aware enterprise which is able to act in a real-time adaptive mode, responsively to customer needs in a global way, and to be resilient to changes in the technological, economic, and social environment'. Beispiele für mögliche Antworten auf solche Anforderungen sind Ideen, die sich auf Konzepte wie Business Process ReEngineering, Virtual Enterprises, Concurrent Engineering, Outsourcing, Total Quality Management oder Mergers and Acquisition beziehen.

Die Unternehmensmodellierung unterstützt das Vorgehen des Enterprise Integration beim Design und Re-Design von Unternehmen. Referenzarchitekturen dienen als Checkliste für die Modellierung, stellen eine Vorgehensweise zur Projektdurchführung bereit und enthalten Ansatzpunkte zur Standardisierung. In der Vergangenheit sind schon einige Vorschläge für Referenzarchitekturen gemacht worden, die im folgenden vorgestellt werden.

# 3 Architekturvorschlag

Den Rahmen der Unternehmensmodellierung bildet eine Referenzarchitektur zur Beschreibung aller Entitäten eines Unternehmens bezogen auf ihren Lebenszyklus. Unternehmensmodellierung beantwortet die Frage, was wie abzubilden ist. Dabei ist zu beachten, dass sich die Entitäten eines Unternehmens in aller Regel in unterschiedlichen Phasen eines Lebenszyklus befinden. Beispiele solcher Referenzarchitekturen sind ARIS [Sch98], CIMOSA [CIM96], GRAI-GIM [DVC98], IEM [JMS96], PERA [Wil94] und LISA [Sch99]. Für ihre detaillierte Beschreibung wird auf die angegebene Literatur verwiesen. Daraus wird ersichtlich, dass sich die Vorschläge durch die gesetzten Abbildungsschwerpunkte unterscheiden.

Um Gemeinsamkeiten und Unterschiede dieser Vorschläge mit dem Ziel der Erarbeitung einer generischen Referenzarchitektur zu analysieren hat sich 1991 die *IFAC/IFIP Task Force on Enterprise Integration* gegründet. Das Vorgehen zur Erarbeitung der gesuchten Referenzarchitektur für die Unternehmensmodellierung wurde in die folgenden Schritte unterteilt.

(1)     Erhebung von Anforderungen für Referenzarchitekturen.
(2)     Analyse bereits existierender Vorschläge.
(3)     Vergleich von Vorschlägen und Anforderungen.
(4)     Erstellung eines generischen Architekturvorschlags mit Hinweisen zu Forschungsbedarf, einzubeziehenden Wissenschaftsdisziplinen und Standardisierungsmöglichkeiten.
(5)     Erprobung des Vorschlags an Fallstudien.

(6)     Vereinbarung des Vorschlags als ISO Standard.

In der Zwischenzeit wurden die Schritte (1) bis (5) durchlaufen. GERAM wurde als ein solcher Vorschlag der International Standard Organisation (ISO) vorgelegt [GER99]. Im folgenden wird auf GERAM genauer eingegangen.

# 4  GERAM

GERAM steht für *Generalised Enterprise Reference Architecture* and *Methodology*. Die Entwicklung wurde von der IFIP-IFAC Task Force begonnen und von der *IFIP Working Group 5.12*. GERAM besteht aus neun Komponenten, die in Abbildung 1.-1 dargestellt sind.

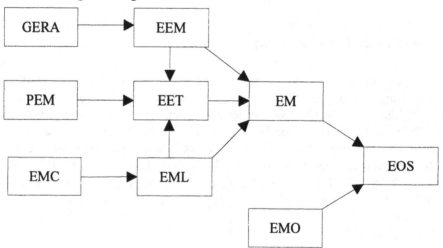

Abb. 1.-1:     Komponenten von GERAM

(1) Das *Enterprise Operational System* (EOS) umfasst die für die Leistungs-erstellung des Unternehmens benötigte Hardware und Software. EOS bildet ein System von Arbeitskräften, Betriebsmitteln und Werkstoffen.

(2) *Enterprise Modules* (EMO) umfassen fertige, einsetzbare Subsysteme die als Bausteine auf operativer Ebene benutzt werden können. Beispiele für solche Subsysteme sind Produkte wie Datenbank-Mangement-Systeme, Browser, Group-ware oder Jini.

(3) *Enterprise Models* (EM) umfassen alle (ausführbaren) Modelle eines Unter-nehmens und seiner Subsysteme, die im Zeitverlauf erstellt wurden. Diese

Modelle dienen als Referenz, unterstützen die Entscheidungsfindung und begleiten die Umsetzung. Sie umfassen die drei Dimensionen Sichten, Detaillierung und Lebenszyklus. Die Dimension der Detaillierung wird weiter unterschieden entsprechend steigendem Detaillierungsgrad in Referenzmodelle, Partialmodelle und Umsetzungsmodelle. Bei den Sichten auf die Modelle unterscheidet man die Elemente (nach Funktionen und Ablauf, Information, Entscheidung, Organisation und Ressourcen), den Zweck (nach Leistungserstellung, Planung und Steuerung), die Ausführung (nach Mensch und Maschine) und die Unterstützung (nach Software und Hardware). ENV 40003 und ISO 14258 geben Hinweise für die Gestaltung von Enterprise Models.

(4) *Enterprise Engineering Tools* (EET) umfassen alle Werkzeuge zur Erzeugung, Nutzung und Wartung von Unternehmensmodellen. Beispiele für solche Werkzeuge sind die ARIS-Tools für die Referenzarchitektur ARIS, FirstSTEP für die Referenzarchitektur CIMOSA oder MOOGO für die Referenzarchitektur IEM.

(5) *Enterprise Engineering Methodology* (EEM) beschreibt das Vorgehen bei der Unternehmensmodellierung und gibt Hinweise zur Einbindung von Mitarbeitern in ihrer Eigenschaft als Experten oder zukünftige Nutzer, zum Projektmanagement und zur Wirtschaftlichkeit. Beispiele sind Methodologien, wie sie sich in PERA oder GRAI-GIM finden lassen.

(6) *Enterprise Modelling Languages* (EML) umfassen anforderungs- und zielgruppenabhängige Sprachen unterschiedlicher Ausdrucksstärke zur Erzeugung der Modelle. Beispiele für solche Sprachen sind ORM/NIAM [Hal98], IDEF [MM98], Petri Netze [Pro98], GPN [Sch98], Conceptual Graphs [Sow98], SOM [FS98] oder Workflow Languages [WV98].

(7) *Enterprise Modelling Concepts* (EMC) umfassen die Begriffsdefinitionen für Endbenutzer und Werkzeugentwickler. Für Endbenutzer geschieht dies in natürlicher Sprache durch Wörterbücher ergänzt durch Beispiele. Für Werkzeugentwickler werden Meta-Modelle, die den Zusammenhang der Begriffswelt darstellen, und Ontologien, die formale Modelle der Begriffe beinhalten, bereitgestellt.

(8) *Partial Enterprise Models* (PEM) umfassen getestete, wiederverwendbare Referenzmodelle bezogen auf

(a) die Organisation des Unternehmens wie beispielsweise Modelle für Unternehmensführung und Fachabteilungen,

(b) Unternehmensprozesse wie beispielsweise Beschaffungs-, Auftragsbearbeitungs- oder Produktentwicklungsprozesse,

(c) Technologien wie beispielsweise Fertigungssysteme, Informationssysteme oder Transportsysteme

(d) Beispiele für PEM sind die IBM Insurance Application Architecture [DH98], das SIZ Banking Model [KK98], das R/3 Reference Model [MP98] oder das Reference Model of Open Distributed Processing [BDR98].

(9) *Generalised Enterprise Reference Architecture* (GERA) definiert grundlegende Abbildungsbereiche zur Beschreibung von Unternehmen. Die drei wichtigsten sind

(a) dispositive und elementare Produktionsfaktoren mit aufbau- und ablauforganisatorischen Regelungen (wer ist verantwortlich für was). Beispiele sind Modelle für die Entscheidungsfindung, für Stellenbeschreibungen oder für soziotechnische Zusammenhänge.

(b) Prozesse mit Aktivitäten und deren logischer Abfolge zur Leistungserstellung (wer macht was wann). Beispiele sind Modelle für Aktivitäten, Abläufe, Informationen, Ressourcen oder Produkte.

(c) Technologien zur Unterstützung von Planung, Steuerung und Leistungserstellung (was wird wie unterstützt). Beispiele sind Modelle für Netzwerke, Maschinen oder Computersysteme.

Ein Vergleich von GERAM mit den oben zitierten, existierenden Vorschlägen für Referenzarchitekturen entsprechend der Dimensionen Sichten, Detaillierung und Lebenszyklus lässt sich aus den Tabellen 1.-1 bis 1.-3 ableiten. Tabelle 1.-1 bezieht sich auf die abzubildenden Elemente der Unternehmensmodellierung. Dabei ist zu erkennen, dass keine der bisher vorgeschlagenen Architekturen alle Elemente abbildet, die GERAM vorsieht.

| GERAM | ARIS | CIMOSA | GRAI / GIM | IEM | LISA | PERA |
|---|---|---|---|---|---|---|
| Function (static) | X | X | X | X | X | X |
| Process (dynamic) | X | X | | X | X | |
| Information | X | X | X | X | X | |
| Decision | | | X | | X | |
| Organisation | X | X | X | X | | X |
| Resource | X | X | X | X | | X |

Tab. 1.-1: Sichten / Elemente

In Tabelle 1.-2 wird der Detaillierungsgrad dargestellt. Mit Ausnahme von PERA unterstützen alle Architekturen den Entwurf von Referenz-, Partial- und Umsetzungsmodellen.

| GERAM | ARIS | CIMOSA | GRAI / GIM | IEM | LISA | PERA |
|---|---|---|---|---|---|---|
| Generic | X | X | X | X | X | |
| Partial | X | X | X | X | X | |
| Particular | X | X | X | X | X | |

Tab. 1.-2: Detaillierung

Schliesslich wird in Tabelle 1-3 die Unterstützung der einzelnen Phasen des Lebenszyklus dargestellt. Auch hier ist die Abdeckung der einzelnen Phasen recht unterschiedlich. Die Phase Decommissioning wird nur von zwei Architekturvorschlägen unterstützt. Den Kern bisheriger Vorschläge bilden die Phasen (3)-(5).

| GERAM | ARIS | CIMOSA | GRAI / GIM | IEM | LISA | PERA |
|---|---|---|---|---|---|---|
| Identification | | | | | X | X |
| Concept | | | | | X | X |
| Requirements | X | X | X | X | X | X |
| Design | X | X | X | X | X | X |
| Implementation | X | X | X | X | X | X |
| Operation | | X | | | X | X |
| Deomissioning | | X | | X | | |

Tab. 1.-3: Lebenszyklus

# 5 Zusammenfassung

Die Unternehmensmodellierung bildet eine Grundlage des betrieblichen Informationswesens und hat somit ein breites Anwendungsfeld. Sie dient der Verbesserung der Transparenz, der Erhöhung der Flexibilität und der Verringerung der Kosten des Change-Managements. Welche Abbildungsschwerpunkte gesetzt werden, hängt von der verwendeten Referenzarchitektur ab. Erfolgt die Unternehmensmodellierung auf der Grundlage von GERAM, so lassen sich die Anforderungen an ein Lebenszyklus-Management durchgängig definieren. GERAM hilft die Stärken bisher gemachter Vorschläge zu nutzen, ist als ISO

Working Draft *WD 15704* verabschiedet und wird wohl in allernächster Zeit als International Standard *ISO 15704* vorliegen.

# 6 Literatur

**BDR98** Bond, A., Duddy, K., Raymond, K., ODP and OMA Reference Models, in [BMS98], 689-708

**BMS98** Bernus, P., Mertins, K., Schmidt, G. (eds.), *Handbook on Architectures of Information Systems*, Springer, 1998

**CIM96** CIMOSA Association e.V. (ed.), *CIMOSA formal reference base*, Version 3.2, Germany, 1996

**DH98** Dick, N., Huschens, J., IAA The IBM Insurance Application Architecture, in [BMS98], 619-638

**DVC98** Doumeingts, G., Vallespir, B., Chen, D., GRAI grid decisional modelling, in [BMS98], 313-337

**FS98** Ferstl, O, Sinz, E., SOM Modeling for Business Systems, in [BMS98], 339-358

**GER99** IFIP/IFAC Task Force, GERAM: Generalised Enterprise Reference Architecture and Methodology, Version 1.6.3, 1999

**Hal98** Halpin, T., ORM/NIAM Object-role modelling, in [BMS98], 81-102

**JMS96** Jochem, R., Mertins, K., Spur, G., *Integrated Enterprise Modeling*, Beuth Verlag, 1996

**KK98** Krahl, D., Kittlaus, H.-B., The SIZ Banking Data Model, in [BMS98], 667-688

**MM98** Menzel, C., Mayer, R., The IDEF family of languages, in [BMS98], 209-242

**MP98** Meinhardt, S., Popp, K., Configuring Business Application Systems, in [BMS98], 651-666

**Pro98** Proth, J.-M., Petri Nets, in [BMS98], 129-146

**Sch98** Scheer, A.-W., ARIS, in [BMS98], 541-566

**Sch98** Schmidt, G., GPN Generalised Process Networks, in [BMS98], 191-208

**Sch99** Schmidt, G., *Informationsmanagement*, 2. Aufl., Springer, 1999

**Sow98** Sowa, J., Conceptual Graphs, in [BMS98], 287-312

**WBB⁺94** Williams, T.J., Bernus, P., Brosvis, J., Chen, D., Doumeingts, G., Nemes, L., Nevins, J.L., Vallespir, B., Vlietstra, J., Zoetekouw, D., Architectures for integrating manufacturing activities and enterprises, *Computers in Industry* 24, 111-139, 1994

**Wil94** Williams, T.J., The Purdue Enterprise Reference Architecture, *Computers in Industry* 24, 1994, 141-158

**WV98** Weske, M., Vossen, G., Workflow Languages, in [BMS98], 359-380

**Keywords:** Unternehmensmodellierung, Referenzarchitektur, Enterprise Integration, GERAM, ISO Standard 15704

# Ein Vorgehensmodell für die komponentenbasierte Anwendungsentwicklung

Carina Sandmann, Thorsten Teschke, Jörg Ritter
Universität Oldenburg, OFFIS[1]

## 1 Einleitung

Die komponentenbasierte Anwendungsentwicklung greift eine Idee auf, die bereits in vielen anderen reifen Ingenieursdisziplinen Anwendung findet: die Wiederverwendung bewährter Methoden sowie gut getesteter Produkte und Verfahren[2]. Übertragen auf die Entwicklung von Anwendungssystemen heisst das: Software wird mittels Komposition und Konfiguration bereits existierender Softwarekomponenten erstellt. Bislang primär monolithisch entwickelte betriebliche Anwendungssysteme werden zunehmend aus Teilsystemen (Komponenten) aufgebaut. In Anlehnung an Fellner et al. verstehen wir unter einer Komponente einen wiederverwendbaren, abgeschlossenen und vermarktbaren Softwarebaustein, „der Dienste über eine wohldefinierte Schnittstelle zur Verfügung stellt und in zur Zeit der Entwicklung unvorhersehbaren Kombinationen mit anderen Komponenten einsetzbar ist."[3] Stellt eine Komponente speziell Dienste für betriebliche Anwendungsdomänen bereit, wird in diesem Zusammenhang auch von „Fachkomponenten" gesprochen. Im Folgenden verwenden wir den allgemeineren Begriff Komponente, auch wenn überwiegend Fachkomponenten gemeint sind.

Durch den Ansatz der komponentenbasierten Anwendungsentwicklung entsteht die Notwendigkeit, traditionelle Vorgehensweisen für die Entwicklung von Software zu überdenken. Das Ziel eines Vorgehensmodells, wie es im Rahmen dieser Arbeit vorgestellt wird, ist die Beschreibung der (rechnergestützten) Interaktionen zwischen den an diesem Entwicklungsprozess beteiligten Akteuren. Dazu werden ein Rollenkonzept, das diese Akteure beschreibt, sowie ein Prozessmodell, das die Tätigkeitsbereiche der Akteure innerhalb des Vorgehensmodells definiert, vorgeschlagen.

---

[1] Oldenburger Forschungs- und Entwicklungsinstitut für Informatik-Werkzeuge und -Systeme

[2] F. Griffel (1998)

[3] K. Fellner, C. Rautenstrauch, K. Turowski (1999)

# 2 Vorgehensmodelle der Anwendungsentwicklung

## 2.1 Traditionelle Vorgehensmodelle

Die gestiegene Komplexität der Erstellung und Einführung von Anwendungssystemen hat zur Entwicklung von Vorgehensmodellen geführt, die diesen Prozess beherrschbar machen sollen. Sie bieten einen Rahmen zur Organisation der während der Anwendungsentwicklung auftretenden Aktivitäten. Das traditionelle Vorgehen bei der Entwicklung von Softwaresystemen ist vor allem durch drei grundlegende Ansätze gekennzeichnet. Man unterscheidet sequentielle, evolutionäre sowie iterative (zyklische) Vorgehensmodelle, die sich wie folgt voneinander abgrenzen lassen:

*Sequentielle* Vorgehensmodelle (Phasenmodelle) erlauben durch die lineare Abfolge von Phasen mit festen Aufgabenstellungen eine klare Strukturierung des Entwicklungsprozesses[4]. Das System wird schrittweise bzw. phasenweise konkretisiert, indem ausgehend von einer Anforderungsanalyse die Phasen Entwurf, Implementierung, Test und Einsatz/Wartung sukzessive abgearbeitet und abgeschlossen werden. Die bekanntesten sequentiellen Vorgehensmodelle sind das Wasserfallmodell und seine Varianten.

Unter dem Begriff der *evolutionären* Anwendungsentwicklung wird im Allgemeinen eine Herangehensweise, die sich am evolutionären Charakter der Software orientiert, verstanden[5]. Der bewusste Umgang mit Änderungen, der i.d.R. durch das Konzept der Prototypen realisiert wird, ist Basis dieser Vorgehensweise. Die Entwicklung der Software erfolgt dabei z.B. inkrementell durch eine stückweise Realisierung der gewünschten Funktionalität.

Bei der *iterativen (zyklischen)* Anwendungsentwicklung sind nach Suhr[3] umfassende Rückkopplungen im Entwicklungsprozess konzeptionell im Vorgehensmodell verankert. Standardisierte Entwicklungsschritte werden in einem zyklisch angeordneten Prozess mehrfach durchlaufen, bis das Produkt fertiggestellt ist. Ein bekanntes Beispiel ist das Spiralmodell.

Ausgehend von diesen traditionellen Vorgehensmodellen haben sich im Laufe der Zeit verschiedene weitere Modelle entwickelt. Zwei dieser Vorgehensmodelle, deren Ansätze wir für die Entwicklung eines eigenen Vorgehensmodells relevant halten (siehe Abschnitt 2.2), werden im Folgenden kurz vorgestellt:

Das Modell *EOS* (evolutionäre objektorientierte Softwareentwicklung)[6] stellt die Merkmale der komponentenbasierten Anwendungsentwicklung in den Vordergrund. Aufgaben werden den Bausteinen einer Softwarearchitektur (System,

---

[4]  R. Suhr (1993)
[5]  P. Rechenberg, G. Pomberger (1997)
[6]  R. Kneuper, G. Müller-Luschnat, A. Oberweis (1998)

Komponenten, Klassen, Subsysteme) zugeordnet. Das typische phasenzentrierte Vorgehen wird durch ein bausteinorientiertes Vorgehen ersetzt, das die Entwicklung der Bausteine zeitlich entkoppelt.

Eine intensive Kooperation zwischen den Akteuren, insbesondere zwischen Hersteller und späterem Nutzer eines Softwaresystems, steht bei *partizipativen Vorgehensmodellen* im Vordergrund[7]. Der Grad der Beteilung der Nutzer reicht dabei von einem reinen Informationsaustausch über eine konsultative oder mitbestimmende Partizipation bis hin zu einer tatsächlichen Entscheidungs- und Gestaltungsbeteiligung der Nutzer im Projekt[8].

## 2.2 Bewertung der Ansätze und Schlussfolgerungen

Bei den vorgestellten Vorgehensmodellen handelt es sich vorrangig um Modelle, bei denen die Entwicklung von Software im Vordergrund steht. Sie beschreiben dabei i.d.R. nur die *produktbezogenen Aktivitäten* wie Analyse, Entwurf, Implementierung, Test und Wartung, deren Ergebnisse jeweils direkt in das Softwareprodukt eingehen. Diese produktbezogenen Aktivitäten sind jedoch immer auch in *prozessbezogene Aktivitäten* eingebettet, die u.a. die Koordination eines Softwareprojektes, die Kooperation der Akteure sowie die Verwaltung des zu entwickelnden Produktes umfassen[9]. Solche Vorgehensmodelle, in denen die Struktur und der Ablauf eines Softwareprojektes sowie die darin enthaltenen Organisations- und Koordinationsbeziehungen modelliert werden, werden häufig auch als *Projektmodelle* bezeichnet[10]. Lediglich der Ansatz der Kooperation der Akteure aus dem partizipativen Vorgehensmodell berücksichtigt auch solche prozessbezogenen Aktivitäten; die Koordination eines Softwareprojektes findet jedoch in keinem der vorgestellten Modelle ausreichend Berücksichtigung.

Wir stellen in der vorliegenden Arbeit ein Vorgehensmodell vor, das zwar produktbezogene Aktivitäten in Form von sog. charakteristischen Tätigkeiten enthält, jedoch prozessbezogene Aktivitäten, die den Gesamtprozess der komponentenbasierten Anwendungsentwicklung beschreiben, wesentlich stärker als die traditionellen Vorgehensweisen betont. Als methodische Grundlage des Vorgehensmodells dient das Phasenmodell, da der betrachtete Gesamtprozess durch eine sequentielle Folge von Teilprozessen gekennzeichnet ist (vgl. auch Turowski[11]). In Abschnitt 4.1 wird darauf näher eingegangen. Aus dem Modell EOS wird die Idee der bausteinorientierten Herangehensweise übernommen.

---

[7] R. Kneuper, G. Müller-Luschnat, A. Oberweis (1998)
[8] R. Suhr (1993)
[9] P. Rechenberg, G. Pomberger (1997), S. 656
[10] B. Schewe (1996)
[11] K. Turowski (1999)

Allerdings stellen wir nicht die Entwicklung der einzelnen Bausteine (hier der Komponenten) in den Vordergrund, sondern betrachten alle Aktivitäten, die in den Teilprozessen der komponentenbasierten Anwendungsentwicklung auftreten können. Dies sind u.a. Auswahl, Konfiguration, Komposition und Einsatz der Komponenten (siehe Abschnitte 4.2 und 4.3). Daneben spielen die Kooperationen und Interaktionen zwischen den beteiligten Akteuren aus dem partizipativen Vorgehensmodell auch in unserem Ansatz eine wichtige Rolle. Da bei der komponentenbasierten Anwendungsentwicklung angestrebt wird, existierende Komponenten wiederzuverwenden, hat der Nutzer i.d.R. keinen Einfluss mehr auf die Entwicklung dieser Komponenten. Gerade deshalb ist nach unserer Ansicht die Partizipation bei der Auswahl, Komposition und Konfiguration besonders zu betonen, damit individuell angepasste, betriebliche Anwendungssysteme entstehen.

# 3 Das Rollenkonzept des Vorgehensmodells

## 3.1 Der Rollenbegriff

Die Einrichtung und Verteilung von Zuständigkeiten und Kompetenzen ist ein wichtiger Faktor für die Durchführung und Kontrolle von Projekten. Wie in anderen Bereichen ist auch in der Anwendungsentwicklung die Definition von Rollen zur Strukturierung der personengebundenen Aktivitäten während des Entwicklungsprozesses üblich. Der Begriff der Rolle bezeichnet dabei eine Gruppe zusammenhängender Aufgaben oder Funktionen, die von einer oder mehreren Personen wahrgenommen werden kann. Eine Rolle kann sowohl von einer einzelnen Person als auch von einer Gruppe von Personen, wie z.B. Organisationseinheiten (z.B. Abteilungen oder ganzen Unternehmen), eingenommen werden. Umgekehrt kann eine Person bzw. Gruppe von Personen auch mehrere Rollen einnehmen[12]. Die Rollenverteilung stellt keine feste Zuordnung dar, sondern kann je nach Betrachtungszeitpunkt in verschiedenen Szenarien variieren. Durch die Definition von Rollen und die Zuordnung von Aktivitäten zu diesen Rollen wird erreicht, dass das Vorgehensmodell unabhängig von organisatorischen und projektspezifischen Randbedingungen ist.
Der Rollenbegriff der vorliegenden Arbeit wird im Vergleich zur üblichen Rollenverteilung in der Anwendungsentwicklung, die häufig nur die Rollen Softwarehersteller und Auftraggeber/Anwender unterscheidet[13], wesentlich differenzierter betrachtet. Insbesondere wird die Auffassung vertreten, dass der

---

[12] B. Curtis, M. Kellner, J. Over (1992)
[13] P. Rechenberg, G. Pomberger (1997), S. 661

Anwender einer Komponente diese aufgrund der unübersichtlichen Varianten-vielfalt nicht selbstständig aussucht, sondern sich an einen Berater wendet, der ihn bei der Auswahl und insbesondere der Konfiguration seines Systems unterstützt. Diese Rolle des Beraters bezeichnen wir als *Konfigurierer*. Ausserdem ist es ein wesentliches Charakteristikum der komponentenbasierten Anwendungs-entwicklung, ein System aus mehreren, bereits existierenden Komponenten zusammenzusetzen. Diese Aufgabe ist nach unserer Auffassung weder dem Hersteller der Komponenten noch dem Konfigurierer oder dem Anwender zuzuordnen. Aus diesem Grund definieren wir in dem Vorgehensmodell des Weiteren die Rolle des *Anwendungsarchitekten*.

Insgesamt schlagen wir ein Konzept vor, welches die vier Rollen Komponenten-hersteller, Anwendungsarchitekt, Konfigurierer und Anwender vorsieht. Sie sind durch ihre jeweiligen charakteristischen Tätigkeiten (Entwicklung, Konstruktion, Konfiguration und Einsatz) gekennzeichnet.

## 3.2 Definition der Rollen

Die Rolle des *Komponentenherstellers* beinhaltet die Aufgaben der Erstellung neuer sowie der Weiterentwicklung existierender Komponenten. Diese umfassen die typischen produktbezogenen Tätigkeiten der Anwendungsentwicklung wie Anforderungsanalyse, Entwurf, Implementierung sowie Test, die auch bei der Entwicklung von Komponenten als Einheiten grösserer Anwendungssysteme in evtl. differenzierter Form durchzuführen sind.

Anwendungssysteme sollen in möglichst komfortabler Weise durch das Zusammenfügen von Komponenten erstellt werden können („Plug and Play")[14]. Der *Anwendungsarchitekt* nimmt diese Aufgabe der Erstellung von Anwendungssystemen aus mehreren Komponenten wahr. Das Grundgerüst eines Anwendungssystems bildet dabei i.d.R. ein Komponenten-Framework[15], in das geeignete Komponenten eingefügt werden müssen (daher auch der Name „Architekt"). Das so entstandene Anwendungssystem kann wiederum als Kom-ponente in ein anderes, grösseres Anwendungssystem einfliessen. Der Anwendungsarchitekt arbeitet nicht mehr rein systemtechnisch (wie der Komponentenhersteller), sondern verstärkt in Anwendungsbegriffen, d.h. die von ihm entwickelten Komponenten haben einen anwendungsnahen Charakter.

Der *Konfigurierer* übernimmt alle Aufgaben im Zusammenhang mit dem Customizing, d.h. der Konfiguration von Anwendungssystemen, und der Beratung von Anwendern, z.B. bei der Auswahl von Komponenten aus einer Reihe von Alternativen. Der Konfigurierer wird aus diesem Grund auch als Berater bezeichnet. Der Konfigurierer zeigt dem Anwender Konfigurationsalternativen

---

[14] U. Frank (1999)
[15] K. Turowski (1999)

eines ausgewählten, aber noch unkonfigurierten Anwendungssystems auf, bewertet diese und konfiguriert das Anwendungssystem entsprechend. Die Konfiguration kann branchenspezifisch, betriebstypisch und/oder unternehmens-individuell sein (für die begriffliche Unterscheidung sei auf Mertens et al.[16] verwiesen). Während eine unternehmensindividuelle Anpassung zu vollständig konfigurierten Anwendungssystemen führt, bringt eine branchenspezifische oder betriebstypische Konfigurierung lediglich vorkonfigurierte Anwendungssysteme hervor, die noch individuell angepasst werden müssen.

Die Rolle des *Anwenders* beinhaltet diejenigen Aufgaben, die sich aus dem Einsatz des Anwendungssystems ergeben. Ein Anwender ist eine organisatorische Einheit, die letztendlich die Verfügungsgewalt über das zu entwickelnde Anwendungssystem hat. Die Rolle des Anwenders kann demnach sowohl vom Endbenutzer der Software als auch vom einsetzenden Unternehmen als Ganzes eingenommen werden.


# 4 Das Prozessmodell

## 4.1 Der Aufbau des Prozessmodells

Neben dem Rollenkonzept enthält das Vorgehensmodell als wesentlichen Bestandteil das sogenannte Prozessmodell, welches den Gesamtprozess der komponentenbasierten Anwendungsentwicklung beschreibt. Dieser Gesamt-prozess umfasst die Teilprozesse *„Komponente entwickeln", „Anwendungssystem konstruieren", „Anwendungssystem (vor-)konfigurieren"* sowie *„Anwendungs-system einsetzen"*, die als charakteristische Tätigkeiten bereits Ausgangspunkt zur Definition der Rollen waren. Durch die sequentielle Anordnung dieser Tätigkeiten kann das gesamte idealtypische Szenario graphisch deutlich gemacht werden (siehe Abbildung 1). Die Teilprozesse können in mehreren Iterationen durch-laufen werden.

Innerhalb der Teilprozesse werden verschiedene Phasen durchlaufen, in denen bestimmte Aktivitäten durchgeführt werden. Dabei werden *rollenunabhängige* und *rollenspezifische* Phasen unterschieden. Während rollenunabhängige Phasen in den Teilprozessen aller beteiligten Rollen auftreten (evtl. in differenzierter Form), sind rollenspezifische Phasen durch die charakteristische Tätigkeit genau einer Rolle gekennzeichnet und werden auch nur von dieser Rolle ausgeführt. Abbildung 2 stellt die typische Reihenfolge der Phasen innerhalb der Teil-prozesse, ihre Zuordnung zu den definierten Rollen sowie die Abhängigkeiten der Teilprozesse und Phasen zueinander graphisch dar.

---

[16]  P. Mertens et al. (1998)

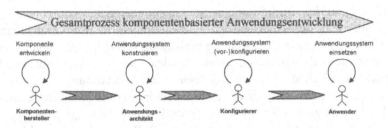

Abb. 1: Teilprozesse der komponentenbasierten Anwendungsentwicklung

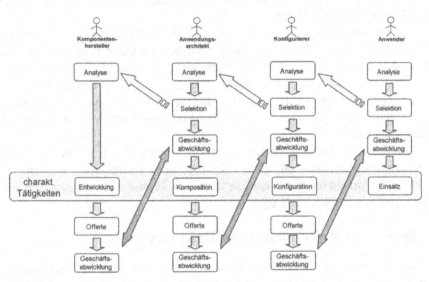

Abb. 2: Phasen innerhalb der Teilprozesse

## 4.2 Rollenunabhängige Phasen des Prozessmodells

In der *Analysephase* werden Anforderungen an Komponenten bestimmt, die rollenspezifisch unterschiedlich ausgerichtet sein können. Während ein Anwender beispielsweise unternehmensindividuelle Anforderungen an ein Anwendungssystem stellt, hat ein Anwendungsarchitekt allgemeinere, z.B. branchenspezifische Anforderungen. Um eine Evaluation der unterschiedlichen Komponenten zu ermöglichen, werden in der Analysephase Kriterien für eine Bewertung definiert.

Die *Selektionsphase* beinhaltet die Suche nach geeigneten Komponenten. Charakteristisch für die Selektion ist, dass mit steigender Anzahl und erhöhtem

Detaillierungsgrad der Anforderungen die Anzahl geeigneter Komponenten sinkt. Daraus folgt, dass der Analyse der Anforderungen in der vorangegangenen Analysephase bereits eine sehr wichtige Bedeutung zukommt. Ausgehend von den dort aufgestellten Bewertungskriterien werden die erzielten Suchergebnisse miteinander verglichen (Angebotsanalyse und -bewertung). Können die Anforderungen durch verfügbare Komponenten erfüllt werden, erfolgt die Auswahl einer geeigneten Komponente (Entscheidungsfindung). Anderenfalls ist eine Organisationseinheit in der vorgelagerten Rolle mit der Entwicklung einer entsprechenden Komponente zu beauftragen. In der Abbildung 2 ist dieser Fall durch einen Pfeil von der Selektionsphase der einen Rolle zu der Analysephase der jeweils vorgelagerten Rolle dargestellt.

Die *Geschäftsabwicklungsphase* enthält die Aktivitäten für eine vertraglich gesicherte Einigung zwischen Verkäufer und Käufer einer Komponente. Dazu zählt die Anbahnung, in der spezielle Verkaufsvereinbarungen getroffen werden, sowie der Vertragsabschluss und der Austausch der Komponenten bzw. deren Lizenzen zwischen den Akteuren. Die dadurch erforderliche Kommunikation zwischen den Rollen in dieser Phase ist in Abbildung 2 durch einen Doppelpfeil kenntlich gemacht.

In der *Offertephase* werden die Komponenten veröffentlicht. Vorstellbar ist hier ein Komponentenmarkt, an dem Komponenten gehandelt werden. Die Komponenten können beispielsweise in verteilten Repositories abgelegt werden[17], die über spezielle Broker zugänglich sind.

## 4.3 Rollenspezifische Phasen des Prozessmodells

Die *Entwicklungsphase* umfasst die klassischen Aufgaben der Entwicklung einer Komponente. Welche konkreten Aktivitäten in diese Phase fallen, ist für das vorgestellte Prozessmodell irrelevant; die Entwicklung wird als eine einzelne Phase im Rahmen der komponentenbasierten Anwendungsentwicklung betrachtet. Die Entwicklung ist die für den Komponentenhersteller charakteristische Tätigkeit und somit rollenspezifisch.

In der *Kompositionsphase* werden einzelne Komponenten zu einer komplexeren Komponente bzw. zu einem gesamten Anwendungssystem zusammengefügt. Auf die notwendigen technischen Anpassungen, durch die beispielsweise implementierungsbedingte Inkompatibilitäten zwischen den Komponenten sowie bei der Integration in eine Gesamtanwendung vermieden werden, wird im Rahmen dieser Arbeit nicht näher eingegangen. Diese Phase ist charakteristisch für die Rolle des Anwendungsarchitekten.

In der *Konfigurationsphase* werden einzelne Komponenten bzw. betriebliche Anwendungssysteme fachlich konfiguriert (Customizing). Dabei erfolgt die

---

[17] F. Griffel (1998), S. 337

Anpassung der Eigenschaften und Dienste hinsichtlich der gewünschten Funktionalität, z.B. die Wahl der einzusetzenden Verfahren[18]. Die Konfiguration ist der Rolle des Konfigurierers vorbehalten.

Der konkrete *Einsatz* eines Anwendungssystems im Unternehmen wird in einer weiteren Phase zusammengefasst. Der Einsatz ist charakteristisch für die Rolle des Anwenders.

# 5 Zusammenfassung und Ausblick

Die komponentenbasierte Anwendungsentwicklung gewinnt zunehmend an Stellenwert im Bereich der Entwicklung grösserer betrieblicher Anwendungssysteme. Die vorliegende Arbeit hat ein Vorgehensmodell vorgestellt, das die an der Entwicklung komponentenbasierter Anwendungssysteme beteiligten Akteure unterstützt und dabei die prozessbezogenen Aktivitäten betont. Dazu werden zunächst in einem Rollenkonzept verschiedene Rollen definiert, die sich aus den charakteristischen Tätigkeiten des Entwicklungsprozesses ergeben. Das vorgeschlagene Vorgehensmodell umfasst neben dem Rollenkonzept ein Prozessmodell, das an die besonderen Aspekte komponentenbasierter Anwendungsentwicklung, wie z.B. der Komposition und Konfiguration von Komponenten, angepasst wurde.

Das Vorgehensmodell ist ein erstes Ergebnis des Projekts KOSOBAR (**K**omponentenbasierte **S**oftwareentwicklung auf **BA**sis von **R**eferenzmodellen), das derzeit am Oldenburger Forschungs- und Entwicklungsinstitut für Informatik-Werkzeuge und -Systeme (OFFIS) bearbeitet wird. In aktuellen Arbeiten wird das Vorgehensmodell insbesondere im Hinblick auf die Partizipation der Akteure beim Austausch von Anforderungen an Komponenten und bei deren Realisierung detailliert. Darüber hinaus wird das Vorgehensmodell stetig um weitere Inter-aktionen und Informationsflüsse, z.B. zur Bewertung von Komponenten durch Anwender, ergänzt. Weitere Arbeiten im Rahmen des Projektes befassen sich mit der Entwicklung von Modellen zur Beschreibung von Komponenten sowie deren Abbildung mit Hilfe von Meta-Metamodellen wie MOF, OIM oder CDIF. Schliesslich sollen noch Werkzeuge entwickelt werden, die das beschriebene Vorgehen technisch unterstützen. Insbesondere steht dabei die Konzeption und Entwicklung geeigneter Repositories und Broker im Vordergrund.

---

[18] K. Turowski (1999)

# 6    Literatur

**Curtis, Bill, Kellner, Marc I., Over, Jim (1992)**: Process Modeling, in: Communications of the ACM, Vol. 35, No. 9

**Fellner, K., Rautenstrauch, C., Turowski, K. (1999)**: Fachkomponenten zur Gestaltung betrieblicher Anwendungssysteme, in: IM Information Management & Consulting 14(2)

**Frank, U. (1999)**: Componentware - Software-technische Konzepte und Perspektiven für die Gestaltung betrieblicher Informationssysteme, in: Information Management & Consulting, 14 (2)

**Griffel, Frank (1998)**: Componentware, dpunkt-Verlag, Heidelberg

**Kneuper, R., Müller-Luschnat, G., Oberweis, A. (1998)**: Vorgehensmodelle für die betriebliche Anwendungsentwicklung

**Mertens, Peter, et al. (1998)**: IV-Anwendungsarchitekturen für Branchen und Betriebstypen - erörtert am Beispiel der Ergebnisrechnung, in: Wirtschaftsinformatik Heft 5, 38. Jahrgang

**Rechenberg, P., Pomberger, G. (1997)**: Informatik-Handbuch, München, Wien

**Schewe, B. (1996)**: Kooperative Softwareentwicklung: ein objektorientierter Ansatz, Wiesbaden

**Suhr, R. (1993)**: Software Engineering: Technik und Methodik, Oldenbourg Verlag, München

**Turowski, Klaus (1999)**: Ordnungsrahmen für komponentenbasierte betriebliche Anwendungssysteme, 1. Workshop Komponentenorientierte betriebliche Anwendungssysteme, Magdeburg

# Cluster saving - Eine konstruktive Methode des Operations Research

Siegfried Weinmann
Fachhochschule Liechtenstein

# 1    Abstract

How fast can a project be realized, which resources are required, how to allocate them and which economizing potential lays in the project budget? How to set up a network without causing any capacity transgression, but simultaneously, the areas of the servers are almost fully occupied? What are the least costs for a day delivery of products to our customers and what does moderate costs scheduling of delivery look like? Which beam-cut does a aluminum-frame construction require? How does an optimized scheduling of parallel processes look like in a multi-processor system? Which jobs must be carried out on which engine? Which routes shall freight engines fly and how should take-offs and landings be planned?

Numerous optimization tasks from different areas of technology and economics are based on a common problem structure. Its solution contains the partitioning of a set of objects under economic points of view. The goal of the investigation is to gain a high capacity utilization rate of the corresponding system. In many cases the quality of a partition depends on the measure in which a favorable sequence (permutation) of the elements within the Cluster can be reached. Although application-specific restrictions can delimit the number of the feasible solutions, the combinatorial latitude generally remains enormously large so that heuristic procedures to the solution of these hard problems must be applied.

In this paper, a general class of combinatorial problems is defined first and then characteristic steps of a corresponding solution method based on the principle of the savings-method of CLARKE and WRIGHT are presented. Last the discussed approach is illustrated by means of the solution of a constrained Pickup and Delivery Problem in the area of people logistics.

# 2 Einleitung

Viele interessante Fragen, wie sie beispielsweise durch das „Resource-constrained Project Scheduling Problem", das „Capacitated Tree Problem", die Problemvariationen der Tourenplanung sowie durch Verschnitt-, Maschinenbelegungs-, und Frachtladungsprobleme gestellt werden, lassen eine gemeinsame Problemstruktur erkennen, deren Lösung die Aufteilung (Partition) einer endlichen Menge auf eine bestimmte Anzahl von Teilmengen (Cluster) erfordert, so dass eine Zielfunktion minimal wird. Dieses Partitionsproblem wird überlagert, wenn zusätzlich eine günstige Anordnung (Permutation) der Elemente innerhalb der Cluster erreicht werden soll. Anwendungsspezifische Restriktionen wirken sich sowohl auf das Partitions- als auch auf das Permutationsproblem aus und reduzieren auf diese Weise den kombinatorischen Lösungsraum, wodurch selbst innerhalb kleiner Problemklassen starke Schwankungen der Komplexität ihrer Problemausprägungen auftreten können. Die Anzahl der zulässigen Lösungen bleibt in der Regel enorm gross. Für die im Folgenden zusammengefassten Problemklassen sind keine Algorithmen bekannt, die für jede Aufgabe eine optimale Lösung unter polynomialem Zeitaufwand garantieren können; d.h. diese Probleme liegen in der NP-Komplexitätsklasse, sie werden in der Praxis mittels heuristischer Methoden gelöst.

Eine Heuristik kann umfangreiche Probleme in vergleichsweise geringer (polynomialer) Rechenzeit suboptimal lösen. Da in den meisten Fällen die optimalen Lösungen fehlen, lässt sich die Qualität eines heuristischen Verfahrens nur durch aufwendige Wettbewerbsanalysen (Benchmarking bzw. „Bench-breaking") für Problemausprägungen spezifischer Anwendungsbereiche bedingt einstufen. In diesem Zusammenhang besteht oft Unklarheit in der zentralen Frage: Wie stabil verhält sich ein heuristisches Verfahren bei Variation der Eingabedaten in Bezug auf die Güte ihrer Resultate? Diese Grauzone entsteht vor allem dadurch, dass die meisten heuristischen Algorithmen randomisierte Elemente enthalten, und dass im Laufe ihrer Entwicklung, infolge von Anpassungen und Erweiterungen, heuristische Verfahren zunehmend hybridisiert werden. Zu ähnlichen Fragen führen implementierte Studien, welche auf eine Lösung komplexer Problemstellungen mit Hilfe neuronaler Netzwerke abzielen. Auch wenn solche Vorgehensweisen einer Aufgabenstellung nicht angemessen sind, werden sie doch im Rahmen der Theorie neuronaler Netzwerke, Evolutionsstrategien oder genetischer Verfahrensgrundsätze geheilt. Evolutionsstrategien können bei komplexen Problemfällen sehr erfolgreich sein. Ihre Anwendung verlangt vom Entwickler, neben Kenntnis der Grundmuster, noch Intuition und Kreativität im Rahmen problemspezifischer Anpassungen ab. Dagegen bleibt die Wirkung neuronaler Netzwerke weiterhin umstritten. Im fünften Kapitel seines neuen Werks „Yes, We Have No Neutrons:

An Eye-opening Tour Through the Twists and Turns of Bad Science" setzt sich A. K. DEWDNEY mit neuronalen Netzen kritisch auseinander. Er bemerkt abschliessend: „... die Lösungen werden fast wie durch Magie gefunden, und niemand hat, so wie es aussieht, auch nur das geringste gelernt."[1]

Die in dieser Arbeit beschriebene Methode zeichnet sich durch ihr wirkungsvolles und transparentes Lösungsprinzip sowie ihre universelle Anwendbarkeit aus. Ein daraus entwickelter Algorithmus benötigt keine Zufallsfunktionen, denn die Strategie des Verfahrens orientiert sich an der allgemeinen Problemstruktur: Die Überlagerung von Partition einer Menge und Permutation ihrer Elemente wird geschlossen behandelt; d.h. die beiden Teilprobleme werden nicht phasenweise getrennt betrachtet, sondern die Lösung wird konsequent durch integrierte Verknüpfungen erzielt.

# 3 Problemtypen

## 3.1 Cutting Problem

Gegeben seien Profile unterschiedlicher Längen, die aus einem Ausgangsmaterial geschnitten werden sollen. Das Cutting Problem (CP) besteht in der Suche nach dem Schnittplan, der zur Minimierung der Menge des Ausgangsmaterials führt.

Das ganzzahlige lineare Optimierungsproblem lautet:

Mimimierung des Verschnitts $\quad \sum_{k=1}^{n} \left( P - \sum_{i=1}^{m} a_{ik} \cdot p_i \right) \cdot x_k$

unter den Nebenbedingungen $\quad \sum_{k=1}^{n} a_{ik} \cdot x_k \geq b_i$

$$x_k \in \mathbb{N} \text{ für alle } k = 1,\ldots,n.$$

Die Bezeichner (für $i = 1,\ldots,m$ und $k = 1,\ldots,n$) bedeuten:

$x_k$   -   Anzahl Presslängen, die nach Schnittvariante k geschnitten werden,

$a_{ik}$   -   Stückzahl des i-ten Profils in Schnittvariante k,

---

[1] Aus der Übersetzung „Alles fauler Zauber?" von C. Kubitza; Birkhäuser, 1998, S.132.

| n | - | Anzahl der Schnittvarianten. |
|---|---|---|
| m | - | Anzahl verschiedener Profile, |
| $p_i$ | - | Länge des i-ten Profils, |
| $b_i$ | - | Stückzahl des i-ten Profils, |
| P | - | Presslänge des Ausgangsmaterials, |

| Profil i | Länge $p_i$ | Anzahl $b_i$ |
|---|---|---|
| 1 | 3550 | 7 |
| 2 | 2700 | 5 |
| 3 | 2300 | 4 |
| 4 | 2100 | 7 |
| 5 | 900 | 12 |

Presslänge P: 6400

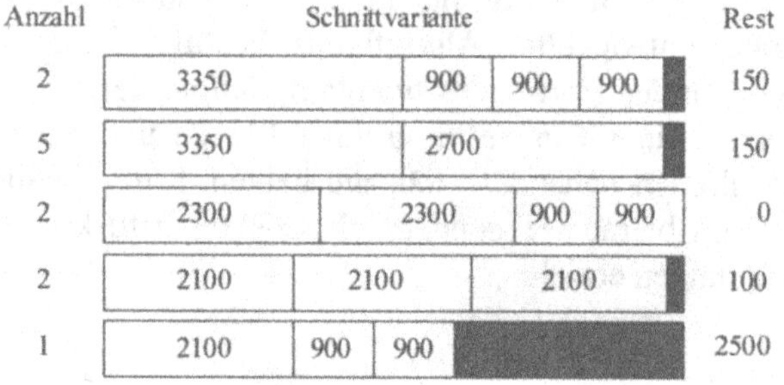

| Anzahl | Schnittvariante | Rest |
|---|---|---|
| 2 | 3350 \| 900 \| 900 \| 900 | 150 |
| 5 | 3350 \| 2700 | 150 |
| 2 | 2300 \| 2300 \| 900 \| 900 | 0 |
| 2 | 2100 \| 2100 \| 2100 | 100 |
| 1 | 2100 \| 900 \| 900 | 2500 |

Abb. 1: Eine Stückliste mit graphischer Darstellung der Lösung des Schnittproblems

## 3.2  Capacitated Tree Problem

Gegeben seien n Terminals mit Netzbelastung $q_i$ für Terminalknoten i sowie ein zentraler Server 0. Die Entfernungen zwischen je zwei Knoten sei gegeben durch $(d_{i,j})_{i,j=0,...,n}$ und Q bezeichne die maximale Netzbelastung eines Serverbereichs. Das Capacitated Tree Problem (CTP) besteht in der Aufgabe, einen minimalen spannenden Baum[2] mit Wurzel 0 zu bestimmen, unter Einhaltung der Kapazitäts-restriktion, die genau dann erfüllt ist, wenn nach Entfernen des Serverknotens 0 kein Baum existiert, der eine höhere Netzwerkbelastung Q verursacht.

---

[2] Ein minimaler Spannbaum ist die kostengünstigste zyklenfreie Verbindung aller Knoten eines ungerichteten Graphen, wobei jeder Kante des Graphen ein (positiver) Kostenwert zugeordnet ist.

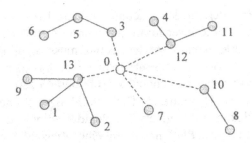

Abb. 2: Graphische Darstellung einer Lösung des CTP

## 3.3 Pickup and Delivery Problem

Gegeben sei eine Menge von Pickup-Knoten $S^+ = \{1^+,...,n^+\}$ mit zugehörigen Delivery-Knoten $S^- = \{1^-,...,n^-\}$ und ein Standort 0 mit einer Menge von Fahrzeugen der Kapazität Q. Die Fahrzeiten sind durch die Matrix $(t_{ik})_{i,k=0,..,2n}$ gegeben; von Knoten i zu Knoten k beträgt die Fahrzeit $t_{ik}$ Einheiten. Jedes Fahrzeug verfügt über maximal f Einheiten Fahrtdauer. Für einen Auftrag $(i^+,i^-)$ sei $q_i$ die Menge, die vom Pickup-Knoten $i^+$ zum Delivery-Knoten $i^-$ transportiert werden soll. Das Pickup and Delivery Problem (PDP) hat die Aufgabe, die Anzahl der Touren oder die Gesamtfahrzeit zu minimieren, unter Berücksichtigung der Restriktionen:

1. Jede Tour startet und endet im Fahrzeugstandort 0.
2. Jeder Auftrag $(i^+,i^-)$ befindet sich in genau einer Tour.
3. Der Knoten $i^+$ befindet sich vor dem Knoten $i^-$ in der Anfahrfolge einer Tour.
4. Die Fahrzeugkapazität Q wird zu keinem Zeitpunkt überschritten.
5. Keine Tourdauer darf die maximale Fahrtdauer f eines Fahrzeugs überschreiten.

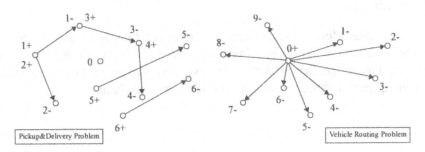

Abb. 3: Graphische Darstellung zweier Strukturvarianten des PDP

64

Das PDP ist eine Erweiterung des Standard Vehicle Routing Problems[3] (VRP), das 1959 von Dantzig und Ramser formuliert wurde. Aufträge lassen sich hier am besten durch Pfeile veranschaulichen: die Ladung muss von einem Pickup-Knoten $i^+$ zu einem Delivery-Knoten $i^-$ transportiert werden. Aus dem Depot $0^+$ wird im Allgemeinen ein reiner Fahrzeugstandort 0. Abbildung 3 zeigt, dass sich ein PDP im Grenzfall zu einem VRP reduziert. Die Abbildungen 3 und 4 illustrieren die Allgemeinheit der Pickup and Delivery Problemdefinition. Für Tourenplanungen der Güterlogistik muss das PDP noch um eine Vielzahl branchenspezifischer Restriktionen erweitert werden.

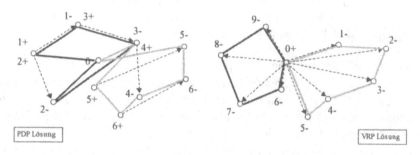

Abb. 4: Graphische Darstellung von zwei Lösungen der Strukturvarianten des PDP

Der einfachste und populärste Sonderfall des PDP ist das Travelling Salesman Problem (TSP). Es besteht in der Suche nach der „kürzesten" Hamilton-Tour, die alle Knoten mit einem einzigen Zyklus verbindet, wobei eine Planung nicht durch Ressourcen beschränkt wird. Algorithmen zur Lösung des TSP sind für die Praxis relevant, da es viele Anwendungsfelder gibt, wie beispielsweise Gruppierung von Datenfeldern, Stoffzuschnitt, Platinenproduktion oder Kristall-Analyse.[4]

## 3.4 Analogien

Das gemeinsame Merkmal der genannten Problemstellungen ist eine Menge von *Objekten* (Aktivitäten, Aufträge, Terminals, Werkstücke usw.), die *Ressourcen* (Personen, Fahrzeuge, Server, Maschinen usw.) beanspruchen. Die verschiedenen Anwendungsgebiete bringen analoge Grössen zum Vorschein:

---

[3]  Dantzig, G.B.; Ramser, J.H.: *The truck dispatching problem*. Management Science 1959, S.80 ff.

[4]  vgl. Lauxtermann, 1996, S. 11 ff.

| Problemtyp | Objekt | Ressource | Restriktion | Partition | Anordnung |
|---|---|---|---|---|---|
| CP | Werkstück | Rohmaterial | Presslänge | ✓ | - |
| CTP | Terminal oder | Server | Netzbelastung, | ✓ | Spannbaum |
| | Verbindung | | Kabellänge, ... | ✓ | |
| PDP, VRP | Anfahrknoten | Fahrzeug | Fahrtdauer, | ✓ | Hamilton-Tour |
| | oder Auftrag | | Stückzahl, ... | ✓ | |
| TSP | Kunde | - | - | - | Hamilton-Tour |

Abb. 5: Analogien der Problemtypen CP, CTP, PDP, VRP und TSP

Innerhalb eines Problemtyps können Objekte unterschiedlich aufgefasst werden; z.B. lässt sich beim PDP sowohl Auftrag als auch Komponente (Anfahrknoten) als Objekt betrachten. Die Zu- und Anordnung der Objekte werden durch Kapazitätsrestriktionen oder Graphenbeziehungen bestimmt. Ein allgemeiner Graph stellt die Bewertungsgrundlage einer Planung dar. Jeder Kante (i,k) eines Graphen wird mindestens ein Kantengewicht w(i,k) (Aufwand, Kosten, Distanz usw.) zugeordnet. Die relative Lage der im Graphen abgebildeten Objekte drücken monetäre, räumliche oder zeitliche Beziehungen aus. Nicht alle kombinatorischen Probleme werden durch Graphenbeziehungen überlagert, wie das Schnittproblem (CP) zeigt.

# 4 Modellbeschreibung

## 4.1 Definitionen

Gegeben sei eine Menge A von n unterscheidbaren Objekten.

Jede Teilmenge $T \in 2^A$ heisst *Cluster* und ein Mengensystem $S \in \Omega(A)$ heisst *SuperCluster*, wenn $S$ Partition von A ist; d.h. $\emptyset \notin S$, $S$ disjunkt und $\cup S = A$. Ein t-elementiges *SuperCluster* $S = (T_1,...,T_t)$, für das die Bedingung $\emptyset \notin S$ nicht gilt, heisst *t-SuperCluster*. Die Menge aller SuperCluster der Objektmenge A wird durch $\Omega(A)$ bezeichnet.

Die Funktion $f: 2^A \to \mathbb{N}$ bezeichnet die Zulässigkeit (Flexibilität) eines Clusters. Die Funktion $\hat{c}: 2^A \to \mathbb{N}$ bezeichnet den *gewichteten* Kostenwert eines Clusters. Die Funktion $f: \Omega(A) \to \{0,1\}$ bezeichnet die Zulässigkeit eines SuperClusters $S$. Die Funktion $c: \Omega(A) \to \mathbb{N}$ bezeichnet den Kostenwert eines SuperClusters $S$. Ein Cluster bzw. SuperCluster ist genau dann zulässig, wenn $f \neq 0$.

Das *SuperCluster-Optimierungsproblem* ist die Bestimmung von $S^*$ des Extremwerts $c(S^*) = \min\{\ c(S) \mid S \in \Omega(A) \wedge f(S)=1\ \}$.[5] Das *SuperCluster-Entscheidungsproblem* lautet: Gibt es eine zulässige Lösung, die weniger als k kostet?[6]

Ein t-SuperCluster repräsentiert eine t-Partition der Objektmenge A. Die Kosten- und Zulässigkeitsfunktionen $\hat{c}_i$, $f_i$ der t Cluster sind mit t Ressourcen assoziiert. Dieses allgemeine Modell entspricht im Wesentlichen dem von Martin MALICH. Er behandelt in seiner Dissertation „Simulated-Trading" auch kombinatorische Probleme unter strukturellen Gesichtspunkten. Die einfache Idee des Austauschs von Objekten verschiedener Cluster (globale Verbesserungsmethode nach dem Intertour-Prinzip der Tourenplanung) hat bei MALICH zu einer multifunktionalen Heuristik geführt, die eine aufwendigere Modellbeschreibung beansprucht.[7]

## 4.2 Komplexität

Von den genannten Problemtypen ist bekannt, dass sie zur NP-Komplexitätsklasse zählen und sich ihre Fälle aus der Praxis der Berechenbarkeit massiv widersetzen. MALICH zeigt u.a., dass die Probleme CTP und PDP einem SuperCluster-Entscheidungsproblem äquivalent sind, und dass ein SuperCluster-Entscheidungsproblem ebenfalls NP-vollständig ist. Die folgenden Zahlen verdeutlichen, dass eine Bewertung aller Lösungsmöglichkeiten (Enumeration) selten durchführbar ist.

Spielt die Anordnung der Objekte innerhalb eines Clusters keine Rolle, so gibt es $t^n$ verschiedene t-SuperCluster zu einer Objektmenge A; das entspricht der Anzahl von Abbildungen der Menge A auf eine t-elementige Menge. Die Zahl möglicher Lösungen nimmt dramatisch zu, falls die Cluster *geordneten* Teilmengen entsprechen. Die Zahl H(n) der Verteilungen von n unterscheidbaren Objekten auf n unterscheidbare Ressourcen, bei der die Reihenfolge der Objekte innerhalb der Cluster mit zu berücksichtigen ist, lautet:[8]

---

[5] falls zulässiges SuperCluster existiert, mit $\exists S(S \in \Omega(A) \wedge f(S)=1 \wedge |S|=|A|)$.

[6] bzw. die Bestimmung des Prädikats $\exists S(S \in \Omega(A) \wedge f(S)=1 \wedge c(S) < k \wedge k \in \mathbb{N})$.

[7] vgl. Malich, 1995, S.11 ff.

[8] Mit freundlicher Unterstützung durch Prof. Dr. Peter Tittmann, Hochschule Mittweida.

$$H(n) = n! \sum_{k=1}^{n} \frac{f(n,k)}{(n-k)!}$$

*mit* $f(n,k) = f(n-1,k-1) + (n+k-1) \cdot f(n-1,k)$

*und* $f(n,1) = n!;\ f(n,n) = 1;\ f(n,k) = 0,$ *falls* $k > n.$

Dieser Fall beschreibt genau das Problem der Tourenplanung, bei dem n Kunden durch n Fahrzeuge, ohne weitere Restriktionen, besucht werden sollen. Für n = 1 bis 7 ergeben sich H(n) = 1, 6, 60, 840, 15120, 332640, 8648640 verschiedene Dispositionsmöglichkeiten.

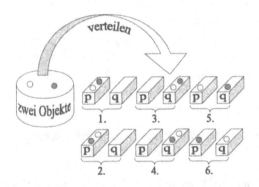

Abb. 6: Mögliche Verteilungen zweier Objekte auf zwei Ressourcen

# 5 Konstruktive Methoden

## 5.1 Einfügeverfahren

Sequentielle Einfügeverfahren wählen zunächst ein Wurzelobjekt für das erste Cluster $T_1$ des gesuchten SuperClusters aus und fügen durch die nächsten Schritte möglichst viele unverplante Objekte kostengünstig in $T_1$ ein. Anschliessend wird das nächst Cluster $T_2$ nach demselben Muster gebildet. Das Verfahren endet, wenn alle Objekte auf diese Weise verplant sind; erst zu diesem Zeitpunkt liegt ein SuperCluster vor.

68

## 5.2 Savingsverfahren

Das parallele Savingsverfahren bildet im Initialisierungsschritt zu jedem Objekt ein Basiscluster, wodurch schon zu Beginn ein SuperCluster existiert. Zu jeder zulässigen Verkettung A+B zweier Cluster A, B gibt es einen Savingswert $s_{A+B}$, der die Ersparnis des verknüpften Clusters gegenüber den beiden Einzelcluster ausdrückt. In den nächsten Schritten werden Cluster nach absteigenden Savings-werten erschöpfend verkettet. Es gilt A+B ≠ B+A, somit gibt es maximal n·(n-1) Savingswerte bei n Objekten; der Aufwand beträgt $O(n^2)$.

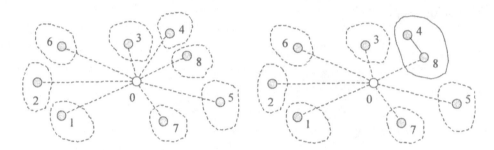

Abb. 7: Graphische Darstellung des ersten Verbesserungsschritts nach der Savingsmethode

Das klassische Savingsverfahren hat den Vorteil, dass es SuperCluster simultan unter „minimalem" Rechenaufwand konstruiert. In dieser ursprünglichen Form eignet es sich jedoch nur für Spezialfälle wie z.B. für das Cutting Problem oder eine Variante des PDP, dem Full Load Pickup and Delivery Problem, das beim Transport von Gütern, deren Menge die gesamte Fahrzeugkapazität beansprucht, auftritt.

## 5.3 Cluster saving

Gegeben sei ein SuperCluster-Optimierungsproblem auf einer Objektmenge A sowie Kosten- und Zulässigkeitsfunktionen, welche die Beziehungen und Eigenschaften der Objekte aus A und den Ressourcen aus einer Menge R abbilden.
Die in Abbildung 8 dargelegte Methode optimiert nach dem Prinzip der Vereinigung von Clustern nach gewichteten Savingswerten š. Cluster saving wählt im Schritt [1.2] die für den weiteren Optimierungsprozess am *günstigsten* erscheinende Kombination aus, denn ein Savings š ist ein *gewichteter* Kostenwert, der an eine spezifische Problemstruktur anhand von drei Parametern F, G und H angepasst ist. Folglich liegt keine echte Greedy-Methode vor, die nach dem „Prinzip des Gierigen" den nächsten Schritt stets so wählt, dass sich ein maxi-

maler Vorteil unmittelbar daraus ergibt. Greedy-Charakter entsteht durch Spezialisierung MIN=0 im Schritt [1.4] in Verbindung mit *reinen* Ersparniswerten s.

---

**[0]** *Initialisierung*
Definiere Statusvariable $z \leftarrow 0$ der Zulässigkeit des SuperClusters $S^*$.

**[1]** *Variation*
Variiere Parameter F, G oder H der Clusteroperationen $\otimes$.

    **[1.1]** *Aufteilung*
    Bilde SuperCluster $S \leftarrow (T_1,\ldots,T_n)$ der Objektmenge A, mit $|S|=|A| \wedge T_i \neq \varnothing$.
    Belege $V \leftarrow ((P_1,r^0),\ldots,(P_n,r^0))$ mit Objektanordnungen $P_i$, Standardressourcen $r^0$.
    Definiere die Menge $R \leftarrow \{r^1,\ldots,r^m\}$ aller verfügbaren Ressourcen.

    **[1.2]** *Auswahl*
    Bestimme die beste zulässige Verknüpfung $T_i \otimes T_k$, $T_i \neq \varnothing \wedge T_k \neq \varnothing$, mit
    $\check{s}_{ik} \leftarrow \max\{\check{s} \mid \check{s}=\hat{c}_i(T_i)+\hat{c}_k(T_k)-\hat{c}_{max}(T_i \otimes T_k) \wedge f_{max}(T_i \otimes T_k)>0;\ i,k=1\ldots|S| \wedge i \neq k\}$
    für die Ressource $r^{max}$ mit maximaler Flexibilität $f_{max}>0$; wobei
    $r^{max} = \max(R \cup \{r^i\} \cup \{r^k\} \setminus \{r^0\})$, falls $R \cup \{r^i\} \cup \{r^k\} \setminus \{r^0\} \neq \varnothing$, sonst $r^{max} = r^0$.

    **[1.3]** *Vereinigung*
    $T_i \leftarrow T_i \cup T_k$, $T_k \leftarrow \varnothing$ vereinigt Cluster $T_i$, $T_k$ zu $T_i$, löscht die Objekte von $T_k$.
    $V_i \leftarrow (T_i \otimes T_k, r^{min})$, $V_k \leftarrow (\varnothing, r^0)$ teilt $T_i$, $(T_k)$ die Anordnung $P_i$, $(P_k)$ sowie
    die Ressource $r^{min}$, $(r^0)$ mit minimaler Flexibilität $f_{min}>0$ zu;
    $r^{min} = \min(R \cup \{r^i\} \cup \{r^k\} \setminus \{r^0\})$, falls $R \cup \{r^i\} \cup \{r^k\} \setminus \{r^0\} \neq \varnothing$, sonst $r^{min} = r^0$.
    $R \leftarrow R \cup \{r^i\} \cup \{r^k\} \setminus \{r^{min}\}$ gibt Ressourcen $r^i$, $r^k$ frei und streicht Ressource $r^{min}$.

    **[1.4]** *Wiederhole Auswahl*
    Gehe zu [1.2] falls $\check{s}_{ik}<MIN$.

    **[1.5]** *Ressourcen-Restzuordnung*
    Verteile restliche Ressourcen R optimal auf diejenigen Cluster $T_i$ mit $r_i = r^0$.

    **[1.6]** *Verbesserungstest*
    Falls $f(S)=1 \wedge (z=0 \vee c(S)-c(S^*)<0)$ speichere Lösung $S^* \leftarrow S$, $V^* \leftarrow V$, $z \leftarrow 1$.

**[2]** *Wiederhole Variation*
Gehe zu [1] falls Laufzeitende oder Maximalzahl Variationen nicht erreicht.

**[3]** *Entscheidung*
Falls $z=1 \wedge c(S^*)<MAX$ lässt sich das Problem mit disponiblen Mitteln lösen.

---

Abb. 8: Basisschritte nach der Cluster saving Methode

Die meisten Ansätze, die kurzsichtig nach dem Prinzip des maximalen Vorteils handeln, setzen sich unweigerlich in lokalen Optima fest. Dennoch gibt es

Aufgaben, die durch ein Greedy-Verfahren optimal gelöst werden können, wie z.B. die Konstruktion eines minimalen Spannbaumes durch den Algorithmus von SOLLIN bzw. BORUVKA, der in der Cluster saving Methode als Spezialisierung enthalten ist.[9] Im Schritt [1.5] werden allen nicht verknüpften Cluster passende Ressourcen zugeteilt, wodurch die Konstruktion eines SuperClusters abschliesst. Falls noch kein zulässiges SuperCluster vorhanden ist oder die aktuelle Lösung $S$ eine Verbesserung gegenüber der bisher besten Lösung $S^*$ bietet, erfolgt durch Schritt [1.6] die Speicherung von $S$.

Jeder Problemtyp verlangt spezielle Clusteroperationen und Parametervariationen. Soweit es im Rahmen dieser Arbeit möglich ist, soll anhand des PDP-Typs die Verfahrensweise nach der Cluster saving Methode gezeigt werden: Eine Verknüpfung A⊗B der beiden Cluster A und B erfolgt hier nach der geeignetsten aus folgenden drei Verknüpfungsarten: Falls Cluster B nur ein Objekt enthält, wird es an der gewichtigsten Position in Cluster A eingefügt (A*B). Haben beide Cluster jeweils mehr als ein Objekt wird erwogen, ob eine Verkettung (A+B) oder ein partielles Einfügen (A×B) vorteilhafter ist. Im Falle, dass Objekte durch Pfeile abgebildet werden, besteht partielles Einfügen in den vier Verkettungsvarianten A'+B'+A''+B'', A'+B'+B''+A'', B'+A'+B''+A'' und B'+A'+A''+B'', die entstehen, wenn zwei Cluster A und B vor ihrer Verknüpfung in jeweils zwei Teile A', A'' und B', B'' zerfallen. Zur geordneten Teilmenge A' eines Clusters A gehören alle Pickup-Knoten, die vor dem ersten Delivery-Knoten von A liegen; A'' bildet die Restknotenfolge A\A' eines Clusters A. In Anlehnung an die Untersuchungen von PAEssENS und GASKELL wird die Ersparnis beim Verbinden der Randobjekte mit dem Bezugsort 0 durch F und die Ersparnis zwischen den Objekten durch G gewichtet. Die zeitliche Flexibilität erhält das Gewicht H. Die Ersparnis beträgt $š = ĉ(A)+ĉ(B)-ĉ(A⊗B) = (c_R·F+c_M·G+d·H)/100$. Für F=G=100 und H=0 ergeben sich neutrale Kostenwerte.[10]

Wie beim parallelen Savingsverfahren besteht zu Beginn jedes Cluster aus einem Objekt. Somit verlangt der erste Schritt die Berechnung aller möglichen Einfügeoperationen (*). Jeder weitere Schritt erfordert lediglich die Aktualisierung der Savingstabelle; d.h. nur die mit einem neuen Cluster assoziierten Kombinationen erhalten neue Savingswerte. Die maximale Zahl von Einfügemöglichkeiten E(n) wird erreicht, wenn alle Objekte (Pfeile, s. Abb. 3) in ein einziges Cluster passen.

---

[9] vgl. Rosen, 2000, S.637.

[10] Die parametrisierten Kostenfunktionen sind ausführlich dargestellt in Weinmann, 1998, S.43 ff.

$$E(n) = \sum_{k=1}^{n-1} (n-k)(2k^2 + 3k + 1)$$

Der maximale Aufwand der Einfügeoperation hat die Ordnung $O(n^4)$. Oft genügt anstelle der „teuren" Einfügeoperation ein schnelles Anfügen bzw. Verketten. Die Komplexität eines Cluster saving Verfahrens hängt davon ab, welche Operationen die Lösung eines bestimmten Problemtyps erfordert; sie liegt etwa zwischen $O(n^2)$ und $O(n^4)$. Alle drei Operationsarten vereinigen das Zu- und Anordnungsproblem, so dass zu jedem Zeitpunkt der Optimierung eine Anordnung $P_i$ der Objekte eines Clusters $T_i$ besteht (vgl. Abb. 8, [1.1] und [1.3]), die nach den bisherigen, noch nicht abgeschlossenen Untersuchungen, eine hohe Qualität aufweist, weshalb ihre Bewertung durch Kosten- und Zulässigkeitsfunktionen praktisch kein zusätzliches Problem darstellt. Bis auf Sonderfälle, bei denen die Reihenfolge der Objekte innerhalb der Cluster keine Rolle spielen oder sich ihre Anordnung in polynomialer Rechenzeit bestimmen lässt, wie es in den Beispielen CP und CTP der Fall ist, gilt im Allgemeinen schon die Berechnung der Kostenfunktion eines Clusters als höchst problematisch.[11]

Die „Simulated-Trading" Verbesserungsheuristik versucht durch Austauschen von Objekten eine gegebene Anfangslösung iterativ zu verbessern. Aus diesem Grund genügt eine statische Bindung zwischen Cluster und Ressource (bzw. zugehöriger Kosten- und Zulässigkeitsfunktion). Cluster saving ist ein Eröffnungsverfahren, es generiert Lösungen von Grund auf selbst. Infolgedessen verwendet Cluster saving eine dynamische Zuordnung von Cluster und Ressource. In diesem Zusammenhang steht die Standardressource $r^0$ für eine nicht zugeteilte Ressource, die entweder vorhanden, noch anzuschaffen oder fremd zu beziehen ist. Die Einführung einer fiktiven Ressource $r^0$ hat auch einen praktischen Hintergrund: Oft stellt sich die Frage nach dem richtigen Verhältnis von Fremdbezug und Anschaffung oder Verwaltung eigener Ressourcen. Durch die Definition von fixen und variablen Kosten, die mit dem Einsatz von Ressourcen verbunden sind, lässt sich anhand der Ergebnisse von Cluster saving Optimierungsläufen eine solide Entscheidungsgrundlage bilden.

---

[11] vgl. Malich, 1995, S.26.

# 6    Anwendungsfall: Dial a Ride Problem

## 6.1  Definition

Gegeben sei eine Menge von Pickup-Knoten $S^+ = \{1^+,...,n^+\}$ mit zugehörigen Delivery-Knoten $S^- = \{1^-,...,n^-\}$ und ein Standort 0 mit einer Menge von m Fahrzeugen der Kapazität $Q_v$ und einem beliebig oft einsetzbaren fiktiven Fahrzeug 0. Die Fahrzeiten sind durch die Matrix $(t_{ik})_{i,k=0,...,2n}$ gegeben; von Knoten i zu Knoten k beträgt die Fahrzeit $t_{ik}$ Einheiten. Jedes Fahrzeug v verfügt über maximal $f_v$ Einheiten Fahrtdauer. Für einen Auftrag $(i^+,i^-)$ sei $q_i$ die Anzahl der Personen, die vom Pickup-Knoten $i^+$ zum Delivery-Knoten $i^-$ zu befördern sind. Jeder Knoten hat ein Zeitfenster $[a_i, b_i]$ und eine Standzeit $s_i$.

Das Dial a Ride Problem hat die Aufgabe, die Anzahl fiktiver Fahrzeuge, die Zahl der Touren oder die Gesamtfahrzeit zu minimieren, unter Berücksichtigung der Restriktionen:

1. Jede Tour startet und endet im Fahrzeugstandort 0.
2. Jeder Auftrag $(i^+,i^-)$ befindet sich in genau einer Tour.
3. Jeder Knoten i eines Auftrags $(i^+,i^-)$ erfordert die Standzeit $s_i$.
4. Jeder Knoten i eines Auftrags $(i^+,i^-)$ wird nur innerhalb seines Zeitfensters $[a_i,b_i]$ angefahren.
5. Der Knoten $i^+$ befindet sich vor dem Knoten $i^-$ in der Anfahrfolge einer Tour.
6. Die Fahrzeugkapazität $Q_v$ des Fahrzeugs v wird zu keinem Zeitpunkt überschritten.
7. Keine Tourdauer darf die maximale Fahrtdauer $f_v$ seines Fahrzeugs v überschreiten.

Das Dial a Ride Problem (DRP) entspricht in seiner Grundformulierung dem PDP, das MALICH bereits als SuperCluster-Entscheidungsproblem klassifiziert hat. Die Erweiterungen des DRP, welche durch die Kosten- und Zulässigkeitsfunktionen ausgedrückt werden, sind auf die Anforderungen der Personenlogistik zugeschnitten. Für Personentransporte ist es charakteristisch, dass relativ wenige Aufträge mit engen Zeitfenstern innerhalb kurzer Planungshorizonte auftreten. Es genügt daher, jeden Knoten lediglich um ein individuelles Zeitfenster und eine individuelle Standzeit, die das Umsteigen begrenzt zu erweitern. Fahrzeuge erhalten ebenfalls individuelle Kapazitäten und maximale Fahrtzeiten. Die Forderung höchstens so viele Touren zu bilden wie Fahrzeuge verfügbar sind kann entfallen, wenn der Fuhrpark formal durch fiktive Fahrzeuge (Speditionsfahrzeuge) erweitert wird.

## 6.2 Anwendungsbeispiel des DRP

**Vehicle Data**

| vehicle | terminal | capacity | length |
|---------|----------|----------|--------|
| 0 | 0 | 4 | 1800 |
| 1 | 0 | 5 | 1800 |
| 2 | 0 | 3 | 1800 |
| 3 | 0 | 4 | 1800 |

**Deliveries ($i^+, i^-$) / Locations i**

| | descriptor | load | time window | loading time |
|---|-----------|------|-------------|--------------|
| 1. | 108 | +1 | 08:30- 09:00 | 20 |
|    | 109 | -1 | 09:15- 09:45 | 20 |
| 2. | 110 | +2 | 08:45- 09:00 | 30 |
|    | 111 | -2 | 08:55- 10:00 | 30 |
| 3. | 105 | +1 | 08:30- 09:30 | 20 |
|    | 107 | -1 | 09:50- 10:10 | 20 |
| 4. | 102 | +2 | 08:30- 09:15 | 30 |
|    | 103 | -2 | 09:00- 10:00 | 30 |
| 5. | 100 | +1 | 08:30- 09:00 | 20 |
|    | 101 | -1 | 08:40- 09:30 | 20 |
| 6. | 104 | +1 | 09:00- 09:30 | 20 |
|    | 106 | -1 | 09:50- 10:00 | 20 |

**Time Distance Matrix**

| Node | | 108 $1^+$ | 109 $1^-$ | 110 $2^+$ | 111 $2^-$ | 105 $3^+$ | 107 $3^-$ | 102 $4^+$ | 103 $4^-$ | 100 $5^+$ | 101 $5^-$ | 104 $6^+$ | 106 $6^-$ | A 0 |
|------|---|-----|-----|-----|-----|-----|-----|-----|-----|-----|-----|-----|-----|-----|
| 108 | $1^+$ | 0 | 97 | 150 | 105 | 140 | 92 | 270 | 225 | 255 | 115 | 217 | 142 | 152 |
| 109 | $1^-$ | 97 | 0 | 150 | 82 | 140 | 167 | 305 | 242 | 290 | 170 | 252 | 155 | 225 |
| 110 | $2^+$ | 150 | 150 | 0 | 230 | 75 | 195 | 240 | 177 | 225 | 137 | 187 | 90 | 192 |
| 111 | $2^-$ | 105 | 82 | 230 | 0 | 220 | 125 | 362 | 317 | 347 | 202 | 310 | 235 | 202 |
| 105 | $3^+$ | 140 | 140 | 75 | 220 | 0 | 170 | 165 | 102 | 150 | 95 | 112 | 15 | 150 |
| 107 | $3^-$ | 92 | 167 | 195 | 125 | 170 | 0 | 292 | 247 | 277 | 132 | 240 | 170 | 97 |
| 102 | $4^+$ | 270 | 305 | 240 | 362 | 165 | 292 | 0 | 90 | 45 | 180 | 52 | 150 | 235 |
| 103 | $4^-$ | 225 | 242 | 177 | 317 | 102 | 247 | 90 | 0 | 135 | 135 | 102 | 87 | 190 |
| 100 | $5^+$ | 255 | 290 | 225 | 347 | 150 | 277 | 45 | 135 | 0 | 152 | 65 | 135 | 190 |
| 101 | $5^-$ | 115 | 170 | 137 | 202 | 95 | 132 | 180 | 135 | 152 | 0 | 127 | 95 | 75 |
| 104 | $6^+$ | 217 | 252 | 187 | 310 | 112 | 240 | 52 | 102 | 65 | 127 | 0 | 97 | 182 |
| 106 | $6^-$ | 142 | 155 | 90 | 235 | 15 | 170 | 150 | 87 | 135 | 95 | 97 | 0 | 150 |
| A | 0 | 0 | 152 | 225 | 192 | 202 | 150 | 97 | 235 | 190 | 190 | 75 | 182 | 150 | 0 |

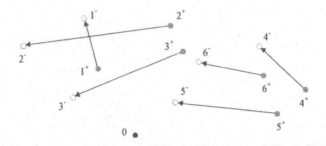

Abb. 9: Tabellarische und graphische Darstellung des DRP-Beispiels

74

## 6.3 Lösung des Anwendungsbeispiels

Mit vier Tourenverknüpfungen (*,F=100,G=100,H=57) erzielt Cluster saving die Lösung (Abb. 10) des Beispiels (Abb. 9). In zeitorientierten Planungen auf realen Strassennetzen sind Überschneidungen, wie hier in Tour 2, unvermeidlich.

```
Routing and Scheduling


Tour 1 / Vehicle 1

L origin/destination dist len wait ar-  load. depa- time windows                load
U descriptor/number  ance gth       rival time rture from   until

         *Terminal*                 08:11       08:26 14.03(Mo)
L    100 13          3,7  19         08:45   2   08:47 08:30-09:00      -    Pers  :   1
L    102 14          0,8   5         08:52   3   08:55 08:30-09:15      -    Pers  :   2
L    104 15          1,1   5         09:00   2   09:02 09:00-09:30      -    Pers  :   1
U    103 14          1,9  10         09:12   3   09:15 09:00-10:00      -    Pers  :  -2
U    101 13          2,8  14         09:29   2   09:31 08:40-09:30      -    Pers  :  -1
U    106 15          1,9  10   9     09:50   2   09:52 09:50-10:00      -    Pers  :  -1
         *Terminal* 3,0  15          10:07             14.03(Mo)

Total length: 1 Hour 39 Min. incl. 9 Min. unavoidable wait before destination 106.
```

```
Tour 2 / Vehicle 3

L origin/destination dist len wait ar-  load. depa- time windows                load
U descriptor/number  ance gth       rival time rture from   until

         *Terminal*                 08:10       08:25 14.03(Mo)
L    108 17          2,8  15         08:40   2   08:42 08:30-09:00      -    Pers  :   1
L    110 18          2,8  15         08:57   3   09:00 08:45-09:00      -    Pers  :   2
L    105 16          1,4   8         09:08   2   09:10 08:30-09:30      -    Pers  :   1
U    109 17          2,6  14         09:24   2   09:26 09:15-09:45      -    Pers  :  -1
U    111 18          2,1   8         09:34   3   09:37 08:55-10:00      -    Pers  :  -2
U    107 16          2,4  13         09:50   2   09:52 09:50-10:10      -    Pers  :  -1
         *Terminal* 1,8  10          10:01             14.03(Mo)

Total length: 1 Hour 36 Minutes.
```

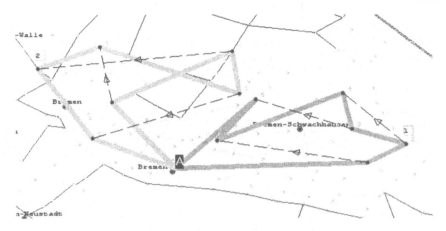

Abb. 10: Tabellarische und graphische Darstellung der Lösung des DRP-Beispiels

# 7   Zusammenfassung und Ausblick

Auf Grundlage des Savings-Prinzips, das erstmals von CLARKE und WRIGHT auf Vehicle Routing Probleme erfolgreich angewandt und seither auf verschiedenste Weise variiert worden ist, eignet sich die Cluster saving Methode zur Lösung einer breiten Klasse kombinatorischer Optimierungsprobleme. Der Anwendungsbereich und die Lösungsgüte eines klassischen Savings-Verfahrens ist erheblich geringer, weil das blosse Verketten (+) für allgemeine Problemstellungen nicht flexibel genug ist. Die gleichzeitige Behandlung des Partitions- und Permutationsproblems mittels der Einfügeoperationen (*,×), die Konzentration des Rechenaufwands in der entscheidenden Phase, zu Beginn der Optimierung, sowie die Einbeziehung der räumlichen und zeitlichen Flexibilität einer Objektfolge anhand der Gewichtungsfaktoren (F,G,H) eröffnen ein differenzierteres Lösungsspektrum.

Die beschriebene Cluster-Methode hat sich für das Pickup and Delivery Problem der Güterlogistik und insbesondere für das Dial a Ride Problem der Personen-Logistik bewährt. Ihre Anwendung auf diese praxisnahen Aufgabenstellungen, die zu den anspruchvollsten Problemtypen der kombinatorischen Optimierung im Bereich des Operations Research gehören, haben gezeigt, dass weder die Komplexität routing-orientierter Planungen noch die taktischen Anforderungen einer scheduling-orientierten Planung den Optimierungsprozess stören. Darüber hinaus kann mit Hilfe einer Transformation das allgemeine *Mehrstandortproblem* der Tourenplanung, bei dem die Fahrzeuge auf mehreren Standorten verteilt im Netz liegen, durch die Cluster saving Methode gelöst werden.[12]

---

[12] vgl. Weinmann, 1998, S. 82 ff.

# 8 Literatur

**Dewdney, A.K.:** Yes, We Have No Neutrons: An Eye-opening Tour Through the Twists and Turns of Bad Science. New York, USA: John Wiley & Sons, Inc., 1997.

**Lauxtermann, M.:** Traveling Salesman Problem mit Iteriertem Matching. Universität Osnabrück: Fachbereich Mathematik/Informatik, 1996.

**Malich, M.:** Simulated Trading: Ein paralleles Verfahren zur Lösung von kombinatorischen Optimierungsproblemen. Aachen: Shaker, 1995.

**Rosen, K.H.:** Handbook of Discrete and Combinatorical Mathematics. Boca Raton: CRC Press, 2000.

**Weinmann, S.:** Dial a Ride: Ein Verfahren für die computergestützte Tourenplanung der PersonenLogistik. Universität Bremen: Institut für Informatik und Verkehr, 1998.

# Sichere Unternehmensnetze Übersicht zum Thema Sicherheit für den Manager

Rolf Künzler
LGT Bank in Liechtenstein AG

## 1 Einleitung

Sicherlich wird es in der heutigen Technologisierung für das Management von KMU's, aber auch von grösseren Unternehmen immer schwieriger zu beurteilen, wieviel Sicherheit für die Abwicklung der Geschäftstätigkeiten benötigt wird. Der Druck für den Einbezug von Internet in die Geschäftstätigkeiten nimmt rasant zu. Das Rad um E-Commerce und E-Business dreht sich immer schneller; die Erfolgsstories häufen sich.

Wer sich dieser Entwicklung verschliesst, könnte sehr bald Geschäfts- beziehungsweise Marktanteile verlieren.

Da die grösste Eintrittsbarriere in den elektronischen Markt des Internet Sicherheitsbedenken sind, soll im folgenden versucht werden, diese Bedenken zu relativieren. Die Sicherheit bei Internet-Aktivitäten ist mit den heutigen Mitteln hoch im Vergleich zu anderen Risiken, die im Unternehmen bestehen.

Der Inhalt dieser Ausführungen soll als praxisbezogener Einstieg zum Thema Sicherheit verstanden werden. Er soll aufzeigen, welche Sicherheitsrisiken mit welchen technischen, aber vor allem auch organisatorischen Mitteln bewältigt werden können. Sie sollen in die Lage versetzt werden, Sicherheitsrisiken in Ihren Unternehmen zu beurteilen, denn:

> Sicherheit ist in sehr vielen Unternehmen, vor allem aber in Dienstleistungsunternehmen ein strategischer Erfolgsfaktor und demzufolge Managementaufgabe.

# 2 Was umfasst Sicherheit

Sicherheit kann in vier Kategorien unterteilt werden, welche in den folgenden Kapiteln erläutert werden. Es handelt sich dabei um

- Verfügbarkeit
- Vertraulichkeit
- Integrität
- Verbindlichkeit

## 2.1 Verfügbarkeit

Dies ist eine ganz banale Feststellung, dass die ganze Sicherheit nichts nützt, wenn unsere Systeme für die Abwicklung unserer täglichen Arbeit nicht verfügbar sind. Auch regelmässige Datensicherungen gehören in diese Kategorie.

Schutzmassnahmen: **Um die Verfügbarkeit der Systeme und Netzwerke sicherzustellen, bedarf es physischer und logischer Schutzmechanismen. So werden Server in geschützte Räume mit beschränktem Zutritt platziert. Wichtige Systeme werden redundant ausgelegt. Netzwerke werden durch Firewalls und Router geschützt.**

## 2.2 Vertraulichkeit

Wenn wichtige Daten zwischen Geschäftspartnern ausgetauscht werden, ist es wichtig, sicherzustellen, dass die Daten auf dem Weg über Netzwerke oder anderwertige Austauschmedien wie Disketten, CD-ROM's, DVD's, etc. nicht von Dritten eingesehen werden können.

Schutzmassnahmen: **Um die Vertraulichkeit der Informationen sicherzustellen, werden Verschlüsselungsmethoden eingesetzt. Diese sind für Netzübertragungen, aber auch für alle Speichermedien verfügbar. Wichtig ist dabei, möglichst hohe Verschlüsselungsalgorithmen einzusetzen (mindestens 128 Bit gelten als sicher).**

## 2.3 Integrität

Bei der Integrität geht es vor allem darum, dass die Daten während dem Transport nicht verfälscht werden können.

Schutzmassnahmen: **Um die Integrität sicherzustellen, werden die Informationen mit einer verschlüsselten Checksumme übermittelt.**

## 2.4 Verbindlichkeit (Authentizität)

Mit der Verbindlichkeit ist gemeint, dass keine falschen Identitäten vorgetäuscht werden können. Man stelle sich vor, dass per E-Mail eine vertrauliche Lohnliste oder geheime Projektinformationen ausgetauscht werden. Ohne zusätzliche Sicherheit ist es im Internet technisch ein einfaches, sich als den Absender einer E-Mail auszugeben. Beispiel: Bin ich im Falle einer Vertrags-Uebermittlung sicher, dass der Absender derjenige ist, welcher er vorgibt zu sein?
Schutzmassnahmen: **Um die Verbindlichkeit sicher zu stellen, werden sogenannte digitale Unterschriften verwendet.**

> *Um die Vertraulichkeit, die Integrität, sowie die Verbindlichkeit von Datenübermittlungen sicher zu stellen, werden heute PKI-Verfahren (Public Key Infrastructure) eingesetzt.*

## 3  Bedrohungen

Im vorgehenden Kapitel wurden bereits einige Bedrohungen angesprochen. Dies waren auch die offensichtlichsten, welche im Internetzeitalter in aller Munde sind. Sie können auch mittels technischen Massnahmen weitgehend eliminiert werden.
In der folgenden Tabelle werden Bedrohungen aufgezeigt, bei welchen das Risikopotential ebenso gross ist, und welche man normalerweise weniger beachtet.

| Bedrohung | Beschreibung |
|---|---|
| Rufschädigung | Mitarbeiter tauschen pornographisches oder rassistisches Material aus, resp. besuchen Sites |
| Fälschungen | Mittels Fälschungen werden betrügerische Handlungen durchgeführt |
| Disketten, CD-ROMs, DVD's Viren und Trojanische Pferde | Viren und Trojans werden sehr oft durch Austauschmedien eingeschleust |
| Benutzerfehler | Fehlverhalten kann zu Verlusten führen |
| Neue Software | Neue SW birgt oft das Risiko von Fehlfunktionen |
| Betriebssysteme | Neue UNIX/NT Releases müssen auf Veränderungen des Sicherheitsverhaltens geprüft werden |
| Spionage / Behörden | Daten und Informationen werden von der Konkurrenz oder den Steuerbehörden beschafft |
| Sabotage | Zerstörung von Systemen und Systemkomponennten |

| durch Interne/Externe | |
|---|---|
| Datendiebstahl | Diebstahl ab Systemen und Netzen, respektive ab Listen und Datensicherungen |
| Fernwartung | Externe Firmen haben direkten Zugriff auf interne Systeme |
| Stromausfall | Stromausfälle verunmöglichen den Systembetrieb |
| Datenleitungen | Direkte Leitungen ins interne Netz, Umgehung FW |
| Dezentrale Fax-Lösungen | PC basierende Fax-Lösungen mit direktem Ein/Ausgang ins interne Netzwerk |
| Hacker/Cracker extern | Angriffe von aussen, um an Daten heranzukommen |
| Hacker/Cracker intern | Angriffe von innen, um an Daten heranzukommen |
| Angriffe mit 'Denial of Service' | Angriffe extern/intern, um den Systembetrieb zu stören |

# 4   Netzwerk Definitionen

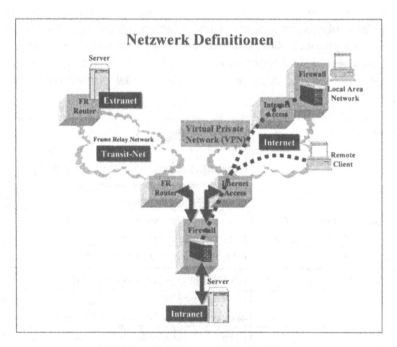

Abbildung 1: Netzwerk Definitionen

Anhand der Abbildung 1 lassen sich verschiedene Netzwerk Typen unterscheiden, welche innerhalb eines Gesamt-Unternehmensnetzwerkes aufgrund ihres Risikopotential klassifiziert werden müssen. Im folgenden lassen sich die Netze wie folgt beschreiben:

**Intranet:**
Das Intranet ist ein in sich geschlossenes Netzwerk, welches durch Firewalls von aussen abgesichert ist. Intern werden Webtechnologien eingesetzt, welche auch im Internet zum Einsatz kommen. **Risiken:** Firmen mit Intranets haben normalerweise eine Security-Policy, welche die Sicherheit regelt. Somit gelten Intranets vor externen Angriffen als sicher. Intern wird der Netzwerkverkehr nicht verschlüsselt und somit besteht das Risiko eines intern verursachten Schadens.

**Transit-Net:**
Noch vor kurzer Zeit galten Mietleitungen zwischen zwei Standorten einer Firma als sicher. Unter diese Kategorie fallen auch andere Verbindungsarten wie Frame-Relay und ATM Strecken. **Risiken:** Da solche Leitungen jedoch über verschiedene Schaltzentralen (Swisscom, Sunrise, Cable&Wireless, etc.) und durch verschiedene Telekom Unternehmen der grossen Provider gehen, empfiehlt es sich, auch solche Verbindungen zu verschlüsseln. Man bedenke auch, dass Uebersee Datenleitungen über Satelliten gehen könnten. Unter dem Codenamen 'Echelon' ist heute bekannt, dass es Abhörstationen gibt, welche den Satellitenverkehr (Daten, Telephonie, Fax) aufzeichnen und mittels intelligenter Systeme die Sprache in Text umsetzen. Man vermutet auch, dass solche Informationen gezielt weitergereicht werden.

**Internet:**
Nachdem das Internet öffentlich zugänglich gemacht wurde, waren vor allem finanzielle Ueberlegungen die treibende Kraft, das Netz zu nutzen. Dafür gibt es aber auch keine garantierten Leistungen, das heisst, keine Sicherheit und keine garantierten Bandbreiten und Verfügbarkeiten von Teilnetzen. Da es ein öffentliches Netzwerk ist, tummeln sich 'the good Guys' und 'the bad Guys'.

**Virtual Private Network (VPN):**
Ein Virtual Private Network ist eine sichere Verbindung zweier vertrauenswürdiger Netzwerke über unsichere Netze. So werden beispielsweise Aussenstellen in entfernten Lokationen durch Firewalls gegen das Internet gesichert. Als Verbindung durch das Internet wird mittels derselben Firewalls ein Virtual Private Network aufgebaut. Des weiteren können Remote-Mitarbeiter mittels VPN eingebunden werden.

**Extranet:**
Die sichere Einbindung von Partnerfirmen ins Unternehmensnetzwerk werden als Extranet's bezeichnet. Dabei kommt normalerweise eine Kombination von Intranet's verbunden über ein Virtual Private Network zum Einsatz.

# 5 Internet Dienste

Grundsätzlich unterscheiden wir zwei Hauptanwendungen, die WWW- (World Wide Web) und Electronic Mail Dienste. Beide sind heute zu einem integralen Bestandteil moderner Unternehmen geworden und kaum noch wegzudenken.
Die Basis aller Internet Dienste sind TCP/IP Datenpakete, welche über nicht kontrollierbare Routen übermittelt werden. Die Kunst der Sicherheitsmechanismen besteht nun darin, den Inhalt dieser Datenpakete zu analysieren und gezielt Durchzuschalten oder allenfalls zu Blocken.
Durch technische und organisatorische Massnahmen, bei grösseren Unternehmen auch unter Berücksichtigung einer entsprechenden Security-Policy, können die Risiken bei Verwendung dieser Dienste weitgehend eliminiert werden.

## 5.1 WWW-Dienste (World Wide Web)

Unter WWW-Diensten versteht man das Surfen im Internet zwecks Informationssuche und Informationsbeschaffung (Produktekataloge, Marketingnews, etc.). Des weiteren werden heute eine unendliche Vielzahl von Transaktionen (Applikationen) via das Web abgewickelt. Dabei steht auf der Benutzerseite im Normalfall ein standard Browser zur Verfügung.
Solche Webbrowser ermöglichen uns das Abwickeln von sehr weit entwickelten Funktionalitäten im Multimedia (abspielen von Musik und Video), Publishing (hochwertige Veröffentlichungen) und Datenaufbereitungs Konzepten (Banking, Online-Bestellungen aller Art, etc.). Zudem kommt die Funktionalität des Download, welcher ermöglicht, Dokumente aller Arten auf den lokalen PC herunter zu laden. (Broschüren, Problem-Patches, Präsentationen, etc.).
Bei Gebrauch von WWW-Diensten benutzt man mehr oder weniger gefährliche Protokolle oder Programme, welche in die TCP/IP Datenpakete verpackt werden.

## 5.2 Electronic Mail

Internet Mail, kurz auch E-Mail genannt, ist vermutlich der meist eingesetzte Dienst. Auf der Basis von Internet-Mail lassen sich heute die unterschiedlichsten Informationen und Dokumente transportieren. E-Mail Dienste sind auch sehr gut in neue Applikationen integrierbar.

Wurde nun der E-Mail Dienst mit Verschlüsselungs und Zertifizierungs Methoden erweitert, so kann er für den Versand von den wichtigsten Dokumenten verwendet werden. (Rechnungen, Verträge, Aufträge, etc.)

# 6 Massnahmen zur Risikominderung

Zur Einschränkung der Sicherheitsrisiken gibt es verschiedene Massnahmen, wobei wir hier auf die Baulichen wie Zugangskontrolle, unterbrechungsfreie Stromversorgung, etc. verzichten.

## 6.1 Personelle und organisatorische Massnahmen

### Security Policy
Die Grundlage aller sicherheitstechnischen Ueberlegungen sollten in schriftlicher Form festgehalten werden. Solche Dokumente werden als Security-Policy bezeichnet. Sie regeln Verantwortlichkeiten und Verfahren im Umgang mit Virenschutz, Datenleitungen, Passwortregeln, externen Netzwerken, Berechtigungen auf Servern, den Einsatz von Firewall-Regeln, usw. Eine Security-Policy unterstützt die Geschäftsleitung beim Um- und Durchsetzten von sicherheitstechnischen Massnahmen. Darum ist es auch notwendig, dass das Management den Inhalt dieses Dokumentes kennt.

### Schulung
Ein sehr grosser Beitrag zur Verminderung des Gesamtrisiko im Unternehmen wird durch Schulung und Sensibilisierung des Management und der Mitarbeiter erzielt. Schulungen werden dort angesetzt, wo technische Mittel nicht mehr ausreichen. Da sich das technische Umfeld sehr schnell ändert, sollten Schulungen regelmässig den neuen Begebenheiten angepasst und wiederholt werden.

### Aufklärung bezüglich Gefahren
Sicherheit schränkt die Mitarbeiter im täglichen Arbeitsumfeld ein. Da sie an PCs zu Hause keine Einschränkungen haben und teilweise sehr gut mit den Geräten umgehen können, wird sehr oft versucht, sicherheitstechnische Massnahmen zu umgehen. Sobald sie jedoch den Benutzern die Gefahren erklären und aufzeigen, wird normalerweise auf Umgehunglösungen verzichtet.

## 6.2 Technische Massnahmen

### Authentisierung

Der einfachste Schutz ist die Verwendung von Passwörtern beim Zugriff auf Server. Man sollte beachten, dass Passwörter regelmässig geändert werden müssen, dass sie möglichst lang sind und dass Gross- und Kleinschrift sowie Sonderzeichen verwendet werden.

Falls der Zugriff von aussen über nicht vertrauenswürdige Netze geschieht, sollten Secure-ID, SmartCards oder ähnliche Mittel zur Identifikation verwendet werden.

### Verschlüsselung

Verschlüsslungsmöglichkeiten stehen heute auf verschiedenen Ebenen zur Verfügung, wobei sehr oft über 3 Ebenen verschlüsselt wird. Physische Netzwerk-Leitungen werden mittels DES (Data Encryption Standard) oder IDEA (International Data Encryption Algorithm) verschlüsselt. Werden Firewalls eingesetzt, kann von FW zu FW ein verschlüsselter Tunnel aufgebaut werden. Auf Applikationsebene wird oft ssL (Secure Socket Layer) vom Browser-Client bis zum Applikations-Server eingesetzt.

Die meisten Verschlüsselungsprodukte sind Software basierend und setzten entsprechende Hardware Infrastruktur voraus. Es gibt jedoch auch sehr effiziente Hardwaregeräte, welche im paarweisen Einsatz eine effiziente Verschlüsselung gewährleisten.

### Authorisierung

Die einfachste Art von Authorisierung sind sogenannte Accesslisten auf Netzwerk-Routern und in Dialup-Geräten. Bei solchen Lösungen basiert die Autorisierung auf TCP/IP Adressen, der Benutzerkennung und Passwort oder auf der Telephonnummer des ankommenden Benutzer. Mittels Firewall oder anderen dedizierten Servern mit entsprechenden Applikationen kann die Authentisierung aufgrund von Benutzererkennung, Passwort und Secure-ID oder SmartCard erfolgen. Je mehr Sicherheit gefordert wird, desto höher wird die Komplexität solcher Lösungen.

### Viren Prüfung

Es gibt heute sehr gute Virenschutz Programme, welche alle bekannten Viren erkennen. Problematisch wird es, wenn Trojanische Pferde eingesetzt werden, oder wenn man durch einen neuen, nicht bekannten Virus attackiert wird. Die Hersteller der Virenschutz Programme haben sehr gute und schnelle Methoden, wie sie neue Erkennungspattern an ihre Kunden verteilen. Virenprüfprogramme durchsuchen und erkennen Viren auch in etliche male gepackte Dateien (Zip-Dateien).

Virenschutz wird heute auf Mailservern, an Firewalls und auf jedem PC-Client installiert. Zudem sollten die Platten aller Server und Clients periodisch nach Viren abgesucht werden.

**Laufwerke mit Uebertragungsmedien**
Das grösste Risiko bezüglich Viren und Trojanischen Pferden stellen alle Laufwerke (Disketten, CD-ROM, DVD's, etc.) dar, welche Dateninput auf die interne Server oder Clients ermöglichen.
Die einzig wirksame Methode gegen diese Probleme ist das Abschliessen oder Deaktivieren dieser Laufwerke. Der Datenaustausch soll dann über sogenannte Schleusen PCs durch geschultes Personal durchgeführt werden.

## 6.3  Hardware- und Softwaremittel

**Router**
Die einfachste Methode, den Netzwerkzugriff zu kontrollieren, basiert auf Filterregeln innerhalb von Netzwerk Routern. Solche Geräte erhalten immer mehr Funktionalität für die Durchführung von Sicherheitsfunktionen. So lassen sich heute eingehende Datenpakete nach Source TCP/IP Adressen mit entsprechenden Netzwerkprotokollen UDP (User Diagram Protocol) und ICMP (Internet Control Message Protocol) filtern und blocken. Zusätzlich werden Datenpackete auf Sorce/Destination mit entsprechendem Port geprüft. Mittels solchen einfachen Methoden erreicht man bereits einen qualitativ ansprechenden Schutz.

**Firewall**
Eine Weiterentwicklung der Sicherheit gegenüber Routern wird durch Firewalls erzielt. Zusätzlich zu den Filtermöglichkeiten vereinigen Firewalls folgende Vorteile:

- **Konzentration der Sicherheit** auf einen Server, das heisst, alle Regeländerungen werden hier gemacht, das Security Logging wird zentralisiert.
- **Absichern interner Informationen,** das bedeutet, dass Namen und interne Systemadressen aus dem Internet nicht sichtbar sind.
- **Vereinfachung und Zentralisierung von Netzwerk Services,** das heisst, dass die Kontrolle der Dienste wie FTP (File Transfer Program), TELNET (Terminal Emulation), etc. zentral durchgeführt werden.

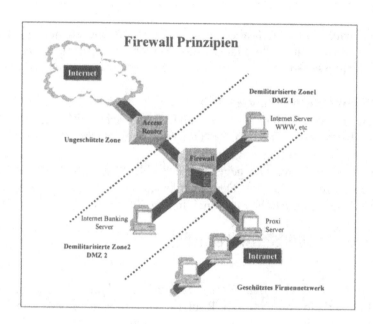

Abbildung 2: Firewall Prinzipien

## Proxi (Stellvertreter)

Servers, welche Proxi-Funktionen (Stellvertreter) wahrnehmen, werden als Applikations-Gateway bezeichnet. Grundsätzlich sind diese Systeme im internen Netzwerk installiert und stellen die kontrollierte Verbindung der internen Benutzerclients ins Internet sicher. Das heisst, die ganze Steuerung, welcher interne Benutzer auf externe Internet-Server mit welchen Funktionalitäten zugreifen darf, wird durch Proxi's geregelt. Sie haben auch Pufferfunktionalität und zeichnen jeglichen Datenverkehr zischen internem und externem Netzwerk auf.

## E-Mail-Inhalt-Filter

Solange reiner Text mittels E-Mail verarbeitet wird, ist dieser Dienst im Grunde genommen risikoarm, und kann mit Virenprüfprogrammen sicher abgewickelt werden. Da man aber heute sehr oft Anhänge verschiedenster Art (Word, Powerpoint, etc.) mit E-Mails empfängt, steigt die Virenproblematik schlagartig.

Wie vorgängig erwähnt, hat man die Virenproblematik mit den Schutzprogrammen soweit möglich im Griff. Zusätzliche Inhalt-Filter Programme erlauben, die Mail Inhalte auf ausführbaren Code (EXE-Programme, Macros, etc.) zu untersuchen und zu blocken. Sehr oft werden auch anrüchige Bilder und Multimedia Dateien empfangen, welche den Ruf einer Firma schädigen können. Es empfiehlt sich, Mail mit solchen Inhalten zu blocken.

**Intrusion Detection**

Angriffe auf ein internes Netzwerk hinterlassen im Normalfall keine Spuren. Dafür kommen jetzt neue Lösungen auf den Markt, sogenannte Intrusion Detection Systeme. Diese Systeme sind in der Lage, den internen Netzwerkverkehr zu analysieren und Attacken zu erkennen. Zudem können sie Aktivitäten auslösen, wie zum Beispiel das Senden einer Alarmmeldung auf einen Pager. Diese Systeme haben auch die Fähigkeiten, die Attacken zu isolieren , ohne dass der Angreifer etwas merkt. Damit wird die Möglichkeit geschaffen, den Hacker zurück zu verfolgen und Beweise zu sichern, um rechtliche Schritte einleiten zu können.

# 7 Sicherheits-Bewertungsmatrix / Zusammenfassung

Die folgende Zusammenstellung soll aufzeigen, wie aufgrund von Erfahrungswerten das Gefahrenpotential (Risiko vorher) durch entsprechende Massnahmen reduziert (Risiko nachher) werden kann.

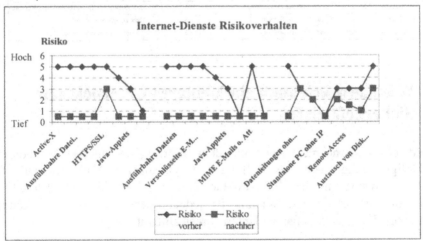

Abbildung 3: Graphik Risikoverhalten Internet-Dienste

| Gefahrenquelle Bedrohung | Gefahrenpotential / Risiko | Risiko vorher | Risiko nachher | Massnahmen zur Risikominderung |
|---|---|---|---|---|
| Active-X | mit Benutzerrechten ausführbare | 5 | 0,5 | Filterung auf Proxy |
| Visual-Basic-Script | mit Benutzerrechten ausführbare Scripts | 5 | 0,5 | Filterung auf Proxy |
| Ausführbahre Dateien | mit Benutzerrechten ausführbare Programm | 5 | 0,5 | Filterung auf Proxy |
| Office-Dokumente | mit Benutzerrechten ausführbare Makros | 5 | 0,5 | Filterung auf Proxy |
| HTTPS/SSL | keine Filtermögl. / End zu End Verschl. | 5 | 3 | Beschr. auf vertrauenswürdige Sites |
| Java-Applets/Java-Script | Schwachstellen in Browsern | 3 | 0,5 | Filterung auf Proxy |
| dynam./statische Dokum. | anstössiges Material | 1 | 0,5 | Filterung auf Proxy mit Blacklists |
| Visual-Basic-Script | mit Benutzerrechten ausführbare Scripts | 5 | 0,5 | Filterung auf Mimesweeper |
| Ausführbahre Dateien | mit Benutzerrechten ausführbare Programm | 5 | 0,5 | Filterung auf Mimesweeper |
| Office-Dokumente | mit Benutzerrechten ausführbare Makros | 5 | 0,5 | Filterung auf Mimesweeper |
| Verschlüsselte E-Mails | keine Filtermögl. / End zu End Verschl. | 5 | 0,5 | Beschr. auf vertrauenswürdige Domains |
| Java-Applets/Java-Script | Schwachstellen in Browsern | 3 | 0,5 | Filterung auf Mimesweeper |
| Digital signierte E-Mails | keine Schwachstellen | 0,5 | 0,5 | keine |
| MIME E-Mails o. Att. | keine Schwachstellen | 5 | 0,5 | keine |
| SMTP E-Mails | keine Schwachstellen | 0,5 | 0,5 | keine |
| Datenleitungen mit IP | internes Netz kann via IP angegriffen | 5 | 0,5 | Filterung über Firewall |
| Datenleitungen ohne IP | internes Netz kann angegriffen werden | 3 | 3 | keine |
| Standalone PC mit IP | PC kann via IP angegriffen werden | 2 | 2 | keine |
| Standalone PC ohne IP | PC kann via IP angegriffen werden | 0,5 | 0,5 | keine |
| Fernwartung | Systeme/Netze können komprom. werden | 3 | 2 | Deakt. Einrichtung bei Nichtgebrauch |
| Remote-Access Mitarbeiter | Missbrauch der Einrichtung | 3 | 1,5 | Benutzung von SecurID und SecuRemote |
| Fax-Modem | Eindringen ins System | 3 | 1 | Nur ausgehende Anrufe |
| Austausch von Disketten | Einschleppen von Viren | 5 | 3 | aktueller Virenscanner auf PC |

# 8  Wie kann sich auch ein kleineres Unternehmen Sicherheit leisten

Sobald ein Unternehmen sich mit dem Einstieg in Internet-Technologien beschäftigt, drängt sich die Prüfung von Outsoucing Varianten auf. Das Outsourcen der technischen Infrastruktur (Server und Applikationen) lohnt sich beim Einstieg fast immer. Wichtig ist jedoch, dass man sich ein kunden-orientiertes Webteam im eigenen Unternehmen aufbaut.

## 8.1  Provider Hosting

Dies bedeutet, dass der Provider die ganze Applikation auf seiner Hardware betreibt und dem Unternehmen zur Verfügung stellt. Bei der Auswahl des Providers sollte man beachten, dass er weitere Dienste wie Verbindungen zu sicheren Zahlungssystemen und PKI (Public Key Infrastructure) anbieten kann.

## 8.2 Server Hosting

Diese Art von Outsourcing bedeutet, dass der Hardware Server vom Provider betrieben wird. Im eigenen Unternehmen hält man sich die Softwareentwicklung. Je nach Geschäftstätigkeit kann man existierende SW-Lösungen kaufen und somit das interne Entwicklungsteam kleiner halten.

## 8.3 Weitere Möglichkeiten

Die folgende Auflistung soll weitere Alternativen im Bereich der auf dem Markt verfügbaren Dienstleistungen aufzeigen.

- **Firewall Betrieb**
  Die 'SecurePoP' Dienstleistung der Swisscom bietet eine Komplettlösung für den sicheren Internetzugang inklusive Firewall für Unternehmen.
- **Remote Access Service**
  Eine weitere Dienstleistung der Swisscom ist der sichere Fernzugriff auf Unternehmensnetzwerke und die sichere Verbindung von Aussenstellen. Es werden Funktionen wie geschlossene Benutzergruppen (Closed User Group) und der Einsatz von Secure-ID angeboten.
- **Trust-Center**
  Die Firma Swisskey bietet Technologien um Sicherheit und Vertrauen im Internet an. Sie stellen Zertifikate aus und treten als Zertifizierungsstelle auf.

---

- **Sicherheit für Ihre Geschäftsaktivitäten im Internet sind als Dienstleistungen verfügbar und erschwinglich.**
- **Der Einsatz eines Beraters als vertrauter Partner kann sich lohnen.**
- **Holen Sie Konkurrenzofferten zwecks Vergleichen ein - der Berater kann Sie dabei unterstützen.**

---

# 9 Zukünftige Herausforderungen beeinflussen Sicherheitssysteme

## 9.1 Mobile Computing / Teleworking

Die nahe Zukunft wird uns immer wieder neue Herausforderungen bringen. So steht im Moment das Mobile Computing mit allen Raffinessen im Vordergrund. Auf der einen Seite ist es immer wichtiger, beim Kunden vorort Zugriff auf aktuelle Daten im Backoffice zu haben. Solche Verbindungen werden heute unter anderem auch mittels Natel und den GSM-Netzen (Global System for Mobile Communication) hergestellt. Die GSM-Netze sind heute problemlos abhörbar.

Eine weitere Gefahr stellen interne mobile Clients dar, welche mittels Adaptern (PCMCIA-Karten) direkt E-Mail und weitere Informationen vorbei an allen Sicherheits Mechanismen wie Firewalls und Virencheckern auf interne Server laden.

## 9.2  Funk Local Area Network (LAN)

Solche Installationen rechtfertigen sich vor allem in alten Gebäuden, wo man nicht mehr gossartige Investitionen in die Verkabelung machen möchte. Zum angebotenen, sogenannten Frequenz-Hopping sollten unbedingt zusätzliche Verschlüsselungs Produkte wie zum Beispiel DES/Triple DES (Data Encryption Standard) eingesetzt werden, da das Hopping alleine zu wenig wirksam ist.

## 9.3  Bandbreiten

In Zukunft müssen grössere Datenmengen noch schneller verfügbar werden. Entsprechend werden Satelliten-Uebertragungen und Intercast-Technologien (TV-Kabel) an Bedeutung zunehmen. Dies hat vor allem im Sicherheitsbereich Einfluss auf die bestehenden Netzwerkinfrastrukturen. Durch diese Entwicklung vorangetrieben, wird Verschlüsselung bald als standard Produkt verfügbar sein.

## 9.4  Neues IP-Protokoll IPv6 (Internet Protokoll Version 6)

Vor rund 4 Jahren drohte auf dem Internet, der Adressbereich von 4 Milliarden Servern mit sogenannten Class-C Adressen erschöpft zu werden. Netzwerk Komponenten Hersteller haben kooperiert und einen neuen Internet-Protokoll Standard, das IPv6 definiert. Dabei standen folgende Verbesserungen im Vordergrund:

- Erweiterung des Adressraumes von 32 auf 128 Bit
- Erweiterung von Sicherheits-Dienstelementen
- Qualität der Dienste mit Priorisierung
- Unterstützung von remoten, mobilen Benutzern

In der Zwischenzeit hat sich aber die Masse von Installationen so schnell entwickelt, dass es schon aufwendige Strategien braucht, um grosse Netze von IPv4 auf IPv6 umzurüsten. Die Limitationen konnten weiter entschärft werden, indem Netzwerk Adressumsetzungen und die Vergabe von kleineren öffentlichen Adressblöcken eingeführt wurde. Somit scheint es im Moment, dass kein Hersteller mehr richtig aktiv Interesse hat, Migrationen nach IPv6 voranzutreiben.

Da die Digitalisierung zügig in Richtung privater Haushalte fortschreitet (digital Lifestyle, WebCam, Haushaltgeräte), muss damit gerechnet werden, dass die Verknappung des Adressbereiches in den nächsten 2-3 Jahren wiederum dramatisch zunehmen könnte.

## 9.5 Elektronische Zahlungssysteme

Um die sich verändernden Prozessketten im E-Business weiter zu optimieren, wurden neue Zahlungsmethoden entwickelt.

**ssL (Secure Socket Layer) Verschlüsselung**
Bis vor rund 3 Jahren wurden Zahlungen mit ssL (Secure Socket Layer) verschlüsselten Methoden durchgeführt. Die ssL Verschlüsselung gewährleistet die Integrität sowie die Vertraulichkeit der übermittelten Daten. Die Verbindlichkeit (Authentizität) kann mit dieser Methode nicht gewährleistet werden. Diese Schwachstelle wird mittels CA's (Certificate Authorities) innerhalb des SET-Ablaufes (Secure Electronic Transaction) geregelt.

**SET (Secure Electronic Transaction)**
Um die Schwachstellen des ssL zu eliminieren, wurde im 1996 das SET-Verfahren durch die Kreditkarten Hersteller VISA und MasterCard entwickelt, welches heute als sicher gilt. So hat auch der Markt reagiert und im Moment setzt sich der Standard des SET mit zusätzlicher ssL Verschlüsselung durch. Leider ist die Handhabung dieses Verfahrens für den Kunden aufwendig und kompliziert.

**SmartCard und ECML (Electronic Commerce Modelling Language)**
Um die Komplexität im Umgang mit SET und ssL zu reduzieren, entwickeln nun weitere Hersteller wie American Express, AOL (Amercia Online), MasterCard, VISA, IBM, SUN und Microsoft den neuen ECML Standard basierend auf einer SmartCard. Dabei geht die Entwicklung vor allem dahin, dass auf der SmartCard personifizierte Informationen wie digitale Unterschrift, private Schlüssel und eine elektronische Brieftasche hinterlegt sind.

**SmartCards**
SmartCards sind frei konfigurierbare Karten, ähnlich den Kreditkarten. Dabei können die unterschiedlichsten Informationen wie digitale Unterschriften, persönliche Informationen (Benutzer ID) und dergleichen auf diesen Karten gespeichert werden. Die Nachteile der SmartCards liegen darin, dass es keinen Standard für Informationen und Formate gibt, und dass man ein zusätzliches Lesegerät am PC installieren muss.

# 10 Zusammenfassung

Da die Anforderungen im Sicherheitsbereich in Zukunft steigen werden, und damit Sie sich auch in Zukunft optimal geschützt sind, folgende Empfehlungen:

- Kümmern Sie sich um die Kompetenz im Sicherheitsbereich, die Komplexität wird steigen
- Schenken Sie den Sicherheitsspezialisten das Vertrauen des Management
- Suchen Sie sich einen externen Berater als Vertrauensperson
- Lassen Sie das Sicherheitsdispositiv regelmässig von externen Firmen überprüfen

Trimmen Sie sich fit im Bezug auf Sicherheit, Ihre Kundschaft wird Sie vermehrt um Auskunft in Sicherheitsbelangen bitten.

# 11 Literatur

**Ravi Kalakota and Andrew B. Whinston (1997),** Electronic Commerce, A Managers Guide, ISBN 0-201-88067-9

**Derek Leebaert (1998),** The Future of the Electronic Marketplace, ISBN 0-262-12209-X

# Fehlt der UML wirklich nur ein Vorgehensmodell?

Erwin Fahr
Berufsakademie Ravensburg

## 1   Einleitung

Es gibt heute kaum noch Bereiche in denen ein Programm von einem Software-Entwickler allein entwickelt wird. Folglich sind Modelle und Vorgehensweisen wichtig, die die Kommunikation innerhalb eines Teams unterstützen und die Arbeitsabläufe im Projekt koordinieren. Modelle sind auch für die zweite Kommunikationsebene, die zwischen Kunden und Entwickler existiert essentiell. Nur so werden missverstandene und unvollständige Anforderungen möglichst früh erkannt und korrigiert. Aufbauend auf dieser Basis kann schnell und mit geringem Kostenaufwand ein robustes, funktionsfähiges und betriebssicheres Produkt entwickelt werden.

In der Fachwelt herrscht weitgehend Einigkeit darüber, dass für die erfolgreiche Durchführung eines Softwareprojekts die UML (Unified Modeling Language) eine geeignete Modellierungsnotation zur Verfügung stellt. Die noch existierenden konzeptionellen Schwächen der UML mögen die obige Aussage relativieren, jedoch nicht generell in Frage stellen.

Eine Modellierungsnotation allein ist nicht ausreichend. Genauso wichtig ist das dem Projekt zugrundeliegende Vorgehens- oder Prozessmodell, das den gewünschten Projektablauf definiert. Dieser Aspekt wird jedoch in der UML bewusst ausgeklammert. Es gibt kein Vorgehensmodell, das unabhängig von der Branche, der Grösse des Projekts, den projektspezifischen Randbedingungen, der vorhandenen Infrastruktur und der verwendeten Technologie ist.

In diesem Beitrag wird aus anerkannten Vorgehensmodellen ein gemeinsamer Kern extrahiert. Für diesen Kern wird die Anwendbarkeit der UML-Konstrukte aufgezeigt.

In der Form, wie sich die UML-Spezifikation heute darstellt, handelt es sich um eine Sammlung einzelner Modelle, die isoliert nebeneinander stehen. Jedes dieser Modelle mag wohl einen gewissen Reifegrad erreicht haben. Bei genauerer Analyse lässt sich für einige Modelle feststellen, dass positive Erfahrungen existierender und in der Praxis erprobter Modelle, aus welchen Gründen heraus auch immer, nicht übernommen wurden. Auch wenn seit Beginn der 90er-Jahre in der Presse und auf Konferenzen immer mehr, bis fast ausschliesslich, von Objektorientierung gesprochen wird, muss das noch lange nicht bedeuten, dass das Gedankengut der strukturierten Methoden oder derer Elemente „OUT" sind. Nur weil die Eisenbahn erfunden wurde, hatte die Kutsche nicht ausgedient. Der Schwerpunkt und die Häufigkeit ihrer Nutzung hat sich lediglich verlagert.

## 2 Die "Unified Modeling Language"

Die „Unified Modeling Language" (UML) ist eine Sprache zur Beschreibung von Softwaresystemen. Im Gegensatz zu Methoden fehlen der UML eine Notation und eine Beschreibung für Prozesse.

Der Grundgedanke bei der UML besteht darin, eine einheitliche Notation für viele Anwendungsgebiete zu haben. So sollen mit ihr Datenbankanwendungen, Echtzeitsysteme, Workflowanwendungen und vieles mehr modellierbar sein.

Dies wird dadurch erreicht, dass die UML aus verschiedenen Diagrammen mit unterschiedlichen grafischen Elementen besteht. Die Semantik der Elemente ist in der Spezifikation festgelegt. Ein Diagramm stellt eine „grafische Projektion" (eine Sicht) auf ein Modell dar. Ein Modell ist eine vollständige Abstraktion eines Aspekts des zu entwickelnden Systems. So kann der statische Aspekt durch Klassen und Objekte und der dynamische Aspekt durch Operationen und Aufrufbeziehungen modelliert werden. Statische und dynamische Modelle stehen zudem in Beziehung zueinander, indem jede Operation genau einer Klasse zugeordnet wird.

Obwohl UML als Vereinigung der „best practices" entwickelt wurde und damit auf den ersten Blick leicht verständlich scheint, zeigt sich bei eingehender Beschäftigung, dass die Probleme im Detail liegen. UML hat durchaus nicht-triviale Seiten – ja sogar Schattenseiten.

# 3   Der Prozess

## 3.1   Gemeinsamer Kern von Prozessmodellen

Prozesse –wie sie in diesem Beitrag verstanden werden- dienen der industriellen Herstellung von Softwaresystemen. Es gibt verschiedene Prozessmodelle, die sich in der Praxis bewährt haben oder sich noch bewähren müssen. Es ist nicht leicht, ein Prozessmodell zu entwickeln, welches unabhängig von der Branche, der Grösse des Projekts und der verwendeten Technologie ist. Aus diesem Grunde wurde der Prozess zunächst aus der UML ausgeklammert und sollte es auch bleiben. Es ist jedoch anerkannt, dass eine Softwareentwicklung ohne Prozess nicht professionell ist. Daraus leitet sich die Notwendigkeit ab, die UML und die für die entsprechenden Einsatzgebiete relevanten Prozessmodelle zu koppeln.

Die Basis für diesen Schritt ist die Erkenntnis, dass sich eine Vorgehensweise durch die folgenden drei Aspekte charakterisieren lässt:

- Die Notation bestimmt, wie die Ergebnisse aussehen sollen. Für jedes Element muss dessen genaue Bedeutung festgelegt sein.

- Es müssen Regeln und Anweisungen existieren, wie die Notation genutzt und wie mit ihrer Hilfe gedacht und gearbeitet wird. Zudem müssen Regeln bezüglich der Konsistenz der Inhalte der unterschiedlichen Diagramme definiert werden.

- Managementpraktiken bestimmen, wann welche Elemente der Notation genutzt werden. Dieser Aspekt beinhaltet auch, wann von einer Notation zu einer anderen gewechselt wird.

Der erste Aspekt wird von der UML abgedeckt und muss an dieser Stelle nicht weiter behandelt werden.

Der zweite und der dritte Aspekt fehlen momentan noch bei der UML. In den folgenden Ausführungen sollen sie gemeinsam behandelt werden, da einige Ausführungen beide Aspekte gleichzeitig betreffen. Der (seitenmässige) Rahmen dieses Beitrags erlaubt es nur, Fragen aufzuwerfen und Denkanstösse zu geben. Antworten werden bewusst sehr kompakt gehalten.

Unabhängig davon, welches Vorgehensmodell betrachtet wird (das Wasserfall-Modell, das V-Modell, das Spiral-Modell oder der Rational Unified Process), lassen sich in einem Projekt 4 Phasen definieren:

- die Anforderungsphase,
- die Festlegungsphase,
- die Erstellungsphase und
- die Übergabephase.

## 3.2   Wann werden welche Diagramme der Notation genutzt?

Bevor auf diagramminterne Details eingegangen werden kann, muss zunächst die Frage geklärt werden, welche Diagramme in welchen Phasen sinnvoll angewendet werden. Eine Empfehlung ist in Tabelle 1: Zuordnung zwischen Diagrammen und Phasen zusammengefasst.

## 3.3   Erstellen eines Diagramms

Jedes Diagramm der UML besitzt zahlreiche Stilelemente, deren Syntax und Semantik klar definiert sind. Was fehlt ist ein Fragenkatalog, der dem Anwender beim Erstellen des Diagramms und beim Finden der Diagrammelemente leitet. Viele der Diagrammtypen sind von anderen Methoden her hinreichend bekannt. Dort existieren anerkannte Vorgehensweisen, an denen sich der Anwender orientieren kann.

Die erforderliche Arbeit würde sich lediglich darauf konzentrieren, diese Vorgehensweisen zusammenzufassen und nochmals mit der Semantik der UML abzugleichen.

Die Vielzahl der Stilelemente und deren semantische Detaillierung, vorgegeben durch vordefinierte Stereotypen, weckt die Erwartung, alle Diagramme auf derselben, möglichst hohen semantischen Detaillierungsstufe zu halten.

Mit diesem Sachverhalt sind mehrere Fragen verknüpft:

- In welcher Projektphase werden welche Stilelemente verwendet?
- In welchem Umfang werden Stereotypen, vielleicht auch selbstdefinierte Stereotypen verwendet?

| Diagramm | Phase | Einsatzgebiet |
|---|---|---|
| Use-Case | Anforderung<br>*Entwurf*[1] | Geschäftsprozesse |
| Klassendiagramm | Anforderung<br>Entwurf<br>Implementierung | ist das wichtigste Diagramm<br>der UML |
| Interaktionsdiagramm | Anforderung<br>Entwurf<br>Implementierung | zeigt den Nachrichtenfluss und<br>und die Zusammenarbeit der<br>Objekte im zeitlichen Ablauf |
| - Sequenzdiagramm |  | zeitl. Aufrufstruktur mit<br>wenigen Klassen |
| - Kollaborationsdiagramm |  | zeitl. Aufrufstruktur mit<br>wenigen Nachrichten |
| Zustandsdiagramm | *Anforderung*<br>Entwurf<br>Implementierung | Darstellung des dynamischen<br>Verhaltens (von Klassen) |
| Aktivitätsdiagramm | Anforderung<br>Entwurf | Bei parallelen Prozessen und<br>anderen Parallelitäten |
| Package-Diagramm | Implementierung | Groborientierung, in welchen<br>Modulen welche Klassen zu<br>finden sind. |
| Implementierungs-<br>diagramm<br><br>- Komponentendiagramm<br>- Verteilungsdiagramm | Entwurf<br>Implementierung | Darstellung von<br>Implementierungsaspekten |

Tabelle 1: Zuordnung zwischen Diagrammen und Phasen

[1] Kursiv gedruckte Phasen sind nicht Hauptanwendungsgebiete der entsprechenden Diagramme

Die Beantwortung dieser Fragen kann nicht Bestandteil der UML sein; sie muss projektspezifisch festgelegt werden. Dabei sollte beachtet werden, dass die Auswahl der Stilelemente auch immer unter dem Aspekt vorgenommen werden soll, dass der Kunde, mit dem die Diagramme diskutiert werden sollen, durch die Vielfalt der Stilelemente nicht verwirrt werden darf. Ist der Kunde ein DV-Spezialist, darf aus dem Vollen geschöpft werden, ansonsten sollten möglichst wenig unterschiedliche Stilelemente verwendet werden.

### 3.4  Konsistenz der Diagramme

Für eine spezielle Aufgabe bzw. Sicht auf das System ist meist eine Diagrammart besser als die andere. Die unterschiedlichen Sichten einer Anwendung werden in unterschiedlichen Diagrammen modelliert. Dabei dürfen sich die Informationen in den verschiedenen Diagrammen nicht widersprechen. In den sich ergänzenden Diagrammen muss jeweils Bezug auf die gemeinsamen Elemente  genommen werden. So müssen die Klassen und Methoden in Sequenz- und Klassen-Diagrammen konsistent verwendet werden.

Daraus leitet sich die Forderung nach der Formulierung von Konsistenzregeln ab. Durch das Vorhandensein solcher Regeln lassen sich in Tools die Konsistenzprüfungen automatisieren, was den Entwickler von fehleranfälliger Routinetätigkeit entlastet.

# 4    Was fehlt der UML sonst noch?

Die folgenden Ausführungen beziehen sich auf die Einsetzbarkeit von UML in der Analysephase. Die Tätigkeiten bei der Analyse konzentrieren sich auf folgende Aspekte:

Feststellen und modellieren, was der Kunde eigentlich will.

Der Kunde erwartet dabei eine vollständige und für ihn verständliche Darstellung seiner Wünsche. Auf die UML als Modellierungssprache übertragen heisst das, die einzelnen Diagrammtypen daraufhin zu untersuchen und zu bewerten, ob diese Anforderungen erfüllt werden.

Ohne Anspruch auf Vollständigkeit möchte ich folgende 4 Aspekte diskutieren:

- Ereignisorientierte Zerlegung und Use-Case-Diagramme
- Definition der Eingabe- und Ergebnisdaten
- Modellierung unabhängiger Abläufe
- Systemdekomposition

## 4.1 Ereignisorientierte Zerlegung und Use-Case-Diagramme

Das Use-Case-Diagramm stellt die Beziehung zwischen Akteuren und Anwendungsfällen dar. Dabei beschreiben die Anwendungsfälle eine Menge von Aktivitäten eines Systems aus der Sicht seiner Akteure, die für die Akteure zu einem wahrnehmbaren Ergebnis führen. Ein Anwendungsfall wird stets durch einen Akteur initiiert.

Nach diesem Verständnis lassen sich externe Ereignisse, die von menschlichen oder technischen Akteuren ausgelöst werden korrekt modellieren.

Die Entwicklung eines Use-Case-Diagramms steht unter dem Leitgedanken – dieser wird auch in vielen Literaturstellen propagiert- zunächst zu erfassen, welche Akteure auf das System wirken. Für die gefunden Akteure werden anschliessend die Use-Cases ermittelt.

Bei dieser Vorgehensweise besteht die Gefahr, dass die Reaktion auf interne Ereignisse -es gibt keinen initiierenden Akteur- nicht vollständig modelliert wird. Es gibt wenige Anwendungen, weder im technischen noch im betriebswirtschaftlichen Umfeld, bei denen nicht Zeitereignisse eine wichtige Rolle spielen.

Auf diese Anwendungsfälle stösst man erst, wenn das Modell zusätzlich unter dem Gesichtspunkt bewertet wird, welche Ergebnisse das System produzieren muss. Eine Lösung für dieses Problem findet sich in den "strukturierten" Kontexdiagrammen.

## 4.2 Definition der Eingabe- und Ergebnisdaten

Im Rahmen der Analyse bietet die UML keinen Diagrammtyp an, mit dem die zu verarbeitenden Daten und die Ergebnisdaten fixiert werden müssen. Man kann hier natürlich argumentieren, dass dadurch das System lange Zeit flexibel an sich ändernde Anforderungen angepasst werden kann. Ganz so ernst darf man dieses Argument wohl nicht nehmen. Für den Kunden ist es wichtig, dass er bewerten kann, ob die für ihn relevanten Daten verarbeitet und die geforderten Ergebnisse erzeugt werden.

Mit Überlastung der grafischen Darstellung kann man auch nicht argumentieren, da im Kontextdiagramm der klassischen strukturierten Analyse die Machbarkeit vielfach bewiesen wurde. Es soll hier sicher nicht propagiert werden, dass mit der strukturierten Analyse alles besser war. Andererseits soll hier angeregt werden, dass alles Herkömmliche nicht schlecht sein muss. Warum sollen die positiven Erfahrungen, die mit Kontextdiagrammen und Datenflussdiagrammen gemacht wurden, plötzlich nichts mehr wert sein, nur weil sie „strukturiert" sind?

## 4.3 Modellierung unabhängiger Abläufe

Im Use-Case-Diagramm wird ein statischer Überblick über die Funktionalität eines Systems gegeben. Das dynamische Systemverhalten kann mit Hilfe von Aktivitätsdiagrammen beschrieben werden. Mit deren Hilfe kann der „Ablauf" des Gesamtsystems, d.h. das Zusammenspiel der einzelnen Systemoperationen dargestellt werden. Aktivitätsdiagramme werden in der UML mit einer ähnlichen Intention wie Datenflussdiagramme in OMT (Object Modeling Technique) eingesetzt. Aktivitätsdiagramme ermöglichen die Beschreibung eines Ablaufs, wobei spezifiziert werden kann,

- was die einzelnen Schritte des Ablaufs tun,
- in welcher Reihenfolge sie ausgeführt werden und
- wer für sie verantwortlich zeichnet.

Der Einsatz des Aktivitätsdiagramms erfolgt meist sehr früh im Entwicklungsprozess, wo noch nicht klar definiert ist, welche Objekte welche Verantwortlichkeiten übernehmen. In dieser Projektphase liegt der Schwerpunkt auf der Beschreibung eines Anwendungsfalles oder des Zusammenspiels mehrerer Anwendungsfälle bzw. Geschäftsprozesse. Alle oben genannten Fälle setzen sich aus einer Menge von Aktivitäten zusammen, die zunächst nicht an eine konkrete, fest vorgegebene Ablaufsteuerung gebunden sind. Es handelt sich grossteils vielmehr um im zeitlichen Ablauf voneinander unabhängige Aktivitäten. Diesem Sachverhalt werden Aktivitätsdiagramme nicht gerecht. Mit Konstrukten wie Splitting und Synchronisation werden unabhängige Abläufe nachgebildet. Auch hier stellt sich die Frage, ob Rumbaugh bei der Definition der UML deshalb auf seine in der Praxis bewährten Datenflussdiagramme verzichten musste, nur weil sie ein „Relikt" der strukturierten Analyse sind?

Aktivitätsdiagramme wurden auch erst nachträglich „objektfähig" gemacht. Das Aktivitätsdiagramm im herkömmlichen Sinn entspricht dem klassischen Flussdiagramm. Dann merkte man, dass darin ja gar nichts objektorientiertes steckt. Daraus resultiert die Erweiterung, dass in Aktivitätsdiagrammen der Bezug zwischen Aktivität und Objekt modelliert werden kann.

## 4.4 Systemdekomposition

Werden mit Use-Case-Diagrammen komplexe Systeme (z.B. 10 Personenjahre Entwicklungszeit) modelliert, so geben Experten die Zahl der benötigten Anwendungsfälle mit zwischen 10 und 100 an. Bereits mit 10 Anwendungsfällen wird ein Use-Case-Diagramm unübersichtlich. Bei noch mehr Anwendungsfällen ist eine Dekomposition zwingend notwendig. Erfahrene Analytiker sind sicher in der Lage, die erforderlichen Verfeinerungen durchzuführen. Was fehlt sind klare Regeln, die die Konsistenz der Diagramme überprüfbar machen.

Erstens ist das Vorhandensein solcher Regeln für den Entwickler wichtig, da er dadurch eine anerkannte Vorgehensweise vorgegeben bekommt, die ihm die Arbeit erleichtert. Zweitens ist das Vorhandensein solcher Regeln auch für den Toolhersteller relevant, da Systementwickler von Tools, die die strukturierte Analyse unterstützen von Routinetätigkeiten wie der Überprüfung der Konsistenz von Verfeinerungsdiagrammen entlastet werden.

# 5  Zusammenfassung

Die UML hat sicher mehr Stärken als Schwächen und ist in ihrer Gesamtheit positiv zu bewerten. Dieser Beitrag soll vor dem Hintergrund gesehen werden, dass Methoden bis zu ihrer 70%-igen Marktdurchdringung und Marktreife zwischen 8 und 15 Jahren benötigen. Wenn man den Beginn der UML auf 1995 terminiert, so befinden wird uns noch in der Entwicklungsphase der Methode (sicher mit einer Vielzahl von β-Testern). Viele der Anregungen werden in die nächsten Versionen der UML einfliessen. Viele der aufgeworfenen Fragen können nicht einfliessen, da sie nicht Bestandteil einer Sprache sein können.

Als Stärken der UML sind zu nennen, dass sie umfassend ist und die besten Chancen hat, Industriestandard zu werden. Zudem ist sie offen und erweiterbar und wird von den grossen Werkzeugherstellern unterstützt. Für das Selbststudium gibt es bereits ein grosses Angebot an Bücher, Artikeln und Schulungen.

Negativ ist zu bemerken, dass die UML-Modelle sich noch als Sammlung von Einzelmodellen darstellen, denen Regeln zur Systemdekomposition fehlen. Gerade für die wichtigste Phase eines Projekts „schwächelt" die UML daran, dass die Modellierung des Systemkontextes unvollständig ist.

# 6 Literaturverzeichnis

**Peter Coad/ Edward Yourdon (1996):** Objektorientierte Analyse, New York-London-München

**Martin Fowler, Kendall Scott (1997):** UML konzentriert, Die neue Standard-Objektmodellierungssprache anwenden, Bonn-New York

**Peter Hruschka (1998):** Ein pragmatisches Vorgehensmodell für die UML, in: OBJEKTspektrum 2/98, Seite 34-45

**Peter Hruschka (1999):** Die UML im Alter von zweieinhalb, in: OBJEKTspektrum 4/99, Seite 50-55

**Ivar Jacobson(1992):** Object-Oriented Software-Engineering, A Use Case Driven Approach, New York

**Ivar Jacobson / Grady Booch / James Rumbaugh (1999):** The Unified Software Development Process, Bonn-Amsterdam

**Philippe Kruchten (1998):** The Rational Unified Process, An Introduction, Bonn-Amsterdam

**Bernd Oestereich (1998):** Objektorientierte Softwareentwicklung, Analyse und Design mit der Unified Modeling Language, München-Wien

**Bernd Oestereich (Hrsg.) (1999):** Erfolgreich mit Objektorientierung, Vorgehensmodelle und Managementpraktiken für die objektorientierte Softwareentwicklung, München-Wien

**J. Rumbaugh, M. Blaha, W. Premerlani, F. Eddy, W.Lorensen:** Objektorientiertes Modellieren und Entwerfen, München-Wien

**J. Rumbaugh / I. Jacobson / G. Booch / (1999):** The Unified Modeling Language Reference Manual, Bonn-Paris-New York

**Günter Wahl (1998):** UML kompakt, in: OBJEKTspektrum 2/98, Seite 22-33

# Die Behandlung zeitbezogener Daten in der Wirtschaftsinformatik

Alexander Kaiser
Wirtschaftsuniversität Wien

## 1 Einleitung

Der Einfluss der Zeit auf betriebswirtschaftliche Entscheidungen hat in den letzten Jahren immer mehr zugenommen. Der Wettbewerb ist in vielen Branchen mittlerweile zu einem Zeitwettbewerb geworden und damit verbunden die Fähigkeit zur Verkürzung bzw. Beschleunigung betrieblicher Prozesse zu einem der wichtigsten Erfolgsfaktoren[1]. Eine wesentliche Aufgabe der Wirtschaftsinformatik ist es, die innerbetriebliche und zwischenbetriebliche Informationsverarbeitung in Unternehmen so zu unterstützen, dass es bei der Abbildung zwischen dem Objektsystem und dem Modellsystem zu einem möglichst geringen Informationsverlust kommt. Der vorliegende Beitrag zeigt Möglichkeiten auf, zeitbezogene Daten in die Informationssystemlandschaft von Unternehmen zu integrieren.

## 2 Zeitbezogene Daten im Unternehmen

Der stetige Wandel von Verkäufer- zu Käufermärkten insbesondere in (West-)Europa lässt die Lieferanten im Vorteil sein, welche die zeitlichen Restriktionen, selbst bei preislichen Nachteilen, am besten erfüllen können. Konzentrierten sich in den sechziger und siebziger Jahren die Wettbewerbsstrategien auf die Erzielung von Kostenvorteilen, die dem Unternehmen eine vergleichsweise hohe Gewinnspanne versprachen, stand in den achtziger Jahren die Typenvielfalt und das Qualitätsbewusstsein der Konsumenten im Vordergrund[2]. Ende der achtziger Jahre gewinnt der Wettbewerbsfaktor Zeit zunehmend an Bedeutung[3]. Für ein im Wettbewerb stehendes Unternehmen kommt es daher auf die Verkürzung bzw. Beschleunigung von nachfragewirksamen Prozessen an, insbesondere auf eine Reduzierung der Durchlaufzeiten von Kundenaufträgen und eine Verkürzung der

---

[1]  K.Voigt (1998) S.1
[2]  K.Voigt (1998) S.75f.
[3]  G.Klentner (1995) S.19, K.Voigt (1998), S.77

Zeitdauer für die Entwicklung neuer Produkte und damit eine möglichst schnelle Markteinführung von Produktinnovationen[4].

Ein weiterer zeitbezogener Aspekt der Betriebswirtschaft ist die zu beobachtende Verkürzung der Produktlebenszeit. In vielen Branchen wird die Zeitspanne von der Einführung einer Produkttechnologie bis zu ihrer Ablösung durch eine neue zunehmend kürzer[5]. Wenn nun ein Unternehmen als Folger - als Zweiter oder Dritter - mit einem Zeitverzug gegenüber dem Ersten in den produktspezifischen Markt eintritt, ist bereits ein wesentlicher Teil der Gesamtnachfrage vergeben. Der Erste hat in der Regel für den Rest der Lebensdauer des Produktes eine uneinholbare Marktposition aufgebaut[6]. Die Ausrichtung auf den Faktor Zeit stellt einen möglichen Leistungsvorteil eines Unternehmens dar. Zeitvorteile können als ein Mittel zur Differenzierung gegenüber der Konkurrenz angesehen werden. Differenzierung schlägt sich beispielsweise in einem verbesserten Produktimage und einer höheren Kundenbindung nieder. Der Faktor Zeit hat als Differenzierungsmerkmal insbesondere deshalb an Bedeutung gewonnen, da das Problem der Zeitknappheit für die gegenwärtige Situation in unserer Gesellschaft prägend ist[7].

Ebenso spielt in der Absatzplanung die Zeit eine wichtige Rolle, da sie Umfang und Inhalt der Planungsaktivitäten bestimmt.

Ein weiterer zeitbezogener Bereich in der Betriebswirtschaftslehre betrifft die ökonomische Bewertung von Zeitspannen. Dieser kommt vor allem in der Zinstheorie und in der Investitionstheorie grosse Bedeutung zu. Daneben spielt die Bewertung von Zeitspannen aber auch in der Optionspreistheorie, bei der Bestimmung von Löhnen sowie der Berechnung von Opportunitätskosten eine wichtige Rolle[8]. Auch bei der Preisdifferenzierung ist eine zeitliche Komponente zu beobachten. Der Begriff der Preisdifferenzierung bezieht sich auf unterschiedliche Preise im Hinblick auf gleichartige Güter oder Dienstleistungen[9]. Neben einer personellen, mengenmässigen oder räumlichen Preisdifferenzierung kann auch eine zeitliche Preisdifferenzierung vorgenommen werden[10]. Dabei kann der Preis etwa in Abhängigkeit von Saisonen, Monaten oder Wochentagen variieren.

Darüber hinaus ist der Zeitaspekt in weiteren Bereichen der Betriebswirtschaft, insbesondere im betrieblichen Rechnungswesen, in der betrieblichen Kontrolle und in der Produktionsplanung und –steuerung eine wichtige Einflussgrösse.

---

[4] K.Voigt (1998), S.1
[5] H.Geschka (1993), S.11
[6] H.Geschka (1993), S.14
[7] W.Buchholz (1996), S.44
[8] vgl. dazu etwa K.Voigt (1998), S.50f und H.Simon (1988), S.122f.
[9] W.Lechner (1997), S.478
[10] P.Kotler (1999), S.335, W.Lechner (1997), S.479f.

Die angeführten Beispiele zeitbezogener Aspekte in der Betriebswirtschaft sollen zeigen, dass der Inhalt der vorliegenden Arbeit, nämlich die Modellierung zeitbezogener Daten, ökonomisch motiviert und damit zweckorientiert ist.

Den Bezugsrahmen der Wirtschaftsinformatik stellen die innerbetriebliche und zwischenbetriebliche Informationsverarbeitung dar. Wesentlicher Gegenstand und Thema des wissenschaftlichen Interesses der Wirtschaftsinformatik sind u.a. der Entwurf und die Gestaltung von Informations- und Kommunikationssystemen sowie die Erklärung relevanter Phänomene in Verbindung mit der innerbetrieblichen, zwischenbetrieblichen und überbetrieblichen Informationsverarbeitung[11]. Die Diskurswelt eines betrieblichen Informationssystems ist ein Unternehmen. Wie am Beginn der Arbeit gezeigt wurde ist die Zeitdimension in Unternehmen relevant, so dass auch in betrieblichen Informationssystemen die Zeit angemessen berücksichtigt werden muss. Die Behandlung zeitbezogener Daten ist daher ein wichtiges Anliegen und Teilgebiet in der Wirtschaftsinformatik.

# 3 Die Modellierung zeitbezogener Daten

Im folgenden Abschnitt der Arbeit werden nachdem kurz in die Grundbegriffe temporaler Datenhaltung eingeführt wurde, einige Modelle überblicksmässig skizziert. Ziel ist dabei aber keine genaue Beschreibung der Modelle, sondern vielmehr eine Gegenüberstellung der wesentlichen Charakteristika der Modelle. Abschliessend wird mit dem Modell Rette ein Ansatz ausführlicher beschrieben.

## 3.1 Grundbegriffe temporaler Datenhaltung

In temporalen Datenbanken wird zwischen der Gültigkeitszeit, das ist die Zeit, die festlegt, in welchem Zeitraum ein Objekt in der modellierten Realität den beschriebenen Zustand aufweist, und der Transaktionszeit, das ist der Zeitpunkt, zu dem ein Datensatz in die Datenbank aufgenommen bzw. geändert oder gelöscht wird, unterschieden. In weiterer Folge der Arbeit beschränken wir uns auf die Betrachtung der Gültigkeitszeit. Eine weitere wichtige Unterscheidung besteht zwischen der Attributzeitstempelung und der Tupelzeitstempelung. Bei der Attributzeitstempelung wird einem einzelnen Attribut ein Zeitstempel zugeordnet. Dadurch sind die Werte eines Attributs nicht mehr atomar und entsprechen nicht mehr der 1.Normalform. Bei der Tupelzeitstempelung wird einem gesamten Tupel ein Zeitstempel zugeordnet, so dass alle Attributsausprä-

---

[11] F.Lehner (1995) S. 5

gungen dieses Tupels in diesem Zeitraum in der modellierten Realität gültig sein müssen.

## 3.2   Ausgewählte temporale Datenmodelle

Das *BCDM (Bitemporal Conceptual Data Model)* und die darauf basierende Sprache *TSQL2* wurde von einer grösseren Gruppe von Forschern entwickelt, die sich mit temporalen Daten beschäftigen[12]. Das BCDM sieht ein implizites Zeitstempelattribut vor und steht damit im Gegensatz zu den meisten anderen tupelorientierten Modellen, bei denen die Zeitstempelattribute explizite Attribute sind. Durch die implizite Tupelzeitstempelung wird auch angenommen, dass alle Attribute eines Tupels zeitabhängig sind und sich (im Idealfall) auch gleichzeitig ändern sollten. TSQL2 ist aufwärtskompatibel zu SQL-92. Ein wesentliches Charakteristikum des BCDM und TSQL2 ist das automatische Zusammenfassen mehrerer aufeinander folgenden Versionen mit identischen Attributwerten (dieser Vorgang wird als *coalescing* bezeichnet), was sowohl in der Literatur als auch in der Praxis nicht unumstritten ist.

Bereits etwas älter ist das *TRM (Temporal Relational Model)* und die darauf basierende Sprache *TSQL*, entwickelt von Navathe und Ahmed[13]. Das TRM ist eine Weiterentwicklung des relationalen Modells. Insbesondere wird dabei das Konzept der temporalen Abhängigkeit zwischen zwei zeitabhängigen Attributen vorgestellt. Eine temporale Abhängigkeit ist dann gegeben, wenn sich in einer Relation zwei oder mehrere zeitabhängige Attribute befinden, deren Werte sich nicht zum selben Zeitpunkt ändern. Beim Entwurf temporaler Datenbanken mit dem TRM muss darauf geachtet werden, dass temporale Abhängigkeiten vermieden werden, da es ansonsten zu Update- und Retrievalanomalien kommen kann. Die Sprache TSQL ist eine Erweiterung von Standard-SQL und erweitert SQL um einige zeitbezogene Konstrukte.

Die Sprache $SQL^T$ [14] basiert auf einem Datenmodell mit Attributzeitstempelung. Das heisst insbesondere, dass Relationen verwendet werden, die nicht in 1.NF sind (NFNF), da die Werte ihrer zeitabhängigen Attribute nicht atomar sind. Die Attributzeitstempelung hat gegenüber der Tupelzeitstempelung unter anderem den Vorteil, dass die gesamte Historie eines zeitabhängigen Attributs direkt beim Attribut abgespeichert ist. Deshalb kann bei Modellen mit Attributzeitstempelung das "Coalescing-Problem" nie auftreten.

Weitere Modelle sind etwa ATSQL[15], und IXSQL[16], das auf dem IXRM (Interval extended relational model) basiert. Ein Vergleich der wichtigsten temporalen

---

[12]   R.Snodgrass (1995)

[13]   S.Navathe (1989) und S.Navathe (1993)

[14]   A.Tansel (1993) und A.Tansel (1997)

[15]   M.Böhlen (1996)

Datenmodelle und Datenbanksprachen findet sich in der Literatur[17]. All diesen Ansätzen ist aber ein schwerwiegendes Manko gemeinsam: wenn man von einigen wenigen Prototypen (z.B. Tiger[18]) absieht, ist die praktische Einsatzmöglichkeit aufgrund fehlender Implementierungen von entsprechenden temporalen Datenbankmanagementsystemen nicht gegeben. Die Unterstützung zeitbezogener Daten in kommerziell verfügbaren Datenbankmanagementsystemen geht meist nicht über die Bereitstellung spezifischer Datentypen, wie DATE oder TIME hinaus. Das kontrastiert mit anderen Entwicklungen der Informatik, wie z.B. dem objektorientierten Modell, die auch in kommerziell verfügbaren Produkten ihren Niederschlag gefunden haben.

Basierend auf den Erfahrungen mit den weiter oben erwähnten Prototypen und temporalen Sprachentwürfen, geht das Modell Rette einen anderen Weg. Angesetzt wird auf der konzeptionellen Ebene, d.h. dem Entity Relationship Modell (ER-Modell), wo durch eine entsprechende Erweiterung die Abbildung zeitbezogener Daten ermöglicht wird. Darauf aufbauend werden Vorgehensweisen und Methoden vorgestellt, die eine Umsetzung des temporal erweiterten ER-Modells in das relationale Modell festlegen und damit eine Implementierung mit kommerziell verfügbaren Datenbankmanagementsystemen erlauben. Damit ist eine durchgehende systematische Unterstützung beim Entwurf temporaler Datenbanken basierend auf weit verbreiteten Modellen (ER-Modell, relationales Modell) und die Implementierung mit kommerziell verfügbarer Software verfügbar.
Im folgenden Abschnitt werden die Grundzüge des Modells Rette skizziert. Für eine ausführliche Beschreibung des Rette-Modells sei auf die Literatur[19] verwiesen.

## 3.3 Das Modell Rette

Das konventionelle ER-Modell besteht aus den drei Grundkomponenten Entitätstypen, Beziehungstypen und Attributen. Im Modell Rette (RElaTionales TEmporales Modell) wird aus dem konventionellen ER-Modell ein temporal erweitertes ER-Modell, in dem in erster Linie bei den Attributen die Zeitdimension explizit berücksichtigt wird. Durch diese explizite Zeitunterstützung auf Attributebene wird es möglich, sowohl auf der Ebene der Entitäten als auch auf der Ebene der Beziehungen zwischen zeitbezogenen und konventionellen Elementen zu unterscheiden.

---

[16] N.Lorentzos (1997)
[17] A.Kaiser (1998) und A.Kaiser (1996)
[18] M.Böhlen (1997)
[19] A.Kaiser (2000) und A.Kaiser (1999)

Die meisten temporal erweiterten ER-Modelle in der Literatur berücksichtigen den unterschiedlichen zeitlichen Bezug von Attributen nicht angemessen. Das bedeutet, dass alle Attribute gleich behandelt werden, egal ob sich die Attributwerte im Zeitablauf eines Entitätstyps ändern können oder nicht. Nur bei wenigen Ansätzen[20] wird zumindestens zwischen zeitabhängigen und zeitunabhängigen Attributen unterschieden. In diesem Zusammenhang wurde auch gezeigt[21], dass eine unzureichende Differenzierung zwischen den verschiedenen Arten von Attributen in temporal erweiterten ER-Modellen bei der Umsetzung in ein abstraktes Datenmodell zu Problemen führt.

Im Rette-Modell wird daher bei den Attributen zwischen fünf verschiedenen Attributarten unterschieden:

- Zeitstempelattribute
- zeitabhängige Attribute
- zeitabhängige Attribute im weiteren Sinn
- zeitabhängige Attribute im engeren Sinn
- zeitabhängige zyklische Attribute

Diese fünf Attributarten übernehmen alle Eigenschaften eines Attributs aus dem ER-Modell, erhalten aber darüber hinaus zusätzliche semantische Informationen.

Zeitstempelattribute: Die beiden Zeitstempelattribute $T_B$ und $T_E$ sind auf der Domäne Zeit definiert und legen den Beginn und das Ende einer Gültigkeitsperiode fest.

zeitunabhängige Attribute: Die Werte von zeitunabhängigen Attributen bleiben für jedes Objekt im Zeitablauf eines zeitbezogenen Entitätstyps konstant. Ein typisches Beispiel für ein zeitunabhängiges Attribut wäre etwa das Geburtsdatum eines Mitarbeiters.

zeitabhängige Attribute im weiteren Sinn: Die Werte von zeitabhängigen Attributen im weiteren Sinn können sich für jedes Objekt im Zeitablauf eines zeitbezogenen Entitätstyps ändern. Die früheren Werte dieser Attribute sind jedoch im Kontext der modellierten Realität nicht relevant. Das bedeutet, dass die Historie solcher Attribute nicht nachvollziehbar sein muss und dass immer nur der momentan gültige und aktuelle Wert dieses Attributs relevant ist. Ein Beispiel für ein zeitabhängiges Attribut im weiteren Sinn wäre etwa die Adresse eines Mitarbeiters, wenn man davon ausgehen kann, dass jeweils nur die aktuelle Adresse eines Mitarbeiters bedeutend ist.

---

[20] z.B. S.Bergamaschi (1998), R.Elmasri (1993) oder H.Gregersen (1998)
[21] A.Kaiser (2000)

zeitabhängige Attribute im engeren Sinn: Die Werte von zeitabhängigen Attributen im engeren Sinn können sich für jedes Objekt im Zeitablauf eines zeitbezogenen Entitätstyps ändern. Die früheren Werte dieser Attribute sind relevant, d.h. die Historie dieser Attribute muss nachvollziehbar sein. Wenn sich der Wert eines zeitabhängigen Attributs im engeren Sinn ändert, muss eine neue Version angelegt werden. Alle früheren Versionen müssen natürlich erhalten bleiben. Ein Beispiel für ein zeitabhängiges Attribut im engeren Sinn wäre etwa die Funktion eines Mitarbeiters.

zeitabhängige zyklische Attribute: Die Werte von zeitabhängigen zyklischen Attributen können sich für jedes Objekt im Zeitablauf eines zeitbezogenen Entitätstyps ändern. Die früheren Werte dieser Attribute sind relevant, d.h. die Historie dieser Attribute muss nachvollziehbar sein. Wenn sich der Wert eines zeitabhängigen zyklischen Attributs ändert, muss eine neue Version angelegt werden. Wenn es zu keiner Wertänderung kommt, obwohl prinzipiell eine Wertänderung möglich gewesen wäre, muss zwar keine neue Version angelegt werden. Die Tatsache, dass es keine Änderung gegeben hat, muss aber abgebildet werden. Ein Beispiel für ein zeitabhängiges zyklisches Attribut wäre etwa das Gehalt eines Mitarbeiters. Bekommt ein Mitarbeiter keine Gehaltserhöhung, obwohl prinzipiell eine Gehaltserhöhung möglich gewesen wäre, so bleibt das Gehalt konstant, die Information über die nicht erfolgte Gehaltserhöhung muss aber ebenfalls abgebildet werden. Andere Beispiele für solche Attribute wären die Verwendungsgruppe von Mitarbeitern, der Kompetenzbereich von Mitarbeitern, die Kategorie von Beherbergungsbetrieben oder die Kategorie von Wohnungen.

Bei Entitätstypen und Beziehungstypen kann im Modell Rette jeweils ein konventioneller und ein zeitbezogener Typ unterschieden werden. Ein Entitäts- oder Beziehungstyp ist dann zeitbezogen, wenn er die beiden Zeitstempelattribute $T_B$ und $T_E$ beinhaltet. Ob ein Beziehungstyp konventionell oder zeitbezogen ist, ist dabei unabhängig davon, ob die an dem Beziehungstyp beteiligten Entitäts- typen konventionell oder zeitbezogen sind.

Ein zeitbezogener Beziehungstyp bildet die Historie dieses Beziehungstyps ab. Das bedeutet, dass nicht nur die derzeit aktuell gültigen Beziehungsexemplare abgebildet werden, sondern auch Beziehungsexemplare, die in der Vergangenheit gültig waren oder erst in der Zukunft gültig sein werden. Beispielsweise bildet der zeitbezogene Beziehungstyp "leiht aus" zwischen den Entitätstypen Mitarbeiter und Buch alle je von einem Mitarbeiter entlehnten Bücher ab, auch solche, die bereits wieder zurückgegeben wurden. Der konventionelle Beziehungstyp "leiht aus" hingegen würde nur diejenigen Beziehungsexemplare beinhalten, die derzeit entlehnte Bücher betreffen.

Zeitbezogene Beziehungstypen besitzen jedenfalls die beiden Zeitstempelattribute $T_B$ und $T_E$ , können darüber hinaus aber auch noch weitere zeitunabhängige und zeitabhängige Attribute besitzen. Zeitabhängige Attribute eines Beziehungstyps sind Attribute, deren Werte sich während der Gültigkeitsdauer eines Beziehungsexemplars ändern können. Dabei unterscheiden wir wieder zwischen zeitabhängigen Attributen im weiteren Sinn, zeitabhängigen Attributen im engeren Sinn und zeitabhängigen zyklischen Attributen, mit genau derselben Bedeutung wie weiter vorne beschrieben. Beispielsweise könnte zwischen den Entitätstypen Mitarbeiter und Seminar ein zeitbezogener Beziehungstyp "leitet" bestehen. Im Rahmen einer Evaluierung von Seminaren kann es durchaus interessant sein, während des konkreten Beziehungsexemplars "Der Mitarbeiter Huber leitet das Seminar SQL" die Historie des Attributs Bewertung zu verfolgen, wenn mehrmals im Laufe des Seminars eine Bewertung des Vortragenden geplant ist. In diesem Fall wäre das Attribut Bewertung ein zeitabhängiges Attribut bzw. ein zeitabhängiges zyklisches Attribut des Beziehungstyps.

Die Umsetzung eines Schemas aus dem temporal erweiterten ER-Modell in das relationale Modell lehnt sich sehr stark an die Umsetzung von Schemata des konventionellen ER-Modells in das relationale Modell an. Die Attribute im temporal erweiterten ER-Modell werden in einzelne Klassen unterteilt, so dass Teilrelationen im relationalen Modell gebildet werden können, die jeweils nur Attribute einer Attributsklasse beinhalten. Darüber hinaus werden eine Reihe von Integritätsbedingungen definiert, die einerseits die Konsistenz der einzelnen Teilrelationen untereinander und andererseits die Konsistenz zwischen verschiedenen (zeitbezogenen) Entitätstypen gewährleisten. Dabei wird zwischen der Objektrelation und den Teilrelationen unterschieden. Dieser Ansatz ermöglicht es, dass Abfragen auch bei zeitbezogener Datenhaltung mit einer vertretbaren Antwortzeit ausgewertet werden können. Eine genaue Beschreibung der Umsetzung von Schemata aus dem temporal erweiterten ER-Modell in das relationale Modell würde den Rahmen der vorliegenden Arbeit bei weitem sprengen, so dass an dieser Stelle auf die entsprechende Literatur[22] verwiesen werden muss.

# 4 Zusammenfassung und Schlussfolgerungen

Der vorliegende Beitrag hat die grosse Bedeutung zeitbezogener Daten in der Betriebswirtschaft und in der Wirtschaftsinformatik aufgezeigt und einige Ansätze skizziert, um zeitbezogene Daten in angemessener Form in konzeptionellen und logischen Datenmodellen abzubilden. Zeitbezogene Daten spielen auch im

---

[22] A.Kaiser (2000) und A.Kaiser (1999)

Bereich der Datawarehouse Systeme eine wichtige Rolle, auf die jedoch in diesem Beitrag aus Platzgründen nicht eingegangen werden konnte. Die Ansicht mehrerer Forscher[23], dass es mittelfristig keine temporalen Datenbankmanagementsysteme geben wird und es daher notwendig sein wird, einen "pragmatischen" Ansatz zu wählen und die Zeit in bestehende logische Datenmodelle entsprechend zu integrieren, unterstreicht die Bedeutung einer adäquaten Abbildung der Zeitdimension schon auf der konzeptionellen Ebene. Durch die Integration der Zeit in bestehende logische Datenmodelle, beispielsweise in das relationale Modell, kommt es naturgemäss zu einer komplexeren Datenbankstruktur. Eine saubere und klar durchdachte Modellierung in der Phase des konzeptionellen Datenbankentwurfs ist daher umso wichtiger. Das in der vorliegenden Arbeit skizzierte Modell Rette verfolgt diese Ziele und stellt eine systematische Unterstützung beim Entwurf temporaler Datenbanken dar. Zukünftige Arbeiten auf dem Gebiet temporaler Datenbanken und temporaler Datenmodellierung werden sich vermehrt auf verbreitete Modelle und kommerziell verfügbare Software stützen müssen um eine möglichst effiziente und unmittelbare Umsetzung zeitbezogener Daten in bestehende Datenbankapplikationen sicherstellen zu können.

# 5 Literatur

**Bergamaschi, Sonja et al. (1998):** Chrono: a conceptual design framework for temporal entities, in: Proceedings of the 17th International Conference on Conceptual Modeling (ER'98), S. 35-50, Springer

**Böhlen, Michael (1997):** The Tiger Temporal database System, http://www.cs.auc.dk/ tigeradm/index.html

**Buchholz, Wolfgang (1996):** Time-to-Market-Management. Kohlhammer

**Davies, Christina et al. (1995):** Time is just another attribute or at least, just another dimension, in: Clifford,J. and Tuzhilin,A. (Eds.) Recent Advances in Temporal Databases, S. 175-193, Springer

**Elmasri, Ramez et al. (1993):** A Temporal Query Language for a Conceptual Model, in: Adam,N.R. and Bhargava,B. (eds.), Advanced database systems, S. 175-195, Springer

**Geschka, Horst (1993):** Wettbewerbsfaktor Zeit. Verlag moderne Industrie

[23] vgl. stellvertretend etwa C.Davies (1995) oder T.Myrach (1998)

112

**Gregersen, Heidi et al. (1998):** TR-35: Conceptual Modeling of Time-Varying Information. Technical report, TimeCenter, http://www.cs.auc.dk/research/DP/tdb/TimeCenter/publications4.html

**Kaiser, Alexander (1996):** Zeitbezogene Datenbanksysteme - eine Bestandsaufnahme und ausgewählte Problemstellungen, in: Proceedings 5. Internationales Symposium für Informationswissenschaft - ISI'96, Berlin, S.143-155.

**Kaiser, Alexander (1998):** Neuere Entwicklungen auf dem Gebiet temporaler Datenbanken – eine kritische Analyse, in: Zimmermann,H., Schramm,V., Knowledge management und Kommunikationssysteme, Proceedings des 6.Internationalen Symposiums für Informationswissenschat (ISI'98), S.329-343

**Kaiser, Alexander (1999):** Eine temporale Erweiterung des Entity Relationship Modells, in: Proceedings des 5.ZOBIS-Workshops, S.19-26

**Kaiser, Alexander (2000):** Die Modellierung zeitbezogener Daten, Peter Lang Verlag, Frankfurt

**Klenter, Guido (1995):** Zeit – Strategischer Erfolgsfaktor von Industrieunternehmen. Steuer- und Wirtschaftsverlag Hamburg

**Kotler, Phillip et al. (1999):** Principles of marketing, Prentice Hall.

**Lechner, Walter et al. (1997):** Einführung in die allgemeine Betriebswirtschaftslehre, Linde Verlag

**Lehner, Franz et al. (1995):** Wirtschaftsinformatik, Hanser

**Myrach, Thomas (1998):** Conceptual Modelling of Temporal Databases and their Implementation in Database Systems, in: Etzion,O. et al.(eds): Temporal Databases: Research and Practice, S.422, Springer

**Navathe, Shamkant et al. (1989):** A Temporal Relational Model and a Query Language, in: Information Sciences, S. 147-175

**Navathe, Samkant et al. (1993):** Temporal extensions to the relational model and SQL. In Tansel,A.: Temporal databases, S. 92-109, Benjamin Cummings

**Simon, Hermann (1988):** Die Zeit als strategischer Erfolgsfaktor, in: Hax, H., Kern, W., Schröder, H. (Hrsg.), Zeitaspekte in betriebswirtschaftlicher Theorie und Praxis, S. 117-130, Poeschel Verlag

**Snodgrass, Rick (Ed.) (1995):** The TSQL2 temporal query language, Kluwer

**Tansel, Abdullah (1993):** $SQL^T$ : A Temporal Extension to SQL, in: Snodgrass,R.(Ed.), Proceedings of the International Workshop of an Infrastructure for Temporal Databases, S. II1-II-14, Arlington

**Tansel, Abdullah (1997):** Temporal relational data model, in: IEEE Transactions on Knowledge and Data Engineering, S. 464-479

**Voigt, Kai-Ingo (1998):** Strategien im Zeitwettbewerb, Gabler

# Modeling and Maintaining Histories in Data Warehouses

Athanasios Vavouras, Stella Gatziu
Universität Zürich

## 1    Introduction

The topic of data warehousing [2,4] comprises architectures, algorithms, models, tools, organizational and management issues for integrating data from several operational systems in order to provide information for decision support, e.g., using data mining techniques or OLAP (on-line analytical processing) tools. Thus, in contrast to operational systems which contain detailed, atomic and current data accessed by OLTP (on-line transactional processing) applications, data warehousing technology aims at providing integrated, consolidated and historical data stored in a separate database, the data warehouse (DWH). A data warehouse system (DWS) includes the data warehouse and all components responsible for building, accessing and maintaining the DWH.

## 2    Data Warehouse Refreshment Process

Implementing a concrete data warehouse solution is a complex task, comprising two major phases. In the DWS configuration phase, the DWS designer must determine the desired operational data, the appropriate operational sources, the way data will be extracted, transformed integrated and stored, and how the DWH data will be accessed during analysis. After the initial loading of the DWH, during the DWS operation phase, warehouse data must be regularly refreshed, i.e., modifications of operational data since the last DWH refreshment must be propagated into the warehouse such that warehouse data reflect the state of the underlying operational systems. Figure 1 illustrates the tasks related to the refreshment process. After the initial loading of the DWH, operational updates are propagated into the DWH and data marts at certain points of time. For modified data, particular tasks like extraction from operational sources, transformation into a common format, integration, cleaning and completion are executed before applying updates to the previous warehouse state. After executing the refreshment process the DWH represents a consistent view of the integrated operational systems.

114

A distinguishing characteristic of data warehouses is the temporal character of warehouse data, i.e., the management of histories over an extended period of time. Historical data is necessary for business trend analysis which can be expressed in terms of analysing the temporal development of real-time data. For the refreshment process, maintaining histories in the DWH means that either periodical snapshots of the corresponding operational data or relevant operational updates are propagated and stored in the warehouse, without overriding previous warehouse states.

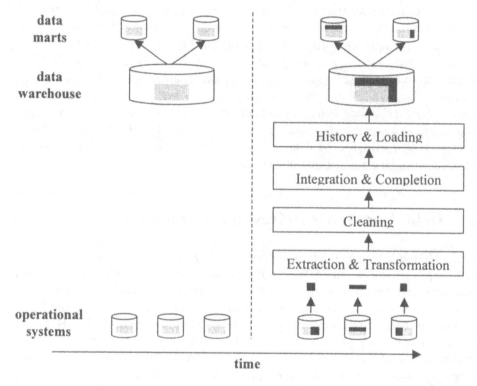

Figure 1: Data warehouse refreshment process

In the context of our project SIRIUS (Supporting the Incremental Refreshment of Information Warehouses), we investigate several issues regarding the data warehouse refreshment problem [5,6]. The main goal of our approach is to introduce a flexible middleware architecture that can be used independently of how warehouse data is stored persistently, in an environment consisting of a wide variety of heterogeneous operational sources (various database systems, flat files, etc.). For this purpose, object-oriented modeling concepts are used to describe the complex structure of operational data and the multidimensional character of warehouse data. Besides these structural (static) aspects, the dynamic aspects of the refreshment process, i.e., the execution of the particular steps of the refreshment process, can be treated in an integrated way by using methods that operate on the above mentioned data structures.

# 3 Modeling the Refreshment Process in SIRIUS

In SIRIUS, modeling the structure of operational data is performed by defining a global schema using the SIRIUS global data model. The global schema is the basis for executing the refreshment process, i.e., for integrating operational and external data, performing the particular refreshment tasks and loading the DWH. On the other hand, we assume that a storage schema is used for defining the structure of the DWH data as it is stored by the warehouse DBMS. For example, the warehouse DBMS can be a relational or a multidimensional DBMS, and the storage schema a star, snowflake or a multidimensional schema. By using a global schema and defining the appropriate mappings to operational schemas as well as the warehouse (storage) schema, the SIRIUS approach can be used in various environments and independently of how warehouse data is persistently stored.

The specification of the refreshment process in SIRIUS is based on a predefined meta model. The central element of the meta model is the specification of the global schema which is the basis for executing the refreshment process. In order to embody the multidimensional character of OLAP data, the SIRIUS global schema must be specified by the DWH administrator in terms of fact and dimension classes. Fact classes contain a set of measures and are associated with several dimension classes. Dimensional classes consist of dimensional attributes which can have and histories associated with them. Besides defining hierarchies, derivations can be used in order to "enrich" operational data, perform aggregations, define rule-based calculations and integrate external data (e.g., by classifying customers using a demographic database). Furthermore, for defining various kinds of transformations between source and warehouse attributes, SIRIUS provides the notion of structural, vertical and operation mappings [6].

```
fact class SALES {                    dimension class PRODUCT {
attribute integer quantity;           attribute integer prod_id;
attribute date sales_date;            attribute string supplier;
attribute integer saleprice_unit;     attribute string date_intro;
attribute string pay_method;          derived attribute prod_category;
derived attribute integer branch;     derived attribute manager;
}                                     history attribute string price_unit;}
```

Figure 2: Global schema example

The SIRIUS global data model is based on the object-oriented data model of the Object Database Management Group (ODMG) standard [1] and provides the basic constructs of the ODMG model. Besides various extensions of the ODMG model [6], a basic feature of our global data model is the notion of so-called history attributes. History attributes can be used for modeling the temporal character of the data stored in the warehouse, i.e., a warehouse maintains histories of data over an extended period of time. Further details about the way history attributes are treated are given in Section 4.3. A part of the global schema of our running example is shown in Figure 2.

# 4    The SIRIUS Architecture

A data warehouse system (DWS) includes the data warehouse and all components responsible for building, refreshing, accessing and maintaining the DWH. In SIRIUS, we consider the Data Warehouse Refresh Manager (DWRM) as the central component of a DWS which has the knowledge about the tasks that must be accomplished during the DWH refreshment process. Figure 3 illustrates the DWRM and components of a DWS related to the refreshment process.

The object manager is responsible for populating the global schema during the execution of the refreshment process. Based on operation and structural mappings, operational updates are transformed into (transient) objects according to the global schema. Furthermore, tasks related to key management like the assignment of operational keys to warehouse keys are performed by the object manager. The storage schema mapper performs the mapping of the global schema to storage schemas like the star or the snowflake schema, whereas the warehouse wrapper loads the data warehouse by using the appropriate update operations of the respective warehouse DBMS. The metadata repository is used for the persistent storage and management of all metadata used in the refreshment process. It contains information like the description of operational systems and their contents, the particular refreshment steps required to process data from the sources into the DWH, and the documentation of executed transformation steps. The coordinator is responsible for initiating, controlling and monitoring the entire refreshment process. Finally, the history manager implements the various techniques for building histories supported by SIRIUS. The DWRM cooperates with operational sources through appropriate monitors and wrappers. Monitors detect relevant data modifications in each operational source. Wrappers translate modified data provided by the corresponding monitor into the common warehouse format, and send them to the DWRM.

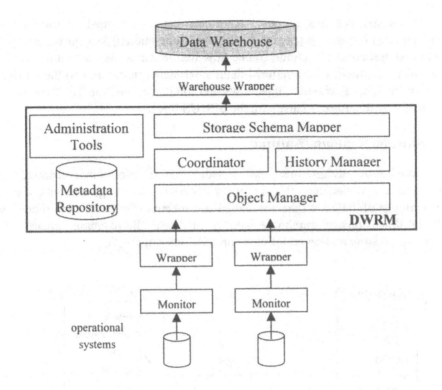

Figure 3: SIRIUS Architecture

## 4.1  Object Manager

As in the ODMG model, each object in the SIRIUS layer has an object identifier which is unique and immutable during its entire lifetime [1]. Object identifiers are generated by the object manager and are an important concept for both, supporting the incremental warehouse refreshment and managing histories. Using immutable object identifiers in the SIRIUS layer enables to assign object types from operational systems to the persistent representation in the warehouse in a more natural and efficient way than using value-based identifiers (used by relational view-based warehouse approaches). Since value-based identifiers can be updated or deleted, propagating updates to the corresponding warehouse entities results in a much more complex task. In contrast, unique object identifiers allow the correct assignment of modified operational data to the corresponding warehouse data.

Assuming that most operational systems support a different notion of object identity, additional information is needed in order to assign operational entities to

SIRIUS objects. For this purpose, an object key is assigned to each object identifier. Each object key consists of the local (operational) key provided by the operational system and a unique source key that indicates the operational system from which the modified operational data is extracted. In contrast to the attribute values of the global schema, object keys and the corresponding OID's are stored persistently by the object manager in the SIRIUS level.

## 4.2  Storage Schema Mapper

Data warehouse design methods consider the read-oriented character of warehouse data and enable efficient query processing over huge amounts of data. A special type of database schemas, called star schema, is often used to model the multiple dimensions of warehouse data. In this case, the database consists of a central fact relation and several dimension relations (Figure 4).

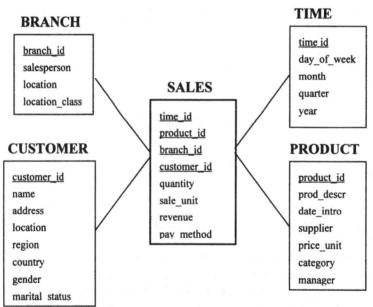

Figure 4: Star schema of our example

The fact relation contains tuples that represent measures. Each tuple of the fact relation references multiple dimension relation tuples, each one representing a dimension of interest. Dimension relations of star schemas are not normalized in order to reduce the costs of joining the fact relation with dimension relations.

The mapping of a SIRIUS global schema to a star schema is a task performed by the storage schema mapper using a set of simple rules. Fact and dimension classes of the global schema are mapped directly to fact and dimension relations. Measures and dimension attributes build the attributes of the fact and dimension relations. For each relationship between fact and dimension classes, the storage schema mapper assigns the value of the dimension's primary key to the corresponding foreign key of the fact relation. Notice that mapping to star schemas and other multidimensional logical schemas is simple because SIRIUS enforces that the global schema is specified in a multidimensional way.

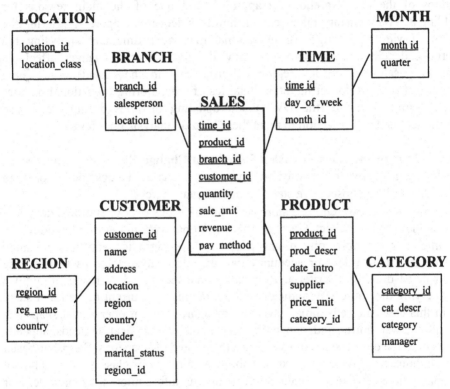

Figure 5: Snowflake schema of our example

In contrast to star schemas, dimension relations of snowflake schemas, are in normalized form. Snowflake schemas increase the complexity and execution costs of queries. However, they reduce redundancy and storage costs significantly, and are therefore often preferred (especially in very large data warehouses). Normalization of dimensions typically results from defining new relations for hierarchy attributes. For example, based on the star schema of Figure 4, we define a new relation region for the hierarchy customer->location->region->country. Applying similar normalization steps results in the snowflake schema of Figure 5. Mapping a SIRIUS global schema to a snowflake schema is based on the specification of hierarchies. For each group of hierarchy attributes that build a new relation, the storage schema mapper generates the according tuples and foreign keys.

## 4.3 History Manager

Maintaining histories of operational data in the DWH is one of the essential features of the data warehousing approach and one of the main reasons for building a DWH. History management improves decision support by offering the option of viewing changes of operational data over time and analysing the interdependencies among them (e.g., how did product price changes affect the company's sales in various regions). Particularly in the (usual) case where operational sources do not maintain histories of data, storing operational updates in a separate database (the DWH) and updating histories during warehouse refreshment is the only option to meet these kind of analysis requirements.

**History Management for Snapshot-Based and Change-Based Warehouses**
We distinguish between two ways of how a warehouse can be designed in order to reflect the various consecutive states of operational sources:

- snapshot-based warehouses store periodic snapshots over operational data, i.e., warehouse data reflect the state of operational systems at certain points of time. For example, one might want to store periodic snapshots of stock indexes, share prices or account balances, and analyze them as facts or use them as dimension criteria. Refreshing snapshot-based warehouses implies querying the sources periodically and extracting the current operational state. In this case, the refreshment system propagates current operational snapshots into the warehouse, and, depending on the concrete application needs, appends them to the old versions or overwrites the related old versions. Snapshot-based warehouses provide limited capabilities for some classes of analytical applications due to the incomplete temporal information they provide. For example, if an operational entity is updated more than once during two snapshots, some updates are lost and not visible in the warehouse
- change-based warehouses maintain (complete) histories of all updates that occurred in operational sources, i.e., warehouse data reflect the complete evolution of operational systems over time. Refreshing change-based warehouse means that all updates on relevant operational data detected since the last warehouse refreshment are propagated and stored in the warehouse.

Notice that it makes only sense to define and maintain histories for state-oriented data, i.e., for attributes of dimension classes. Event-oriented data like product sales include an "implicit" history by containing their occurrence point of time (e.g., the sales date). Thus, there is no need for defining and maintaining histories over fact data explicitly. Inserting, updating and deleting fact data in operational sources corresponds to the same operation in the warehouse. In SIRIUS, this can be defined by the appropriate operation mappings. Optionally, the history manager adds to each fact update a timestamp that signalizes the refreshment date.

**History Management in SIRIUS**

The first issue treated by the history manager during warehouse refreshment is the way operational updates are assigned to global attributes. Maintaining a complete history for a history attribute means that each update detected in the corresponding operational source will be propagated and stored in the warehouse. In this case, SIRIUS processes during warehouse refreshment for each object all updated attribute values detected by monitors. For partial histories, if an object's attribute value has changed more than once since the last refreshment, only the last update out of this set of updates is propagated into the warehouse.

The second concept implemented by the history manager concerns the question of how to apply each update of a history attribute to the previous warehouse state. Applications may choose between various options depending on the warehouse kind (change-based or snapshot-based) and the operation kind (insert, update or delete). For change-based dimensions the history manager treats the various operation kinds as follows:

- processing an insert operation results in delivering the object values together with a pair of timestamps <valid_start,valid_end) which indicate the valid time interval. The default start date set by SIRIUS is the refreshment date. The end date can be defined for example as a date in the distant future (12/31/2999) or the NOW symbol (used in temporal databases [3]).
- for an update operation, one can choose between retaining or replacing the previous values. The first case corresponds to an insert operation plus setting the valid_end timestamp of older versions to the refreshment date. The second option results in overwriting the previous version with the new values and updating the valid_end timestamp to the refreshment date.
- a delete operation on an attribute of a change-based dimension results in updating the valid_end timestamp of older versions to the refreshment date.

For snapshot-based dimensions, it makes only sense to distinguish between the above mentioned options of retaining and replacing previous snapshots (i.e., the operation kind has no impact since every snapshot can be considered as an new object added to the warehouse). In the first case, the history manager propagates the new snapshot values and adds the pair of timestamps <valid_start,valid_end). In the second case the old snapshot is replaced by the new one and the valid_end timestamp is set to the refreshment date.

Since the warehouse stores temporal data, even if some facts and dimensions do not change to reflect operational updates, the DWH must be updated as time

122

advances. Thus, the last step of processing history attributes is to update the
valid_end timestamp of history attributes that did not change during the actual
warehouse refreshment and set it to the refreshment date.

# 5 Conclusion

In this paper, we presented the main features of the SIRIUS approach for
refreshing various target warehouses and managing histories during the data
warehouse refreshment process. Processing temporal information is supported by
using the notion of history attributes. Our approach allows to define several
mappings to particular data warehouse design techniques like star and snowflake
schemas. Furthermore, we showed how various strategies for maintaining
histories of warehouse data can be used.

The main focus of our future work is the extension of the history manager in order
to support more complex techniques for advanced applications. Furthermore, we
plan to extend the storage schema mapper by mappings for various
multidimensional logical schemas.

# 6 References

1. R. G.G. Cattell, D. Barry (ed). The Object Database Standard: ODMG 2.0.
   Morgan Kaufmann Publishers, San Francisco, California, 1997.

2. S. Chaudhuri, U. Dayal. An Overview of Data Warehousing and OLAP
   Technology. ACM SIGMOD Record, 26:1, March 1997.

3. J. Clifford, C. E. Dyreson, T. Isakowitz, C. S. Jensen, R. T. Snodgrass. On the
   Semantics of "NOW" in Databases, ACM Trans. on Database Systems,
   22(2):171-214, June 1997.

4. W.H. Immon. Building the Data Warehouse. John Wiley, 1996.

5. A. Vavouras, S. Gatziu, K.R. Dittrich. The SIRIUS Approach for Refreshing
   Data Warehouses Incrementally. Proc. GI-Conf. Datenbanksysteme in Büro,
   Technik und Wissenschaft (BTW), Freiburg, Germany, March 1999.

6. A. Vavouras, S. Gatziu, K.R. Dittrich. Modeling and Executing the Data
   Warehouse Refreshment Process. Technical Report 2000.01, Department of
   Information Technology, January 2000.

# Berücksichtigung von Änderungen in analytischen Datenbanken

Andreas Thurnheer
Universität Basel

# 1 Einleitung

„The state of information quality today is worse than it was five years ago, and it is getting worse day by day."[1]

Informationen bilden die Grundlage jedes betriebswirtschaftlichen Handelns: Die richtige Information zur richtigen Zeit am richtigen Platz ist ein wichtiger Erfolgsfaktor im Wettbewerb.[2]

Die Auswertung strategisch relevanter Daten wird heute von analytischen Datenbanksystemen im Gegensatz zu operativen Datenbanksystemen relativ effizient unterstützt. Wesentliche Merkmale sind ihre Benutzerfreundlichkeit und die zeitbezogene Speicherung der zentralen Grössen. Durch periodisches Hinzufügen von umstrukturierten und verdichteten operativen Daten, können die Informationen mittels dedizierter OLAP-Werkzeuge (OnLine Analytical Processing) flexibel und betriebsgerecht analysiert werden.[3]

Die meisten analytischen Datenmodelle basieren auf Sternschemata, die Daten in Dimensions- und Faktentabellen speichern. Normalerweise wird davon ausgegangen, dass die Faktentabellen die dynamischen und die Dimensionstabellen die statischen Informationen enthalten.[4] Die Fakten repräsentieren die zentralen betrieblichen Grössen und werden aufgrund ihres dynamischen Inhalts in einer analytischen Datenbank zeitbezogen gespeichert. Obwohl die betrieblichen Abläufe und Strukturen heute starken Anpassungsprozessen unterworfen sind, werden die Dimensionsdaten in der Praxis kaum oder gar nicht in eine temporale Beziehung gesetzt. Diese inadäquate Berücksichtigung der Zeit kann zu falschen Analyseresultaten und Fehlentscheidungen führen.

---

[1] Larry P. English (1999), S. xv
[2] Vgl. Wolfgang Behme, Harry Mucksch (1998), S. 5, 24
[3] Vgl. Markus Lusti (1999), S. 125
[4] Vgl. Carlos A. Hurtado, Alberto O. Mendelzon, Alejandro A. Vaisman (1999)

# 2 Modellierung zeitabhängiger Dimensionsdaten

Die Notwendigkeit der Berücksichtigung von Datenänderungen in Dimensions-tabellen ist einerseits von der Änderungsintensität der Dimensionsdaten und andererseits von den Anforderungen der Benutzer abhängig. Beispielsweise sind die Strukturdaten eines Data Mart im Finanzcontrolling[5] relativ statisch: Externe und interne Vorschriften bestimmen, wie die Daten ermittelt und dargestellt werden müssen. Die Ausprägungen von Daten wie Geographie oder Firmen-struktur bleiben meist über einen längeren Zeitraum unverändert. In einem CRM-Data Mart (Customer Relationship Management) hingegen stehen die häufig wechselnden Informationen über die Kundenbeziehung im Vordergrund. Das Kundenprofil wird im Laufe der Zeit stetig verfeinert und angepasst. Dies kann konkrete Auswirkungen auf die Dimensionsdaten haben: Eine Kundin mit einer Vorliebe für schnelle Autos kann beispielsweise bei entsprechendem Vermerk in der Datenbank gezielt mit Informationen zu Sportwagen auf dem laufenden gehalten werden. Weiss der Verkäufer aber, dass die Kundin gerade Mutter geworden ist, dann lässt er ihr zusätzlich Informationen über Familienwagen zukommen. Der bevorzugte Fahrzeugtyp der Kundin wird danach manuell oder mittels Data Mining in der Dimensionstabelle neu zugeordnet.

## 2.1 Problematik und Anforderungen in dynamischen Modellen

Das *Hinzufügen* neuer Werte in Dimensionstabellen ist üblich und in der Regel unproblematisch: Neue Daten haben keinen Bezug zu älteren Werten in den Faktentabellen und können somit keine falschen Analysewerte liefern.
Eine *Datenänderung* hingegen kann sich auf die Auswertungsergebnisse aus-wirken: Wird beispielsweise ein Datensatz aus der Kundendimension aufgrund einer Adressänderung überschrieben, dann werden die zum Kunden gehörenden Fakten aus der Vergangenheit ebenfalls der neuen Adresse zugeordnet.
Anstelle der Datenänderung kann die Adressänderung auch als neuer Datensatz angefügt werden: Der Kunde existiert dann im System unter zwei verschiedenen Adressen.[6] Damit werden die Fakten zwar wieder den richtigen Dimensions-werten zugeordnet, es entsteht aber ein neues Problem: Die Fakten *vor* der Adressänderung können nicht mehr in Beziehung zu den Fakten *nach* der Adressänderung gebracht werden.

Die geschilderte Problematik soll anhand eines Zahlenbeispiels veranschaulicht werden: Der Kunde „Meier" hat 1998 in Zürich gewohnt und in diesem Jahr

---

[5] Vgl. Andreas Thurnheer (1999), S. 91-92
[6] Vgl. Ralph Kimball (1996), S. 100-105

125

Waren im Wert von 1000.- gekauft. 1999 zieht Herr Meier nach Basel und kauft Waren im Wert von 1500.-. Es soll angenommen werden, dass alle anderen Werte der übrigen Kunden konstant bleiben (der Umsatz aller anderen Zürcher und Basler sei je 5000.- und für beide Jahre identisch).

Im Beispieldatenmodell (Abbildung 1) wird der Umsatz abhängig von der Zeit (Jahr) und den Kunden (Name, Wohnort) abgebildet.

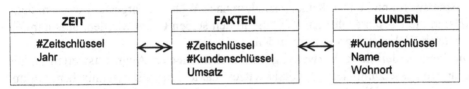

Abbildung 1: Ein (einfaches) Sterndatenmodell

**Variante 1: Datensatz hinzufügen**
Die korrekten Werte werden durch das Hinzufügen eines neuen Kundendatensatzes für Herrn Meier erreicht.

**Variante 2: Datensatz überschreiben**
Das Überschreiben des Kundendatensatzes von Herrn Meier führt zu falschen Ergebnissen im Jahre 1998: Die 1000.-, die Herr Meier im Jahre 1998 in Zürich ausgegeben hat, werden nun Basel zugeschrieben.

Dass das Hinzufügen neuer Datensätze auch keine befriedigende Lösung ist, wird deutlich, wenn beispielsweise nach dem Umsatz von Herrn Meier in den Jahren 1998-1999 gefragt wird. Das System wird statt 2500.- zwei Werte ausgeben: 1000.- für einen Herrn Meier aus Zürich und 1500.- für einen Herrn Meier aus Basel.

Die geschilderte Problematik zeigt, dass das Aktualisieren von Dimensionswerten das Grundmodell des Sternschemas[7] überfordert: Es ist notwendig, dass die Analysewerkzeuge diese Unzulänglichkeiten berücksichtigen oder aber ein adäquateres Modell verwendet wird. Andernfalls muss der Benutzer bewusst auf eine korrekte historische Abbildung der Daten verzichten, was im Hinblick auf die Anforderung an eine hohe Informationsqualität zur betrieblichen Entscheidungsunterstützung unbefriedigend ist.

---

[7]  vgl. Peter Gluchowski (1997), S. 62-66

## 2.2  Applikationsgestützter Lösungsansatz

Kurze Antwortzeiten sind wichtig für die interaktive ad hoc-Nutzung eines analytischen Datenbanksystems. Dazu werden Abfragen auf denormalisierten Schemata (ROLAP) oder in dedizierten multidimensionalen Systemen (MOLAP) ausgeführt und ableitbare Werte werden vorberechnet sowie physisch gespeichert. Die wichtigste Kategorie vorberechneter Daten sind Zusammenfassungen: Faktwerte können über eine Dimensionskategorie aggregiert werden. Soll der Umsatz beispielsweise nicht nach Kunden sondern nach Wohnort dargestellt werden, dann müssen die Umsätze aller Kunden, die in den selben Orten wohnen, aufsummiert und nach Wohnorten gruppiert werden.

Die benutzerdefinierte Verwaltung von vorberechneten Aggregatswerten ist die Grundvoraussetzung dieses Modellansatzes: Fakten, die mit dynamischen, zusammenfassenden Dimensionswerten zusammenhängen, müssen vorberechnet werden. Dadurch wird es möglich, konsolidierte Daten unabhängig von Detaildaten auszuwerten. Des weiteren dürfen die aggregierten Fakten beim Hinzufügen von neuen Werten nicht komplett neu aus den Detaildaten, sondern müssen inkrementell aus den hinzugekommenen Werten und den bisher gespeicherten Aggregaten berechnet werden. Dieses Verfahren wird als „Summary-Delta Tables Method" bezeichnet und wurde ursprünglich zum effizienteren Laden von neuen Werten in eine multidimensionale Datenbank entwickelt[8]. Diese Methode unterstützt die korrekte Historisierung von Fakten, die in Beziehung zu veränderbaren Dimensionswerten stehen, weil Modifikationen in den Dimensionstabellen die aggregierten Fakten erst ab dem Änderungszeitpunkt und nicht rückwirkend beeinflussen.

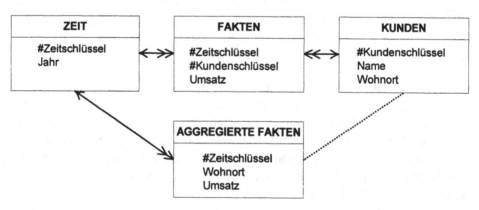

Abbildung 2: Aggregierte Daten werden unabhängig von Detaildaten gespeichert

---

[8]  vgl. Inderpal S. Mumick, Dallan Quass, Barinderpal S. Mumick (1997), S. 100

Die Abbildung 2 zeigt die zusätzliche Faktentabelle, die für die separate Verwaltung der Aggregatswerte verwendet wird. Anstatt Wohnort könnte ein spezieller Wohnortschlüssel oder die Postleitzahl verwendet werden, um Mehrdeutigkeiten zu vermeiden. Der Endbenutzer braucht von den zusätzlichen Tabellen keine Kenntnisse zu haben, weil das Programm bei Bedarf und Vorhandensein von präaggregierten Daten den Zugriff automatisch steuert.

## 2.3 Modellgestützter Lösungsansatz

Der applikationsgestützte Ansatz hat gezeigt, wie ein Werkzeug bestehende Strukturen ergänzen müsste, damit Daten historisch korrekt analysiert werden können. Der folgende Ansatz beschreibt die grundlegenden Möglichkeiten zur Einbindung des Zeitbezugs in ein relationales Datenbankmodell.

Die Modellierung zeitabhängiger Daten wird in relationalen Datenbanken mit Zeitstempel unterstützt. Dabei wird zwischen Datensatz- und Attributzeitstempel sowie zwischen einfachen und Tupelzeitstempel unterschieden.[9] Die vier Modellierungsvarianten sind anhand der schon zuvor vorgestellten Kundentabelle aus dem Sternschemabeispiel in der Abbildung 3 dargestellt.

### Einfache Zeitstempel auf Datensatzebene
Der Primärschlüssel wird um ein temporales Attribut erweitert. Entweder ist dieses Feld bereits in der Quelldatenbank vorhanden oder wird beim Einfügen neuer Datensätze ergänzt. Weil die Daten in analytischen Datenbanken periodisch aus den operativen Systemen geladen werden, kann das temporale Attribut in der Regel vom Ladezeitpunkt abgeleitet werden.
In Faktentabellen wird beispielsweise die einfache Zeitstempelung auf Datensatzebene verwendet. Dies ist dem periodischen Ergänzen der Daten angepasst und hält das Datenmodell, die Aktualisierungsprozeduren sowie die Abfragekomplexität einfach.

### Einfache Zeitstempel auf Attributebene
Die Daten in Dimensionstabellen ändern sich nicht so oft wie jene in Fakttabellen. Das periodische Hinzufügen der Dimensionsdaten könnte nach der zuvor beschriebenen Methode die Folge haben, dass alle zur Zeit gültigen Werte neu in die Tabelle eingefügt werden, obwohl sich seit der letzten Aktualisierung nur ein kleiner Teil der Daten geändert hat. Mit der Zeitstempelung auf Attributebene ist es möglich, nur die temporal variablen Attribute zeitabhängig zu speichern. Das

---

[9] vgl. Andreas Steiner (1997), S. 23-27

Datenmodell und die Aktualisierungsprozeduren werden dadurch zwar etwas komplexer, Redundanzen hingegen können vermindert werden.

**Tupelzeitstempel auf Datensatzebene**
Bei der Tupelzeitstempelung wird eine Tabelle mit zeitgrenzenmarkierenden Attributen wie „GültigAb" und GültigBis" ergänzt. Im Aktualisierungsprozess muss überprüft werden, ob sich zwischen den zur Zeit gültigen und den bereits gespeicherten Daten etwas geändert hat. Erst wenn ein Datensatzwert modifiziert wird, müssen die neuen Daten hinzugefügt werden. Diese Modellierungsvariante spart Speicherplatz, benötigt aber im Vergleich zu den einfachen Zeitstempeln aufwendigere Aktualisierungsprozeduren.

**Tupelzeitstempel auf Attributebene**
Die Verwendung von Tupelzeitstempeln auf Attributebene verhindert temporal bedingte Redundanzen in den Dimensionsdaten, ist aber das aufwendigste Modell aller geschilderten Varianten.

Die Entscheidung für eine der vorgestellten Modellierungsvarianten ist abhängig vom Datenvolumen, den Anforderungen an die Benutzerfreundlichkeit des Modells, der Änderungsintensität und der zur Verfügung stehenden Zeit, in der die Daten aktualisiert werden sollen.

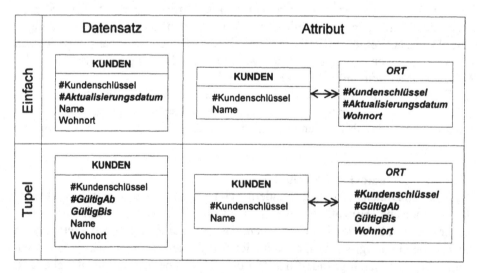

Abbildung 3: Varianten zur Zeitstempelung in relationalen Datenbanksystemen

Neben diesen Grundmodellen sind Ergänzungen möglich, die eine vielseitige Nutzung der Informationen möglich machen. So schlägt beispielsweise Ralph

Kimball vor, neben der satzorientierten Tupelzeitstempelung ein Feld mit dem aktuell gültigen temporalen Attribut sowie ein oder mehrere Felder vorzusehen, die für sich ändernde Bezeichnungen von zeitabhängigen Attributwerten reserviert sind.[10] Damit ist es möglich, sowohl den aktuellen Zustand auf die Vergangenheit, als auch jeden vergangenen Zustand auf die Gegenwart zu projizieren.

## 2.4 Übersicht und Bewertung der vorgestellten Ansätze

Die Tabelle 1 vergleicht die beiden Methoden zur Abbildung zeitabhängiger Daten zusammenfassend.

| | Applikationsbasierter Ansatz | Modellbasierter Ansatz |
|---|---|---|
| Grundidee | Die korrekte Historisierung wird von der Applikation durch die Verwendung von Aggregatstabellen gesteuert. | Die korrekte Historisierung wird durch die Erweiterung des Datenmodells erzielt. |
| Anforderungen | Das Analysewerkzeug unterstützt die benutzergesteuerte Verwendung vorberechneter Aggregatswerte. Die Daten müssen zudem periodisch, inkrementell von der Quelldatenbank geladen werden. | Das Analysewerkzeug unterstützt die Verwendung von Zeitstempeln in den Dimensionstabellen. |
| Stärken | • Abfrageeffizienz<br>• Aktualisierungseffizienz<br>• Aufwand für die Modellanpassung ist relativ klein | • Zeitbezogene Speicherung aller Daten<br>• Nachvollziehbare Geschichte aller Daten |
| Schwächen | • Administrationsaufwand<br>• Nachvollziehbarkeit<br>• Versioniertes Quellsystem von Vorteil | • Komplexität<br>• Abfrageeffizienz<br>• Speichereffizienz<br>• Schlechte Unterstützung von OLAP-Werkzeugen |

Tabelle 1: Übersicht und Bewertung der vorgestellten Ansätze

---

[10] vgl. Ralph Kimball (2000)

Der modellbasierte Ansatz kann grundsätzlich in allen relationalen DBMS implementiert werden, so auch auf Data Warehouse- und Data Mart-Ebene. Der multidimensionale Zugriff auf dieses Datenmodell wird aber von vielen OLAP-Werkzeugen nicht vollständig unterstützt oder ist mit der geschilderten Problematik des Hinzufügens von neuen Datensätzen behaftet (Variante 1). Somit eignet sich dieses Verfahren besonders, um alle Daten eines zentralen Data Warehouses oder eines auf der relationalen Datenbanktechnologie basierenden Data Mart zeitabhängig zu speichern. Der Datenzugriff muss dann mittels Experten direkt oder aber von Laien über (parametrisierbare) vordefinierte Berichte erfolgen. Ein auf diese Art versioniertes Data Warehouse ist zwar weder benutzerfreundlich noch abfrageeffizient, stellt aber ein ideales Quellsystem für verschiedenste Analysewerkzeuge wie OLAP, Data Mining oder Standardberichte dar.

Der applikationsbasierte Ansatz greift die Idee von Aggregatstabellen auf, die ursprünglich zur Beschleunigung von Abfrageoperationen entwickelt wurden. Viele Datenbankhersteller unterstützen diese Funktionalität jedoch nur aus der Sicht der Leistungsoptimierung und nicht, um dem Anwender die Möglichkeit zu geben, zeitabhängige Attribute adäquat abzubilden. Dadurch sind Funktionen wie benutzergesteuertes Anlegen von Aggregatstabellen oder die unabhängige Verwaltung von Aggregats- und Detaildaten oft nicht gegeben. Dennoch hätte dieser Ansatz bedeutende Vorzüge, die sich besonders für den Endbenutzer vorteilhaft erweisen könnten: Das Sternschema als Grundmodell ist abfrageeffizient und benutzerfreundlich. Je nach implementierter Funktionalität hätte der Benutzer zudem die Möglichkeit, die Fakten zu den historisch korrekten Dimensionswerten (über die Aggregatstabellen ermittelt) oder den zum Abfragezeitpunkt gültigen Dimensionswerten (über die Detaildaten neu berechnet) darzustellen.

Die Abbildung 4 zeigt eine konzeptionelle Architektur, die eine Kombination aus beiden vorgestellten Ansätzen darstellt: Das Data Warehouse hat die Aufgabe, die Daten für alle Analysesysteme adäquat bereitzustellen. Damit eine hohe Informationsqualität gewährleistet werden kann, müssen neben den Bewegungsdaten auch die Stammdaten zeitbezogen gespeichert werden. Da der Endbenutzerzugriff auf dieser Ebene eine untergeordnete Rolle spielt, ist es zulässig, das Modell zu erweitern und somit komplexer aber auch bedarfsgerechter zu gestalten (modellgestützter Ansatz).

Auf der Data Mart-Ebene steht dem Benutzer ein einfaches, betriebsgerechtes Instrumentarium zur Verfügung, das keine Kompromisse bezüglich der Datenqualität und Benutzerfreundlichkeit eingeht. Bis auf die mangelnde Nachvollziehbarkeit der über die Zeit modifizierten Dimensionsdaten (weil sie überschrieben wurden), können die Anforderungen mit diesem Modell befriedigt werden (applikationsgestützter Ansatz). Die Geschichte der veränderten Daten kann bei

Bedarf, dank versioniertem Quellsystem, über das Data Warehouse ermittelt werden.

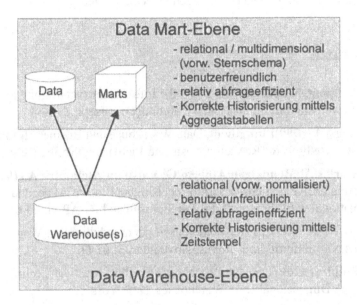

Abbildung 4: Architektur eines analytischen Datenbanksystems

# 3 Ausblick

Die ansatzweise vorgestellten Methoden ermöglichen zwar die zeitabhängige Analyse von Bewegungsdaten, die in Bezug zu sich ändernden Stammdaten stehen, basieren aber auf der Annahme, dass es lediglich *Daten*änderungen gibt. Strukturelle *Modell*änderungen können so über die Zeit nicht festgehalten werden. Die Umstrukturierung einer Dimensionstabelle beispielsweise erfordert die Abbildung dieser neuen Struktur auf die Vergangenheit, was wiederum versionierte Quelldatenbanksysteme voraussetzt. Die Bewältigung von strukturellen Änderungen stellt eine weitere Herausforderung in dynamischen analytischen Datenbanksystemen dar, die angemessen implementiert werden muss.

Die Modellierung zeitbezogener Daten und Strukturen mag in Anbetracht der Aufgabenvielfalt und Komplexität anderer Entwicklungsprobleme zunächst eine untergeordnete Rolle beim Aufbau eines Informationssystems spielen. Eine Anpassung im Nachhinein kann indes weitaus aufwendiger werden, als dies von der Aufgabenstellung erwartet werden könnte: Umfassende Modellmodifikationen, damit verbunden eine Anpassung der Transformationsprozesse und allenfalls die Anschaffung oder Entwicklung neuer Analysewerkzeuge könnten die Folge sein. Deshalb sollte diesem Umstand bereits vor der Entwicklung eines analytischen Informationssystems genügend Rechnung getragen werden.

# 4 Literatur

**Behme, Wolfgang, Mucksch Harry (1998):** Informationsversorgung als Wettbewerbsfaktor, in: Das Data Warehouse-Konzept, S. 4-34

**English, Larry P (1999):** Improving Data Warehouse and Business Information Quality: Methods for Reducing Costs and Increasing Profits, New York

**Hurtado, Carlos A, Mendelzon Alberto O, Vaisman Alejandro A (1999):** Updating OLAP Dimensions, in: Proceedings of the ACM second international workshop on Data Warehousing and OLAP, S. 60-66

**Gluchowski, Peter (1997):** Data Warehouse-Datenmodellierung: Weg von der starren Normalform, in: it-Fokus, November, S. 62-66

**Kimball, Ralph (1996):** The Data Warehouse Toolkit: Practical Techniques for Building Dimensional Data Warehouses, New York

**Kimball, Ralph (2000):** Many Alternate Realities, in: Intelligent Enterprise, Volume 3, Nr. 3, http://www.intelligententerprise.com/000209/webhouse.shtml

**Lusti, Markus (1999):** Data Warehousing und Data Mining: Eine Einführung in entscheidungsunterstützende Systeme, Berlin-Heidelberg

**Mumick, Inderpal S, Quass Dallan, Mumick Barinderpal S (1997):** Maintenance of Data Cubes and Summary Tables in a Warehouse, in: Proceedings of the ACM SIGMOD international conference on Management of Data, S. 100-111

**Steiner, Andreas (1997):** A Generalisation Approach to Temporal Data Models and their Implementations, Dissertation th12434, ETH Zürich

**Thurnheer, Andreas (1999):** Modellierung analytischer Datenbanken anhand eines Controlling-Beispiels, in: Wirtschaftsinformatik als Mittler zwischen Technik, Ökonomie und Gesellschaft, S. 83-94

# Verteilte Projektabwicklung im Kontext der neuen Medien – Module eines Project Enterprise Knowledge Mediums

Beat F. Schmid, Martin Schindler
Universität St. Gallen

## 1 Einleitung

Wissensmanagement ist ein auch für die Wirtschaftsinformatik immer wichtiger werdendes Forschungsfeld[1]. In einer KPMG Studie wurde konstatiert, dass es 49% der Unternehmen an Fähigkeiten im Bereich Knowledge Management mangele. Mehr und mehr Unternehmen würden personelle Ressourcen und Budget für Knowledge Management bereitstellen[2]. Letztlich hat die Gestaltung der Informationstechnologie der Gestaltung der Wissensprozesse zu dienen.

Dieser Beitrag stellt zunächst ein Medienkonzept vor. Ein mögliches Anwendungsfeld für neue Medien ist die verteilte Projektabwicklung. Projektmanagement hat im Laufe der letzten dreissig Jahre mehr und mehr an Bedeutung gewonnen. Nachdem anfangs nur Grossvorhaben als Projekt expliziert wurden, ging der Trend dazu über, auch mittlere und kleinere Vorhaben als Projekte zu deklarieren und mit den Methoden und Tools des Projektmanagements durchzuführen. Dies korreliert mit dem zu konstatierenden Wandel der Organisationsstrukturen; die Unternehmen orientieren sich mehr und mehr von tiefen Hierarchien in Richtung der Projektorganisation hin[3]. In der Gestalt von Wissensmedien bieten neuen Medien Plattformen für das Wissensmanagement im Rahmen der verteilten Projektabwicklung. Im Beitrag werden die Teilmodule und Funktionalitäten eines solchen Projektwissensmediums beschrieben.[4]

---

[1] Vgl. Th. Wolf; S. Decker; A. Abecker (1999), S. 746 f.

[2] D. S. Parlby (1998), S. 16-20

[3] G. Patzak; G. Rattay (1998), S. 455

[4] Vgl. M. Schindler; O. Gassmann (2000) für eine ganzheitlichere Betrachtung von Aspekten des Projektwissensmanagements.

# 2 Medien und Communities

Medien stellen einen Raum für den Austausch von Informationen bereit. Unsere Definition von Medien umfasst die weitverbreitete Definition des Mediums als Trägerkanal wie z. B. Bücher, Videobänder, uvm. und fügt zu ihr den Sprachraum (logischen Raum) und die Organisationsstruktur hinzu[5]. Medien bilden demnach Plattformen oder Räume, in denen sich Gemeinschaften treffen, verständigen und austauschen können. Neben den technologischen Aspekten (Plattformaspekten) sind dabei die zugehörigen kognitiven Räume und organisatorischen Aspekte zu betrachten.

*Neue* Medien sind solche, die auf Informations- und Kommunikationstechnologie (IKT) als Trägermedium beruhen. Eine mögliche Umsetzung solcher neuen Medien sind Internet-basierte Plattformen, wenn man sie einer integralen Betrachtungsweise unterzieht und nicht nur die zugehörigen Dienste und Protokolle betrachtet, sondern auch die Benutzertypen und ihre Interaktionsbeziehungen. Die Möglichkeiten, welche die neuen Medien durch Einbindung innovativer Informations- und Kommunikationstechnologien bieten, helfen den Unternehmen, den gestiegenen Anforderungen an die Abwicklung ihrer Projekte gerecht zu werden[6].

Nach dem oben aufgeführten Verständnis für Medien bestehen diese aus einer Reihe von Komponenten, die in den folgenden Abschnitten vorgestellt und erläutert werden.[7]

**Kanäle** dienen als Trägerobjekte dem Transport von Informationen über Raum und / oder Zeit. Die Transportleistung der neuen IKT kann mit dem Konzept von Informationsobjekten beschrieben werden, die sich durch Orts- und Zeitlosigkeit, Multimedialität und Interaktivität von auf traditionellen Informationsträgern dargestellten Informationen[8] auszeichnen. Kanäle können Datenbanken (Transport über die Zeit), Telekommunikationsnetze (Transport über den Raum) sein, aber auch Bücher (transportieren Informationen über Zeit und Raum).

Der **logische Raum** stellt das Beschreibungsmittel für eine **Welt** bereit. Er ist die Voraussetzung für eine funktionierende Kommunikation und ermöglicht ein gegenseitiges Verständnis der Agenten. Der logische Raum wird formal durch Syntax, Logik und Semantik und Grammatik beschrieben und stellt einen Verständigungsrahmen bereit, der Kommunikation im Sinne der Bildung gemeinsamen Wissens und von Verständigung ermöglicht. Die Agenten gehören dadurch der gleichen Welt an, sie bilden eine Gemeinschaft (Community).

---

[5] B. F. Schmid (1999), S. 33 f.
[6] R. Boutellier; O. Gassmann (1997), S. 75
[7] vgl. ausführlich B. F. Schmid (1999); B. F. Schmid; U. Lechner (1999)
[8] A. Röpnack; M. Schindler; Th. Schwan (1998)

Die **Organisationskomponente** legt die Aufbau- und Ablaufstrukturen innerhalb eines Mediums fest. Die Agententypen der Gemeinschaften werden dabei durch Rollen beschrieben, die ihre jeweiligen Rechte und Verpflichtungen definieren. Protokolle dienen der Beschreibung der Ablaufstrukturen im Sinne von „Verkehrsregeln". Sie definieren das Miteinander der Agenten (Codes of Conduct, z. B. als Netiquette) und bilden die Basis zur Definition von zielorientierten Ablaufstrukturen, die z. B. durch Workflow-Management-Systeme realisiert werden können. Rollenverknüpfungen können z. B. durch Organigramme ausgedrückt werden oder am Beispiel der Betriebssysteme durch Zugriffskonzepte expliziert werden.

**Agenten** können Mensch, Maschine (z. B. Rechner mit eigener Verarbeitungslogik) oder Organisationseinheit sein. Sie sind die interagierenden Instanzen innerhalb der Medien. Ein Agent kann selber als Kanal funktionieren, indem er Informationen und Wissen transportiert.

# 3  Projektabwicklung im Kontext neuer Medien

Das vorgestellte Medienkonzept eignet sich als Rahmenmodell für das Wissensmanagement in der verteilten Projektabwicklung. In einem Projekt bilden die Projektteammitglieder eine Community und interagieren, um ein oder ggf. mehrere gemeinsame Ziele zu erreichen. Ein Projektmitarbeiter (Agent) ist dabei gegebenenfalls in mehreren Projektgemeinschaften aktiv (vgl. Abbildung 1).

- Die **Organisationskomponente** des Mediums, das ein Projektteam unterstützt, wird durch die Projektorganisation expliziert. Der Agent ist dabei durch seine Rollenbeschreibung (klassische Rollen wie Auftraggeber, Projektleiter, Projektcontroller, Projektmitarbeiter, aber auch neu zu definierende Rollen, wie Projektmarketeer, Project Knowledge Officer, Projektdebriefer uvm.) bezüglich seiner Rechte (Budgetvollmacht, fachliche Weisungsbefugnis usw.) und Verpflichtungen (Durchführung von Controllingmassnahmen, Lieferant von Projekt(teil)ergebnissen, uvm.) attribuiert. Formalisiert wird die Organisationskomponente z. B. durch ein Organisationshandbuch[9], das entsprechende Datenstrukturen enthält.
- Als **Kanäle** fungieren Projektdokumentationen (Papier oder Dokumente in Datenbanken), E-Mail, Videokonferenzsysteme uvm.
- Der jeweilige **logische Raum** wird durch ein gemeinsames Glossar und gemeinsame Standards, wie etwa Projektantragsformulare, aufgespannt. Aspekte der Projektkultur gehören ebenso dazu. Die unterschiedlichen Parteien (Teams, Auftraggeber, Gremien) haben jeweils ihre eigene Sicht auf die Pro-

---

[9]  B. Jenny (1998), S. 509 f.

jekte. Die gemeinsame Semantik, die das einheitliche Verständnis der verwendeten Begriffe und Texte ausmacht, ermöglicht einerseits das gemeinsame Verständnis der organisatorischen Konzepte (z. B. die Projektmethodik) und beinhaltet andererseits das (Fach-) Wissen um den Projektgegenstand (z. B. ein zu entwickelndes Softwareprodukt).

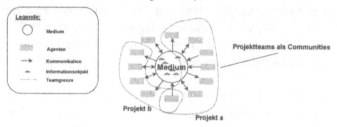

Abb. 1: Komponenten eines Projektwissensmediums

# 4    Bausteine von Wissensmedien zur verteilten Projektabwicklung

Nachdem Projekte und ihr Umfeld in das vorgestellte Medienmodell eingeordnet wurden, wird sich zur weiteren Eingrenzung im Rahmen dieses Beitrages auf die Explizierung von Aspekten der Wissensmedien als eine spezielle Form von Medien beschränkt. In Anlehnung an die Definition der Geschäftsmedien (Business Media) werden Medien zum Wissensaustausch als Wissensmedien (Knowledge Media) bezeichnet[10].

Projekte sind - bedingt durch ihre oftmals hohe Komplexität – im Allgemeinen als besonders wissensintensiv zu beurteilen.[11] Dies betrifft die einzelnen Vorgänge und Aufgaben (Fachwissen) als auch das Projektmanagement (Steuerungswissen). Die Leistungsfähigkeit der Projektteams beruht auf der Entstehung und Weitergabe von solchem Wissen und gemachten Erfahrungen. Daher bedürfen sie nach unserer Auffassung einer systematischen Betrachtung unter Gesichtspunkten des Wissensmanagements. Wissensmedien helfen bei der Realisierung entsprechender Lösungen.

Projektgemeinschaften bilden dabei als Nutzer dieses Wissensmediums Gemeinschaften, die Wissen generieren, verteilen und anwenden.[12]

---

[10]  Vgl. B. F. Schmid; U. Lechner (1999); B. F. Schmid (1999), S. 34

[11]  Vgl. W. H. Starbuck (1992), S. 715

[12]  Vgl. G. von Krogh; I. Nonaka (1997), S. 477

Die Plattform eines solchen „Project Enterprise Knowledge Medium" (PEKM) besteht aus elf Teilmodulen. Aufbauend auf der von Schindler[13] vorgestellten Segmentierung des Forschungsfeldes „Projektwissen" in die drei Bereiche *Wissen über Projekte* (für das Projektmanagement), *Wissen im Projekt* (für die operative Projektdurchführung) und *Wissen aus dem Projekt* (Lernen durch die Betrachtung historischer Projektinhalte), lassen sich die Module anhand ihres primären Einsatzzweckes, wie im folgenden Kapitel dargestellt, gruppieren.[14] In Analogie zu einem Haus mit seinen Bewohnern bedarf es für die Projektteams zur Durchführung ihrer Aufgaben eines entsprechenden gemeinsamen Raumes – des Mediums. Die im folgenden vorgestellten elf Module bilden gleichsam die Zimmer des Hauses, um das projektbezogene Wissen zu systematisieren.

## 4.1 Wissen über Projekte

**Methoden- und Formularablage**
Methodenhandbücher geben Aufschluss, wie gewisse Ziele erreicht werden können bzw. sollten. Oftmals beinhalten sie entsprechende Formularvordrucke, etwa für Projektanträge, Projektstatus-, Projektabschlussberichte, Projektreviews, uvm. Neben einer dynamischen Methoden- und Formularbibliothek sollte dieses Modul das unternehmensweite (bzw. bei n-lateralen Projekten das unternehmensübergreifende) Projektglossar enthalten. Diese Komponente kann in relationalen oder dokumentenorientierten Datenbanksysteme abgebildet werden.

**Skill Management**
Zu den Pflichten des Projektmanagements gehört regelmässig die Bestellung des Projektteams im Vorfeld und ggf. während des Projektes. Dies stellt insbesondere in grösseren Unternehmen eine beträchtliche Problematik dar. Bedingt durch die hohe Mitarbeiterzahl können oftmals nur über informelle Netzwerke die geeigneten Wissensträger als Experten für die zu vergebenden Aufgaben identifiziert werden. Die Wissensträgerinformationen sollten neben dem eigentlichen Fähigkeitsprofil einen Überblick über die aktuelle Ressourcenauslastung und aktuell involvierte Projekte bieten. Die Funktionalitäten eines solchen Moduls sehen einerseits die Aufgabenprofilerstellung durch den Projektleiter, d. h. die Suche in Wissensprofilen der Mitarbeiterbestände, andererseits die Wissensprofilerstellung durch die Mitarbeiter und analog die Suche in Soll-Wissensprofilen für in Projekten zu besetzende Vakanzen vor.

---

[13] Vgl. M. Schindler (1998); M. Schindler; P. Seifried (1999), S. 23 f.

[14] Das dazu in diesem Kapitel vorgestellte Kategorisierungsschema konnte mit Partnerunternehmen im Rahmen des zugehörigen Forschungsprojektes EKM (Enterprise Knowledge Medium) in mehreren Workshops konkretisiert und validiert werden.

**Planung und Kontrolle**

Die Planung und Kontrolle ist eine der Kernaufgaben des Projektmanagements. Im Rahmen der Projektplanung werden Strukturpläne erstellt und Projektphasen durch Dauern, Ressourcen und Anhängigkeiten attribuiert. Hierbei lassen sich Parallelen zur Betriebssystemtheorie ziehen, da auch dort beschränkte Ressourcen (Betriebsmittel) zu vergeben sind (Schedulingprobleme). Die Projektpläne spiegeln die im Rahmen der Planungsphase geschlossenen Kontrakte mit den internen und externen Lieferanten wider, die durch Verfahren der Netzplantechnik abgebildet werden können. Hierzu existieren seit einigen Jahren relationale Netzplantools, die hervorragende Planungs-, Simulations- und Analysefunktionalitäten verfügen, aber nicht selten im Bereich Endbenutzerfreundlichkeit, Verarbeitung qualitativer Informationsobjekte (z. B. Projektdokumentation) und im Bereich des Multiprojecting über Defizite verfügen[15].

**Controllingmassnahmen**

Während des gesamten Projektablaufes sollte eine wirksame Projektkontrolle implementiert sein. Sind im Rahmen der Kontrolle Überschreitungen der Projektdeterminanten (Zeit, Leistung, Einsatzmittel) zu konstatieren, gilt es entsprechende Gegenmassnahmen zu treffen, um das Projektziel möglichst noch vereinbarungsgemäss zu erreichen. Diese Massnahmen müssen expliziert werden (z. B. im Rahmen einer an die Komponente zur Planung und Kontrolle gekoppelten Massnahmendatenbank) und den Teammitgliedern zur Erreichung der gemeinsamen Zielfunktion transparent zur Verfügung stehen.

**Projektmarketing**

Im Rahmen des Projektmarketings muss das Projekt wirksam nach aussen (im Sinne von ausserhalb des Projektteams) aber auch nach innen (Motivationsaspekte) vertreten werden[16]. Es geht dabei um das Management der Kanäle und der zu kanalisierenden Informationen (Projektziel und zielgruppenadäquates Content-Management). Ein solches Modul sollte Funktionalitäten eines Bulletin-Boards aufweisen und neben einem Projektsteckbrief (Ziele, Umfang) die Identifikation zentraler Ansprechpartner zulassen. Lösungen bieten hier sogenannte Projektportale[17].

**Organisationsstruktur**

Um in der Organisation zur Verfügung stehendes Wissen identifizieren zu können, d. h. die Wissensbasis voll nutzen und Zuständigkeiten erkennen zu können, bedarf es entsprechender Informationen über die Organisationsstrukturen (Aufbau- und Ablaufstrukturen). Den Mitgliedern der Community müssen die Zusammenhänge transparent sein, z. B. in Form von grafisch-dargestellten Orga-

---

[15] P. Ehlers (1997), S. 120 f.
[16] vgl. G. Patzak; G. Rattay (1998), S. 144 ff.
[17] vgl. z. B. das Produkt Project Home Page des Anbieters Netmosphere (1999)

nigrammen oder Projektplänen, aus denen das Zusammenspiel des Teams im Kontext der Organisation hervorgeht.[18] Idealerweise stehen dabei Möglichkeiten zur Visualisierung (im Sinne von Wissenslandkarten) bereit.

## 4.2 Wissen im Projekt

**Persönliches Informationsmanagement / Gruppen-Informationsmanagement**
Eine wesentliche Komponente zum Austausch von Informationen und Wissen im Projekt ist das persönliche Informationsmanagement (PIM). Dazu sollten Funktionalitäten wie persönliche E-Mail, Kalender und Dokumentendatenbanken als Kanalsystemtypen bereitstehen. Im Teamkontext bedeutet dies die Ausdehnung um entsprechende Gruppenaspekte (GIM): Korrespondenzverwaltung, Gruppenterminkalender, Team-E-Mail, Videokonferenzen und Teamdokumentenablagen (vgl. auch nächsten Punkt). Hierzu eignen sich insbesondere die im Umfeld des CSCW (Computer Supported Cooperative Work) entstandenen Anwendungen[19].

**Dokumentation / Berichtswesen**
Ein Kernbestandteil von Projektabwicklung ist die Implementierung eines funktionierenden Dokumentations- und Berichtswesens. Jenny unterscheidet dabei zwischen Vorgehens- (statisch) und Systemdokumentation (dynamisch)[20]. Das Modul mit den Methoden und Formularen gibt entsprechenden Aufschluss, was, wie und wann dokumentiert werden muss, und stellt ggf. elektronische Dokumentenvorlagen dazu bereit.

**Meeting Repository**
Ein Bestandteil der Projektarbeit ist die regelmässige Zusammenkunft von Mitarbeitern, um über Zustand und ggf. Probleme zu berichten. Im Vorfeld dieser Meetings (*jour fixe* o. ä.) fallen in der Regel Einladungen und Agenden und im Verlauf entsprechende Protokolle an. Diese Dokumente lassen sich grundsätzlich im Rahmen der Projektdokumentation klassifizieren, bedürfen aber nach Meinung der Autoren (bestätigt durch die in der Praxis gesammelten Erfahrungen) zumindest für „lebende" Projekte eine intuitivere Trennung. Auch hier kommen entsprechende Dokumentendatenbanken in Frage.

**Diskussionsforum**
Im Rahmen der operativen Projektarbeiter, insbesondere in einem verteilten Umfeld, wo ein persönliches Zusammentreffen der Knowledge Worker nicht oder nur unregelmässig stattfindet, ist ein Austauschmechanismus für spontane Fragen und Anregungen notwendig. Ein Anwendungsbeispiel etwa ist die Erstellung und Abstimmung von Agenden während der Vorbereitungsphase von Projektsitzun-

---

[18] G. von Krogh; I. Nonaka (1997), S. 478
[19] S. Bauer (1996), S. 102
[20] B. Jenny (1998), S. 153 f.

140

gen, realisiert etwa durch Projekt-interne Newsgroups. Entscheidend ergänzt werden können solche Lösungen z. B. durch neuere Systemkomponenten zur synchronen Zusammenarbeit, wie z. B. „virtuelle Teamräume" (z. B. von Lotus[21]).

## 4.3 Wissen aus dem Projekt

**Best Practices / Lessons Learned**
Lessons Learned bzw. Best Practices stellen einen kritischen Erfolgsfaktor für die Unternehmen dar[22]. Es ist unumgänglich für die lernende Organisation, sich stärker mit den in Projekten erfahrenen Inhalten und Ergebnissen auseinander zusetzen, da im Zuge der zunehmenden Projektorientierung immer weniger Mitglieder der traditionellen Linienorganisation als Lerneinheiten fungieren können. Nach Ausscheiden aus dem Projektteam / Projektauflösung geht regelmässig auch das angesammelte Wissen verloren[23]. Obwohl die Sicherung von Erfahrungen z. B. in Form der Erstellung eines Abschlussberichtes immer wieder gefordert wird[24], geschieht dies nach Erfahrungen der Autoren bisher nur unbefriedigend. Allein die Ableitung solcher Erfahrungen und Empfehlungen reicht noch nicht. Es gilt daher Zugriff auf diese Erfahrungen zu bieten, etwa im Zuge der Aufsetzung neuer Projekte und sie entsprechend im Medium allen möglichen Interessenten bereitzustellen.

**Template-Strukturen**
Neben der expliziten Ableitung solcher Projekterfahrungen ist der Tatsache Rechnung zu tragen, dass die im Rahmen der einzelnen Module im Rahmen eines Projektes zusammengeführten Informationen für Folgeprojekte quasi Template-Strukturen (Schablonen) darstellen. In Einzellösungen, wie etwa dem Lotus Notes-basierten GroupProject System zur Projektplanung und -dokumentation, wurde dies bereits über Repositorydatenbanken implementiert[25].

## 4.4 Abgrenzung der Modulbereiche und Umsetzung

Um Medien- und Technologiebrüche zu vermeiden, bedarf es der gemeinschaftlichen Realisierung dieser Module im Rahmen eines einheitlichen, integrierten Plattformkonzeptes.

---

[21] Lotus (1998); Lotus (1999)
[22] F. R. Gulliver (1987), B. Smith; B. Dodds (1997), S. 165
[23] R. Boutellier; O. Gassmann (1997), S. 75
[24] vgl. z. B. M. Burghardt 1997, S. 435 ff.
[25] L. Nastansky; T. Schicker; O. M. Behrens; P. Ehlers (1995), S. 322

Da es sich bei Projektteams in der Regel um geschlossene Benutzergruppen handelt, bieten sich dazu als Basistechnologien für die Umsetzung der Module Intra- (bei Projekten innerhalb eines Unternehmens) bzw. Extranetlösungen (bei Teams aus mehreren Unternehmen) an. Auf dem Markt derzeit erhältliche Lösungen und Systeme zur Projektabwicklung decken den vorgestellten Funktionsbereich der Module nicht oder nur in Teilbereichen ab. Solche Systeme haben ihren Schwerpunkt im Projektmanagement (wie z. B. Microsoft Project, Artemis Views, usw.) und / oder sind nicht unter Wissensmanagement-Gesichtspunkten optimiert. Einzelne Lösungen wurden in den vorhergehenden Abschnitten im Rahmen der Module exemplarisch vorgestellt. Sie lassen sich in relationale und dokumentenorientierte Datenbank-basierte Technologien, Planungstools (Projektmanagement-Systeme, kurz PMS) und Lösungen aus dem Bereich der CSCW (Projektinformationssysteme, kurz PIS) einordnen. Es gilt sie im Rahmen der neuen Medien zu einem ganzheitlichen Framework zu kombinieren.

In Abgrenzung zu PMS bzw. PIS erfordert eine Wissensmanagement-Architektur jedoch die wesentliche Eigenschaft, dass sie[26]:

- die Bildung eines *gemeinsamen* Kontexts für die Projektgemeinschaft unterstützt[27]. Ohne diesen gemeinsamen Kontext können die unterschiedlichen Perspektiven der Individuen kollidieren und damit Entscheidungsfindungen im Projekt erschweren. Dies erfordert eine integrierende Darstellung der relevanten Wissensbereiche.

- die mögliche Komplexität und Dynamik von Wissen abbildet, d. h. sich nicht auf die Abbildung gut explizierbarer Informationen relationaler Projektmanagement-Systeme (PMS) beschränkt. Notwendig ist hier auch die Unterstützung von weniger gut kodifizierbarem Wissen durch Kombination von integrativen (Betrachtung der Architektur als Ablageort für expliziertes Wissen) als auch interaktiven (Architektur dient zur Interaktionsunterstützung zum Austausch von impliziten Wissen) Funktionalitäten.

PMS bieten regelmässig nur heterogene, verteilte Lösungen, bei denen expliziertes Wissen fragmentiert und damit nur schwer lokalisier- und teilbar gespeichert wird. Verteilte Projektinformationssysteme gehen durch ihre integrierenden Cha-

---

[26] vgl. L. Fahey; L. Prusak (1998), S. 268; R. L. Ruggles (1997), S. 3

[27] L. Fahey und L. Prusak (1998), S. 268 führen dazu aus: „A disregard for shared context means that the generation, transmission, and use of knowledge is not seen as an activity that brings individuals to deeper understanding through dialogue. As a result, information remains simply a pattern of disjointed and ill-structured data points or events. Without such dialogue the path from information to knowledge is difficult to traverse."

rakter hier bereits einen entscheidenden Schritt weiter, bieten aber immer noch Lücken.[28]

# 5 Konklusion und Ausblick

In den vorliegenden Abschnitten haben wir ein ganzheitliches Medienkonzept vorgestellt, es im Kontext der verteilten Projektabwicklung als PEKM spezialisiert und schliesslich die relevanten Module eines Project Enterprise Knowledge Mediums mit ihren Basisfunktionalitäten identifiziert. Die Module eignen sich als „enabling structures"[29] für eine Wissensmanagementumgebung – sie allein genügen jedoch nicht[30]. Aspekte der Unternehmenskultur, Betriebswirtschaftlehre (insbesondere der Organisationstheorie) und personalwirtschaftliche Aspekte sind von weiterer Wichtigkeit (dazu gehören auch Fragestellungen in den Bereichen Führungsstil, Anreizsysteme, usw.).

Neben der weiteren inhaltlichen und konzeptionellen Forschung sollen die vorgestellten Module konkret zu einer einheitlichen Plattform zusammengeführt werden. Es geht nicht um die „Neu-Erfindung" von bereits existierenden Lösungen, sondern um die Realisierung eines Prototypen unter der expliziten Betrachtung von Aspekten des Wissensmanagements. Dabei sollte weitestgehend auf bestehende Architekturen, Technologien und Lösungen zurückgegriffen werden und die Implementierungsarbeiten sich auf die Bereitstellung geeigneter Schnittstellen, bzw. das Realisieren von am Markt noch nicht erhältlichen Funktionalitäten konzentrieren.

# 6 Literatur

**Bauer, Siegfried (1996):** Perspektiven der Organisationsgestaltung. In: Bullinger, H.-J.; Warnecke, H. J. (Hrsg.), Neue Organisationsformen im Unternehmen - Ein Handbuch für das moderne Management, Berlin, usw., S. 87-118

**Boutellier, Roman; Gassmann, Oliver (1997):** Wie F&E-Projekte flexibel gemanaget werden, in: Harvard Business Manager, 4/1997, S. 68-76.

**Burghardt, Manfred (1997):** Projektmanagement. 4. Auflage, München

**Ehlers, Peter (1997):** Integriertes Projekt- und Prozessmanagement, Aachen

---

[28] Vgl. Th. Wolf; S. Decker; A. Abecker (1999), S. 757 ff.

[29] B. Smith; B: Dodds (1997), S. 169

[30] G. von Krogh; I. Nonaka (1997), S. 476

**Fahey, Larry; Prusak, Laurence (1998):** The Eleven Deadliest Sins of Knowledge Management, in: California Management Review Vol. 40, No. 3, Spring 1998, S. 265-276

**Gulliver, Frank R. (1997):** Post-project appraisals pay, in: Havard Business Review, March-April 1987, Number 2, S. 128-132

**Jenny, Bruno (1998):** Projektmanagement in der Wirtschafts-Informatik, 3. Auflage, Zürich

**Lotus (1998):** Lotus Insitiute: TeamRoom - What Can TeamRoom Be Used For?, Lotus Development Corporation, o. O., aus: http://www.lotus.com/services/institute, Abruf am: 05.11.1998

**Lotus (1999):** Lotus QuickPlace - A Product Evaluator's Guide, Lotus Development Corporation, Cambridge, MA

**Nastansky, Ludwig; Schicker, Till; Behrens, Olav Max; Ehlers, Peter (1995):** Büroinformationssysteme, in: Fischer, Joachim; Herold, Werner; Dangelmaier, Wilhelm; Nastansky, Ludwig; Wolff, Rainer (Hrsg.): Bausteine der Wirtschaftsinformatik, Hamburg, S. 267-371

**Netmosphere (1999):** Project Home Page 2.0.1 User's Guide, Netmosphere, Inc., San Mateo, CA, 1999

**Parlby, David S. (1998):** Knowledge Management Research Report 1998, KPMG Management Consulting, London

**Patzak, Gerold; Rattay, Günter (1998):** Projekt-Management, 3. Auflage, Wien

**Röpnack, Axel; Schindler, Martin; Schwan, Thomas (1998):** Concepts of the Enterprise Knowledge Medium, Proceedings of the Second International Conference on Practical Aspects of Knowledge Management (PAKM) 1998, 29-30 Oktober 1998, Basel

**Ruggles, Rudy. L. (1997):** Tools for Knowledge Management, in: Ruggles, R. L. (Hrsg.): Knowledge Management Tools, Boston usw., S. 1-8

**Schindler, Martin (1998):** Knowledge Management im Rahmen der verteilten Projektabwicklung, Arbeitsbericht des Kompetenzzentrums EKM der Universität St. Gallen, Bericht Nr.: CC EKM/16 vom Mai 1998, St. Gallen

**Schindler, Martin; Seifried, Patrick (1999):** Projekte und Prozesse im Kontext des Wissensmanagements, in: Industrie Management 6/99, S. 20-25

**Schindler, Martin; Gassmann, Oliver (2000):** Wissensmanagement in der Projektabwicklung - Ergebnisse einer empirischen Studie am Beispiel der Konzernentwicklung von Schindler Aufzüge AG, in: Wissenschaftsmanagement 1-2/2000

**Schmid, Beat F. (1999):** Elektronische Märkte - Merkmale, Organisation und Potentiale, in: Hermanns, A.; Sauter, M. (Hrsg.), Management Handbuch Electronic Commerce, München, S. 31-48

**Schmid, Beat F.; Lechner, Ulrike (1999):** Wissensmedien – Eine Einführung. In: Schmid, Beat F. (Hrsg.), Wissensmedien (im Druck), Wiesbaden

**Smith, Bryan; Dodds, Bob (1997):** Developing Managers in the project-orientated organization, in: Journal of European Industrial Training Volume 21, Number 5, 1997, S. 165-170

**Starbuck, William H. (1992):** Learning by Knowledge-Intensive Firms, in: Journal of Management Studies, Vol. 29, No. 6, 1992, S. 713-740

**von Krogh, Georg; Nonaka, Ikujiro; Ichijo, Kazuo (1997):** Develop Knowledge Activists!, in: European Management Journal, Vol 15., No. 5, 1997, S. 475-483

**Wolf, Thorsten; Decker, Stefan; Abecker, Andreas (1999):** Unterstützung des Wissensmanagements durch Informations- und Kommunikationstechnologie. in: Scheer, A.-W.; Nüttgens, M. (Hrsg.): Electronic Business Engineering, Heidelberg, S. 745-766

# Vernetzte Informationen in einem Wissensmedium

Patrick Seifried
Universität St. Gallen

# 1 Einleitung

Momentan zeigt sich in der Wirtschaft einen Bedarf an integrierten Wissensplattformen bzw. Wissensmedien, d.h. informationstechnologische Plattformen zur Unterstützung von Wissensmanagement im Unternehmen. Eine einmal teuer gefundene Problemlösung, sei es in Projekten, Prozessen oder Produkten, soll kein zweites Mal durch aufwendige Entwicklungen ermittelt werden müssen. Eine Wissensdatenbank bzw. Wissensplattform als Wissensbasis ist daher notwendig um derartige Problemlösungen transparent für das Erfahrungslernen zur Verfügung zu stellen. Unter Verwendung neuerer Informations- und Kommunikationstechnologien sowie organisatorischen Veränderungen ermöglichen diese Plattformen, Wissen zu speichern, zu identifizieren, zu bewerten und anzuwenden.

Wie bedeutend im Wissensmanagement die Informations- und Kommunikationstechnologie ist, zeigt eine Studie der Fachhochschule Wiesbaden, die 30 Unternehmen mit mehr als 1000 Mitarbeitern untersucht haben. 41% der befragten Unternehmen wählten als Einstieg in das Wissensmanagement eine Kombination aus dem Einsatz von Informations- und Kommunikationstechnologie und organisatorischen Veränderungen[1]. In einer weiteren Umfrage wurde nach den Zielen der Einführung von Wissensmanagement. Untersucht wurden 67 Unternehmen mit mehr als 1000 Mitarbeitern. 85% davon nannten die Förderung des Know-how Transfers im Unternehmen und das Verfügbarmachen von Wissen. 75% sehen die Förderung der internen Kommunikation, 70% die Optimierung der Ressourcennutzung und die Wiederverwendung von Lösungen als vorrangige Ziele an. Ferner sind 65% überzeugt, die Produktivität erhöhen und interne Abläufe verbessern zu können[2].

Der vorliegende Artikel zeigt, wie umfangreiche Informationen mit verschiedenen Kontexten eines Unternehmens durch Verzeichnisdienste aggregiert und kategori-

---

[1] K. North, A. Papp (1999)
[2] vgl. G. Versteegen, S. Mühlbauer (1999)

siert werden können. Verzeichnisdienste zeichnen sich dadurch aus, dass Informationen zu einem konkreten Kontext, wie bspw. Experten, Projekte oder Produkte, detailliert in einem Verzeichnis aufbereitet werden und für den Benutzer konzentriert an einem Ort vorhanden sind. Hierfür gilt es nicht nur, die Attribute der Verzeichnisse gemäss den Informationsanforderungen des Unternehmens zu definieren, sondern auch Relationen zwischen den Verzeichnissen für eine höheren Detaillierungsgrad der Informationen zu bilden.

# 2 Wissensmedium als Plattform

## 2.1 Nutzen

Wissensmedien sind als die Weiterentwicklung von Informationssystemen im Zusammenhang mit der Anwendung von Konzepten des Wissensmanagements zu sehen. D.h. Konzepte des Wissensmanagements werden informationstechnologisch unterstützt und umgesetzt. Allerdings wird nicht nur auf die Informationstechnologie aufgesetzt. Stattdessen werden bei Wissensmedien auch organisatorische Aspekte wie bspw. die Ablauf- und Aufbauorganisation betrachtet sowie die Prozesse und Projekte eines Unternehmens und deren Umsetzung durch Wissensmanagement-Dienste (bspw. Dokumentenverwaltung-, Projektmanagement-, Workflowmanagementtools, Wissensportale, Wissenskarten). Die Zielgruppe für Wissensmedien wird in Business-, Research- und Learning Communities gesehen. Im folgenden Artikel wird sich der Autor jedoch auf Wissensmedien von Business Communities, d.h. auf Unternehmen (engl. *Enterprises*) beschränken. Die wichtigsten Nutzenaspekte von Wissensmedien sind im folgenden aufgelistet:

- Identifikation wichtiger Dokumente, Prozesse, Projekte, etc.
- Bewertung relevanter Informationsquellen
- Hinweis auf problembezogene Neuigkeiten Automatisierung von immer wiederkehrenden Arbeitsabläufe und Informationsaufgaben
- Schnelle Identifikation von Experten und Erfahrungen (Lessons Learned)
- Übersicht über unternehmensspezifische Vorgehensweisen, Arbeitstechniken und Tools

Dadurch wird es speziell neuen Mitarbeitern bspw. Projektleitern in neuen Projekten bei der Lösung neuer Aufgaben ermöglicht, sich in die neue Thematik schnell einzuarbeiten und einen differenzierten Überblick zu bekommen. Weiterhin wird die Weitergabe von Erfahrung aus abgeschlossenen und laufenden Projekten erleichtert. Die Basis hierfür ist die Kodifizierung von Wissen der

Mitarbeiter. Dadurch können die Opportunitätskosten der Mitarbeiter (d.h. die Kosten der Lernphase, insbesondere bei neuen Mitarbeitern) drastisch gesenkt und intensive Suchzeiten sowie Fehlentscheidungen minimiert werden, was ebenfalls zur Kostensenkung führen kann.

## 2.2 Medien, Wissen und Wissensmedien

In vorangegangenem Abschnitt haben wir gesehen, welchen Nutzen Wissensmedien umfassen können. Im folgenden wird das Medienkonzept vorgestellt, das den Referenzrahmen für die Bildung von Wissensmedien liefert. Gemäss unserem Konzept bilden Medien Räume, in denen sich Gemeinschaften treffen, verständigen und austauschen können. Sie stellen ein Gefäss für den Austausch von Gütern und Informationen bereit. Das Medienkonzept zeigt, wie sich Medien modellieren lassen, d.h. welche Komponenten für eine Plattform definiert und formalisiert werden müssen. Medien werden als organisierte Kanalsysteme von Multi-Agenten-Systeme modelliert. Sie bestehen aus den drei Komponenten „Logischer Raum", „Kanäle" und „Organisation"[3]:

- Der logische Raum legt Syntax und Semantik der Information fest, die auf der Plattform verfügbar ist und der über die Kanäle ausgetauscht werden können[4]. Der logische Raum stellt das Beschreibungsmittel für einen interessierenden Ausschnitt aus der realen Welt dar und ist Voraussetzung für eine funktionierende Kommunikation. Er stellt einen Verständigungsrahmen für die Kommunikation im Sinne der Bildung gemeinsamen Wissens und ermöglicht ein gegenseitiges Verständnis der Agenten[5].
- Die Kanäle dienen als Informationsträger und ermöglichen den Transport der auszutauschenden Informationsobjekte über Raum und Zeit[6]. Beispiele für Kanäle sind Datenbanken (Transport über die Zeit), Telekommunikationsnetze (Transport über den Raum), oder auch Bücher (Transport von Informationen über Zeit und Raum)[7].
- Die Organisation besteht aus einer Menge von Rollen und Protokollen. Als Rollen werden die Aufgabenprofile der Agententypen, ihre Rechte und Pflichten bezeichnet. Sie legen die Aufbauorganisation des Mediums fest und stellen somit den organisatorischen Aspekt des Mediums dar[8]. Die Protokolle

---

[3] vgl. U. Lechner, B. F. Schmid (2000)
[4] vgl. U. Lechner, B. F. Schmid (2000)
[5] vgl. B. F. Schmid, M. Schindler (2000)
[6] vgl. B. F. Schmid (1998)
[7] vgl. B. F. Schmid, M. Schindler (2000)
[8] vgl. B. F. Schmid (1998)

beschreiben die Interaktion zwischen Agenten im Medium[9]. Sie stellen eine Art von „Verkehrsregeln" dar und dienen der Beschreibung der Ablaufstruktur.

Agenten besitzen die Fähigkeit, Information zu verarbeiten. Die Agenten können Information im Medium transportieren, d.h. ein Agent kann selbst als Kanal funktionieren[10]. Der Agent kann seine Zustandkomponente ändern, indem er mit anderen Agenten kommuniziert, d.h. er kann sich zusätzliches Wissen aneignen (bspw. ein Agent vom Typ „Mitarbeiter" bei Aus- und Weiterbildungsmass-nahmen)[11].

Der Medienbegriff besteht demnach aus Kanälen für den Transport von Information über Raum und Zeit, einer Logik, welche die den Syntax und die Semantik der Information festlegen sowie einem Organisationssystem, bestehend aus Rollen und Protokolle, welche das Verhalten und die Interaktion der Agenten strukturiert.

Aufgrund permanenter Erneuerungen und innovativer Einflüsse in der heutigen Informationsgesellschaft, sehen wir die Wissensperspektive im Management als wichtigen Faktor für die Vorbereitung auf die Zeit nach der Informationsge-sellschaft an. Ein Beispiel für derartige Neuerungen sind dabei die Neuen Medien. Schmid definiert die Neue Medien als die durch Mittel der Informations- und Kommunikationstechnologie geschaffenen Medien zur Organisation der wirtschaftlichen Leistungserstellung, als „Plattformen für weltweite Com-munities" bzw. Gemeinschaften[12]. In diesem Kontext werden die Neue Medien in der Funktion als Wissensmedien verstanden.

Für die Definition von Wissensmedien werden die beiden Begriffe „Medium" und „Wissensmanagement" zu dem Begriff Wissensmedium (engl: *Knowledge Medium*) zusammengeführt. Der Begriff Wissensmanagement ist wohl einer der häufigsten gebrauchten und missbrauchten IT-Schlagworte der letzten Jahre. Eckhardt und Plath sehen die primäre Aufgabe des Wissensmanagements darin, den Wert von Informationen, Wissen und Erfahrungen für alle Mitarbeiter und das Unternehmen nutzbar zu machen[13]. Unter Verwendung des Agenten als Entität definieren wir Wissen als *„die in einen bestimmten Kontext eingebettete*

---

9 vgl. B. F. Schmid, U. Lechner (2000)
10 vgl. M. Klose, U. Lechner (1999)
11 vgl. B. F. Schmid, M. Schindler (2000)
12 vgl. B. F. Schmid (2000)
13 vgl. C. Eckardt, C. Plath (1998)

*Information, die in Agenten wirksam ist und potentiellen Einfluss auf zukünftige Entscheidungen hat*[14]. Demnach wird unter einem Wissensmedium ein Kommunikationsmittel zum Austausch und zur Verbreitung von Wissen in Gruppen verstanden[15],. Somit ist ein Wissensmedium eine Ganzheit, bestehend aus verteilten Informationsbeständen und Kommunikationskanälen, die in Wechselwirkung mit den sie nutzenden und neue Information produzierenden Gemeinschaften von Agenten stehen[16].

Dementsprechend ist ein Enterprise Knowledge Medium (EKM) eine Plattform für Profit-Organisationen wie bspw. Unternehmen aus der Industrie. Ein Wissensmedium mit Ausrichtung auf die Scientific Community wird im Rahmen des NetAcademy-Projektes ebenfalls am mcm *institute* konzipiert und realisiert[17] (vgl. http://www.netacademy.org). Ferner ist ein Wissensmedium mit Ausrichtung auf eine Learning Community in Vorbereitung.

# 3 Funktionsweise eines Enterprise Knowledge Medium am Beispiel der Aggregation

## 3.1 Enterprise Knowledge Medium (EKM)

Ein Enterprise Knowledge Medium unterstützt im Unternehmenskontext die Gemeinschaft von Mitarbeitern, welche an gemeinsamen Projekten, Prozessen oder Aufgaben arbeiten. Es soll dabei Möglichkeiten zur Identifikation, Bewertung, Zuordnung (im Sinne von Verständnis) und Anwendung von Wissen schaffen. Wissen wird dabei als die von einem Agenten verstandene und für Entscheider potentiell wirksame Information angesehen. Das Wissensmedium wird als das zentrales Instrument für die Nutzbarmachung dieser Ressource betrachtet. Es ist in diesem Sinne der technologische und organisatorische Ausgangspunkt eines ganzheitlichen Wissensmanagements.

Das Enterprise Knowledge Medium-Referenzmodell (EKM-RM) stellt einen möglichen Ordnungsrahmen für das Management von Wissensmedien mit Fokus auf Business Communities dar. Die Darstellung in vier horizontale Sichten (Communitysicht, Implementierungssicht, Dienstsicht und Infrastruktursicht) und die Untergliederung in vier vertikale Phasen bilden den Referenzrahmen solcher Enterprise Knowledge Media und helfen bei der Einordnung von

---

[14] vgl. P. Seifried (1999)
[15] vgl. B. F. Schmid (2000)
[16] vgl. B. F. Schmid et al. (1999)
[17] vgl. U. Lechner et al. (1998)

150

Problemstellungen und Lösungen (vgl.Abbildung 1) im Sinne eines von der Literatur geforderten integrierenden konzeptionellen Bezugsrahmens[18].

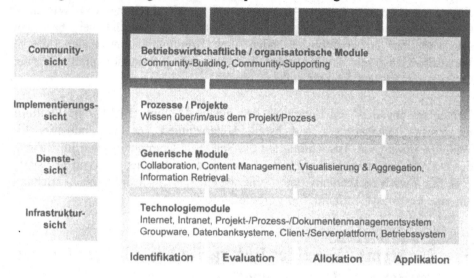

Abbildung1: Das Enterprise Knowledge Medium-Referenzmodell[19]

**Die Phasen des EKM-Referenzmodells**

Bei den vier Hauptphasen des Referenzmodells handelt es sich um einen möglichen Wissensmanagement-Zyklus, beginnend von der Identifikation und Bewertung bis hin zur Zuordnung und Anwendung von Wissen. Die Anwendung von Wissen generiert weitere Erkenntnisse, welche später wieder identifiziert werden können. So schliesst sich in einem gewissen Sinne der Zyklus der ständigen Adaption und Entwicklung von Wissen. Im einzelnen werden folgende wissensorientierte Tätigkeiten in einem Wissensmedium unterschieden (vgl. Abbildung 1)[20]:

1. **Identifikation**
   In dieser Phase wird internes und externes Wissen gesucht, gesichtet und strukturiert.
2. **Evaluation**
   In dieser Phase wird das identifizierte Wissen hinsichtlich seiner möglichen Relevanz für die zu lösenden Probleme beurteilt und bezüglich seiner Qualität (Gültigkeit, Übertragbarkeit, Aktualität etc.) bewertet.

---

[18] vgl. D. J. Teece (1998)
[19] vgl. P. Seifried, M. J. Eppler (2000)
[20] vgl. P. Seifried, M. J. Eppler (2000)

**3. Allokation**
Wissen wird in dieser Phase erlernt, geteilt und somit im Individuum oder in der Organisation einem neuen Kontext zugeordnet (d.h. neues Wissen wird mit bestehenden Kenntnissen verbunden, altes Wissen wird ausgegliedert). Das als wichtig beurteilte Wissen wird in die eigene Wissensbasis integriert und für die Anwendung bereitgestellt bzw. aufbereitet.

**4. Anwendung**
In dieser letzten Phase des Wissensmanagement-Zyklus wird das integrierte Wissen auf eine Problemstellung oder zur Entscheidung angewandt.

Die vier beschriebenen Phasen des Wissensmanagements geben somit eine kompakte Übersicht über die Tätigkeiten innerhalb eines Wissensmediums. Sie ermöglichen es, die notwendigen Schritte und entsprechenden Werkzeuge in der Wissensarbeit[21] zu identifizieren und zentrale Wissensprobleme zu isolieren. Darüber hinaus signalisieren sie, dass für die verschiedenen Phasen unterschiedliche Werkzeuge zur Anwendung kommen, welche unterschiedlich auf die Lösung von Wissensproblemen einwirken[22].

**Die Sichten im EKM-Referenmodell**
In die *Infrastruktursicht* werden für ein EKM relevante Grundlagentechnologien eingeordnet. Dazu gehören kommerziell ausgereifte Lösungen wie Betriebssysteme, Client/Server-Plattformen, Projekt-/Prozess-/Dokumenten-managementsysteme, Internet-/Intranet- sowie Extranet-Lösungen, Datenbank-systeme, Netzwerkinfrastruktur und ähnliches mehr. Die *Dienstesicht* besteht aus Diensten, die je nach Bedarf in bestehende Knowledge Management Lösungen integriert werden können. Sie werden in ihrer Funktionalität nach Collaboration, Content Management, Visualisierung & Aggregation, sowie Information Retrieval klassifiziert[23]. Die *Implementierungssicht* umfasst die durch das Knowledge Medium unterstützten Geschäftsprozesse[24] (z.B. Führungs-, Planungs- oder Produktentwicklungsprozesse). In der Implementierungssicht sind auch die inhaltlichen und administrativen Prozesse des Wissensmediums selbst einzu-ordnen (z.B. Qualitätssicherung der verwalteten Informationen). Im Rahmen der

---

[21] Der interessierte Leser sei auf T. H. Davenport, S. L. Jarvenpaa, M. C. Beers (1996) verwiesen.
[22] Für detaillierte Informationen sei der Leser auf P. Seifried, M. J. Eppler (2000) verwiesen.
[23] vgl. die Benchmarking Studie „Evaluation von Knowledge Management Suites" von P. Seifried, M. J. Eppler (2000).
[24] z. B. wie im Case Deutsche Bank im Rahmen der ersten Projektphase EKM der Prozess „Operative Unternehmensplanung", vgl. T. Schwan et al. (1997).

*Communitysicht* werden betriebswirtschaftliche und organisationskulturelle Fragestellungen behandelt, wie z.B. der wissensorientierte Aufbau von Communities (Community-Building) und die wissensorientierte Unterstützung von Communities (Community-Supporting)[25].

Nachdem das EKM-RM mit seinen Phasen und Sichten vorgestellt wurde, erfolgt im nächsten Abschnitt eine Fokusierung auf die Dienstesicht mit seinen Visualisierungs- und Aggregationsfunktionalitäten. Um die Vernetzung der Information in einem EKM zu verdeutlichen, werden speziell Verzeichnisdienste im Detail betrachtet.

## 3.2 Die Diensteschicht im EKM

Die Dienstesicht setzt als logisch nächste Sicht auf die Infrastruktur auf und bietet seine Dienste der Implementierungssicht für deren Ausführung an. Im Rahmen eines Enterprise Knowledge Mediums wurden folgende vier Kategorien in der Diensteschicht definiert[26]:

- Collaboration
- Content Management
- Visualisierung & Aggregation
- Information Retrieval

*Collaboration* basiert auf Groupware-Elementen und erleichtert die Koordination, Kooperation von sowie die Kommunikation zwischen Wissensarbeitern. *Content Management* stellt durch die Bereitstellung von „Content" (bspw. Dokumente) die wichtigste Quelle kodifizierten Wissens dar. Elemente der *Visualisierung und Aggregation* führen zur Wissenstransparenz. Das *Information Retrieval* gewährleisten die Identifikation sowie das Wiederauffinden abgelegter Erfahrungen und Wissensressourcen und stellt diese zur Wiederverwertung bereit.

---

[25] Für detaillierte Informationen sei der Leser auf P. Seifried, M. J. Eppler (2000) verwiesen.

[26] Die Funktionalitätsgruppen der Dienstesicht basieren auf einer Studie „Evaluation von Knowledge Management Suites von Patrick Seifried und Dr. Martin J. Eppler des Kompetenzzentrums Enterprise Knowledge Medium des mcm *institute*, Universität St. Gallen, vgl. P. Seifried, M. J. Eppler (2000)

## 3.3 Visualisierung und Aggregation in der Diensteschicht

Die Elemente der Visualisierung & Aggregation führen zur Wissenstransparenz, wie z. B. Wissenskarten, Wissensportale oder Verzeichnisdienste. Sie helfen, in einem Unternehmen auf Wissens zuzugreifen, das meist in den Köpfen der Mitarbeiter (implizites Wissen[27]) steckt und im allgemeinen nicht anders kodifiziert werden kann. Dabei ist es wichtig, dass das visualisierte und aggregierte Wissen durch Taxonomien, sogenannte unternehmensübergreifende Begriffsdefinitionen, strukturiert wird und dadurch in Kategorien eingeteilt werden kann. Im EKM-RM setzen sich die Visualisierung und Aggregation aus den folgenden Komponenten zusammen:

- Wissensportale
- Wissenskarten
- Taxonomie
- Verzeichnisdienste

Die Wissensportale enthalten eine konsolidierte und aggregierte Aufbereitung von Geschäftsfunktionalitäten. Wissenskarten ermöglichen die übersichtliche Darstellung von Wissensobjekten durch ein grafisches Interface. Die Taxonomie bestimmt die Begriffswelt des Unternehmens, d.h. definiert einheitliche, transparente und allgemein anerkannte Schlüsselwörter und Kategorien. Die Verzeichnisdienste ermöglichen es, Transparenz über unterschiedliche Kontexte im Unternehmen zu erhalten.

## 3.4 Verzeichnisdienste eines EKM

Mögliche Kontexte sind bspw. Experten, Projekte, Prozesse, Tools und Lessons ¨Learned. Der Kontext wird durch Attribute beschrieben. Relationen zu anderen Kontexten werden mit entsprechenden Links durchgeführt. Die genannten Kontexte werden in Datenbanken aufgrund von Templates abgebildet. Templates bilden den konzeptionellen Rahmen für die Attribute der Datenbanken sowie deren Relationen zu anderen Verzeichnissen. Ein Beispiel ist in Abbildung 2 dargestellt, in der fünf unterschiedliche Verzeichnisdienste aufgezeigt sind:

---

[27] vgl. I. Nonaka, H. Takeuchi (1995)

154

- Expert Directory
- Knowledge Management Tool Directory
- Lessons Learned Directory
- Process Directory
- Project Directory

Das *Expert Directory* bietet einen transparenten Zugriff auf eine Vielzahl von Knowledge Management Professionals, deren Kompetenzfelder und Projekterfahrung. Neben der Profilerfassung des Experten, kann das Expert Directory nach Industriefeldern, Aufgabenbereichen, Management Tools und Methodologien durchsucht werden[28]. Zusätzlich wird Volltextsuche unterstützt. Im *Knowledge Management Tool Directory* (KM Tool Directory) werden sämtliche Knowledge Management Tools (KM Tools) erfasst. Als KM Tools werden Computerapplikationen bezeichnet, die für Collaboration, Content Management, Visualisierung und Aggregation sowie Information Retrieval eingesetzt werden können. Neben dieser Kategorisierung der KM Tools werden auch die Herstellerdaten und der interne Tool-Owner aufgenommen, um schnell auf einen entsprechenden Ansprechpartner zugreifen zu können. Ferner wird es ermöglicht, KM Tools durch die Beschreibung der Anwendungsfelder und das Anhängen von Dokumentationen und Software-Dateien zu ergänzen. Abschliessend kann das KM Tool mit einer Note bewertet werden. Das *Lessons Learned Directory* ermöglicht es dem Benutzer, auf das Wissen und die Erfahrungen aller Mitarbeiter zurückzugreifen. In diesem Wissenscontainer werden Fehler und Erfolge analysiert, Best Practices abgeleitet und strukturiert dargestellt. Inhaltliche Querverbindungen zwischen verschiedenen Lessons Learned Einträgen werden aufgezeigt, um dem Benutzer zusätzliche Hilfestellung bei der Suche nach relevantem Wissen zu geben. An unserem Institut für Medien- und Kommunikationsmanagement wurde mit Hilfe moderner Informationstechnologie auf Basis der Groupwareanwendung Lotus Notes wurde der Zugriff mit einem Internetbrowser für Mitarbeiter in geographisch verteilten Arbeitsgruppen realisiert[29]. Die Kategorisierung der Einträge nach beliebigen Schlagworten sowie eine Volltextsuche erleichtern das Wiederauffinden von kodifiziertem Erfahrungswissen. Weitere Verzeichnisse wie bspw. das *Process Directory*

---

[28] Ein Beispiel für ein Expert Directory ist im Rahmen des NetAcamdey-Projektes des mcm *institut* umgesetzt und unter http://www.knowledgemedia.org/netacademy/pages.nsf/pages/indexkm.html einsehbar.

[29] Ein Beispiel wurde im CC EKM des mcm *institute* realisiert.

oder das *Project Directory* geben Auskunft über die implementierten Geschäftsprozesse sowie über die laufenden und vergangenen Projekte eines Unternehmens.

## 3.5 Aggregationfunktionalität in der Diensteschicht

Die einzelnen Verzeichnisse haben einen hohen aggregierten Informationsgehalt, der durch Relationen zwischen den Verzeichnissen weiter erhöht werden kann. Relationen werden gebildet, in dem Attribute eines Verzeichnisses A mit einem Verzeichnis B verknüpft werden (siehe Abbildung 2).

Die Abbildung 2 zeigt das Zusammenspiel der Verzeichnisdienste. Der Grundgedanke ist die relationale Verknüpfung über Attributen in Datenbanken. In diesem Kontext werden Datenbanken mit Verzeichnissen gleichgesetzt. D.h. ein spezifisches Attribut eines Verzeichnisses A wird durch den zugeordneten Datensatz eines Verzeichnisses B näher beschrieben. Ein spezifisches Attribut des Verzeichnisses B kann weiterhin durch den Datensatz eines Verzeichnisses C näher beschrieben werden, usw. Dadurch wird ein Netzwerk von Informationen aufgebaut.

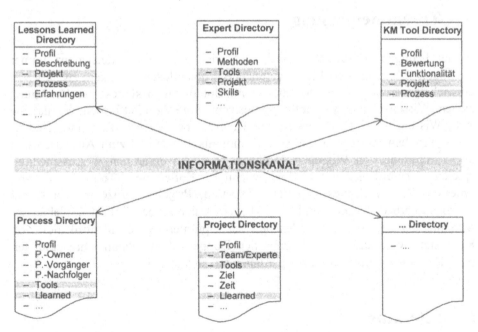

Abbildung 2: Zusammenspiel von Verzeichnisdiensten

Der Anwender kann den Detaillierungsgrad der Informationen über den gewünschten Kontext selbst steuern. Bspw. weist das Expert Directory das Attribut „Tools" auf. Dieses Attribut kann näher beschrieben werden durch das

KM Tool Directory. Im KM Tool Directory zeigt das Attribut „Projekte" auf das Project Directory, usw.

| Attribut | Verzeichnis |
|----------|-------------|
| Tools | KM Tools Directory |
| Experte | Expert Directory |
| Projekt | Project Directory |
| Prozess | Process Directory |
| Llearned | Lessons Learned Directory |

Tabelle 1: Relationen zwischen Attributen und Verzeichnisse.

Der Informationskanal in Abbildung 2 identifiziert die Relationen zwischen den Attributen und den Verzeichnissen. D.h. denn grau hervorgehobenen Attributen in den Verzeichnissen sind spezifische Verzeichnisse zugeordnet. Tabelle 1 zeigt die Relationen zwischen Attributen und Verzeichnissen.

# 4   Zusammenfassung

In der heutigen Informationsgesellschaft wird die Wissenstransparenz immer wichtiger. D.h. eine einmal teuer gefundene Problemlösung soll kein zweites Mal entwickelt werden sondern transparent im Unternehmenskontext zur Verfügung stehen. Wissensmedien sind informationstechnologische Plattformen, die als eine Art „Wissensbasis" für Gruppen (im Unternehmenskontext für Unternehmen) dieses Problem reduzieren. Sie sind Kommunikationsmittel zum Austausch und der Verbreitung von Wissen in Gruppen. In einem derartigen Wissensmedium spielen Verzeichnisdienste eine wichtige Rolle um Transparenz von unterschiedlichen Kontexten (bspw. Experten, Projekte, Prozesse, Tools und Lessons Learned) in Gruppen bzw. in Unternehmen zu gewährleisten. Neben der Minimierung des Suchaufwandes und der Optimierung der Identifikation von Kontexten wird auch der Umfang der Doppelt- bzw. Parallelentwicklungen reduziert, was enorme Kosteneinsparungen mit sich bringt.

# 5   Literatur

**Davenport, T. H., Jarvenpaa, S. L., Beers, M. C. (1996):** Improving Knowledge Work, in: Sloan Management Review

**Eckardt, C., Plath, C. (1998):** Von Wissensinseln zum integrierten Wissenmanagement, in: Diebold Management Report, Heft 1/1998, S. 7-11

**Klose, M.; Lechner U. (1999):** Design of Business Media – An integrated Model of Eletronic Commerce, in: Proceedings of the Fifth Americas Conference on Information Systems (AMCIS '99), Milwaukee, Wisconsin, USA, August 13-15, S. 559-561

**Lechner, U.; Schmid, B. F. (1999):** Communities and Media – Towards a Reconstruction of Communities on Media, in: Proceedings of the Hawaii International Conference on System Sciences (HICss), IEEE: New York

**Lechner, U.; Schmid, B. F.; Schubert, P.; Zimmermann, H.-D. (1998):** Die Bedeutung von Business Communities für das Management der neuen Geschäftsmedien, in: Engelien, M.; Bender, K. (Hrsg.): Gemeinschaften in Neuen Medien (GeNeMe98), S. 203-219, J. Eul Verlag

**Nonaka, I. , Takeuchi, H. (1995):** The Knowledge-Creating Company, New York/Oxford: Oxford University Press

**North, K.; Papp, A. (1999):** Erfahrungen bei der Einführung von Wissensmanagement – Warum und wie Unternehmen das Neuland Wissensmanagement erobern, IOManagement, BWI: Zürich, Nr. 4, 1999

**Schmid, B. F. (1998):** Elektronische Märkte – Merkmale, Organisation und Potentiale, in: Hermanns, A., Sauter, M. (Hrsg.): Management-Handbuch Electronic Commerce, Vahlen: München, S. 31-48

**Schmid, B. F. (2000):** Wissensmedien. Konzept und Schritte zu ihrer Realisierung, in: Schmid et al.. (Hrsg.): Wissensmedien, Gabler Verlag. Wiesbaden, im Druck.

**Schmid, B. F., Schmid-Isler, Salome B., Wittig, Dörte, Buchet, Brigette (1999):** A Glossary for the NetAcademy: Issue 1999, St. Gallen : Institute for Media and Communications Management, Nr. 06/99

**Schmid, B. F.; Schindler, M. (2000):** Verteilte Projektabwicklung im Kontext der neuen Meiden – Module eines Project Enterprise Knowledge Mediums, in: Geberl, S.; Britzelmaier, B. (Hrsg.): Tagungsband 2. Lichtensteinisches Wirtschaftsinformatik-Symposium, 30.-31. Juni 2000, B. G. Teubner: Stuttart, im Druck

**Schmid, B.; Lechner, U. (2000):** Wissensmedien – Eine Einführung, in Schmid, Beat (Hrsg.), Wissensmedien, Gabler Verlag. Wiesbaden, im Druck

**Schwan, T.; Griess, J.; Schindler, M. (1997):** Nutzung eines Enterprise Knowledge Mediums bei der Deutschen Bank - Neue Gestaltung von Planungsprozessen, in: is report 10/97, Oxygon Verlag GmbH, Feldkirchen bei München, S. 12-16

**Seifried, P. (1999):** Die Wissensperspektive in traditionellen business Process Redesign Methoden, Arbeitsbericht des Kompentenzzentrums EKM der

Universität St. Gallen, Institut für Medien- und Kommunikationsmanagement, Arbeitsbericht Nr.: HSG/MCM/CC EKM/19, April 1999, St. Gallen

**Seifried, P.; Eppler, M. J. (2000):** Evaluation führender Knowledge Management Suites – Wissensplattformen im Vergleich, Benchmarking Studie, NetAcademy Press: Düsseldorf

**Teece, D. J. (1998):** Research Directions for Knowledge Management, in: California Management Review Vol. 40, No. 3, Spring 1998, Haas School of Business, University of California, Berkeley, S. 289-292

**Versteegen, G.; Mühlbauer S. (1999):** Dem Wissen auf der Spur – Knowledge Management in deutschen Unternehmen, ISReport, Oxygon: München, Nr. 2

# Auf dem Weg in die Informationsgesellschaft: Arbeit der Zukunft – Zukunft der Arbeit? – Zehn Thesen mit Erläuterungen.

Georg Rainer Hofmann
Fachhochschule Aschaffenburg

## 1 Der homo faber und der homo computans sind kein Ausfluss der Informations-Gesellschaft

Der kunstfertige Mensch und der zu komplexen Berechnungen fähige Mensch (also das Individuum, das seine Umwelt im Sinne NEWTONscher und TURINGscher Mechanik in und mit Systemen modelliert, prägt und erfolgreich[!?] zu handhaben weiss) ist offensichtlich kein Phänomen, dessen Auftreten an den technischen, elektro-bio-mechanischen Fortschritt der letzten Jahrzehnte oder Jahre des ausgehenden 20sten Jahrhunderts geknüpft ist – ja nicht einmal mit diesen in einen eindeutigen Zusammenhang gebracht werden kann.

Sollte man ein Fähigkeitscluster für den modernen Menschen indentifizieren, welches Komponenten wie „Klugheit" (diese gut und gerne nach des ARISTOTELES' Vorschlag aus Scharfsinn, Belehrbarkeit und Erfahrung bestehend), „Intelligenz", „Erfindungsreichtum", „Schlauheit", „technologische Entwicklungsfähigkeit" und ähnliche enthält, so lässt sich keine historische Episode ausmachen, in welcher diese nämlichen Fähigkeiten in irgendeiner Art und Weise weniger gut als heute ausgeprägt und entwickelt gewesen wären: Volkes Stimme diagnostiziert offenbar völlig richtig, dass „die Leute früher auch nicht dümmer waren".

## 2 Die Informations-Gesellschaft ist real existent

So auch die geistigen und biologischen Voraussetzungen für das Menschsein in seiner – gleichwohl gegenwärtigen – Umwelt sich in historischer Zeit kaum verändert haben dürften, so ist doch bemerkenswert, dass sich seit ungefähr dem Jahr 1995 ein wesentlicher Umstand in signifikanter Weise verändert hat: Noch nie waren pro menschliches Individuum derart grosse Informationsmengen und derart umfangreiche und mächtige (Geschäfts- und Arbeits-) Prozesskonstruktionen verfügbar.

Solches ist von neuer Qualität! Waren vordem Informationen und effiziente Arbeitsprozesse nicht nur ein wirtschaftlich knappes Gut, sondern auch nachgerade selten und kompliziert zu beschaffen, bzw. zu errichten, so hat die GATESsche Vision von der „information at your fingertips", sowie der ISO-9000-induzierte Imperativ des „definierten und zertifizierten Prozesses" nunmehr paradigmatischen Charakter: Dies bedeutet – und mag hier als hinreichenden Beweis für die reale Existenz der „Informationsgesellschaft" dienen – dass fast jedes mündige Individuum der westlichen Industriegesellschaften nicht nur die bekannten klassischen Prozesse der Lebensumstände (Erwerb monetärer Mittel, Konsum, Sparen, Management sozialer Beziehungen, etc.), sondern eben auch die Informationsströme um sich herum verwalten muss, und sich ferner in seiner Arbeitswelt einer formalisierten Prozesswelt gegenübergestellt sieht.

Letzteres war vor ca. 1995 eher nur beiläufig und zufällig möglich; es ist die neue „Informationsgesellschaft", die von jedem Individuum fordert, die nunmehr unabdingbare Rolle eines privaten „Informations- und Prozess-Managers" wahrzunehmen.

## 3   Die Informations-Gesellschaft existiert nicht

Gleichwohl, aus der „richtigen" makro-historischen Perspektive betrachtet, wird man kaum zu dem Schluss kommen können, dass ausgerechnet „Information" der wichtigste Grundstoff unserer (westlich-industriellen, gar globalen) Gesellschaft ist.

Anzuführen wäre einerseits die eminente Ungleichverteilung der technischen Infrastruktur, welche in der „Informationsgesellschaft" als unabdingbar gilt. So dürften nicht nur ca. Dreiviertel bis Vierfünftel der Weltbevölkerung noch nie in ihrem Leben persönlich telefoniert haben, auch sind bekanntermassen die Lokationen der Computer und der computerbestückten Arbeitsplätze innerhalb der Weltbevölkerung extrem ungleich verteilt.

Andererseits wäre anzuführen, dass der wichtigste Rohstoff für das Funktionieren „unserer" Ökonomie wohl eher die fossilen Energieträger sind, welche als Brenn- oder Kraftstoffe derzeit über die Massen (sic!) genutzt werden. Entzöge man, beispielsweise, dem deutschsprachigen Raum, oder gar den Vereinigten Staaten von Amerika, die Möglichkeit fossile Energieträger zu nutzen, würde dies den augenblicklichen Stillstand der meisten Wirtschaftsprozesse in diesen Volkswirtschaften bedeuten.

# 4 Die Informations-Technologien sind in sehr schneller Ausbreitung begriffen – niemand ist nicht betroffen

Leicht macht man sich die Ausbreitungsgeschwindigkeit der Informationstechnik klar, indem man sich vergegenwärtigt, dass – beispielsweise – in Fernsehfilmen, welche vor dem Jahr 1995 produziert worden sind, kaum oder gar keine Mobiltelefone als Requisite vorkommen. Vor dem Jahr 1995 waren auch die Begriffe „Internet", „Web" oder „Email" eher spärlich in der täglichen Sprache im Gebrauch – mittlerweile geht kaum mehr ein Fernsehspot im Fernsehen, oder eine Print-Anzeige, ohne einen Hinweis auf die URL der beworbenen Produkte oder Firma. Unterhaltsam indes auch die Fehleinschätzungen zur Ausbreitung der Informationstechnik, welche noch vor einigen Jahren zum Besten gegeben wurden: So sah WATSON 1943 einen „Weltmarkt von vielleicht fünf Computern", OLSON fand 1977 „es gibt keinen Grund, warum Menschen zu Hause einen Computer haben sollten" und GATES meinte noch 1981 „640.000 Bytes Speicherkapazität sollten jedem genügen".

Die alltägliche Allumfänglichkeit und die unglaubliche Ausbreitungsgeschwindigkeit der Informationstechnik ist ebenfalls ein Phänomen der letzten Jahre! – Konsequenterweise ist der „gesellschaftlich akzeptierte Informationstechnologie-Ignorant" eine mittlerweile völlig exotische Erscheinung, man verzeiht allenfalls noch den handwerklichsten Handwerkern oder künstlerischsten Künstlern von Informationstechnik keine Ahnung zu haben; aber sicher nicht mehr Schülern, Studenten, Facharbeitern, Leadern in der Industrie oder im öffentlichen Bereich. Kein Arbeitsplatz oder Ausbildungsplatz ist von dieser Ausbreitungsentwicklung der Informationstechnik nicht betroffen.

# 5 Die mikro-ökonomische Herausforderung der Informations-Gesellschaft ist die Frage der Gestaltung der Arbeitsplätze, der Arbeitsorganisation, und der Qualifikation der Arbeitplatzbesitzer

Dies ist der klassische Themenkomplex zur „Arbeit in der Informationsgesellschaft": Die Gestaltung der unmittelbaren individuellen Arbeitsumgebung in der Informationsgesellschaft. Hier wurden bereits erhebliche Fortschritte erzielt, gerade in den Fragen der Ergonomie der Bildschirmarbeitsplätze". Einige Probleme sind noch nicht abschliessend behandelt worden, so Fragen nach der Gestaltung

von „Telearbeitsplätzen"; – unsäglich gar die Vielzahl der auf diesem wissenschaftlichen Gross-Publikationsplatz verfügbaren Arbeiten zu Computer-gestütz-
ten Verwaltungs- und Manager-Arbeitsplätzen.

Ein Aspekt zeigt sich aber durch die gesamte Diskussion und Phänomenologie der
Informationstechnik-Arbeitsplätze hindurch: Es wurde in den letzten Jahrzehnten
mit grossem Erfolg eine wirklich erstaunliche Effizienzsteigerung pro
Arbeitsplatz und -prozess erbracht: Immer komplexere und mächtigere Prozesse
lassen sich mit immer „konzentrierteren" Benutzungsoberflächen und
Werkzeugen immer präziser durch immer weniger Individuen steuern, bzw.
durchführen.

Das bedeutet: Arbeitsplätze zur Steuerung komplizierter Vorgänge sehen – nicht
nur – nicht mehr komplex aus, sondern es ist zu eben derer Bedienung erschre-
ckend wenig Personal erforderlich. In Abhandlung der GATESschen Vision sehen
wir uns „processing power at our fingertips" gegenüber. Dies ist einerseits faszi-
nierend – etwa wie ein ganzes Flugzeug von einer Person mit einem Joystick und
wenigen Bildschirmanzeigen gesteuert wird (da ging es vor 30 [sic!] Jahren in den
Apollo-Raumfahrzeugen doch noch zünftiger zu!) – andererseits ist klar, dass die
Rolle der Arbeitsplatzinhaber, dargestellt von eben diesen modernen Zauberlehr-
lingen, nur noch von immer höher qualifizierten Personen aus der Klasse der
Schlaumeier-artigen ausgefüllt werden kann.

Immer grössere Prozesseinheiten werden von immer weniger Personen gesteuert,
weil eben diese per Computermacht an immer „grösseren Hebeln" sitzen.

## 6    Die makro-ökonomische Herausforderung der Infor-
       mations-Gesellschaft ist die Frage nach der Zahl der
       Arbeitsplätze und der Vergütung der Erwerbsarbeit

War diese Frage vor einigen Jahren Gegenstand aktiver akademischer und, insbesondere, politischer Auseinandersetzung, so ist mittlerweile hinreichend belegt
und entschieden (so z.B. durch die Untersuchungen von THOME): Die Gesamtzahl
der Arbeitsplätze in der Erwerbsarbeit in der modernen Informationsgesellschaft
sinkt absolut und stetig.

Dies gilt sicher für den deutschsprachigen Raum und die Europäische Union, wo
die sogenannte „Sockelarbeitslosigkeit" seit Jahren steigt; es gilt wahrscheinlich
auch für die Vereinigten Staaten von Amerika – allerdings ist die Messung der

Arbeitslosenquote in den USA für eine qualifizierte Aussage zu diesem Problem leider völlig unzulänglich. Zwei Gründe sind für die Abnahme der regulären Erwerbsarbeit (und damit für die entsprechende Zunahme der Arbeitslosigkeit) als massgeblich identifizierbar:

Zum einen vernichtet der zunehmende wirtschaftliche Wettbewerb in den Industriegesellschaften in einem hohen Masse Arbeitsplätze. Hierfür sind nicht nur die Kosten für die Arbeitskräfte selbst ausschlaggebend, sondern auch der Umstand, dass im Zuge zunehmender Oligopolisierung der Märkte Unternehmensfusionen in einem hohen Masse die Nutzung von Synergieeffekten nach sich ziehen, welche per Automatismus zu Personalabbau (was wäre sonst das Ziel einer Fusion?) führt. Solches hat in den letzten Jahren sehr eindrucksvoll zum Beispiel der Telekommunikations- oder der Finanzdienstleistungssektor gezeigt, wo der sich verschärfende Wettbewerb trotz optimaler wirtschaftlicher Rahmenbedingungen zu massivem Personalabbau und damit naturgemäss zur Vernichtung von Arbeitsplätzen geführt hat.

Zum anderen kostet das Global Sourcing in den westlichen Industriegesellschaften viele – auch sehr hochqualifizierte – Arbeitsplätze. Hierfür ist schlicht das, was bei DYLAN mit „... / when it costs too much to build it at home / you just build it cheaper someplace else / ..." sehr prägnant umschrieben ist: DYLAN sieht den „sundown on the union" (gemeint sind die USA), weil der globale Wettbewerb es offenbar vermag, das Phänomen der kolonialen Ausbeutung quasi zu invertieren: Zur Erwerbsarbeit fähige Personen (vulgo: Arbeitskräfte) – auch höchstqualifizierte – sind in der Informationsgesellschaft kein knappes Gut mehr. Verliert aber ein Gut seine Knappheitseigenschaft, so verliert es seinen Marktwert.

Sinnigerweise bringt die Informations-Gesellschaft – so eine Feststellung von RÜRUP – scheinbar Para-doxes hervor; dieser Ansicht ist teilweise auch die „politische Klasse":

So werden – unter anderen – angeführt das Raumparadox: nämlich die Konzentration der Weltbevölkerung und ihrer wirtschaftlichen Tätigkeiten auf immer kleinerem Raum, verbunden mit einer zunehmenden (Geschäfts-) Reisetätigkeit, obgleich doch die Mittel der Telekommunikation die Rolle der Lokation stark relativieren. Oder auch das Zeitparadox, wonach die Informationstechnik eigentlich Zeit sparen helfen sollte, aber die Nutzer der Informationstechnik immer weniger persönliche „Zeit" zur Verfügung haben. Diese Paradoxien entstehen freilich sämtlich dadurch, dass der sich verschärfende Wettbewerb die sämtlichen „Segnungen" der Informationstechnik aufbraucht: Die genannten Phänomene werden durch den offenbar rapiden Wertverfall der Erwerbsarbeit hervorgerufen.

# 7 Die Informations-Gesellschaft fördert den globalen Wettbewerb, nicht die Wettbewerber – aber: In der Informations-Gesellschaft kann der Wettbewerb nicht mehr künstlich beschränkt werden

Die Folgen beliebigen, globalen, „liberalisierten" Wettbewerbs sind keineswegs förderlich für die Wettbewerber, wie man sich leicht klarmacht, wenn man in einen eben solchen globalen Wettbewerb hineingerät: War das Gewinnen eines Olympischen Marathonlaufs vor hundert Jahren noch Angelegenheit eines – halt etwas mehr – sportlich begabten Zeitgenossen, der den Wettbewerb quasi „aus der Substanz heraus" für sich entschied, so fordert das Erreichen des gleichen Ziels in unserer Zeit ausgesprochenes Spezialistentum. Auf der Strecke bleibt indes nicht das leistungsarme, sondern das ein-kleines-epsilon-weniger-leistende Individuum, resp. Wirtschaftssubjekt: Wie trivialerweise feststellbar, interessiert sich der globale Wettbewerb kaum für den zweitbesten Wettbewerber (Kontrollfrage: Wer war letztes Jahr Zweiter [gar Dritter?!] bei der Tour de France?).

Die Folgen des globalen Recruiting zeitigen in der Wirtschaft ähnliche Folgen wie im (Leistungs-) Sport: So wäre es sinnig, die Folgen der Liberalisierung des „Spielermarktes" für die deutsche Fussball-Bundesliga in einer interessante Parallele zu den Green-Cards für Informationstechnikspezialisten der deutschen Bundesregierung zu vergleichen!

Der verschärfte Wettbewerb in der Informations-Gesellschaft ist kein temporäres Phänomen; der Wettbewerb kann nicht mehr künstlich beschränkt oder gar zurückgeführt werden. Ganz im Sinne HEGELscher und MARXscher Geschichtsphilosophie verstanden: Es gibt keinen Weg zurück in die Idylle der vormaligen – gar agrarischen! – Gesellschaftsformen. Es ist schlicht nicht vorstellbar, dass eine globale Wirtschaftspolitik wesentliche Wettbewerbs-bestimmende Faktoren zu entschärfen sich anschicken könnte, vergleichbar der Neuformulierung der Regeln beim Speerwerfen in der Leichtathletik.

Mit welchen Mitteln sollte man – zum Beispiel – die arbeitspreismindernde völlige Markttransparenz von „Telejobbörsen" im Internet beschränken oder relativieren? Sollte man zu diesem Zweck gar die Vermittlung von Arbeitsaufträgen im Internet gänzlich verbieten? Oder das Nennen bepreister Angebote unterbinden?

## 8 Die Informations-Gesellschaft schafft die Erwerbsarbeit als wesentlichen Produktionsfaktor ab

Die Rolle der Erwerbsarbeit relativiert sich, da „Arbeit" nicht mehr knapp, und damit immer weniger wert ist.

Offenbar hat „unsere Ökonomie" die Erwerbsarbeit und ihre Mehrwertmechanismen nicht mehr nötig, wie dies von seiten der MARXschen Kapitalismuskritik als selbstverständlich vorausgesetzt worden ist: Die wirtschaftliche „Wertschöpfung" ist nicht mehr an die „Verwendung" von Arbeitskräften geknüpft.

Es ist aber nicht etwa Resignation, sondern die aktive Suche nach den neuen Grundlagen der – künftigen – Erwerbsarbeitsformen (im Sinne von: künftige, wertschöpfende Tätigkeit) ist in den Vordergrund zu stellen: Der Weg in die Informationsgesellschaft muss aktiv gestaltet werden.

## 9 Wissen *ist* Vermögen – ergo: Wissensvermögensverwaltung als zentrale Form künftiger Erwerbsarbeit verwaltet das Wissens-Vermögen

Womit nun die wesentliche Aussage formulierbar ist: Wohl nicht „Information", sondern *Wissen*, verstanden als „zielgerichtete, zusätzliche Information" (in seiner Zeilgerichtetheit und Zusätzlichkeit freilich immer bezogen auf ein handelndes [Wirtschafts-] Subjekt) ist der bestimmende Faktor der „Neuen Ökonomie". Also sind wir – offensichtlich – weniger auf dem Weg in die Informationsgesellschaft, sondern vielmehr auf dem Weg in die „Wissensgesellschaft".

So sehr diese Erkenntnis leicht dem Vorwurf trivialer Beliebigkeit ausgesetzt ist, so leicht kann dem entgegnet werden:

Die (Börsen-) Bewertungen von Unternehmen sind seit dem Schlüssel-Jahr 1995 auf eine neue Basis gestellt. Nicht mehr nur die Substanz der bilanziellen Aktiva, oder auch der Kapitalwert, sind für die Bewertung ausschlaggebend, sondern auch der „Inhalt" eines Unternehmens in Bezug auf Wissen und Prozesse. Der Wert der Letzteren wird oftmals mit einem Vielfachen der Substanzwerte angesetzt – der funktionierende Wissenserwerbprozess eines Unternehmens vermag fehlenden operativen Gewinn (und damit Kapitalwert) mehr als zu kompensieren.

Die beigegebene Tabelle (modifiziert von KOCH übernommen) zeigt, wie sich aus
der makro-historischen Perspektive der Hauptfaktor der Ökonomie gewandelt hat.
Aus der Boden-orientierten Ökonomie, welche konsequenterweise den Lander-
werb (auch per Gewalt) in den Vordergrund stellte, entwickelte sich eine Arbeits-
orientierte Ökonomie, die den arbeitenden Menschen als wesentlichen Produktionsfaktor im Mittelpunkt sah: Die erfolgreiche Anwerbung und Beschäftigung
von Mitarbeitern war unabdingbar für erfolgreiches Wirtschaften; Betriebsgrössen
waren in Mitarbeiterzahlen messbar! – Die nunmehr ausgewiesene Ökonomie
sieht das „Wissen" als zentralen Faktor. Ergo ist die Differenzierung im Wettbewerb durch konsequente Wissensbasierung und Wissensdifferenzierung in den
Vordergrund zu stellen.

| Jahrhdt. | Hauptfaktor der Ökonomie | Relevante Theorie | Logik des Wirtschaftens | Konsequenz |
|---|---|---|---|---|
| vor 1600 | Boden | Physikraten | Kapital- und Landmehrung | Landgewinnung (Kolonialisierung, Kriege) |
| 1600 – 1700 | Arbeit | Merkantilisten | Mehrwert durch Verarbeitungs-differenz | Arbeitsgewinnung (Arbeitsteilung, maschinelle Produktion) |
| 1800 – 1900 | Kapital | Kapital- und Geldtheorie | Mehrwert durch Zeit- und Risikodifferenz | Kapitalgewinnung (Selbstreferenz des Geldes) |
| Jetzt | Wissen | Infrastruktur-theorie der Wissens-produktion | Mehrwert durch Wissensdiffe-renz und Wissensbasie-rung | Wissensgewinnung (Forschung, wissensbasierte Produkte, Dienstleistungen und Produktion) |

Akzeptiert man das Paradigma der Gleichsetzung von Wissen und Vermögen, so
resultiert daraus die Notwendigkeit, die Aspekte und operativen Ansätze der
klassischen Vermögenstheorie auf eine „Wissens-Vermögens-Theorie" zu
übertragen und auszudehnen. Darüber hinaus ist es erforderlich, die Wissens-
Vermögens-bezogenen Prozesse in Unternehmen einer Betrachtung und weiteren
Erforschung zu unterziehen.

# 10 Die wesentlichen Komponenten der Wissensvermögensverwaltung („Knowledge Asset Management") sind: Wissensbilanzierung und Wissensliquidität

Wird Wissen mit Vermögen gleichgesetzt, so hat eine Wissensvermögensverwaltung die folgenden (aus der Vermögenstheorie abgeleiteten) Komponenten zu berücksichtigen:

Zur *Relativen Wissensbilanzierung*:
- Metriken für die Zu- oder Abnahme des in einer Organisation „enthaltenen" Wissens.
- Kritierien für den Wirkungsgrad und die Effizienz des Wissenserwerbs in einer Organisation, insb. Zunahme des Wissens nach Massgabe der für den Wissenserwerb eingesetzten monetären Mittel (F&E-Wirkungsgrad).

Zur *Absolute Wissensbilanzierung*:
- Metriken für monetäre Äquivalente für Wissen in Organisationen zum Zwecke der (internen) Bilanzierung.
- Leistungsfähigkeit von Wertansätzen wie Marktmarkt, Zeitwert und Wiederbeschaffungswert von Wissen in einer Organisation.
- Adressierung von Fragen der bilanziellen Aktivierbarkeit von Wissen in einer Organisation.

Zur *Wissensliquidität*:
- Metriken für die ügbarkeit und Veräusserbarkeit von Wissen, speziell in grossen und internationalen Organisationen.
- Liquidität von Wissen analog zur Liquidität bilanzieller Aktiva (Parallelen zur Veräusserbarkeit und Verfügungsgeschwindigkeit von Vermögenswerten?).
- Metriken für Prozesse der Aufrechterhaltung der Wissensliquidität und –Mobilität in Organisationen (Verfügbarkeit und Lieferbarkeit eines Wissens-Contents?).

Die schlussendliche *Vision* ist, den Erfolgs- und Vermögensfaktor Wissen bezüglich seiner Bilanzierbarkeit und Veräusserbarkeit messbar und damit steuerbar zu machen; ferner einen Beitrag zum Verständnis von Wissen und Prozessqualität als betriebliche Vermögensarten zu leisten und die proaktive Steuerung der Wissens-Vermögenswerte zu ermöglichen.

Die Arbeit der Zukunft wird wohl in ihrer „wertvollen" (i.e.: vermögensvollen) Version wohl Arbeit sein, welche Wissen mehrt, schafft, handelt, tauscht, anwendet. Diese Art der Wissens-Arbeit wird der Arbeit in den produzierenden Prozessen oder gar in den „neuen" Dienstleistungsprozessen in ihrer Wertschöpfung bei weitem überlegen sein.

FORBES stellt bei der Vorstellung der 1999er „The World's Richest People" sinnigerweise – obige Ausführungen belegend – fest: „A quantum wealth shift: Japan's speculative land barons give way to American innovators. The Internet craze and boiling U.S. stock market turn millionaires into "dot.com" billionaires in mere months. Seven of top ten richest are Americans."

# Neue Informations- und Kommunikationstechnologien im Beschaffungsmanagement: Informationsökonomische Bewertung von „E-Commerce" in der Beschaffung

Ulli Arnold, Michael Essig
Universität Stuttgart

## 1 Auf dem Weg zur „elektronischen Beschaffung"?

Die Beschaffung gehört zu den lange vernachlässigten Funktionsbereichen der betriebswirtschaftlichen Forschung und Praxis. „Unfortunately, since senior management's interests historically have focused on marketing, R&D, finance, and operations, purchasing has all too frequently been subordinated to these familiar functions."[1] Im Mittelpunkt des traditionellen Einkaufs steht das materialwirtschaftliche Optimum, welches sich auf die Versorgung der Fertigung unter den Zielsetzungen Menge, Qualität, Zeit und Ort konzentriert.[2] Beschaffungsaktivitäten sind eindeutig den Produktions- und Absatzaktivitäten untergeordnet.

Mit zunehmender Verschärfung des Wettbewerbs müssen sich Unternehmen jedoch neue Quellen für langfristige Erfolgspotentiale erschliessen. Der Anteil der Materialkosten an den Umsatzerlösen liegt in den wichtigsten Industriebranchen der USA und Deutschlands bei weit über 50% und bietet daher ein enormes Potential für Wettbewerbsvorteile und quantitativer und qualitativer Hinsicht.[3] Die DaimlerChrysler AG weist bspw. bei einem Umsatz von 150 Mrd. Euro ein Einkaufsvolumen von 95 Mrd. Euro und einen Operating Profit von 11 Mrd. Euro aus (Geschäftsjahr 1999). Um eine 10%ige Gewinnsteigerung zu realisieren, müsste bei gleicher Umsatzrendite der Umsatz ebenfalls um 10% erhöht werden, während eine Senkung des Materialaufwandes um 1,2% den gleichen Gewinneffekt hätte.

Vor diesem Hintergrund wird unter dem Begriff *Supply Chain Management* eine stärkere Verknüpfung von Versorgungsprozessen und Informationstechnologie diskutiert.[4] Das soll zu signifikanten Effizienzsteigerungen führen. Einer EU-

---

[1] Dobler/Burt (1990), S. 7.
[2] Vgl. Grochla (1978), S. 19-23.
[3] Vgl. Arnold (1997), S. 14, Leenders/Fearon (1997), S. 10 f.
[4] Vgl. Schönsleben/Hieber (2000), S. 19.

Studie zufolge ermöglichen Internet-basierte Beschaffungsmarktsysteme ein Einsparungspotential von durchschnittlich 30% des jährlichen Umsatzes.[5]

Es herrscht weitgehende Einigkeit, dass die über das Internet getätigten Umsätze im Business-to-Business-Bereich sprunghaft ansteigen werden. Die Prognosen für 2002 liegen zwischen 500 Mrd. US-$ und über 1,2 Billionen US-$.[6] Euphorisch sprechen einzelne Autoren bereits von einer „revolution through electronic purchasing".[7]

Im Rahmen dieses Beitrages möchten wir versuchen, die Möglichkeiten und Einsatzgebiete des Electronic Commerce für die Beschaffung differenzierter zu analysieren. Dazu gehört insbesondere eine ökonomische Bewertung des Informationsproblems im Einkauf sowie eine Aufbereitung der technischen Möglichkeiten zur elektronischen Abwicklung von Beschaffungstransaktionen. Dazu werden wir in Abschnitt 2 die relevanten Begrifflichkeiten definieren, bevor in Abschnitt 3 eine informationsökonomische Analyse auf Basis eines 3-Ebenen-Modells erfolgt.

## 2 Elektronische Märkte, Electronic Commerce und Electronic Procurement: Begriffe und Konzepte

In der „Welt" der elektronischen Geschäftsprozesse herrscht eine unübersehbare Begriffsvielfalt, die sich nur schwer in einen einheitlichen Rahmen bringen lässt. Wir werden im folgenden zwischen elektronischen Märkten, Electronic Commerce und Electronic Procurement unterscheiden:

- Für die Klärung des Konzepts der *elektronischen Märkte* ist es im ersten Schritt erforderlich, den Begriff „Markt" zu definieren. Markt bezeichnet ein „Netzwerk (mehr oder weniger) relationaler Verträge zwischen Einzelpersonen, die potentielle Käufer und Verkäufer sind und in vertikalen oder horizontalen Geschäftsbeziehungen stehen können."[8] Aufgabe eines Marktes ist es, für Wettbewerb zu sorgen und Tauschakte zu organisieren. Ganz abstrakt handelt es sich bei Märkten um Institutionen, die als Koordinationsinstrumente wirken und den Rahmen für die Abwicklung ökonomischer Transaktionen liefern. Die Institution „Markt" steuert diese Abwicklung über den Preismechanismus, während hierarchisch gesteuerte Institutionen wie Unternehmen über Verfügungsrechtezentralisation im Management und damit

---

[5] Vgl. Nenninger/Gerst (1999), S. 286.
[6] Vgl. Hermanns/Sauter (1999), S. 21, Stadelmann/Falk (1999), S. 51.
[7] Telgen (1998), S. 499.
[8] Richter/Furubotn (1996), S. 297.

über Anweisungen gesteuert werden.[9] Märkte sind *elektronisch*, wenn sie (zumindest in Teilen) von Informations- und Kommunikationssystemen - oder allgemeiner: von Medien - unterstützt werden.[10] Man spricht von der „Mediatisierung von Markttransaktionen"[11] bspw. in Form elektronischer Produktpräsentation über Online-Medien (Internet etc.) oder über Offline-Medien (CD-ROM etc.). Diese Mediatisierung erleichtert die Anbahnung von Transaktionen, Verhandlungen und Datenaustausch und verbessert so den Informationsstand der Transaktionspartner: „Internet as the driving force to a completely transparent market."[12] Die Annäherung an das neoklassische Idealbild des „vollkommenen Marktes" erfolgt über niedrigerer Transaktionskosten, d.h. der Übergang von Markttransaktionen zu Hierarchien verschiebt sich zugunsten des Marktes (vgl. Abb. 1).

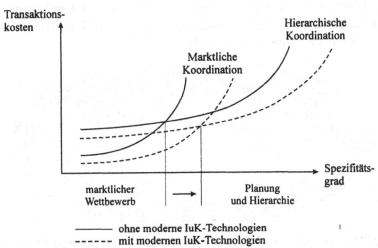

Abb. 1: Einfluss von IuK-Technik auf die Kostenverläufe der Transaktionskosten[13]

- In der Literatur existiert eine Fülle verschiedenster Definitionen von *Electronic Commerce* (E-Commerce).[14] Wie bei den elektronischen Märkten liegt ein Fokus auf der technologischen Perspektive in Form des Einsatzes von

---

[9] Vgl. Erlei/Leschke/Sauerland (1999), S. 65 ff.

[10] Vgl. Picot/Reichwald/Wigand (1996), S. 318, Schmid (1999), S. 32, Schubert (1999), S. 22.

[11] Picot/Reichwald/Wigand (1996), S. 317.

[12] Telgen (1998), S. 501.

[13] In Anlehnung an Picot/Reichwald (1994), S. 564.

[14] Vgl. die Übersicht bei Schubert (1999), S. 23 f.

172

Informations- und Kommunikationstechnologien. „Commerce" ist jedoch u.E. weiter gefasst als Markt.[15] Damit wird die Abwicklung von Geschäften in Form jedweder ökonomischer Transaktion angesprochen. Electronic Commerce-Aktivitäten sind also nicht nur auf Märkten, sondern auch innerhalb von Unternehmen (Hierarchien) oder innerhalb hybrider Institutionen (Kooperationen) möglich.[16] Elektronische Märkte stellen insofern die Infrastruktur für einen - allerdings nicht unbedeutenden - Teil des Electronic Commerce dar.

- *Electronic Procurement* (E-Procurement) ist derjenige Teil des Electronic Commerce, der sich auf Beschaffungsaktivitäten bezieht. Dabei nutzt Electronic Procurement einerseits elektronische (Beschaffungs-) Märkte, wenn es um die Gestaltung der Beziehungen zu den Lieferanten geht. Andererseits greift Electronic Procurement aber auch auf unternehmensinterne, hierarchische elektronische Systeme wie bspw. die elektronische Bedarfsplanung der eigenen EDV zurück (vgl. Abb. 2).

Abb. 2: Electronic Commerce, elektronische Märkte, Electronic Procurement ·

# 3 Informationsökonomische Analyse des „Electronic Procurement"

## 3.1 Die Informationsanalyse als 3-Ebenen-Problem

Für eine detaillierte informationsökonomische Analyse der Möglichkeiten und Grenzen des Electronic Procurement sehen wir konkret drei Problemkreise, die analysiert werden müssen (vgl. Abb. 3):

---

[15] Vgl. Schubert (1999), S. 25.
[16] Vgl. Picot/Reichwald/Wigand (1996), S. 331.

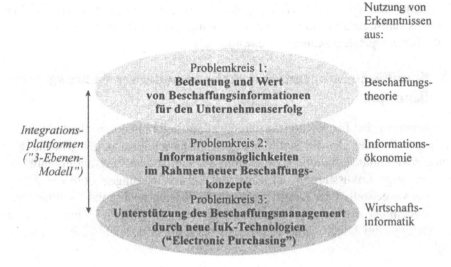

Abb. 3: 3-Ebenen-Modell der Informationsanalyse

Im ersten Problemkreis geht es um die Bedeutung und den Wert von Beschaffungsinformationen für den Unternehmenserfolg. Wir haben bereits in Abschnitt 1 deutlich gemacht, welch entscheidende Bedeutung die Beschaffung als Quelle von Wettbewerbsvorteilen für das gesamte Unternehmen hat. Das Beschaffungsmanagement kann nur dann proaktiv tätig werden, wenn ihm alle relevanten Informationen zeitgerecht zur Verfügung gestellt werden.[17] Der Wert dieser Informationen ist dabei einer ökonomischen Analyse durchaus zugänglich, man denke nur an die Überlegungen des aus der Absatzmarktforschung bekannten Bayes-Ansatzes.[18] „During the 1970s and for much of the 1980s information was seen as a necessity, very much a lubricant, without which the distribution system would not run smoothly (if at all). But towards the end of the 1980s this perspective had changed and information had become a means by which competitive advantage might be established."[19]

Der zweite Problemkreis ist eng mit den Informationsproblemen und -möglichkeiten neuerer Beschaffungskonzepte wie bspw. Modular Sourcing verbunden. Wir werden darauf in Abschnitt 3.2 ausführlich eingehen.

Im dritten Problemkreis sollen schliesslich die Möglichkeiten aufgezeigt werden, wie das Beschaffungsmanagement durch die Wirtschaftsinformatik und den Einsatz neuer IuK-Technologien wirkungsvoll unterstützt werden kann. Dazu ist es notwendig, Beschaffungstransaktionen hinsichtlich des auszutauschenden Ob-

---

[17] Vgl. Buck (1998), S. 53.
[18] Vgl. Green/Tull (1982), S. 33 ff.
[19] Gattorna/Walters (1996) S. 4

jekts, hinsichtlich der Transaktionspartner und hinsichtlich des Transaktions-
prozesses selbst zu untersuchen, um allgemeingültige, differenzierte Gestaltungs-
empfehlungen geben zu können (Abschnitt 3.3).

## 3.2 Spezifische Informationsprobleme moderner Sourcing-Konzepte

Die Gestaltung der Transaktionsbeziehungen zu Lieferanten unterliegt einem tiefgreifenden Wandel. An die Stelle diskreter Austauschbeziehungen tritt die sogenannte *relationale Beschaffung* (vgl. Abb. 4). Die Beschaffung hat erkannt, dass
eine einseitige Fokussierung auf Einstandspreisreduzierungen und kurzfristiger
Lieferantenwechsel weder langfristig optimale Kosten noch hohe Qualität garantiert. Zudem ist eine weitere Reduzierung der Fertigungstiefe nur durch die
Auslagerung von Unternehmensteilen auf spezialisierte, hochwertige Zulieferer
möglich.

| Parameter | Diskreter Austausch „Spot-Beschaffung" | Relationaler Austausch „relationale Beschaffung" |
|---|---|---|
| Ausmass spezifischer Investitionen | eher gering | eher hoch |
| Bereitschaft zur Informationsweitergabe | geringe Intensität der Informationsweitergabe vornehmlich formelle Information geringer Anteil sensibler Informationen | hohe Intensität der Informationsweitergabe formelle und informelle Information sensible und vertrauliche Informationen |
| Fristigkeit rechtlicher Regelungen | eher kurzfristig | eher langfristig |
| Zahl der Lieferanten | eher hoch | eher gering |

Abb. 4: Relationales Beschaffungsverhalten[20]

Im Rahmen der relationalen Beschaffung wird zunehmend mehr Wertschöpfung
auf Zulieferer verlagert. An die Stelle vieler kleiner Teilelieferanten treten wenige
sogenannte Modullieferanten (Single Sourcing).[21] Der Modullieferant übernimmt
die Steuerung seiner Sublieferanten und liefert ein komplett vorgefertigtes System
just-in-time an (Modular Sourcing).[22] Zudem übernimmt er eigenständige
Entwicklungsaufgaben an seinem System, was die Qualität und Quantität des
Informationsaustausches zwischen Abnehmer und Zulieferer weiter erhöht. Die

---

[20] Werner (1997), S. 58.
[21] Vgl. Homburg (1995), S. 813 ff.
[22] Vgl. Eicke/Femerling (1991), S. 31.

wechselseitige Abhängigkeit nimmt zu, da beide Partner spezifische Investitionen bspw. in transaktionsspezifische Anlagen tätigen müssen. Durch die räumliche Anbindung von Lieferanten in sogenannten Industrieparks in direkter Nähe der Fertigungsstätten des Abnehmers („Factory Within A Factory"-System) werden die spezifischen Investitionen weiter erhöht.[23]

Die Entwicklung zur relationalen Beschaffung ist mit enormen Informationsproblemen verbunden. Im Rahmen der Spot-Beschaffung werden Einzelteile vom Abnehmer konstruiert und ausgeschrieben. Es ist möglich, Lieferanten ex ante, d.h. vor Vertragsabschluss, mit vertretbarem Aufwand auf ihre Leistungsfähigkeit zu überprüfen. Dazu können Musterteile inspiziert oder bisherige Erfahrungen mit der Leistungsfähigkeit dieses Lieferanten herangezogen werden. Module und Systeme existieren vor der Wahl eines Lieferanten i.d.R. noch gar nicht - im Gegenteil: Sie sollen ja erst vom Modullieferanten (mit-) entwickelt werden. An die Stelle der klassischen Ausschreibung tritt der sogenannte „Konzeptwettbewerb".[24] Die Leistungsfähigkeit des Lieferanten ist ex ante (d.h. vor Vertragsabschluss) gar nicht vollständig verifizierbar, da lediglich Konzeptansätze bewertet werden können.[25] Aus gütertypologischer Sicht handelt es sich bei relationalen Beschaffungstransaktionen um eine Leistung, die überwiegend Vertrauenseigenschaften aufweist (Credence Good), da die Entscheidung eines Unternehmens zugunsten eines Modullieferanten auch ex post aufgrund der nicht voll umfassenden Kenntnisse über die Leistungsfähigkeit und -bereitschaft dieses Lieferanten niemals vollständig beurteilt werden kann.[26] Die informationsökonomische Gütertypologisierung geht zurück auf Nelson (1970), der die Unterscheidung zwischen Such- („search" als Beurteilungsmöglichkeit vor dem Kauf) und Erfahrungsgütern (Beurteilung erst nach dem Kauf, „evaluate by purchase") einführte,[27] und auf Darby/Karni (1973), die diesen Ansatz weiterentwickelten: „We find that it is important to distinguish a third class of properties which we term 'credence' qualities. [...] Credence qualities [...] are expensive to judge even after purchase."[28] In neuerer Zeit haben vor allem Weiber/Adler (1995a) nachgewiesen, dass diese an die Stelle der „Reinformen" Such-, Erfahrungs- und Vertrauensgüter Mischformen treten, die einen unterschiedlich hohen Anteil von Such-, Erfahrungs- und Vertrauenseigenschaften aufweisen.[29]

---

[23] Vgl. Arnold/Scheuing (1997), S. 79 ff.

[24] Vgl. Becker (1999), S. 62.

[25] Vgl. Schade/Schott (1993), S. 491 f.

[26] Vgl. Kaas/Busch (1996), S. 243 f.

[27] Vgl. Nelson (1970), S. 312.

[28] Darby/Karni (1973), S. 68 f.

[29] Vgl. Weiber/Adler (1995a), S. 53 f. und die zugehörige empirische Überprüfung bei Weiber/Adler (1995b), S. 104 ff.

176

Bei der Positionierung im sogenannten „informationsökonomischen Dreieck"
(vgl. Abb. 5) weisen moderne Sourcing-Konzepte demzufolge insbesondere
Vertrauenseigenschaften auf, was eine spezifische informationstechnische Unterstützung erforderlich macht.

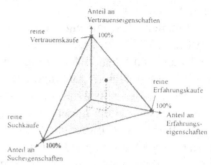

Abb. 5: Informationsökonomisches Dreieck[30]


## 3.3 Unterstützung des Beschaffungsmanagement durch neue Informations- und Kommunikationstechnologien

**Produkt- bzw. objektorientierte Komponente**
Für eine differenzierte Betrachtung der Möglichkeiten des E-Procurement müssen
im ersten Schritt die zu beschaffenden Leistungen hinsichtlich ihrer Digitalisier-
barkeit und hinsichtlich ihrer Spezifität untersucht werden:

- Vollständig *digitalisierbare* Leistungen sind ganz besonders für E-Procure-
  ment-Transaktionen geeignet. Dazu gehört in erster Linie jede Art von
  Software, seien es EDV-Programme, Videobilder, Bücher und Musikdaten.
  Diese Leistungen liegen als Daten vor und können „physisch" über elektronische Netze ausgetauscht werden. So entstehen selbst bei der Produkt-
  distribution keine Medienbrüche. Tatsächlich benötigen Industrieunternehmen
  jedoch weitaus mehr Güter, die eben *nicht* digitalisierbar sind (bspw. Anlagen,
  Fertigungsmaterialien).

- Vor dem Hintergrund der in Abschnitt 3.2 angesprochenen Neuorientierung
  des Beschaffungsmanagement gewinnt insbesondere die *Spezifität* der ausgetauschten Leistung eine immer grössere Bedeutung. Die detaillierte Analyse
  der Spezifität geht zurück auf Williamson, der auf ihre besondere Bedeutung
  mehrfach hingewiesen hat.[31] Er bezieht sich vor allem auf
  transaktionsspezifische Investitionen, deren Besonderheit darin liegt, dass ihre

---

[30] Weiber/Adler (1995a), S. 61.
[31] Vgl. Williamson (1989), S. 13, Williamson (1990), S. 64.

Verwendung in einer anderen Transaktion nur unter Inkaufnahme hoher Opportunitätskosten möglich wäre.[32] Wir haben festgestellt, dass zunehmend Module und Systeme beschafft werden. Dies bedingt einen höheren Grad an (Kunden-) Individualität und damit an Spezifität. Die im Rahmen der Modulentwicklung zwischen Abnehmer und Zulieferer auszutauschenden Daten können kaum standardisiert werden, was den Einsatz von E-Procurement erschwert. Andererseits lohnt es sich, für die Anlieferung von Modulen Just-in-Time-Systeme mit EDI-Verbindungen (Electronic Data Interchange) aufzubauen.

**Prozessorientierte Komponente**
In Anlehnung an Picot (1991), der zwischen den Phasen Anbahnung, Vereinbarung, Abwicklung, Kontrolle und Anpassung einer Transaktion unterscheidet,[33] entwickeln Hermanns/Sauter (1999) ein Phasenmodell für die digitale Geschäftsabwicklung:[34]

- In der ersten Phase ist mit Hilfe *elektronischer Produktkataloge* sowohl die Informationsverbreitung durch Lieferanten als auch die Selektionsentscheidung des Abnehmers möglich.
- In der zweiten Phase können über *Online-Bestellsysteme* sowohl Angebote abgegeben als auch Verhandlungen geführt und schliesslich Aufträge erteilt werden.
- In der dritten Phase können *Online-Bezahl- und -Distributionssysteme* nur noch teilweise unterstützen. So werden zwar derzeit Systeme entwickelt, die eine sichere elektronische Bezahlung über das Internet garantieren sollen, die Lieferung bzw. Distribution ist - wie in Abschnitt 3.3.1 angesprochen - jedoch nur unter bestimmten Voraussetzungen elektronisch möglich.
- In der vierten Phase greifen *elektronische After-Sales-Systeme*. Auch die Erbringung von Service-Leistungen ist nur eingeschränkt elektronisch möglich. So können zwar bspw. neue Software-Versionen über DV-Netzwerke elektronisch eingespielt werden, die Reparatur einer Anlage hingegen erfordert nach wie vor die physische Präsenz eines Technikers.

**Subjektorientierte Komponente**
Innerhalb des E-Procurement können verschiedene Rollen und Rollenträger identifiziert werden. Wir unterscheiden drei Rollen, die unternehmenszentrierte oder unternehmensübergreifende Aufgaben im E-Procurement übernehmen (vgl. Abb. 6):

---

[32] Vgl. Richter (1991), S. 408.
[33] Vgl. Picot (1991), S. 344.
[34] Vgl. hierzu und zum folgenden Hermanns/Sauter (1999), S. 16.

| Rolle | Unternehmens-zentriert | Unternehmens-übergreifend |
|---|---|---|
| **Technik-Provider** | Unternehmensinterne Hardware-Lösungen, bspw. IBM-Grossrechner | Netzbetreiber mit eigenem Netz, bspw. Colt Telecom oder Deutsche Telekom |
| **Plattform-Provider/ Broker** | Unternehmensinterne Software-Architekturen, bspw. SAP R/3 | Internet-Informationsbroker, bspw. www.industrienet.de oder B-t-B-Auktionator www.ricardobiz.de |
| **Inhalte-Provider** | Unternehmensinterne Informationsquellen, bspw. Mitarbeiter/ Einkäufer | Anbieter von Beschaffungs-informationen im Internet, bspw. E-Procurement-Allianz von DaimlerChrysler, Ford, GM |

Abb. 6: Rollenträger im E-Procurement

- *Technik-Provider* stellen die notwendige Hardware für E-Procurement-Aktivitäten zur Verfügung. Dazu gehören Anbieter unternehmensinterner DV-Lösungen wie PC-Hersteller (bspw. Compaq) ebenso wie Anbieter unternehmensübegreifender Kommunikationsnetze. So verfügt die Deutsche Telekom über das derzeit umfassendste Telekommunikationsnetz in Deutschland. Diese Rolle ist zwingend mit physischer Hardware verbunden, der Anbieter kann also nicht nur „virtuell" existieren.[35]
- *Plattform-Provider* (oder auch *Informations-Broker*) stellen die softwareseitige Plattform für E-Procurement-Aktivitäten zur Verfügung. Im Unternehmen ist das die von der Beschaffung genutzte Software, bspw. SAP R/3 Modul MM. Unternehmensübergreifende Plattform-Provider sind in der Regel im Internet etabliert und führen dort Angebot und Nachfrage zusammen oder bereiten Informationen auf, ohne selbst als Anbieter bzw. Nachfrager aufzutreten. Beispiele sind das Industrienet, in dem Einkäufer-Datenbanken wie Produktinformationen, Web-Links oder Informationen über Lohnfertiger zusammengestellt sind,[36] oder ricardoBIZ, die Auktionen für Industriegüter veranstalten. Plattform-Provider müssen keine oder kaum Hardware vorhalten, sie können demzufolge auch nur „virtuell" existieren.

---

[35] Vgl. Griese/Sieber (1999), S. 118 ff.

[36] Vgl. Kohlhammer (2000).

- Inhalte-Provider sind die tatsächliche Quelle von (Beschaffungs-) Informationen. Das können Einkäufer sein, die unternehmensinternes Einkaufswissen (bspw. Lieferantenbewertung) in das DV-System eingeben. Ein unternehmensübergreifender Inhalte-Provider ist die geplante Allianz von Ford, DaimlerChrysler und GM, die weite Teile ihres Materialbedarfs über das Internet ausschreiben wollen. Für digitale Produkte (siehe Abschnitt 3.3.1) können Inhalte-Provider nur digital existieren, für physische Produkte genügt ein „virtueller" Anbieter natürlich nicht.

**Zusammenfassung: Traditionelle Beschaffung und elektronische Beschaffung im Vergleich**

Aus der Analyse von Beschaffungsobjekt, -prozess und -subjekt lässt sich zusammenfassend folgendes dreidimensionale Modell erstellen (vgl. Abb. 7):

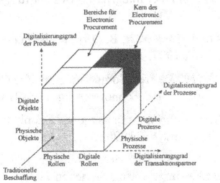

Abb. 7: Einordnung des Electronic Procurement[37]

Je stärker Produkte, Prozesse und Transaktionspartner digitalisierbar sind, desto besser sind sie auch für E-Procurement geeignet. Beschaffung und Materialwirtschaft haben jedoch immer auch etwas mit *physischen* Produkten zu tun, zumal moderne Beschaffungskonzepte häufig auf nicht-standardisierbaren Daten und Produkten beruhen. Aus informationsökonomischer Sicht muss die Beschaffung bei derartigen Erfahrungs- und Vertrauenskäufen häufig auf Informationssubstitute ausweichen. Vertrauen setzt aber gerade den persönlichen Kontakt und die nicht nur digitale Verfügbarkeit eines Transaktionspartners voraus.[38] Electronic Procurement kann vor diesem Hintergrund nur ein Teil der Beschaffungsaktivitäten abdecken, allerdings wird dieser Teil vor dem Hintergrund zunehmender Digitalisierung und Vernetzung weiter zunehmen.

---

[37] In Anlehnung an Choi/Stahl/Whinston (1997), Strauß/Schoder (1999), S. 62
[38] Vgl. Pieper (2000).

180

# 4 Literatur

**Arnold, U. (1997)**, Beschaffungsmanagement, 2. Aufl., Stuttgart 1997.

**Arnold, U./Scheuing, E. E. (1997)**, Creating a Factory within a Factory, in: Baker, R. J./Novak, P. (Hrsg.), Purchasing Professionals: The Stars on the Horizon, A Collection of Presentations from NAPM's 82nd Annual International Purchasing Conference, Tempe/Az. 1997, S. 79-84.

**Becker, W. (1999)**, Entwicklungsperspektiven für die Beschaffung in der Weltautomobilindustrie, in: Hahn, D./Kaufmann, L. (Hrsg.), Handbuch Industrielles Beschaffungsmanagement: Internationale Konzepte, innovative Instrumente, aktuelle Praxisbeispiele, Wiesbaden 1999, S. 53-73.

**Buck, T. (1998)**, Konzeption einer integrierten Beschaffungskontrolle, Wiesbaden 1998.

**Choi, S. Y./Stahl, D. O./Whinston, A. B. (1997)**, The Economics of Electronic Commerce, New York 1997.

**Darby, M. R./Karni, E. (1973)**, Free Competition and the Optimal Amount of Fraud, in: Journal of Law and Economics, Jg. 16 (1973), Nr. 4, S. 67-88.

**Dobler, D. W./Burt, D. N. (1996)**, Purchasing and Supply Management: Text and Cases, 6. Aufl., New York u.a. 1996.

**Eicke, H. v./Femerling, C. (1991)**, Modular Sourcing: Ein Konzept zur Neugestaltung der Beschaffungspolitik, München 1991.

**Erlei, M./Leschke, M./Sauerland, D. (1999)**, Neue Institutionenökonomik, Stuttgart 1999.

**Gattorna, J. L./Walters, D. W. (1996)**, Managing the Supply Chain: A Strategic Perspective, Houndmills u.a. 1996.

**Green, P. E./Tull, D. S. (1982)**, Methoden und Techniken der Marketingforschung, 4. Aufl., Stuttgart 1982.

**Griese, J./Sieber, P. (1999)**, Virtualisierung von Industriebetrieben, in: Nagel, K./ Erben, R. F./Piller, F. T. (Hrsg.), Produktionswirtschaft 2000: Perspektiven für die Fabrik der Zukunft, Wiesbaden 1999, S. 117-128.

**Grochla, E. (1978)**, Grundlagen der Materialwirtschaft: Das materialwirtschaftliche Optimum im Betrieb, 3. Aufl., Wiesbaden 1978.

**Hermanns, A./Sauter, M. (1999)**, Electronic Commerce: Die Spielregeln der Neuen Medien, in: Hermanns, A./Sauter, M. (Hrsg.), Management-Handbuch Electronic Commerce: Grundlagen, Strategien, Praxisbeispiele, München 1999, S. 3-29.

**Homburg, C. (1995),** Single Sourcing, Double Sourcing, Multiple Sourcing...? Ein ökonomischer Erklärungsansatz, in: Zeitschrift für Betriebswirtschaft, Jg. 65 (1995), Nr. 8, S. 813-834.

**Kaas, K. P./Busch, A. (1996),** Inspektions-, Erfahrungs- und Vertrauenseigenschaften von Produkten: Theoretische Konzeption und empirische Validierung, in: Marketing ZFP, Jg. 18 (1996), Nr. 4, S. 243-252.

**Kohlhammer, K. (Hrsg., 2000),** Industrienet-Magazin, Leinfelden-Echterdingen 2000.

**Leenders, M. R./Fearon, H. E. (1997),** Purchasing and Supply Management, 11. Aufl., Chicago u.a. 1997.

**Nelson, P. (1970),** Information and Consumer Behavior, in: Journal of Political Economy, Jg. 78 (1970), Nr. 2, S. 311-329.

**Nenninger, M./Gerst, M. H. (1999),** Wettbewerbsvorteile durch Electronic Procurement: Strategien, Konzeption und Realisierung, in: Hermanns, A./Sauter, M. (Hrsg.), Management-Handbuch Electronic Commerce: Grundlagen, Strategien, Praxisbeispiele, München 1999, S. 283-295.

**Picot, A. (1991),** Ein neuer Ansatz zur Gestaltung der Leistungstiefe, in: Zeitschrift für betriebswirtschaftliche Forschung, Jg. 43 (1991), Nr. 4, S. 336-357.

**Picot, A./Reichwald, R. (1994),** Auflösung der Unternehmung? Vom Einfluss der IuK-Technik auf Organisationsstrukturen und Kooperationsformen, in: Zeitschrift für Betriebswirtschaft, Jg. 64 (1994), Nr. 5, S. 547-570.

**Picot, A./Reichwald, R./Wigand, R. T. (1996),** Die grenzenlose Unternehmung: Information, Organisation und Management, 2. Aufl., Wiesbaden 1996.

**Pieper, J. (2000),** Vertrauen in Wertschöpfungspartnerschaften: Eine Analyse aus Sicht der Neuen Institutionenökonomie, Wiesbaden 2000.

**Richter, R. (1991),** Institutionenökonomische Aspekte der Theorie der Unternehmung, in: Ordelheide, D./Rudolph, B./Büsselmann, E. (Hrsg.), Betriebswirtschaftslehre und ökonomische Theorie, Stuttgart 1991, S. 395-429.

**Richter, R./Furubotn, E. (1996),** Neue Institutionenökonomik: Eine Einführung und kritische Würdigung, Tübingen 1996.

**Schade, C./Schott, E. (1993),** Instrumente des Kontraktgütermarketing, in: Die Betriebswirtschaft, Jg. 53 (1993), Nr. 4, S. 491-511.

182

**Schmid, B. F. (1999),** Elektronische Märkte: Merkmale, Organisation und Potentiale, in: Hermanns, A./Sauter, M. (Hrsg.), Management-Handbuch Electronic Commerce: Grundlagen, Strategien, Praxisbeispiele, München 1999, S. 31-48.

**Schönsleben, P./Hieber, R. (2000),** Supply Chain Management-Software: Welche Erwartungshaltung ist gegenüber der neuen Generation von Planungssoftware angebracht?, in: io Management, Jg. 69 (2000), Nr. 1/2, S. 18-24.

**Schubert, P. (1999),** Virtuelle Transaktionsgemeinschaften im Electronic Commerce: Management, Marketing und soziale Umwelt, Lohmar u.a. 1999.

**Stadelmann, S./Falk, G. (1999),** Electronic Business: Herausforderung für Unternehmen, in: Deges, F. (Hrsg.), Einsatz interaktiver Medien im Unternehmen, Stuttgart 1999, S. 39-54.

**Strauss, R. E./Schoder, D. (1999),** Electronic Commerce: Herausforderungen aus Sicht der Unternehmen, in: Hermanns, A./Sauter, M. (Hrsg.), Management-Handbuch Electronic Commerce: Grundlagen, Strategien, Praxisbeispiele, München 1999, S. 61-74.

**Telgen, J. (1998),** Revolution Through Electronic Purchasing, in: International Purchasing & Supply Education & Research Association (Hrsg.), Supply Strategies: Concepts and Practice at the Leading Edge, Proceedings of the 7th International Annual IPSERA Conference, London 1998, S. 499-504.

**Weiber, R./Adler, J. (1995a),** Informationsökonomisch begründete Typologisierung von Kaufprozessen, in: Zeitschrift für betriebswirtschaftliche Forschung, Jg. 47 (1995), Nr. 1, S. 43-65.

**Weiber, R./Adler, J. (1995b),** Positionierung von Kaufprozessen im informationsökonomischen Dreieck: Operationalisierung und verhaltenswissenschaftliche Prüfung, in: Zeitschrift für betriebswirtschaftliche Forschung, Jg. 47 (1995), Nr. 2, S. 99-123.

**Werner, H. (1997),** Relationales Beschaffungsverhalten: Ausprägungen und Determinanten, Wiesbaden 1997.

**Williamson, O. E. (1989),** Operationalizing the New Institutional Economics: The Transaction Cost Economics Perspective, Walter A. Haas School of Business Working Paper, Berkeley 1989.

**Williamson, O. E. (1990),** Die ökonomischen Institutionen des Kapitalismus: Unternehmen, Märkte, Kooperationen, Tübingen 1990.

# Der Einfluss der Information auf Unternehmer- und Kundenverhalten in Übergangsländern

Hans Rüdiger Kaufmann
Fachhochschule Liechtenstein

# 1 Einleitung

Seit den späten 80er Jahren sind die ehemaligen sozialistischen Länder Mittel-und Ost-Europas auf dem beschwerlichen Weg in ein marktwirtschaftliches System. Knell und Rider (1992) beklagen die mangelnde Fähigkeit Osteuropäischer Länder, ein Modell zu implementieren, das ihre wirtschaftliche Funktionsfähigkeit verbessert und den institutionellen Wandel stabilisiert. Diese Meinung wird geteilt von Eisenhut (1996), der bis dato keine allgemeine Theorie des Systemwechsels, oder Aktionsprioritäten des Übergangs erkennen kann. Ähnlich äusserten sich Lepenies (1995) und Späth (1992), die auf strategischer wie auch auf operativer Ebene feststellen mussten, dass bestehende Methoden und Verfahren in der Vergangenheit zu oft fehlgeschlagen haben. In der Tat existiert kein kohärenter Literaturkörper in bezug auf Marketing- und Management-Erziehung/Training mittelständischer Unternehmer in Übergangsländern. Dieser Aspekt gewinnt zunehmend an Bedeutung, wenn man den globalen Beitrag des Mittelstandes zu Bruttosozialprodukt und Beschäftigung, dessen Wirtschaftsaufbaurolle und dessen Beitrag zur Generierung von Privatvermögen berücksichtigt. Diese Arbeit sensibilisiert für die aktuellen Probleme von Unternehmern und Verbrauchern (Einzelhandel) am Beispiel Deutschland-Ost. Es werden Implikationen, die sich für die Informatik für die Bereitstellung und Verarbeitung von Informationen und der daraus resultierenden Entscheidungen von Unternehmern und Verbrauchern in Übergangsländern ergeben, sowie künftige Forschungsprojekte vorgeschlagen.

# 2 Identität, Management und Marketing

## 2.1 Das Lücken-Netz eine Grundlage für die Reflexion

Die interdisziplinäre Forschung (Kaufmann, 1994-1997) schuf ein besseres Verständnis der Beziehung zwischen Identität und der (s) Management - und Marketingerziehung/Trainings von Unternehmern und etablierte entsprechende Konzepte. Es wurde die Hypothese getestet, dass übergangsrelevante(s) Erziehung/ Training bereits vorhandene, erlebte Charakteristiken, Funktionen und Kompetenzen der Unternehmer, sowie eventuellen Stärken des alten Systems und diejenigen des neuen Systems integrieren sollte. Qualitative Forschungsergebnisse in Deutschland- Ost wurden quantitativ repliziert und getestet in Tschechien und Weissrussland mit der Methodik der Umfrage. Die Umfrage testete die frühe Hypothese, dass sich unterschiedliche Übergangsstrategien (z.B. Schock Therapie oder 'gradual approach') in unterschiedlichen Identitätsebenen reflektieren. Ein zentrales Forschungsergebnis ist, dass ein Mangel an Identität der Grund für die existierende Dichotomie zwischen dem Erwerb von Marketing- und Management- Wissen und dessen aktueller Anwendung ist. Die Ursache, warum diese Thematik bisher nicht auf weiterverbreiteteAufmerksamkeit stiess, kann wohl in einer eher fragmentierten, exploratorisch deskriptiven Ausrichtung bisheriger Forschungsansätze gesehen werden.

Das folgende 'Lücken-Netz oder gap model' bezieht sich auf die, das Unternehmerverhalten beeinflussenden Umweltfaktoren. Es wird als Reflexionsinput für neue Übergangstheorien und für übergangsrelevantes Unternehmerverhalten erachtet. Die Prioritätssequenz sowie Spezifikationen für die Lückenbreite hängen von der politischen Stabilität und den wirtschaftlichen Bedingungen im jeweiligen Falle ab (Thomas ,1992 und Kouba , 1991).

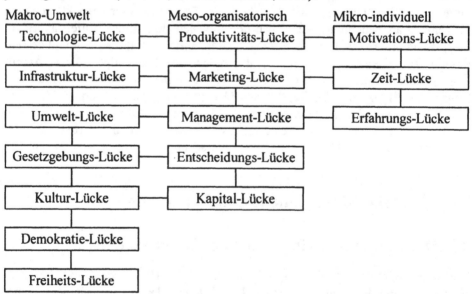

Abbildung 1: Das Lücken-Netz

## 2.2 Identität- die Brücke zur Anwendung

Die Hinweise auf eine Identitätskrise implizieren, dass Unternehmererziehung/Training neben der Berücksichtigung kultureller Aspekte (peripheres Repertoire) eine zusätzliche Beachtung der Identität (des zentralen Verhaltens- und geistigen Repertoires der Menschen) erfordert.

Identitäten bestehen insoweit als Menschen Teilnehmer von strukturierten sozialen Beziehungen sind (Rosenberg und Kaplan, 1982). Diese strukturierten sozialen Beziehungen erfordern es, dass Positionen sowohl zugeteilt als auch von den Teilnehmern dieser Beziehungen akzeptiert werden müssen. Nach Gecas und Mortimer (zitiert von Honness und Yardley, 1987) kann ,Identität' in eine Rollen- Charakter-, und existentielle Identität eingeteilt werden.

### Rollen-Identität

Rollen-Identitäten verankern das Individuum durch das Übernehmen sozialer Rollen (wie Professor oder Unternehmer) oder Mitglieds-Rollen in sozialen Netzwerken (Unternehmervereinigungen oder Gewerkschaften) oder die Zugehörigkeit zu einer sozialen Kategorie (wie Geschlecht, Alter, Nationalität, Berufsgruppe).

„Eine Identitätskrise besteht im Schwächen einer früheren nationalen Identität und dem Auftauchen einer neuen Identität – besonders die Auflösung einer Art Mitgliedschaft bekannt als ,Bürgerschaft' (Staatsangehörigkeit), im abstrakten Sinne einer Mitgliedschaft in einer territorial definierten Gesellschaft mit staatlicher Regierung, und dessen Ersatz durch eine Identität, die auf ursprünglichen Loyalitäten, Ethnik, ,Rasse', lokaler Kommunität, Sprache oder anderer kultureller, konkreter Formen basiert" (Friedman, 1994, Seite 82). Während Friedman's Definition auf den Übergang des früheren Yugoslawiens oder der früheren Sowjetuniton hindeutet, mit einem sogar gewalttätigen Trend zu ,ursprünglichen Kulturen', begaben sich Ost-Deutschland und die frühere Tschechoslowakei auf den Weg einer friedlichen Revolution; dennoch sollte eine Differenzierung vorgenommen werden zwischen Ost-Deutschland und der Tschechoslowakei: Ost-Deutschland ersetzte die frühere Identität durch eine ,Schock-Therapie', während die Tschechoslowakei eine eher ,allmähliche Vorgehensweise' beim Entwickeln einer neuen Identität wählte, die stärker als im Falle Ost-Deutschlands auf die frühere Identität aufbaute.

### Interpretieren auf der Basis herausragender Rollen

Burke (1991) beschreibt den Identitätsprozess als ein internes Kontrollsystem, das von Individuen angewandt wird, um Ereignisse zu interpretieren. Diese Interpretation erfolgt in Korrespondenz mit den unterschiedlichen Rollen und strukturierten Beziehungen, in die ein Mensch involviert ist. Welbourne und

Cable (1995, Seite 714) legen dar, „dass diese Interpretation durch die Linse einer herausragenden Rolle geschieht... Eine bestimmte Anzahl von Rollen voraussetzend, die jede Person hat, haben Sozialpsychologen vorgeschlagen, dass gewisse Rollen herausragender als andere werden als ein Resultat 1) der Charakteristiken eines Ereignisses und 2) von Selbst-Konzeptionen (Stryker& Serpe, 1982, Thoits, 1991)". Interpretation wiederum führt zu emotionalen Reaktionen und schliesslich zu Verhalten. Welbourne und Cable (1995, Seite 714) zitieren Thoits (1991, Seite 106): „ je herausragender eine Rollen-Identität ist, desto mehr Bedeutung, Zweckorientierung und Verhaltensführung sollte das Individuum von der Ausübung dieser Rolle ableiten, und umso mehr sollte diese Rolle das psychologische Wohlbefinden beeinflussen". Implizit kann die Ost-Deutsche Krise durch eine Inkonsistenz zwischen der Zuweisung der neuen Rollen für die Ost-Deutschen auf der einen und deren Akzeptanz auf der anderen Seite oder durch eine mangelnde Verankerung der neuen Rollen und der strukturierten Beziehungen begründet werden. Eine weitere Schlussfolgerung könnte dahingehend gezogen werden, dass sich Ost-Deutsche in ihren gegenwärtigen oder künftigen Rollen nicht wohlfühlen. Es gibt auch Anzeichen, dass ein Trend zu ‚ursprünglichen Kulturen' besteht, beispielsweise was die Betonung der Tradition im Marketing (Spannagel, 1993) oder Ost-Deutsche Marken (Bundesministerium für Wirtschaft, 1994) betrifft.

**Charakteridentität**
Charakter Identität bezieht sich auf das Ausmass der Übereinstimmung von Qualitäten und Attributen, die sich das Individuum selbst gibt und von anderen zugewiesen bekommt. Tab. 1 fasst bestehende und neu erforderliche Unternehmercharakteristika im Ostdeutschen Übergangsprozess zusammen

| Existierend | Zusätzlich erfordert |
|---|---|
| • Aufgeschlossenheit und kulturelles Wissen über Ost-Europäische Märkte | • zunehmende Fähigkeit auf die Stärken und Schwächen des jeweiligen Systems zu reflektieren<br>• Aufgeschlossenheit und kulturelles<br>• Wissen über West-Europäische und<br>• globale Märkte<br>• proaktiv im Planen von internationalen Beziehungen, Strategien und Operationen |
| • innovativ und kreativ (Basisforschung) | • innovativ und kreativ (angewandte Forschung)<br>• schnelle und mutige |

| | |
|---|---|
| | Materialisierung von Ideen |
| • Materialistisches Denken | • Entscheidungen treffen (auf dem Gebiet des Management und Marketing) |
| | • intellektuelles Eigentum beschützend |
| | • Qualitätsbewusstsein |
| | • Orientierung an Werten und Ethik |
| | • (Ausbau der geistigen Rolle und Abbau der politischen Rolle) |
| • Fähigkeit zum Lobbyismus | • individualistisches Denken |
| • Potential für soziale Verantwortung, Kooperation, Soziale Beziehungen und Sozialkompetenz | • differenzierendes und kalkulierendes Denken |
| | • Fähigkeit im Team zu arbeiten |
| | • Tragen von Verantwortung |
| | • Fähigkeit zu vertrauen |
| | • Wettbewerbsfähigkeit und den „Willen zu gewinnen" erlangen |
| | • Konfliktfähigkeit |
| | • Selbstvertrauen |
| | • Eigeninitiative |
| | • interdisziplinäre Kooperation |
| • Wille zum unabhängigen und autonomen Handeln | • Unternehmergeist entwickeln |
| • Wissen über Psychologie | • Willkommene Haltung zum Wandel entwickeln |
| | • kontrollierende Funktionen und Mitarbeiterführung |
| • Tendenz zu KMU Strukturen | • strategisches Denken |
| • Fähigkeit zu improvisieren | • Motivation |
| • Problembewusstsein | • Widerstandsfähigkeit gegenüber Stress |
| | • Arbeitszufriedenheit |
| | • Einstellung, Informationen zu verarbeiten |
| | • Problemlösungsbewusstsein |
| • intelligent | • Umgang mit Komplexität |
| • Expertenwissen | • Experientielles Lernen |
| • Fähigkeit intuitiv Rollenmodelle zu internalisieren | • Differenzieren zwischen unterschiedlichen Managementebenen (Top, Mittel, |
| • Sensibilität | |

188

| | Gruppenleiter) |
|---|---|
| • Handelsgeschicke | • Profitorientierung |
| • Sicherheitsorientiert | • Risikobewusstsein |

Tab. 1 Existierende und zusätzlich erforderliche Charakterrollen

**Existentielle Identität, Motivation und vergangene Erfahrung**
Existentielle Identität bezieht sich auf den Sinn des Individuums für
Einzigartigkeit und Kontinuität. Dieses mentale Konzept verändert sich laufend
im Leben eines Menschen. „Diese Veränderungen sind nicht ausschliesslich das
Ergebnis der neuen Erfahrungen, die eine Person im Leben macht, sondern
wichtiger noch, sie sind das Ergebnis einer kontinuierlichen Rekonstruktion der
Vergangenheit und der antizipierten Zukunft aus der Perspektive der Gegenwart.
Jede neue Gegenwart gibt dem Individuum eine neue Perspektive der
Vergangenheit und der Zukunft (in Form von Zielen, Plänen und Bestrebungen)"
(Honness und Yardley, 1987, Seite 265). Die herausragende Bedeutung von
Erfahrungen, vorzugsweise positiven Erfahrungen mit dem neuen System auf die
Motivation (siehe Motivations-Lücke, Erfahrungs-Lücke und Entscheidungs-
Lücke) wird offensichtlich. Ost-Deutsche müssen die neue Gegenwart mit der oft
widersprüchlichen Vergangenheit versöhnen. Ost-Deutsche sind neuen Begriffen,
Definitionen, Kategorien und Konzepten ausgesetzt, die nicht Teil ihrer früheren
gemeinsamen Terminologie und vergangenen Erfahrung sind (z.B. im Bereich des
Marketing). Vergangene Erfahrung hingegen wird als eine Grundbedingung für
die Schaffung neuen Wissens, Organisieren einer Aktionskette und die Anpassung
an neues Systemwissen erachtet (Breakwell, 1983). Aceves (1974, Seite 24)
bezieht sich auf vergangene Erfahrung im Sinne einer sensorischen Erfahrung, die
das menschliche Gehirn speichert: „die assozionale Kortex oder Neokortex, wie
sie manchmal genannt wird, erlaubt es dem menschlichen Primaten auf sein
Gedächtnis für sensorische Erfahrungen zurückzugreifen und dann diese
Erfahrungen neu zu kombinieren, um neue Verhaltensreaktionen zu seiner
Umgebung zu produzieren"; umgekehrt kann die Aktionsfähigkeit blockiert sein,
wenn eine Person bezüglich eines Objektes einen Mangel an Wissen oder
sensorischer Erfahrung fühlt. Eine Aktionskette kann nicht organisiert werden und
Energie, obwohl vorhanden, ist zeitweise blockiert oder es wird ein inadäquates
Verhalten in einer bestimmten Situation angewandt. In dieser Situation wird
Lernen, Lehren oder Kooperation als eine Synthese zwischen gelebten und
gewachsenen Strukturen und Expertenerfahrungen des neuem Systems
vorgeschlagen. Als praktische Beispiele sind zu nennen (Kaufmann, 1994):

- Transferieren der Erfahrungen an andere Übergangsländer (Schulungen)
- Kombinieren des teamworking mit der Förderung individueller Talente
- Aktives Miteinanderarbeiten, z.B. in Verbindung mit Joint Ventures, von Mitarbeitern aus den unterschiedlichen Landesteilen oder unterschiedlichen Ländern (dabei können Synergieeffekte durch komplementäres Managementverhalten entstehen)
- Zusammenarbeit von Industrie- und Handelskammern von Ost und West
- Interdisziplinäre Trainings-und Weiterbildungsmassnahmen für Unternehmer, wobei Fachkräfte aus beiden ehemaligen Systemen interagieren
- Innovative Unternehmenskooperationen in Innovationszentren, wobei das Produkt -oder Dienstleistungsportfolio erweitert werden um ein möglichst breites Zielgruppenspektrum abgedeckt werden soll.
- Kooperationen zwischen Regierung, Bundesland, Unternehmungsberatungen und Unternehmen, um möglichst preisgünstige Unternehmensberatungsdienstleistungen anbieten zu können (siehe RKW)
- Lehr- und Trainingsmethoden, die eine Synthese zwischen 'learning by doing' und Lernen von Rollenmodellen darstellen
- F&E Kooperationen zwischen Universitäten, Unternehmen und Ministerien (letztere agieren als Katalysatoren, um die angewandte Wissenschaft zu fördern Kooperationen auf Europäischer Ebene, z.B. im Bereich Kooperationssuche oder Technologietransfer (siehe Euro-Info-Centers)
- Lobbyformierung der KMU Einzelhändler, um die Wettbewerbsfähigkeit zu erhöhen
- Konzertierte Aktionen zwischen Städteplanern, KMU-Einzelhändlern, grossen Handelsketten, Marketing-Agenturen, um gemeinsam die Attraktivität der Stadtkerne zu erhöhen (siehe auch Jürgens, 1996).

Abbildung 2 verdeutlicht interdisziplinäre Zusammenhänge durch das koordinierte Zusammenspiel zwischen Reflexion, relevanter Marketing-, Motivations- und Management-Konzepte, Lehr- und Lernmethoden und Identität, auf denen die Kurs- oder Seminarplanung basiert.

## Kundenverhalten: das Erwachen des Individualismus

Das Konsumverhalten hat einen Effekt auf die Identität, als Teil eines geschätzten ‚Selbst' (Warde, 1994). Auf einen Trend in der modernen Konsumgesellschaft hindeutend, sieht Tomlinson (1990),Stil' als einen kritischen Faktor in der Definition des ‚Selbst'. „Sobald jemand in Beziehungen mit Menschen eintritt oder einbezogen wird- egal ob Vertrauter oder Fremder- ist der Stil eine Form der Aussage wer jemand ist: politisch, sexuell, auch in Hinsicht auf Status und gesellschaftliche Klasse. Stil ist ein Instrument der Konformismus oder der Opposition. Stil überträgt eine Stimmung.

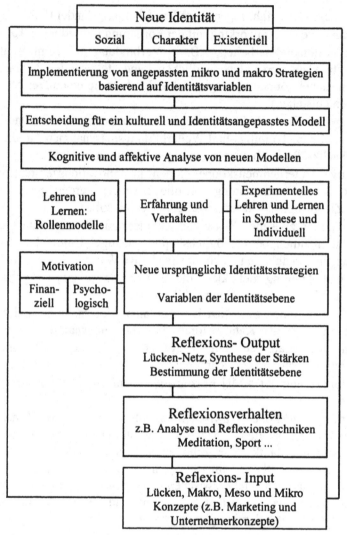

Abbildung 2: Unternehmer-Identität

Stil ist ein Instrument mit dem wir urteilen und von anderen beurteilt werden. Er wird auf der Oberfläche unserer Körper getragen; er organisiert den Raum, in dem wir leben; es durchdringt die Objekte unseres täglichen Lebens; er wird oft fälschlicherweise für Subjektivität gehalten. Eine Menge ‚Stil zu haben' ist die Auszeichnung einer bemerkenswerten Persönlichkeit" (Tomlinson, 1990, Seite 43). Dieser Trend zum Individualismus ist gemäss Evans und Berman (1994) auch in Ost-Deutschland erkennbar. Neben dem Trend zu Ost-Deutschen Marken (z.B. Rotkäppchen Sekt) sehnten sich Ost-Deutsche danach, West-Deutsche oder auch internationale Marken und Luxusgüter zu kaufen. Obwohl Ost-Deutsche das Konsumieren (z.B. eine Kaufentscheidung aus einem vielseitigen Angebot treffen, oder Einkaufen als stressfreie, unterhaltsame Aktivität erleben) neu oder wieder erlernen müssen, sind sie optimistisch, dass sie sich in der modernen Konsumgesellschaft zurechtfinden. Dennoch mag aus der Diskrepanz zwischen der durch Fernsehen und Werbung in den letzten 30 Jahren ausgelösten Attraktivität westlicher Produkte und einem immer noch vorhandenen Mangel an finanziellen Mitteln, um diese Waren auch zu kaufen, eine Unzufriedenheit der Konsumenten resultieren.

Während man früher einer würdelosen Produktzuteilung (Warde, 1994) ausgesetzt war, stehen Ost-Europäische Konsumenten heute einer riesigen Produktauswahlmöglichkeiten gegenüber, die zu einem gesteigerten Risikoempfinden führt, die richtige Kaufentscheidung zu treffen. Deshalb wurden einige Konsumenten nach dem anfänglichen ‚run' auf Westprodukte auch desillusioniert.

Die Dimension der Veränderungen des Konsumverhaltens mag man erahnen, wenn man bedenkt, das die Komponenten des sozialen und psychologischen Konsumentenprofils in Übergangssituationen einen radikalen Wandel erfahren.

Die Forschung deutet auch daraufhin, dass in verschiedenen Übergangsländern unterschiedliche Kaufentscheidungsmuster bestehen. Beispielsweise basieren Ost-Deutsche Konsumenten bei Lebensmitteln ihre Kaufentscheidung bei Lebensmitteln vorzugsweise auf Vorabinformationen (verglichen zur Beratung) und auf Beratung bei Kapitalgütern und langlebigen Konsumgütern, während, umgekehrt, Weissrussische und Tschechische Konsumenten die Beratung beim Kauf von Lebensmitteln und eine Vorabinformation bei Kapitalgütern und langlebigen Konsumgütern bevorzugen.Um Marketingstrategien und –taktiken auf die sich entwickelnden Kundenprofile masszuschneidern, erscheint es dringend geboten, die Marktforschungsintensität in diesem Bereich zu erhöhen.

# 3 Der Beitrag der Informatik[1]

## 3.1 Informationstheorie- Konsistenz von Codierung und Decodierung

Insbesondere unter kulturellen und pädagogischen Gesichtspunkten liegt in der jeweiligen Landessprache der Schwerpunkt auf der semantischen und pragmatischen Dimension der Information. Eine Kursgestaltung in Englischer Sprache sollte insbesondere die Konzeptäquivalenz beachten.

---

[1] Dichtl und Issing, 1994

Bei der Codierung einer Nachricht sollte man sich auf grundsätzliche Sachverhalte und Zusammenhänge beschränken und die jeweiligen kulturellen Motive als Basis der Decodierung miteinbeziehen (siehe: Konzept des ‚Value-end-chaining', Shimps, 1997). Insbesondere gilt es, einen ‚Informationsoverload' zu vermeiden, ein Wunsch, der wiederholt von Kursteilnehmern geäussert wurde.

## 3.2 Entscheidungstheorie

Um wirtschaftswissenschaftlichen Zwecken in hohem Masse zu genügen, sollten Informationsverknüpfungen, die nach Makro-, Meso, und Mikro- Ebene differenzieren, einen hohen Stellenwert haben. Dabei sollten beide Felder der Entscheidungstheorie zur Geltung kommen: individuelle Entscheidungsprozesse (z.B. Management oder Konsumentscheidungen) als auch Entscheidungsprozesse des Gruppenverhaltens (International, National, Regional und Lokal). Auf Meso-Ebene sollte das Augenmerk insbesondere auf informelles Gruppenverhalten mit dem Schwerpunkt auf vertrauensbildenden Massnahmen und Beziehungen gelegt werden Die Kursgestaltung sollte berücksichtigen, dass im strategischen und operativen Management Entscheidungen unter Sicherheit getroffen werden können. Es kann dann von Entscheidungen bei Sicherheit ausgegangen werden, wenn die Identitätsfaktoren hinreichend erforscht sind.

### Synthese aus Mensch und Computer

Um die Entscheidungs-Lücke zu überbrücken, erscheinen vor allem neue wissensbasierte Systeme (Expertensysteme) als Teil eines Management-Informations-Systems als eine sinnvolle Unterstützung geeignet, die zum Ziel haben, Informationen in Aktionen zu transferieren. Es wird besonders betont, dass die Wissensbasis aus übergangsrelevantem Wissen (siehe, z.B. Marketing- und Management-Konzepte und/oder Unternehmercharakteristika) bestehen muss. Es ist eine interessante Idee, dass Synergieeffekte aus dem Zusammenwirken von Mensch und Maschine entstehen könnten. Dabei stellt die Maschine einen externen Informationsspeichers (Zentraleinheit) dar, um die mangelnde oft nicht abrufbare Erfahrungs- Wissens-, und Gefühlsstruktur aus dem Langzeitgedächtnis der Unternehmer zu komplementieren. Es wird jedoch darauf hingewiesen, dass interpersonelle, interaktive, kognitive und affektive Unternehmerkurse das ‚computer aided Lernen' nicht nur flankieren müssen, sondern die Voraussetzung dafür sind., um sofortige persönliche Managementerfahrungen (vorzugsweise positive Erfahrungen- siehe existentielle Identität) zu erlauben. Es sollte untersucht werden, inwieweit das Konzept der künstlichen Intelligenz (KI) mit dessen interdisziplinären Ausrichtung hierbei einen Beitrag leisten kann. Ein besonderer Fokus sollte dabei die Anwendung einer induktiven Lehr- und Trainingsmethodik sein.

**Strategische wirtschaftspolitische Zwecke**
Im makro- wirtschaftlichen und -poltitischen Bereich wird vorgeschlagen, durch zusätzliche neue quantitative Forschungen die Wahrscheinlichkeiten des Eintritts gewisser Umweltfaktoren zu ermitteln, um somit von Ungewissheitssituationen zu Risikosituationen zu kommen. Mehr als die Entscheidungstheorie erscheint in diesem Zusammenhang die Spieltheorie geeignet zu sein, die extrem interdependenten Entscheidungen in Übergangssituationen zu berücksichtigen, die einen grossen Einfluss auf die Unternehmeridentität haben. Die qualitative Forschung hat ergeben, dass die Ziele der Entscheidenden auf makro- meso-und mikro- Ebene oft kontrovers sind, wenn es beispielsweise um die Legitimierung der Verwendung staatlicher und/oder Fördermittel (und der damit verbundenen Informationsaufbereitung) in einem sich dynamisch verändernden wirtschaftlichen Umfeld geht.
Bei der Anwendung der Spieltheorie könnten Identitätskrisen als Konfliktsituationen mit Grundkategorien und Abhängigkeitspositionen angegeben werden. Dabei sollte es sich um Spiele mit endlichen Strategien, reine Spiele und kooperative Spiele handeln.
Das Lückenmodell könnte die Grundlage für ein interdisziplinäres, interdependentes Spiel sein, dass makro-, meso-, und mikro-Sichtweisen entsprechend der jeweiligen Identitätsebene eines Landes integriert Dabei könnte die Lückenbreite, sowie die Prioritäten der Lücken für die jeweilige Übergangssituation quantitativ ermittelt werden.

# 4 Zusammenfassung

Vor dem Hintergrund der Identitätstheorie kann das Verhalten der jeweiligen Entscheidungsträger (individuell und Gruppen) in Übergangsländern erklärt werden. Für die Kurs- und Trainingsgestaltung wird eine Differenzierung nach unterschiedlichen Identitätsebenen und –faktoren der jeweiligen Länder empfohlen. Die bisherigen Forschungsergebnisse und Erfahrungen weisen auf eine hohe Relevanz des Identitätskonzeptes auf internationaler (z.B. Europäischer), nationaler und regionaler (unterschiedliche regionale Identitäten) hin.

194

# 5  Literaturverzeichnis

**Aceves, J (1974):** Identity, survival and change: exploring social/cultual Anthropology, New Yersey

**Breakwell, G (1983):** Threatened identities, New Delhi

**Bundesministerium für Wirtschaft (April 1994):** Massnahmen zur Absatzförderung ostdeutscher Produkte, Bonn

**Burke, P.J (1991):** Identity processes and social stress, in: American Sociological Review, 56, S: 836-849

**Dichtl, E. und Issing, O (1994):** Vahlens Grosses Wirtschaftslexikon, Bände 1-4, München

**Eisenhut, P (1996):** Aktuelle Volkswirtschaftslehre, Chur/Zürich

**Evans, J.R. and Berman, B (1994):** Marketing, Sixth Edition, New York

**Friedman, J (1994):** Cultural identity and global process, London

**Honness, T and Yardley, K (1987):** Self-Identity, New York

**Jürgens, U (July 1996):** Retail trade: consumer structures in Eastern Germany and response on the supply side, Conference on Third Recent Advances in Retailing & Services Science, Telfs-Buchen

**Kaufmann, R, Davies, B and Schmidt, R (1994):** Motivation, Management and Marketing, in: European Business Review, 94, 5, S. 38- 48

**Kaufmann, R, Davies, B and Schmidt, R (September 1995):** The design of approaches towards marketing-education for small and medium sized enterprises in the new five Länder of Germany with governmental and EU-intervention, First Alps Euro-Conference, ICAM 1995, Sunderland

**Kaufmann, R, Davies, B and Schmidt, R: (03/1996):** The impact of new economic, political and educational structures on the role of Eastern German and Eastern European entrepreneurs, Conference Global Change, Manchester Metropolitan University, Manchester

**Kaufmann, R, Davies, B and Schmidt, R (09/1996):** The impact of identity of local entrepreneurs on observational and experiential learning and teaching approaches in transition countries, Second Alps Conference, Bologna

**Kaufmann, R and Davies, B (September1997):** Identity and Marketing- a new relation in Transition, Third Alps Euroconference, University of Brussels, Charleroi

**Kaufmann, R (July 5-8,1998):** Hungarian entrepreneur- quo vadis, University of Hongkong, Hongkong

**Knell, M and Rider, C (1992):** Socialist economies in transition: appraisals of the market mechanisms, Aldershot

**Kouba, K (1991):** Systemic changes in the Czechoslovak economy and ist opening to world markets, in: Soviet and Eastern European Foreign Trade, 2, S. 3-16

**Lepenies, W (24.02.1995):** Prize for admittance, in: Times Higher Education Supplement

**Rosenberg, M and Kaplan, H.B (1992):** Social psychology of the self-concept, USA

**Shimps, (1997):** Advertising, Promotion, and supplemental aspects of integrated in: Marketing Communications 4th edition, USA

**Spannagel, R (1993):** Small and medium enterprises in retailing in Germany: strong in the West- Weak in the East, Conference on Retailing, Northern-Ireland

**Späth, L (1992):** Interview with Lothar Späth, in: Salesprofi, Vol 9

**Tomlinson, A (1990):** Consumption, identity and style, London

**Warde, A (1994):** Consumption, identity-formation and identity, in: Sociology,28, 4, S. 877-898

**Welbourne, M and Cable, D (1995):** Group incentives and pay satisfaction: understanding the relationship through an identity theory perspective, in: Human Relations, 48,6, S. 711-726

# Geschäftsprozessdekomposition und Gestalttheorie

Alfred Holl, Thomas Krach, Roman Mnich
Georg-Simon-Ohm-Fachhochschule Nürnberg

# 1 Abstract

Zur Geschäftsprozessmodellierung gehört als unabdingbarer Teil die Dekomposition auf mehreren Abstraktionsebenen. Derartige Geschäftsprozessmodelle sind aber oft nicht nachvollziehbar und daher auch weder bewertbar noch diskutierbar. Deshalb können sich Software-Entwickler erfahrungsgemäss trefflich über verschiedene Verfeinerungsmöglichkeiten eines Geschäftsprozesses streiten. Das liegt daran, dass Dekomposition ein unbewusster, kreativer Akt jedes einzelnen Modellkonstrukteurs ist.

Eine Verbesserung dieser Situation kann durch die Übertragung von Resultaten der Gestalttheorie erreicht werden. Theoretische Überlegungen zur Zerlegung von Prozessen stellt Rupert Riedl in seinem Buch „Begriff und Welt" vor: Dekomposition geschieht mit Hilfe von Merkmalen. Auch Dekompositionskriterien der Geschäftsprozessmodellierung sind Merkmale im Sinne der Gestalttheorie. Ihre Bewusstmachung und Explizitheit führt zu einer verbesserten Nachvollziehbarkeit von Geschäftsprozessmodellen.

Dieser Aufsatz versucht in diesem Zusammenhang folgende Fragen zu klären:

- Was ist Geschäftsprozessdekomposition?
- Welche Parallelen und Unterschiede gibt es im Vergleich zur Datendekomposition?
- Wie kann die Geschäftsprozessdekomposition von Erkenntnissen der Gestalttheorie profitieren?

# 2 Ausgangssituation

In diesem Kapitel wird das Fundament für die folgenden Betrachtungen gelegt. Es wird die Frage geklärt, was in dieser Arbeit unter einem „Geschäftsprozess" zu verstehen ist (2.1), ein kurzer Einblick in die Gestalttheorie gegeben (2.2) und die allgemeine Problematik der Zerlegung von Abläufen (dynamischen Gestalten im Sinne der Gestalttheorie) aufgezeigt (2.3).

## 2.1  Definition eines Geschäftsprozesses?

Bei der Geschäftsprozessmodellierung wird oft nicht klar zwischen realen Abläufen und den Modellen realer Abläufe unterschieden. Eine genaue Differenzierung ist jedoch wichtig, um eine Vermischung von Modell und Realität zu verhindern und damit Missverständnisse zu vermeiden.

| **Realität** (betrieblicher Ablauf) | **Modell** (Geschäftsprozess) |
|---|---|
| realer betrieblicher Ablauf (z. B. Bearbeitung des Auftrags 4711) | **Geschäftsprozess**-Instanz (Geschäftsprozess-Instanz als Modell der Bearbeitung des Auftrags 4711) |
| Menge gleichartiger betrieblicher Abläufe (z. B. Bearbeitung der Aufträge 1-5000) | **Geschäftsprozess**(typ) (Geschäftsprozess(typ) als Modell der Bearbeitungen aller Aufträge) |

Tab. 1: begriffliche Zusammenhänge

Geschäftsprozesse sind Typen/Klassen (ebenso wie Objekttypen/klassen), also Beschreibungsgrössen (Modellkategorien). Daher sind drei Erkenntnisebenen zu unterscheiden: ein realer betrieblicher Ablauf - eine Geschäftsprozessinstanz als Modell eines realen betrieblichen Ablaufs - ein Geschäftsprozess(typ) als Modell einer Menge gleichartiger, realer betrieblicher Abläufe.
Geschäftsprozesse können auf mehreren Abstraktionsebenen zerlegt werden.

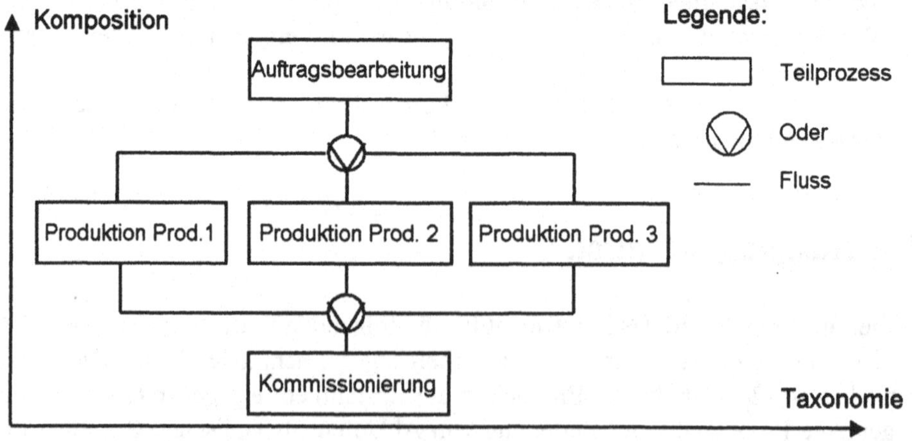

Abb. 1: Aufbau eines Prozesses

Spricht man von der Zerlegung von Geschäftsprozessen, so kann entweder die taxonomische Zerlegung (Spezialisierung) oder die kompositionelle (zeitliche) Zerlegung gemeint sein (Abb. 1; hier taxonomische Zerlegung eines Produktionsprozesses in drei Varianten für drei verschiedene Produktgruppen). Die Zerlegung erfolgt im Normalfall für beide Zerlegungsformen simultan. Im Aufsatz wird der Schwerpunkt auf die Dekomposition (zeitliche Zerlegung) gelegt (vgl. 3.2).

## 2.2 Gestalttheorie

Die Gestalttheorie befasst sich mit dem menschlichen Erkenntnisvermögen und den Eigenschaften der menschlichen Wahrnehmung. Gestalten sind (komplexe) offene Systeme (Dinge, Figuren, Gegenstände, Geschäftsprozesse usw.), die der menschliche Weltbildapparat als zusammenhängend interpretiert. Dies bedeutet, dass eine Gestalt für einen Betrachter über eine starke Binnenkopplung und eine lose Aussenkopplung verfügt. Kernaussage der Gestalttheorie ist, dass das Ganze einer Gestalt mehr ist als die Summe der einzelnen Elemente. Es kommt also eine „Ganzheitseigenschaft" hinzu.

Sog. Gestaltphänomene werden meist anhand optischer Beispiele (Sinnestäuschungen, Vexierbilder) illustriert. Gestaltphänomene sind jedoch nicht nur auf optische Wahrnehmungsvorgänge beschränkt, sondern umfassen alle Sinneswahrnehmungen.

Abb. 2 soll die Eigenschaften der (optischen) Wahrnehmungsleistung des Menschen zeigen. Bei Betrachtung der weissen Flächen auf schwarzem Hintergrund in Abb. 2 „erkennen" die meisten Menschen einen Pferdekopf, obwohl nur weisse und schwarze Flächen dargestellt sind. Der Beobachter interpretiert während der Beobachtung unbewusst und erzeugt damit ein subjektives Modell (Pferdekopf) der Realität (schwarze und weisse Flächen). Dies wirft einige Fragen auf: Wie funktioniert der Wahrnehmungsprozess? Gibt es „Regeln" nach denen die Interpretation erfolgt? Die Gestalttheorie befasst sich mit solchen Fragen und versucht, Antworten auf sie zu geben.

Abb. 2: Gestalt eines Pferdekopfs

200

Dabei verfolgt die Gestalttheorie einen ganzheitlichen Ansatz verbunden mit empirisch-experimentellem Wissenschaftsanspruch (erkenntnistheoretischer Standpunkt: kritischer Realismus).

„Gestalttheorie ist eine fächerübergreifende allgemeine Theorie, die den Rahmen für unterschiedliche psychologische Erkenntnisse und deren Anwendung darstellt. Der Mensch wird dabei als offenes System verstanden; er steht aktiv in der Auseinandersetzung mit seiner Umwelt. Sie ist insbesondere ein Ansatz zum Verständnis der Entstehung von Ordnung im psychischen Geschehen und hat ihren Ursprung in den Erkenntnissen von Johann Wolfgang von Goethe, Ernst Mach und besonders Christian von Ehrenfels und den Forschungsarbeiten von Max Wertheimer, Wolfgang Köhler, Kurt Koffka und Kurt Lewin, die sich gegen die Elementenauffassung des Psychischen, den Assoziationismus, die behavioristische und triebtheoretische Sicht wandten."[1] Die Entwicklung des psychologischen Zweigs der Gestalttheorie (Gestaltpsychologie) ist als Gegenposition zu den atomistischen Strömungen in der Psychologie Anfang des 20. Jahrhunderts zu verstehen.

Als Ergebnis der gestalttheoretischen Forschungen wurden Gestaltgesetze formuliert. Gestaltgesetze beschreiben Phänomene der Gestaltwahrnehmung. Eines der wichtigsten Gestaltgesetze ist das der „Tendenz zur Guten Gestalt", welches auch als „Prägnanztendenz" bezeichnet wird. Die „Tendenz zur Guten Gestalt" bezeichnet die Fähigkeit des Menschen, Ungeordnetes zu strukturieren und eine Ordnung herbeizuführen. Im Beispiel geht der Beobachter davon aus, dass die weissen Flecken ihre Position nicht zufällig inne haben, sondern in ihrer Anordnung einer gewissen Ordnung folgen und eine bestimmte Bedeutung haben. Das „Ganze" entsteht durch die Interpretation einzelner Fleckengruppen als Merkmale (z. B. Auge als Merkmal für einen Kopf).

Dieser Ordnungs- bzw. Interpretationsvorgang findet jedoch zum Teil unbewusst statt. Die Fähigkeit zur Gestaltwahrnehmung ist subjektiv und bei jedem Menschen unterschiedlich stark ausgeprägt. Sie kann nicht gelehrt werden. Das Vorwissen der wahrnehmenden Person spielt eine entscheidende Rolle. Dazu gehören auch kulturelle Einflüsse.

Anwendungsfelder der Gestalttheorie liegen heute unter anderem im Bereich von Psychotherapie, Pädagogik und Sport, aber auch in der Architektur und Kunst. Konrad Lorenz erkannte den Zusammenhang zwischen Gestaltwahrnehmung und Biologie.[2] Rupert Riedl führte diesen Gedanken weiter und systematisierte den Merkmalsbegriff in seinem Buch „Begriff und Welt".[3]

[1] Gesellschaft für Gestalttheorie und ihre Anwendungen e.V.
[2] vgl. Lorenz (1959)
[3] vgl. Riedl (1987)

In der Wirtschaftsinformatik spielen Gestaltgesetze beim Entwurf von Benutzeroberflächen eine wichtige Rolle. Die Gestalttheorie kann aber auch auf andere Weise nutzbringend für die Wirtschaftsinformatik sein.

## 2.3 Gestalttheorie, Prozesse und ihre Dekomposition

Ist es nötig, eine Gestalt zu zerlegen (z. B. um ihre Komplexität zu reduzieren), so hilft uns unser evolutiv geformter Wahrnehmungsapparat, geeignete Schnittstellen für eine Zerlegung zu finden. Eine solche Zerlegung ist auch die Dekomposition von Geschäftsprozessen. Betrachtet man einen Geschäftsprozess als Gestalt, so erkennt man sofort eine Besonderheit: seine Dynamik. Als gestalttheoretische Standardbeispiele werden gewöhnlich statische Gestalten gewählt, welche recht gut vom menschlichen optisch-haptisch geprägten Gehirn verarbeitet werden können. Mit der Zerlegung von Abläufen, d.h. mit der Dynamik von Prozessen, hat der Mensch grosse Schwierigkeiten. Man denke etwa an die Zerlegung einer Melodie, eines Films, eines Theaterstücks, einer Bewegung oder einer Bildsequenz (als grafischer Repräsentation eines Prozesses; Abb. 3).

Abb. 3: Bildsequenz[4]

Das Gesicht des Mannes wird im Verlauf der Sequenz von links nach rechts allmählich zu einem Frauenakt. Mit welchem Bild geschieht eigentlich die Änderung von Mann zu Frau? Wo kann man am besten die Grenze ziehen?

# 3 Ist-Zustand der Geschäftsprozessmodellierung

Im folgenden Kapitel wird auf Modellierung im allgemeinen (3.1) sowie Geschäftsprozessmodellierung und hier besonders auf den Teilbereich Geschäftsprozessdekomposition eingegangen (3.2). Ein Vergleich mit der Datenmodellierung motiviert die Suche nach Verbesserungspotentialen in der Geschäftsprozessmodellierung (3.3).

---

[4] Riedl (1987), S. 74-77

## 3.1 Modellbildung

Um den vorgestellten Ansatz der Geschäftsprozessmodellierung zu verstehen, muss man sich ins Gedächtnis rufen, wie Modelle entstehen. Durch die Kombination von Beobachtung (empiristischer Anteil) und Vorwissen in Form von Referenzmodellen (rationalistischer Anteil) wird ein Modell des betrachteten Bereichs in unserer Vorstellung gebildet. Diese Modellvorstellung wird durch Phänomene beeinflusst, welche durch Gestaltgesetze beschrieben werden. Der Modellkonstrukteur nimmt während der Beobachtung meist unbewusst Zerlegungen, Gruppierungen und Hierarchisierungen in seinem mentalen Modell des betrachteten Gegenstandsbereichs vor. Die so entstandene Modellvorstellung wird anschliessend formalisiert und visualisiert, um sie wissenschaftlich nutzbar zu machen. Dies geschieht unter Zuhilfenahme formaler Sprache, z. B. UML (Unified Modelling Language) oder EPK (ereignisgesteuerte Prozessketten).

## 3.2 Geschäftsprozessmodellierung und -dekomposition

Zwei grundsätzliche Entscheidungskomplexe sind nach Gaitanides[5] bei der Geschäftsprozessmodellierung zu bewältigen:
- Entscheidung über anzuwendende Gliederungskriterien (u.a. Suche nach Dekompositionskriterien, wir werden im Folgenden von Merkmalen sprechen)
- Entscheidung über den Aggregationsgrad

Der Aspekt des optimalen Aggregationsgrades (Detaillierungsgrades) der Dekomposition wird in diesem Aufsatz nicht weiter beleuchtet. Die folgenden Betrachtungen beziehen sich nur auf die Dekomposition (zeitliche Zerlegung). Das beschriebene Vorgehen kann jedoch auch auf die taxonomische Zerlegung übertragen werden.

Um EPK-Tapeten zu vermeiden, ist Dekomposition unumgänglich. „Die Hierarchisierung von Modellen ist unabdingbar, wenn grosse Anwendungsgebiete beschrieben werden sollen".[6] Das Ergebnis der Dekomposition eines Geschäftsprozesses ist eine streng hierarchische Struktur, d.h. ein Prozess zerfällt in n Teilprozesse (Baumstruktur). Zur Erstellung dieser Struktur gibt es keine einheitliche Vorgehensweise. Die Strukturierung der Geschäftsprozessmodelle erfolgt nach den Vorstellungen und dem Vorwissen des jeweiligen Modellkonstrukteurs. Je nach Sichtweise auf den realen Gegenstandsbereich werden Geschäftsprozesse von unterschiedlichen Modellkonstrukteuren anhand von unterschiedlichen Kriterien zerlegt. Diese (Dekompositions-)Kriterien werden bisher nicht oder nur zum Teil offengelegt. Ohne diese unbewussten, impliziten

---

[5] vgl. Gaitanides (1983), S. 75
[6] Scheer (1998), S.126

und meist nicht dokumentierten Gedanken, Ideen und Nebenbedingungen zu kennen, ist es kaum möglich, ein Geschäftsprozessmodell im Detail zu verstehen. Dieser Zustand ist unbefriedigend.

## 3.3 Vergleich mit normalisierter Datenmodellierung

In der ersten Phase der Modellbildung entsteht in der Vorstellung des Modellkonstrukteurs durch Beobachtung und Vorwissen ein Modell des Sachverhalts (Datenmodell: Attribute, Schlüsselkandidaten, Entitätstypen und Beziehungen; Geschäftsprozessmodell: Prozesse, Teilprozesse und Ereignisse). Der Modellkonstrukteur überprüft, ob seine Modellvorstellungen (seine Beschreibungsgrössen) formalen Anforderungen entsprechen und formuliert sie in formaler Sprache.

In der folgenden Phase der Modellbildung unterscheiden sich Datenmodellierung und Geschäftsprozessmodellierung wesentlich. Während mit Hilfe des Normalisierungskalküls bei der Datenmodellierung das gewonnene Modell in eine nachvollziehbare, weitgehend standardisierte Form gebracht werden kann, muss man sich bei der Geschäftsprozessmodellierung mit der im vorherigen Schritt gefundenen Zerlegung zufriedengeben (vgl. Abb. 4).

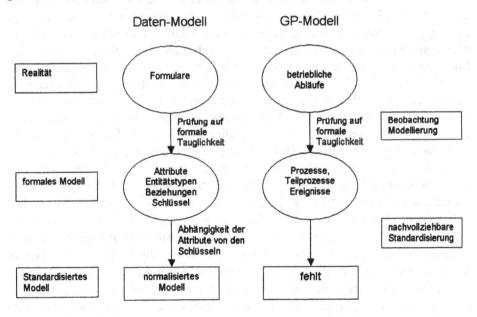

Abb. 4: Parallelen zwischen Daten- und Geschäftsprozessmodellierung

Datendekomposition ist also leicht standardisierbar. Der Normalisierungskalkül führt mit der 3NF zu einem nachvollziehbaren, weitgehend objektivierbaren

Modell. Für die Geschäftsprozessdekomposition gibt es kein Äquivalent zum Normalisierungskalkül.

# 4 Soll-Zustand der Geschäftsprozessmodellierung

Unser Ziel ist es, Geschäftsprozessmodelle weitgehend nachvollziehbar und standardisierbar zu machen, um die in 3.3 aufgezeigten Nachteile zu beseitigen oder wenigstens zu mindern. Wie kann man dieses Ziel erreichen? Dazu wird der Begriff des „Merkmals" aus der Gestalttheorie eingeführt (4.1) und mit der Geschäftsprozessdekomposition verknüpft (4.2). Der Zusammenhang von Merkmalen und Ereignissen wird erklärt (4.3) und mündet in einer erweiterten Geschäftsprozessdarstellung (4.4). Merkmale können optimiert werden und in Referenzmodelle Eingang finden (4.5).

## 4.1 Merkmalsbegriff

Nimmt man eine Besonderheit oder eine Eigenschaft einer Gestalt oder eines Vorgangs wahr, bezeichnet man diese Besonderheit oder Eigenschaft allgemein als Merkmal. Merkmale können verwendet werden, um Gestalten und Vorgänge zu gruppieren bzw. zu klassifizieren. Rupert Riedl hat in seinen Studien den Merkmalsbegriff systematisiert. Er stützt sich dabei auf die Kategorien von Merkmalen, wie sie Biologen schon seit langem verwenden, um Lebewesen zu klassifizieren.[7] Riedl zeigt, dass es nicht nur möglich ist, Merkmale zu verwenden, um statische Gestalten zu gruppieren, sondern auch um Abläufe einzuteilen. So hat er z. B. Versuchspersonen aufgefordert, in sich stetig ändernden Merkmalsreihen, die bestmögliche Teilung zu finden. Eine solche Merkmalsreihe und das Ergebnis des Versuchs ist in Abb. 5 dargestellt.

Man beachte, dass jedes Merkmal der Reihe aus mehreren, in dem Fall vier, Einzelmerkmalen besteht. Ein zusammengesetztes Merkmal dieser Art wird als „komplexes Merkmal" bezeichnet. Die schraffierten Balken stellen die ad hoc gefundenen Grenzen dar. Einen für die weiteren Ausführungen wichtigen Sachverhalt bezeichnet Riedl als den „Wechsel der Merkmalskategorie".[8] Um zu erläutern, worum es sich dabei handelt, ist es nötig, die Begriffe Oberklassen-Merkmal und differentialdiagnostisches Merkmal näher zu erklären: Oberklassen-Merkmale sind solche, die in allen betrachteten Elementen vorkommen. Sie grenzen den betrachteten Bereich ein. Differentialdiagnostische Merkmale unterteilen den betrachteten Bereich. Sie kommen in allen Elementen eines Teils

---

[7]  vgl. Riedl (1987), S. 154ff
[8]  Riedl (1987), S. 158f

des betrachteten Bereichs vor aber in keinem Element des restlichen Teils. Betrachtet man für weitere Unterteilungen nur noch den Teilbereich, der ein bestimmtes differentialdiagnostisches Merkmal aufweist, wird dieses dort zum Oberklassen-Merkmal. Es steigt in eine andere Kategorie auf. Dieser Vorgang lässt sich rekursiv fortsetzen und wird als „Wechsel der Merkmalskategorie" bezeichnet.

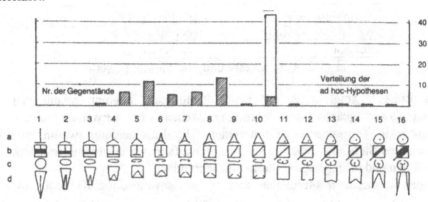

Abb. 5: Etablierung einer Merkmals-Grenze[9]

Der Merkmalsbegriff wird in der Biologie sehr viel feiner unterteilt. Die vorgestellte, reduzierte Betrachtungsweise ist jedoch für unsere Zwecke ausreichend. Nicht ausreichend ist jedoch, dass keine Unterscheidung zwischen Merkmal und Merkmalswert getroffen wird. Ein Beispiel: es ist möglich zu sagen, das Merkmal eines Autos ist die grüne Farbe. Diese Sprechweise ist für unsere Zwecke nicht ausreichend. Für unsere Betrachtungen bietet es sich an, von Merkmalen und Merkmalswerten zu sprechen. Auf das Beispiel bezogen würde man sagen: ein Auto hat das Merkmal *Farbe* mit dem Merkmalswert *grün*. Im Folgenden wird diese Sprechweise benutzt.

## 4.2  Merkmale in der Geschäftsprozessdekomposition

Um die Dekomposition von Geschäftsprozessen nachvollziehbar und damit diskutierbar und begründbar zu gestalten, schlagen wir vor, die Merkmale offenzulegen, welche für die Dekomposition verwendet wurden. Bei diesen Merkmalen handelt es sich um die in   4.1 beschriebenen differentialdia-gnostischen Merkmale. Ein Beispiel soll die folgenden Ausführungen unter-stützen:

Wir lehnen uns an ein Beispiel von Gaitanides[10] an, in dem er die Dekomposition für eine „Auftragsabwicklung" durchgeführt hat, und erweitern es um das Ober-

---

[9]  Riedl (1987), S. 195

klassen-Merkmal *Auftragsstatus* als Dekompositionskriterium. Die Merkmalswerte des Merkmals *Auftragsstatus* sind bei diesem Detaillierungsgrad der Dekomposition differentialdiagnostische Merkmale.

| Teilprozesse: | Merkmalswerte: |
|---|---|
| Auftragseingangsbearbeitung | vorzubearbeiten |
| Auftragsdatenerfassung | zu erfassen |
| Vorfakturierung | zu fakturieren |
| Warenbereitstellung | bereitzustellen |
| Versand | zu versenden |

Tab. 2: Teilprozesse und ihre Merkmalswerte

Das Beispiel zeigt, dass ein neuer Teilprozess beginnt sobald sich ein Merkmalswert geändert hat. Merkmale können also verwendet werden, um Prozesse in Teilprozesse zu unterteilen. Die Entscheidung, warum an einer bestimmten Stelle die Dekomposition durchgeführt wurde, ist nun mit Hilfe des gewählten und offengelegten Merkmals begründbar.

Bei den verwendeten Merkmalen kann es sich sowohl um einfache als auch um komplexe Merkmale handeln. Das Merkmal *Auftragsstatus* ist in diesem Zusammenhang ein geeignetes Beispiel. Auf den ersten Blick scheint der Auftragsstatus ein einfaches Merkmal zu sein, das einen Wert annimmt. Doch eigentlich besteht ein Auftragsstatus aus einer Vielzahl von Einzelaspekten bzw. Teilmerkmalen (z. B. Verantwortlicher, Tätigkeitsbereich, Ausführungsort, Prüfstatus usw.), die zu einem zusammengefasst werden.

Nun ist es vorstellbar, einen Teilprozess (z. B. Auftragseingangsbearbeitung) auszugrenzen und eine Dekomposition dieses Teilprozesses durchzuführen. Der Merkmalswert *vorzubearbeiten* bleibt dann in der nächsten Stufe für alle neuen Teilprozesse gleich. Er wird zum Oberklassen-Merkmal. Für die weitere Dekomposition muss ein neues differentialdiagnostisches Merkmal gefunden werden. Dieses neue Merkmal kann auch ein Teil des komplexen Merkmals *Auftragsstatus* sein. Vorstellbar wäre z. B. *Prüfstatus* mit der Dekomposition in die Teilprozesse „Auftragsprüfung", „Auftragsergänzung" und „Auftragsfreigabe". Dieser rekursive Vorgang der immer feineren Dekomposition geht einher mir dem Wechsel der Merkmalskategorien.

## 4.3 Beziehung zwischen Merkmalen und Ereignissen

Merkmale und Ereignisse stehen in einem direkten Zusammenhang zueinander. Ein Ereignis tritt genau dann ein, wenn ein Merkmal einen neuen Wert annimmt. Mit dieser Festlegung werden Ereignisse nicht wie bisher willkürlich und auf

---

[10] vgl. Gaitanides (1983), S. 80

unterschiedlichen Ebenen gewählt, sondern korrespondieren innerhalb eines Prozesses mit genau einem Merkmal, dem Dekompositionskriterium. Dieser Sachverhalt entspricht mathematisch einer Treppenfunktion (Abb. 6).

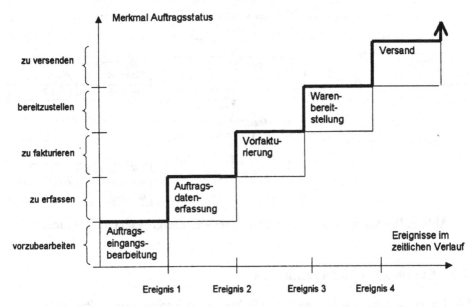

Abb. 6: Teilprozesse als mathematische Treppenfunktion

## 4.4 Geschäftsprozessdarstellung

Geschäftsprozesse werden in der Literatur auf unterschiedliche Weise visualisiert. Wir lehnen uns an die von Scheer entwickelte Notation an und erweitern sie um Merkmale als Dekompositionskriterien. Das Merkmal und sein jeweiliger Wert werden in ein Kästchen neben dem zugehörigen Teilprozess eingetragen. Ereignisse sind Änderungen des Merkmalswerts (Abb. 7).
Eine Darstellungsform dieser Art ist wünschenswert, da man anhand des Merkmals sofort sieht, warum eine Zerlegung genau an der Stelle vorgenommen wurde. Damit ist es möglich zu diskutieren, ob das gefundene Merkmal und damit die Zerlegung überhaupt sinnvoll ist oder nicht. Wir bezeichnen diese Darstellungsform als merkmalsorientierte ereignisgesteuerte Prozessketten (MEPK's).

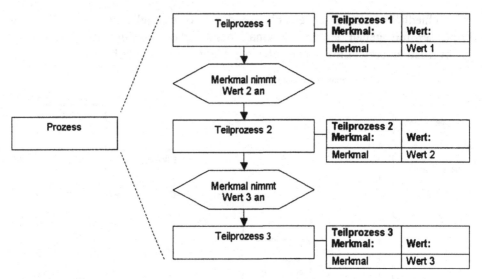

Abb. 7: Prozessdarstellung mit Teilprozessen, Ereignissen und Merkmalen

## 4.5 Evolution von Merkmalen

Die Frage, welches die (optimalen) Merkmale zur Zerlegung von Prozessen sind, hängt vom jeweiligen Prozess ab. Sie kann daher nicht allgemein beantwortet werden.

Durch Diskussion der Qualität von Merkmalen ist es möglich, die gewonnenen Dekompositionen iterativ zu verbessern. Durch das Wissen, welche Merkmale sich für eine bestimmte Zerlegung als geeignet erwiesen haben, lässt sich ein Nutzen für spätere Modellbildungsprozesse ziehen. Geeignete Merkmale können in Referenzmodellen Verwendung finden.

## 5 Ergebnis

Darstellungskonventionen für Geschäftsprozessmodelle sollten um Merkmale erweitert werden. Damit wird der Modellkonstrukteur gezwungen, sich die Kriterien, nach denen er eine Zerlegung vorgenommen hat, bewusst zu machen und sie offenzulegen. Merkmale alleine ergeben noch keine guten Geschäftsprozessmodelle, doch können sie helfen, bessere Geschäftsprozessmodelle zu gewinnen.

# 6    Literatur

**Gaitanides, Michael (1983):** Prozessorganisation, Entwicklung, Ansätze und Programme prozessorientierter Organisationsgestaltung. München

**Gesellschaft für Gestalttheorie und ihre Anwendungen e.V.:** http://www.geocities.com/HotSprings/8609/

**Holl, Alfred (1999):** Empirische Wirtschaftsinformatik und Erkenntnistheorie, in: Becker, Jörg u. a. (ed.): Wirtschaftsinformatik und Wissenschaftstheorie – Bestandsaufnahme und Perspektiven. Frankfurt, S.165-207

**Lorenz, Konrad (1959):** Gestaltwahrnehmung als Quelle wissenschaftlicher Erkenntnis. Zeitschrift für experimentelle und angewandte Psychologie 6, S. 118-165

**Riedl, Rupert (1987):** Begriff und Welt – Biologische Grundlagen des Erkennens und Begreifens. Berlin, Hamburg

**Scheer, August-Willhelm (1998):** ARIS – Vom Geschäftsprozess zum Anwendungssystem. Berlin, Heidelberg, New York

# Corporate Performance Management: Strategische Planung durch ganzheitliche Unternehmenskennzahlen

Christian Hillbrand
Universität Wien

# 1 Abstract

Durch die weitgehende Liberalisierung der Absatzmärkte sehen sich viele Unternehmen einer Globalisierung ausgesetzt, welche von den wenigsten Organisationen als Chance gesehen wird und für die meisten eine erdrückende Last darstellt. Durch diese Entwicklungen werden die Betriebe zu einer beschleunigten betriebswirtschaftlichen Handlungsfähigkeit gezwungen. Diese Flexibilität lässt sich gerade in Branchen schmerzlich vermissen, welche durch eine rasche Marktöffnung betroffen sind.

Dabei sind alarmierende Entwicklungen zu beobachten:

- Sofern ein Unternehmen sein Umfeld als unsicher oder kritisch betrachtet, sinkt die Bereitschaft, sich mit der strategischen Ausrichtung zu beschäftigen.
- Dies führt dazu, dass notwendige Richtungsentschlüsse auf taktische Entscheidungen verkürzt werden.
- Einer der häufigsten Gründe für diesen „Lösungsnotstand" liegt in der grossen Unsicherheit in Bezug auf die Auswirkungen, welche eine strategische Entscheidung nach sich zieht.

Vor diesem Hintergrund wird im vorliegenden Beitrag ein Rahmenwerk beschrieben, welches eine Entscheidungsbasis für das strategische Management eines Betriebes bereitstellt. Grundlage dieses Ansatzes ist die Erarbeitung eines unternehmensspezifischen Kennzahlensystems, welches nicht nur finanzwirtschaftliche Indikatoren beinhaltet, sondern auch verstärktes Gewicht auf organisatorische Performance-Messwerte legt. Diese Einzelkennzahlen werden mit Hilfe von sogenannten „gewichteten Ursache-Wirkungsketten" (= gew. Kausalketten) in Beziehung gesetzt, wodurch die Auswirkungen einer bestimmten Massnahme besser abgeschätzt werden kann. Somit kann die Strategie eines Unternehmens in operationale Zielgrössen übersetzt werden. Diese wiederum dienen – gemeinsam im Zusammenhang bewertet – zur Evaluation der Gesamtstrategie des Betriebes. Ein konkretes Vorgehensmodell dazu wird im Detail dargestellt.

# 2 Einleitung

## 2.1 Motivation

Erfolg oder Misserfolg eines Unternehmens sind - aufgrund der Vielzahl an Aspekten - nicht einfach zu bewerten. Altbewährte Mittel, wie die Analyse von Unternehmensbilanzen versagen in zunehmendem Masse und alte Regeln zur Unternehmensbewertung haben (zumindest in jungen Branchen) keine Gültigkeit mehr. So orientieren sich beispielsweise Investoren, welche eine Beteiligung an einem Unternehmen eines aufstrebenden Sektors (wie z.B. Neue Technologien oder Biotechnologie) erwägen, nur in geringem Masse nach den Indikatoren der jeweiligen Unternehmensbilanz oder Gewinn- und Verlustrechnung. Stattdessen werden neue alternative Kennzahlen herangezogen, welche es erlauben, die Erfolgsaussichten dieses Unternehmens im Markt zu bewerten. Dies ist die Erklärung für die „aufgeblähten" Börsenkurse, zu denen beispielsweise Internet-Aktien schon seit geraumer Zeit notieren oder für den Ansturm auf Neuemissionen auf dem „Neuen Markt", welche aufgrund einer reinen Bilanzanalyse weitaus geringere Erfolgsaussichten hätten. So war beispielsweise die Aktie von Infineon Technologies – ein junges Unternehmens im Bereich der Mikroprozessor-Erzeugung – zum Tag der ersten Börsennotierung am 13. März 2000 33-fach überzeichnet, obwohl das Unternehmen beispielsweise 1998 noch einen Verlust von 24% des Umsatzes ausgewiesen hatte.

## 2.2 Grundlagen

Als Grund für eine mögliche Fehlbewertung nennt P. Drucker[1] unter anderem die bisher gängige Praxis, in den Bilanzen nur den Zerschlagungswert eines Unternehmens anzusetzen und begründet darauf die Forderung nach weitergehenden Indikatoren für den unternehmerischen Erfolg.

Ein umfassender Ansatz wurde von R. Kaplan und D. Norton veröffentlicht[2]: Darin entsteht aus der Kritik an klassischen Finanzkennzahlen das Konzept der **Balanced Scorecard**, welches zusätzlich zu den Finanzaspekten auch eine Kundensicht, eine interne Prozesssicht, sowie eine Lern- und Entwicklungssicht als Beurteilungskriterien kennt, um die langfristige Strategie eines Unternehmens planen sowie dessen Performance gesamtheitlich beurteilen zu können. Diese vier Teilbereiche sind jedoch nicht unabhängig voneinander zu sehen: Eine, durch die Analyse der Querbeziehungen zwischen den einzelnen Kennzahlen entstehende Kausalkette (= Cause and Effect Relationship; vgl. Abbildung 1) erlaubt es, die

---

[1] vgl. P. Drucker (1995)
[2] vgl. R. Kaplan und D. Norton (1992)

Auswirkungen einer Veränderung von untergeordneten Leistungsmassstäben (z.B. die Durchlaufzeit eines Serviceprozesses) auf primäre Indikatoren (z.B. den Marktanteil) abzuschätzen.

Abbildung 1: Beispielhafte Kausalkette

# 3 Gewichtete Kausalketten – ein Ansatz eines Systems ganzheitlicher Unternehmenskennzahlen

Oben genannte Primärkennzahlen sind meist nicht direkt durch diverse Massnahmen beeinflussbar, sondern stellen eine Zielrichtung für eine Unternehmensstrategie dar. Die Strategie eines Betriebes könnte beispielsweise das kontinuierliche Wachstum im aktuellen Marktsegment sein, was sich in der Kennzahl des Marktanteils der eigenen Produkte widerspiegelt. Diese Strategie kann – die weitreichende Analyse der Ursache-Wirkungsbeziehungen vorausgesetzt – in kurz- und mittelfristige taktische Massnahmen übersetzt werden. Dazu müssen die

Beziehungen der Kausalkette – ausgehend von der (den) strategischen Primär-
kennzahl(en) – retrograd verfolgt werden. Um dieses Strategieziel zu erreichen,
kommen somit sämtliche Massnahmen in Betracht, welche die jeweilige
Primärkennzahl direkt oder indirekt beeinflussen. Aus graphentheoretischer Sicht
sind dies alle Kennzahlen, deren transitive Hülle den jeweiligen Primärindikator
enthält. Das heisst, dass diese Sekundärkennzahl irgendwelche andere untergeordnete Kennzahlen beeinflusst, die wiederum eine Einflussbeziehung zur Zielkennzahl aufweisen. Dies kann auch über mehr als zwei Stufen erfolgen.
Damit steht jedoch erst die Menge der potenziell möglichen Kennzahlen fest,
welche zu einer Veränderung der Zielkennzahl (= Primärindikator) führen
können. Über das Mass, in welchem die einzelnen Kennzahlen Einfluss auf die
Erreichung dieses Strategiezieles haben, ist jedoch noch keine Aussage getroffen.
Um dies zu bewerkstelligen, werden die einzelnen Beziehungen innerhalb der
Kausalkette mit Attributen versehen. Wichtigstes Attribut dieser Relationen ist der
Beeinflussungsquotient, welcher angibt, wie sensitiv eine Kennzahl auf die
Veränderung einer anderen (beeinflussenden) Kennzahl reagiert. Ist dieser
Quotient grösser als 1 (>100%) oder kleiner als −1, so wird von einem Multipli-
katoreffekt gesprochen. Meist jedoch bewegen sich die Beeinflussungsquotienten
zwischen −1 und +1. Das bedeutet, die Veränderung einer beeinflussenden
Kennzahl pflanzt sich höchstens linear (oder abgeschwächt), in der beeinflussten
Kennzahl fort. Die direkte Beziehung zwischen der Kennzahl „Personalkosten"
aus dem Beispiel in Abbildung 1 und der Kennzahl „Variable Kosten" wird einen
Beeinflussungsquotient zwischen null und eins aufweisen, da eine Erhöhung der
Personalkosten um ein Prozent maximal eine Erhöhung der variablen Kosten um
ein Prozent nach sich ziehen kann (Dies wäre dann der Fall, wenn Personalkosten
die einzigen variablen Kosten des Unternehmens wären).
Da zur Gesamtbewertung einer bestimmten Aktion immer der kumulierte Beeinflussungsquotient (d.h. auch der transitive Einfluss über alle anderen Kennzahlen)
zwischen der in Betracht kommenden Sekundärkennzahl und der, die Unternehmensstrategie beschreibenden Primärkennzahlen, betrachtet werden muss,
kann diese gewichtete Kausalkette auch in gewissem Masse zu
Rentabilitätsschätzungen für Einzelmassnahmen herangezogen werden:
Beispielsweise ist eine zusätzliche Investition in die Weiterbildung von Mitarbeitern nur in folgendem Falle sinnvoll: Wenn der direkte („positive") Einfluss
der Kennzahl „Weiterbildungskosten je Mitarbeiter" auf die Kennzahl „Personalkosten" von der indirekten („negativen") Wirkung durch eine entsprechende
Senkung der Kennzahl „Bearbeitungszeit des Prozesses X" und damit ein-
hergehend der „Personalkosten des Prozesses X" übertroffen wird. Je stärker
dieser kumulierte Beeinflussungsquotient ausgeprägt ist, desto geeigneter ist die
betreffende Massnahme zur Erreichung des Strategiezieles.

# 4 Vorgehensmodell

Integraler Bestandteil des vorangehend dargestellten Konzeptes der (gewichteten) Kausalketten ist die genaue Kenntnis der Beeinflussungsquotienten zwischen den einzelnen Kennzahlen. Allerdings können nur sehr wenige dieser Sensitivitäts-daten aus diversen Unternehmensstatistiken direkt abgelesen werden, da diese zumeist auch von mehreren nicht messbaren Faktoren mitbeeinflusst werden. Als Folge daraus müssen die meisten dieser Daten empirisch erhoben werden, wodurch sich eine iterative Vorgehensweise ergibt (vgl.Abbildung 2):

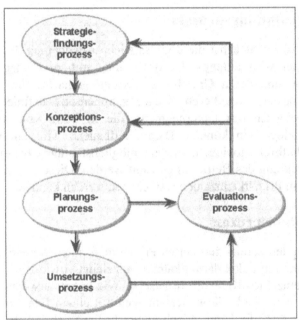

Abbildung 2: Iteratives Vorgehensmodell zur Strategieunterstützung durch ge-wichtete Kausalketten

Das im folgenden vorgestellte fünfstufige Vorgehensmodell ermöglicht die schrittweise Entwicklung eines Unternehmens-Kennzahlensystems zur Unter-stützung und Umsetzung von strategischen Entscheidungen auf der Basis von Kausalketten. Dabei wird zunächst eine strategische Zielrichtung für die Entwick-lung des Unternehmens definiert, welche sich in der Auswahl der Primärindika-toren niederschlägt. Um diese Strategie zu operationalisieren, werden im Konzeptionsprozess die Einflüsse von Sekundärindikatoren auf diese Zielkenn-zahlen in Form einer Kausalkette analysiert. Aus dieser lassen sich im Planungs-prozess konkrete Massnahmen ableiten, welche im Umsetzungsprozess durchgeführt werden. Die Erfolge dieser Aktionen werden quantifiziert und im Evaluationsprozess bewertet. Anschliessend werden neue Planwerte für die Primärindikatoren vorgegeben und eine weitere Iteration wird angestossen. Die bei jedem Durchlauf gewonnenen Daten werden fortgeschrieben. Die Durchschnittswerte dieser Grössen (z.B.: gemittelte Beeinflussungsquotienten) dienen für die folgenden Iterationen als Prognosehilfsmittel, um die Auswirkungen von Massnahmen vorwegnehmen zu können.

In den nachstehenden Abschnitten wird auf die einzelnen Phasen dieses fünfstufigen Modells näher eingegangen.

## 4.1 Strategiefindungsprozess

In diesem Schritt ist zunächst die grundsätzliche Ausrichtung des Unternehmens festgelegt. Dabei wird anfangs das obere und mittlere Management mit der Vorgehensweise und deren Grundlagen vertraut gemacht. Ein Entscheidungsgremium, welches sich aus diesem Kreis zusammensetzt, definiert anschliessend die Kernkompetenzen des Unternehmens, die in Form von Kern(geschäfts)-prozessen dargelegt sein können. Darauf aufbauend wird ein übergeordnetes Unternehmensleitbild entwickelt, in dem möglichst prägnante Visionen für die künftige Entwicklung des Betriebes genannt werden. Diese sollen quantifizierbar sein und somit in Primärkennzahlen festgehalten werden können.

## 4.2 Konzeptionsprozess

Ausgehend von den bereits definierten Primärkennzahlen werden in dieser Phase direkte und indirekte Sekundärindikatoren abgeleitet sowie Einflussbeziehungen zwischen den einzelnen Kennziffern gesetzt. Wie bereits erwähnt, ist es zumeist nicht unmittelbar möglich, diese Beziehungen mit einem Beeinflussungsquotienten zu quantifizieren. Es kann jedoch angegeben werden, ob der Einfluss einer Kennzahl auf eine andere positiv oder negativ ist, und in welcher Grössenordnung (stark, mittel oder schwach) sich dieser Einfluss bewegt.

Für die einzelnen Kennzahlen sind die operativen Werte (d.h.: die derzeit vorherrschenden IST-Werte) zu ermitteln.

Eine besondere Bedeutung in der Kausalkette kommt dabei den Kennzahlen der Kernprozesse zu: Für diese muss das Unternehmen klären, in welcher Weise sie die Primärkennzahlen beeinflussen. Die einzelnen Prozesskennzahlen können somit in den weiteren Iterationsschritten nach deren Beitrag zur Verbesserung der Zielindikatoren bewertet werden. Dabei wird auch deutlich, welche Prozesse kritisch für den Erfolg des Unternehmens sind. Dies wiederum ist die Basis für eine (Re-) Strukturierung der internen Prozesse und Organisationsstrukturen.

So zeigen Beispiele aus der Versicherungswirtschaft[3], dass durch eine konsequente Beobachtung von prozessbezogenen Kennzahlen einerseits wertvolle Rückschlüsse auf Optimierungspotenziale bezüglich eines Primärzieles möglich sind. Weiters können mit Hilfe der Prozessanalyse die Gründe für bestehende Engpässe erkannt und behoben werden. Ein Beispiel demonstriert die Optimierung eines Schaden/Leistungs-Prozesses sehr eindrucksvoll: Dieser Ablauf mit einer durchschnittlichen Durchlaufzeit von 51 Tagen wurde durch eine Prozessbetrachtung im Detail analysiert. Die Einführung eines Prozess-Kennzahlensystems ermöglichte die Optimierung des Ablaufs in der Art, dass mehr Leistungen am Point of Service (i.d.R. in einer Agentur) reguliert werden konnten, was zu drastischen Durchlaufzeitverkürzungen und in weiterer folge zu erhöhter Kundenzufriedenheit führte.

Andererseits kämpfen derzeit beispielsweise viele Assekuranzen mit einer sehr langen Zeitspanne von der Generierung einer Produktidee bis zur Markteinführung dieses Produktes. Als die Kennzahl „Durchlaufzeit des Prozesses Produktentwicklung" kann die „Time to Market" sehr einfach mit den Mitteln der Prozessanalyse nach dem BPMS-Paradigma[4] auf kritische Punkte (z.B. Flaschenhälse) hin untersucht werden.

## 4.3 Planungsprozess

Im Planungsprozess müssen primäre Plankennzahlen und die Zeiträume innerhalb derer diese zu erreichen sind definiert werden. Ausgehend von einem bestimmten Primärindikator werden nun die Sekundärkennzahlen nach dem kumulierten Beeinflussungsquotienten priorisiert. Dementsprechend werden für jene Sekundärkennzahlen, auf welche direkt Einfluss genommen werden kann, Massnahmen abgeleitet. Das Ergebnis dieser Aktionen wird zunächst einzeln bewertet. Insbesondere für Geschäftsprozesskennzahlen ist dabei die technische Unterstützung unumgänglich: Mit Hilfe von Simulation[5] und Prozesskostenrechnung[6] können jedoch relativ zuverlässige Szenarien erstellt werden. Diese Einzelkennzahlen werden anschliessend in bezug zueinander gesetzt (d.h.: Mit dem kumulierten Beeinflussungsquotienten gewichtet). Da in den ersten Iterationen kein oder nur ein ungenauer Beeinflussungsquotient verfügbar ist, können die genauen Auswirkungen nur heuristisch geschätzt werden.

---

[3] vgl: BOC (1997)
[4] siehe auch: D. Karagiannis (1994) und D. Karagiannis et al. (1995)
[5] näheres siehe auch: S. Junginger (1998)
[6] näheres siehe auch: Ch. Prackwieser (1996)

218

## 4.4 Umsetzungsprozess

Nachdem in der vorhergehenden Phase die notwendigen Massnahmen, deren Zielgrössen und implizit deren Fertigstellungszeitraum identifiziert wurden, werden diese Aktionen nun umgesetzt. Anschliessend werden operative Kennzahlen für den Evaluationsprozess erfasst. Als vorteilhaft erweist sich dabei meist der Einsatz von diversen IT-Werkzeugen. Im Bereich des Finanzwesens ist dies ohnehin bereits in den meisten Fällen gegeben. Im Personalbereich bzw. der Prozesssteuerung zeichnen sich Workflow-, Groupware- oder ERP-Werkzeuge (ERP = Enterprise Resource Planning) durch ihre ausgeprägten Möglichkeiten zur Dokumentation und Auswertung von Kennzahlen besonders aus. So verfügen beinahe sämtliche – am Markt verfügbaren – Workflow-Tools über eine eigene Report-Schnittstelle[7].
Marktkennzahlen müssen dagegen meist „manuell" ermittelt werden. Das bedeutet, Marktanalysen zu betreiben, Kundenbefragungen durchzuführen bzw. das Verhalten der Konsumenten zu beobachten.

## 4.5 Evaluationsprozess

Ob die – im Planungsprozess definierten und im Umsetzungsprozess ausgeführten – Massnahmen ihr Ziel erreicht haben bzw. über- oder unterschritten haben, ist aus der Differenz zwischen Plankennzahlen und operativen Kennzahlen ersichtlich. Ist dieses Delta sehr gross, so ist zu untersuchen, ob eventuell die Sensitivität der jeweiligen Kennzahl in Bezug auf die gesetzte Massnahme zu hoch bzw. zu niedrig angenommen wurde.
Die Veränderung der operativen Kennzahlen durch die jeweils gesetzte Massnahmen errechnet sich aus der Differenz zwischen den ermittelten Werten aus dem Umsetzungsprozess und jenen aus dem Konzeptionsprozess. Diese Differenz ist der Ausgangspunkt für die Ermittlung der Beeinflussungsquotienten:
Sofern eine Einflussbeziehung ($b_{i,j}$) zwischen zwei Kennzahlen ($I_i$ und $I_j$) besteht, und $I_{i,n}$ der Wert der Kennzahl i nach der n. Iteration sei, so errechnet sich der Beeinflussungsquotient ($Q_{i,j,n}$) zwischen den beiden Kennzahlen wie folgt:

$$Q_{i,j,n} = \lambda \cdot Q_{i,j,n-1} + (1-\lambda) \cdot \frac{\frac{\left(I_{i,n} - I_{i,n-1}\right)}{I_{i,n-1}}}{\frac{\left(I_{j,n} - I_{j,n-1}\right)}{I_{j,n-1}}} = \lambda \cdot Q_{i,j,n-1} + (1-\lambda) \cdot \frac{\left(I_{i,n} - I_{i,n-1}\right) \cdot I_{j,n-1}}{I_{i,n-1} \cdot \left(I_{j,n} - I_{j,n-1}\right)}$$

Wobei für $Q_{i,j,0} = Q_{i,j,1}$ angenommen wird und $\lambda$ ein Koeffizient ist, der angibt, wie stark vergangene Beeinflussungsquotienten im errechneten Durchschnitt

---

[7] vgl.: WfMC (1998)

enthalten sind ($0 \leq \lambda < 1$). Je kleiner der Koeffizient $\lambda$ gewählt wird, desto volatiler (und aktueller) ist die Zeitreihe der Beeinflussungsquotienten. Wird für $\lambda$ ein hoher Wert festgelegt, so wird sich der Beeinflussungsquotient nach mehreren Iterationen auf einem durchschnittlichen Niveau „einpendeln".

Dieser Beeinflussungsquotient charakterisiert jedoch nur die direkte Beziehung zwischen zwei Kennzahlen. Da es jedoch möglich ist, dass sich diese beiden Indikatoren auch transitiv über andere Kennzahlen beeinflussen, muss zusätzlich ein kumulierter Beeinflussungsquotient berechnet werden. Dieser ist wie folgt definiert:

$$kQ_{i,k,n} = Q_{i,k,n} + \sum_{\forall b_{i,j}} Q_{i,j,n} \cdot kQ_{j,k,n}$$

Wobei gilt: Wenn keine Einflussbeziehung $b_{i,j}$ zwischen zwei Kennzahlen $I_i$ und $I_j$ besteht, so ist der Beeinflussungsquotient $Q_{i,j,n} = 0$. Durch Einsetzen der oben angegebenen Definition des Beeinflussungsquotienten ergibt sich folgendes Bild:

$$kQ_{i,k,n} = \lambda \cdot Q_{i,k,n-1} + (1-\lambda) \cdot \frac{(I_{i,n} - I_{i,n-1}) \cdot I_{k,n-1}}{I_{i,n-1} \cdot (I_{k,n} - I_{k,n-1})} + \sum_{\forall b_{i,j}} \left( \lambda \cdot Q_{i,j,n-1} + (1-\lambda) \cdot \frac{(I_{i,n} - I_{i,n-1}) \cdot I_{j,n-1}}{I_{i,n-1} \cdot (I_{j,n} - I_{j,n-1})} \right) \cdot kQ_{j,k,n}$$

# 5 Ausblick

Das vorgestellte Modell geht von einigen vereinfachenden Annahmen aus, welche vornehmlich zum Zweck der Komplexitätsreduktion getroffen wurden.

Die in Abschnitt 4.5 vorgestellte Ermittlung eines Beeinflussungsquotienten zwischen zwei Kennzahlen setzt implizit voraus, dass eine Einflussbeziehung immer nur von der Kardinalität 1:1 sein kann, bzw. dass andere mitbeeinflussende Kennzahlen konstant gehalten werden (können). Um diese Vereinfachung auszuräumen, gilt es nun, eine entsprechende Heuristik zu finden, die es erlaubt, multiple Einflüsse auf eine Kennzahl sinnvoll auf mehrere Beeinflussungsquotienten zu verteilen.

In einem weiteren Schritt soll eine Werkzeugunterstützung geschaffen werden, welche die einfache Vorhaltung einzelner Kennzahlen erlaubt, eine Prognose der Auswirkungen diverser Massnahmen ermöglicht, sowie eine enge Bindung zu diversen Reporting-Systemen aufweist.

Damit soll dieses System zunächst in Pilotprojekten eingesetzt werden, aus denen die einzelnen Grössen, welche die Kennzahlen und deren Beziehungen untereinander charakterisieren, generiert werden. Von diesen Daten können infolge auch weitere Projekte profitieren: Das bedeutet, dass die einzelnen Kennzahlensysteme vergleichbar sein müssen, womit die Voraussetzung für eine Benchmark-Clearing-Organisation gegeben wäre.

# 6 Literatur

**BOC Information Technologies Consulting GmbH (1997):** Dokumentation zum Workshop „Geschäftsprozesskennzahlen" im Rahmen der Tagung „Geschäftsprozessmanagement in der Versicherungswirtschaft", Wien 24. September 1997.

**BOC Information Technologies Consulting GmbH (2000):** Rahmenwerk von Geschäftsprozesskennzahlen für das permanente Re-engineering, Internes Arbeitspapier, Wien 2000.

**Drucker, Peter F. (1995):** The Information Executives Truly Need, in: Harvard Business Review, January-February 1995.

**Junginger, Stefan (1998):** Quantitative Bewertung von Geschäftsprozessmodellen mit Hilfe von rechnerischer Auswertung und Simulation: Eine Gegenüberstellung, Technical Report 2-98, Universität Wien 1998

**Karagiannis, Dimitris (1994):** Towards Business Process Management Systems, Tutorial at the International Conference on Cooperative Information Systems (CoopIS '94), Toronto 1994.

**Karagiannis, Dimitris et al. (1995):** BPMS: Business Process Management Systems: Concepts Methods and Technology, in: SIGOIS Special Issue, SIGOIS Bulletin, 10-13, 1995.

**Kaplan, Robert S. und Norton, David P. (1992):** The Balanced Scorecard - Measures That Drive Performance, in: Harvard Business Review, January-February 1992.

**Kaplan, Robert S. und Norton, David P. (1993):** Putting the Balanced Scorecard to Work, in: Harvard Business Review, September-October 1993.

**Kaplan, Robert S. und Norton, David P. (1996):** Using the Balanced Scorecard as a Strategic Management System, in: Harvard Business Review, January-February 1996.

**Prackwieser, Christoph (1996):** Entwurf und Implementierung einer Prozesskostenanalysekomponete für ADONIS, Diplomarbeit Universität Wien 1996.

**Renaissance Worldwide Strategy Group (2000):** The Balanced Scorecard – An Overview, Renaissance White Paper.

**WfMC – The Workflow Management Coalition (1998):** Workflow Management Coalition Audit Data Specification, Document No. WFMC-TC-1015, Version 1.1, 22 Sep. 1998

# Der InfoHighway des Freistaates Sachsen Oder Von der sächsischen Amtsstelle zur electronic Administration

Jürgen Schwarz
Rechtsanwalt, Dresden

## 1 Vorbemerkung

Ein Gemeinplatz, dass sich die Welt durch die moderne Informations- und Kommunikationstechnik (IuK) verändert. Jeden Tag bemerken wir, wie ungewöhnlich schnell und tiefgreifend dieser Vorgang abläuft und welch enormes Umdenken und Hinzulernen er von den betroffenen Menschen - und das sind praktisch alle Bürger der Industrienationen - erfordert.

Dieser Prozess beginnt sich nun zunehmend auch auf die öffentlichen Körperschaften (Staaten, Länder, Gemeinden und sonstige Institutionen) auszuwirken, Gebilde, denen meines Wissens noch niemand eine verzehrende Liebe nach rapiden Veränderungen - seien sie technischer oder (noch schlimmer!) organisatorischer Natur - zugeschrieben hat.

Auf der anderen Seite ist aber die Qualität einer Verwaltung ein Standortfaktor ersten Ranges. Will eine Region im Standortwettbewerb bestehen, ist für sie ihre Fähigkeit zur Innovation ihres öffentlichen Sektors von zentraler Bedeutung. Im folgenden möchte ich anhand einer typischen modernen Aufgabenstellung einige Überlegungen anstellen zu den drei damit zusammenhängenden Fragen

- Wie verändert die Globalisierung die Aufgabenstellung im öffentlichen Bereich?
- Welche organisatorischen und technischen Massnahmen sind zu ihrer Bewältigung erforderlich?
- Welche weiterführenden Möglichkeiten bieten sich in diesem Zusammenhang?

## 2 Searching a Home or how to integrate integrated circuits

Ein gar nicht so weit von den Tatsachen liegendes Beispiel: Der Ministerpräsident des Freistaates Sachsen lernt auf einer Reise in die USA den Chief Executive Officer (CEO) eines bedeutenden Herstellers von Microprozessoren kennen. Dieser berichtet ihm von den fast abgeschlossenen Entwicklungen eines neuen Prozessortyps und von seiner Suche nach einem Fertigungsstandort hierfür; mit zwei Regionen sei man schon in fortgeschrittenen Verhandlungen. Der Ministerpräsident ist an einer Milliardeninvestition im Hochtechnologiebereich naheliegenderweise nicht völlig desinteressiert und stellt die Vorzüge einer Ansiedlung in Sachsen dar. Offensichtlich nicht ungeschickt, denn im weiteren Gespräch vereinbart man, die Möglichkeiten einer Ansiedlung zu prüfen.
Eine Woche später erhält er ein längeres Fax etwa folgenden Inhalts:

| | |
|---|---|
| Grundstück: | 180.000 qm |
| | absolut erschütterungsfreier Boden |
| | keine Wohnbebauung in unmittelbaren Umfeld |
| | gut sicherbar |
| Luft | keine oder kaum Industiebelastung (insb. keine Stickoxide, Schwefel), möglichst geringe natürliche Belastung (insb. wenig Pollenflug) |
| Strom | 160.000 Megawattstunden / Jahr |
| | absolute Versorgungssicherheit (Anbindung an Ringsystem) |
| | keinerlei Stromschwankungen |
| Wasser | 150.000 cbm / Jahr aus eigenen Brunnen |
| Umgebung | internationaler Flughafen |
| (max. 30 km) | qualifiziertes Personal, ca. 1000 Personen rekrutierbar, attraktives Umfeld für die amerikanischen Spezialisten (insbesondere internationale Schulen) |
| | Universität mit geeignetem Schwerpunkt |
| | Servicebetriebe für Reinstrohrtechnik technische Gase Reinstwasser |

Der Ministerpräsident gibt dieses Schreiben an seine Verwaltung mit dem Hinweis auf die Bedeutung und der Bitte um schnellste Bearbeitung.

Diese ist entsetzt. Um zu verstehen, warum eine derartige Aufgabe ihr so gegen den Strich geht, ist ein Exkurs in ihre Geschichte förderlich.

# 3 Die klassische Verwaltung

Bestimmend für die Anfänge waren zunächst einmal die Kargheit der Sachausstattung und die meist ausgesprochen übersichtliche Mitarbeiterqualifikation. Es darf daran erinnert werden, dass selbst eine Elitebehörde wie ein Gericht um 1870 lediglich aus dem Richter, dem Auskalkulator und dem Schreiber bestand. Gearbeitet wurde bis Ende des letzten Jahrhunderts regelmässig an Stehpulten, geheizt wurde mit Holz, selten mit Kohle. Die einklassige Volksschule bestimmte weiterhin das Ausbildungsniveau des Volkes und damit auch die intellektuellen Möglichkeiten der (einfacheren) Verwalter wie der „Verwalteten", die zwar wie zahllose Zeugnisse belegen, des öfteren bockig aber zum Glück - jedenfalls in Deutschland - weitestgehend von staatstragender Gesinnung waren.

Die Aufgaben waren auch damals keineswegs klein. Die Industrialisierung und die im Zusammenhang damit schnell wachsenden Städte warfen eine Vielzahl gewaltiger Probleme auf. Zu nennen sind insbesondere beengte Wohnverhältnisse und Wohnungsnot, mangelnde Hygiene und ein Mangel an Infrastruktur.

Um unter diesen Randbedingungen voranzukommen, wurden folgende Prinzipien entwickelt:

- Strenge und statische Arbeitsteilung geregelt über Stellenbeschreibungen und Geschäftsverteilungspläne mit entsprechender Spezialisierung.
- Ausgeprägte hierarchische Strukturen mit einem starken Weisungsrecht von oben nach unten bei konsequenter Überwachung der Arbeit der Dienstuntergebenen durch den jeweiligen Vorgesetzten.
- In der Spitze keine Gremien, sondern Einzelpersonen (der Behördenleiter) mit umfassenden Vollmachten.
- Kommunikation primär vertikal entlang der Hierarchiestruktur, ressortübergreifende Aufgaben werden über Mitzeichnung - regelmässig auf Leitungsebene - bewältigt.
- Steuerung über Gesetze, Verordnungen, Erlasse u.ä.; entsprechend starke Regelgebundenheit, Grundsatz der Schriftlichkeit, Erfassung aller Vorgänge in Akten.
- Defensive Grundhaltung mit ausgeprägter Tendenz zur Fehlervermeidung. Absicherung durch Weitergabe schwieriger Fragen an den Dienstvorgesetzten, Entscheidung erst nach sorgfältiger Prüfung und Abwägung aller Umstände; Kontrolle durch ein - primär formales - Prüfungswesen.

Dieses auch Bürokratie genannte System fand seinen reinsten Ausdruck im preussischen Beamten. Es hat durchaus seine Stärken. Max Weber schrieb etwa 1922: „Die rein bürokratische Verwaltung ist nach allen Erfahrungen die an Präzision, Stetigkeit, Disziplin, Strafheit und Verlässlichkeit ... Intensität und Leistung ... - rein technisch zum Höchstmass der Leistung vervollkommenbare Form der Herrschaftsausübung ...".

Das Problem, dass uns in den nächsten 10 Jahren in erheblichem Umfang beschäftigen wird, liegt darin, dass diese Vorzüge leider nicht mit den modernen Anforderungen korrespondieren.

Zur erfolgreichen Bearbeitung unseres Ansiedlungsbeispiels etwa braucht man Systeme die

- aktiv und individuell sind.
  Wichtig ist es in regelmässig nicht standardisierten Verfahren einzelfallbezogene Lösungen selbständig zu erarbeiten. Wegen des allgemein hohen Innovationstempos ist stets mit Änderungen in den Vorgaben/ Randbedingungen zu rechnen, die ebenfalls während des laufenden Verfahrens sachgerecht verarbeitet werden müssen.
- Serviceorientiert und kommunikativ vorgehen.
  Die insgesamt steigende Servicekultur führt zu steigenden Anforderungen an die Verwaltung, sachgerecht und freundlich mit ihren „Kunden" umzugehen und ihre Leistungen adäquat zu präsentieren (gefordert ist sozusagen „Value for Taxes"). Die in allen Bereichen immer mehr zur Regel werdende Frage nach der Daseinsberechtigung von Institutionen und Einrichtungen wird dazu führen, dass auch im öffentlichen Sektor auf diese Frage mehr Aufmerksamkeit verwandt werden muss. Hat man für einen Bürger gearbeitet, muss man ihn auch wissen lassen, was man alles für ihn getan hat.
- Hierarchie- und organisationsübergreifend arbeiten.
  Die hohe Komplexität der Aufgaben erfordert die Mitarbeit von Spezialisten und die Verfügbarkeit von Daten aus verschiedensten Fachgebieten (in unserem Beispiel etwa aus den Gebieten Stadtplanung, Strassenbau, Wasserwirtschaft, Geologie, Umweltschutz, Wirtschaftsförderung usw.). Hinzu kommt, dass die entsprechenden Einheiten (Ämter, Fachabteilungen) bei verschiedenen Körperschaften (Stadt, Land, Bund, EU) angesiedelt sind.
- Schnell und risikobereit sind.
  Nicht die perfekte Lösung ist für den Erfolg entscheidend, sondern die zügige Erarbeitung eines überzeugenden Konzeptes. Wesentlich ist in diesem Zusammenhang auch die Fähigkeit, aufgrund unsicherer und/oder nicht

vollständig bekannter Sachverhalte vertretbare Entscheidungen zu treffen; Fehler und Irrtümer sind nicht als Versagen, sondern als notwendige Folge dynamischer Bearbeitung anzusehen (in Anwendung des Mottos „wer nicht - bzw. nur in Routinesachen - arbeitet, macht auch nichts falsch").

Es ist offensichtlich dass auf dem - steinigen - Weg zur mehr Effizienz und Bürgernähe moderner Kommunikationstechnik eine Schlüsselfunktion zukommt. Der Freistaat Sachsen hat in Zusammenarbeit mit der Deutschen Telekom das innovativste Telekommunikationsprojekt in Deutschland realisiert, es soll im folgenden näher vorgestellt werden.

# 4  Die InfoHighway Landesverwaltung Sachsen (IHL)

Die InfoHighway vernetzt alle sächsischen Landesbehörden (über 800) mit mehr als 70.000 Nutzern, sie stellt eines der modernsten Netzwerke für Sprach- und Datenkommunikation in Europa dar.

Einige Leistungsmerkmale:

Sprache
- Die ISDN Leistungsmerkmale (Rufumleitung, Zeigen der Anrufernummer, Anklopfen usw.) stehen allen Nutzern zur Verfügung.
- Möglichkeit der Bildung beliebiger Nutzergruppen; örtlich getrennte Verwaltungen sind unter einer einheitlichen Einwahl erreichbar.
- Über freecall Nummern sind Bürgeranfragen zum Nulltarif möglich.

Daten
- schneller Zugriff auf alle Datenbanken im Freistaat
- eMail Anschluss für jeden Nutzer
- zentraler Internetzugang
- Sicherheits- und Verfügbarkeitsklassen von Diensten, Firewallsystem

Kernstück des Systems (Backbone) sind drei ausschliesslich für die InfoHighway reservierte Glasfaserringe; der Hauptring (mit 2,5 Gbit / sek.) verbindet die wichtigsten 6 Behördenstandorte (Dresden, Leipzig Chemnitz, Riesa, Wurzen und Freiberg) miteinander. Daran angeschlossen sind zwei Subringe (West und Ost / 622 Mbit / sek.), welche die am Rande Sachsens liegenden Standorte (z.B. Görlitz an der polnischen Grenze oder Plauen an der Grenze zu Bayern) einbinden. Insgesamt 14 Clusterserver stellen die Verbindung zwischen den Ringen und den BehördenLANs her.

Das Management liegt bei der Deutschen Telekom, die das System zunächst für 7 Jahre zum Festpreis betreiben wird. Ein - vor allem für die politische Argumentation - nicht unwesentlicher Charme des Systems liegt darin, dass die InfoHighway eine drastische Verbesserung der Leistungsfähigkeit mit einer deutlichen Kostenreduzierung verbindet.

Das Innovations- und Effektivitätspotential dieses Systems liegt auf der Hand, dennoch sei es an einer seiner einfachsten Anwendungen kurz illustriert. Bis dato hat jede Landesbehörde die Daten ihrer Ansprechpartner in den Ministerien selbst gepflegt, mit der IHL wird dies durch eine zentrale - allen Nutzern zugängliche Datei (angesiedelt beim Innenministerium) - geschehen.

Es wäre eine kleine Studie wert, zu untersuchen, wieviel Stunden Arbeitszeit z.B. für die Pflege der Daten, regelmässige Erstellung kopierter Verzeichnisse, Suchvorgänge usw. insgesamt bei den 800 Behörden durch diese Datenzentralisierung erspart werden.

Die Möglichkeit des schnellen Zugriffs auf externe Dateien verbunden mit der hohen Zuverlässigkeit staatlicher Datenbestände ist ein strategisch gewaltiges Nutzungspotential im staatlichen Bereich, dem derzeit m.E. noch zu wenig Beachtung geschenkt wird.
Hier können durch kreative Nutzungskonzepte eine Vielzahl neuartiger Dienstleistungen für Unternehmen und Private kreiert werden. Ein Ansporn dafür, hier rasch voranzugehen, sind die stattlicher Einnahmen, die mittels solcher Dienste generiert werden könnten.

# 5 Weitere Entwicklung durch Personal Datacards (PDC)

Es ist kennzeichnend für den staatlichen Bereich, dass viele der Daten, mit denen gearbeitet wird, persönlicher und damit vertraulicher Natur sind. Deswegen ist insbesondere für die Kommunikation mit Externen (also mit den Bürgern) die schnelle und sichere Teilnehmeridentifikation von grösster Bedeutung. Reduziert man den Inhalt dieses Systems nicht nur auf die reine Teilnehmeridentifikation, so ergeben sich (ebenfalls) interessante Möglichkeiten.

Mein Vorschlag für den Aufbau einer PDC wäre der folgende:

- ein Pflichtteil, dessen Informationsgehalt dem Ausweis (einschliesslich eines aktuellen Lichtbildes) entspricht,
- ein fakultativer Bereich, in dem weitere Daten eingetragen werden können, z.B. Telefon und eMail, Kontoverbindung, Vereinszugehörigkeiten, Bibliotheksausweise und andere Nutzungsberechtigungen, KFZ-Daten usw.

Hinsichtlich der Nutzung dieser Daten in Verwaltungsverfahren gibt es zwei wesentliche Regeln

- es wird jeweils abgefragt, ob und welche fakultativen Daten übertragen werden sollen,
- fakultative Daten dürfen nur für den Verwaltungsvorgang verwendet werden, für den sie freigegeben wurden.

Für eine solche Karte bedarf es eines PCs mit einem entsprechenden Lesegerät, es ist aber davon auszugehen, dass dieses für das Internet (insbesondere für Zahlungen) ohnehin benötigt wird, hier sollte schnell ein Standard gesetzt werden.

Mit einer Kombination aus PDC und moderner Online-Technik ist es möglich zu geringsten Kosten höchst kompfortable Dienstleistungen für den Bürger zu kreieren.

## 5.1 Beispiel 1 Beantragung eines Passes

Derzeit noch ein Verfahren, welches mindestens einen Besuch bei der zuständigen Behörde während ihrer (regelmässig kurzen) Sprechzeiten sowie mehrwöchiger Wartezeit bedarf.
Online könnte der Bürger seinen kurzen Antrag zu jeder Tag- und Nachtzeit ausfüllen, alle persönlichen Daten und das Lichtbild werden aus seiner PDC übernommen, mittels der gleichzeitig auch die Identifikation erfolgt.

Die Daten sind dann nicht nur vollständig, sie liegen auch sofort in digitaler Form vor und können staatsintern effektiv und schnell weiterverarbeitet werden.

## 5.2 Beispiel 2 Umzug

Jeder Umzug bedeutet derzeit einen Verwaltungsaufwand, der etwa dem der oben genannten Chipansiedlung gleicht (ich bin dieser Tage umgezogen und noch vom damit verbunden Leid gezeichnet, man sehe mir also die Übertreibung nach). Im wesentlichen sind mit der Ummeldung zwei Tätigkeiten verbunden, das Umschreiben zahlreicher Papiere (Personalausweis, KFZ-Schein, Bibliotheksausweis usw.) und die Information einer Vielzahl von Institutionen (Telekom, Post, Stromversorger, Vereine, Zeitungen usw.)

Mit der PDC könnten dem Bürger diese Arbeiten vollständig abgenommen werden. Der Bürger meldet sich Online um und gibt die erforderlichen Daten aus dem fakultativen Bereich der PDC frei. Der kommunale Server informiert alle betroffenen staatlichen Stellen und die sonstigen Institutionen. Das System ist nicht nur schnell und hochkomfortabel sondern auch sicherer und fehlerärmer als die „händische" Vorgehensweise.

# 6 Schlussbetrachtung

- IuK wird in der Verwaltung zu tiefgreifenden Restrukturierungen führen.
  Die Digitalisierung der gewaltigen staatlichen Datenbestände schafft eine einzigartige Wissensbasis. Die Möglichkeit des Online-Zugriffs macht dieses Wissen universell verfügbar. Die technischen Möglichkeiten und der wachsende Wunsch nach selbstbestimmter interessanter Arbeit wird die Kommunikationsformen, Arbeitsabläufe und Organisationsstrukturen in nie dagewesener Weise verändern.
  Diese Entwicklung ist auch deswegen so wichtig, weil sie ein wesentliches Plus im zunehmend härteren Wettbewerb um qualifiziertes Personal darstellt.
- Es kommt zu einem dramatischen Rückgang von Routinearbeiten. Die Stellenbeschreibung eines kommunalen Angestellten, die heute 12 (!) DIN A 4 Seiten umfasst und in der 20 Tätigkeiten unter dem Titel „Anträge entgegennehmen und bearbeiten" gelistet sind, wird es bald nicht mehr geben. Neben Einfachstverwaltung (stempeln, lochen, einsortieren) verbirgt sich hinter diesen Tätigkeiten nichts als die Abprüfung immer der selben Informationen; eine Arbeit die geradezu klassisch zum Metier der EDV gehört.
  Dann könnte auch der krasseste Ausdruck der Papierfixierung aufhören, welcher (zur Zeit noch) bei den deutschen Steuerbehörden sein Unwesen treibt. Die Steuererklärungen werden von Steuerberatern - aber auch von vielen Bürgern - mittels geeigneter Software erstellt, dann auf Papier ausgedruckt, der Verwaltung übergeben und dort wieder von Hand in digitale Form umgewandelt. Hier erkennt auch der Ungeschulte noch wahrnehmbare Möglichkeiten zur Effektivitätssteigerung

- Verwaltungsarbeit wird zunehmend messbar werden.

Anhand der Anzahl der Abfragen kann man z.B. ermitteln, wer wie oft welche Information nachfragt. Daten, die in der Praxis unerheblich sind, können eliminiert werden; die Kosten der Datenpflege können automatisch auf die Nutzer verteilt werden. Unproblematisch erfasst werden kann auch der Zeitaufwand, der insgesamt für einen bestimmten Verwaltungsvorgang aufgewandt wurde. Insgesamt können Kosten und Nutzen eines Verwaltungsprozesses ohne grossen Aufwand bestimmt und damit verglichen werden.

Die Vergleichbarkeit wiederum führt zu mehr Wettbewerb und dieser zu beschleunigter Innovation. Prioritäten können dann auch sachlich diskutiert werden. Wenn das Verleihen eines Romans in der städtischen Bücherei 10 Mark kostet (kein unrealistischer Wert) will man vielleicht keine oder weniger Romane verleihen und statt dessen lieber noch einen Kindergarten bauen.

- Im Verhältnis zum Bürger ergibt sich eine win win Situation. Die Verwaltung spart erhebliche Mengen Geld beim Online–Antrag, der Bürger hat einen deutlich höheren Komfort. Deswegen bedarf die Einführung solcher Online-Systeme auch keinerlei Zwanges, wer will, der soll, wer nicht, der beschreitet eben (im wörtlichen Sinne) den Amtsweg. Wichtig wird es für die Verwaltung sein, die im Internet entstehenden Standards so mitzuprägen, dass ihre Nutzungsanforderungen unproblematisch integriert werden können.

Weiterhin wird Online-Informationssystemen eine grosse Bedeutung zukommen. Sie helfen, die gewaltigen Möglichkeiten des InfoHighways zu nutzen. Dies ist wichtig für die Bürger aber auch für die „non expert" Mitarbeiter, die bei der Recherche unterstützt werden. Einfache Suchmöglichkeiten und nutzergerechte individuelle Aufbereitung der gefunden Daten sind die Schlüsselfaktoren für den Erfolg solcher Systeme.

- Der grösste Reiz liegt m.E. in den zahlreichen Dienstleistungen, die - wie unser Umzugsbeispiel zeigt - für den Bürger höchst komfortabel, für die Verwaltung aber - ein seltener Glücksfall - praktisch kostenfrei sind. Ob dieser Service deswegen auch kostenlos sein soll, ist zu diskutieren. In jedem Fall sollte der Bürger aber von den Kosteneinsparungen profitieren, die er durch seine Mitarbeit verursacht. Stellt er etwa seine Steuererklärung in geordneter digitaler Form zur Verfügung, wäre da nicht ein Rabatt von sagen wir 2 % auf die Steuerschuld angemessen?

Abschliessend sei noch eine Prognose gewagt:

Wir werden in 10 bis 15 Jahren die „electronic Administration" haben, die auf der einen Seite ihre Effektivität mit einem Plus an Qualität, Quantität und Individualität ihrer Produkte verbindet und auf der anderen Seite ihren Mitarbeitern ein wesentlich kreativeres selbstbestimmteres Arbeiten - mit einem Wort mehr Spass im Beruf - bringt.

# 7 Literatur

**Fluhr, Karl Hans:** Auch ohne Bürger sind wir sehr beschäftigt
Campus Verlag, 1995

**Knörig, Axel:** Kommunale Dienstleistungen on demand erschienen in Kubicek, Braczyk u.a. (Herausgeber)

**Multimedia@Verwaltung**: Jahrbuch Telekommunikation und Gesellschaft 1999, S. 93 ff.

**Reinermann, Heinrich:** Das Internet und die öffentliche Verwaltung DÖV, 1999, Seite 20 ff.

**InfoHighway Landesverwaltung Sachsen** Deutsche Telekom AG (Herausgeber) Konzerngeschäftsfeld Datenkommunikation, PF 2000, 53105 Bonn

# Balanced Scorecard

Marcel Ottiger
PROCOS Professional Controlling Systems AG, Vaduz

## 1 Grundgedanke

Die innovative und in der Praxis gut nachvollziehbare Idee von Robert S. Kaplan und David P. Norton war, dass der wirtschaftliche Erfolg einer Organisation sich auf Einflussfaktoren gründet, die hinter den finanziellen Zielgrössen stehen und die Zielerreichung ursächlich bestimmen. Dies ist der Grundgedanke der Balanced Scorecard. Zur Steuerung einer Organisation ist es erforderlich, dass aus der Strategie klar formulierte, messbare und kontrollierbare Steuerungsgrössen abgeleitet werden und diese – in den erfolgbestimmenden Perspektiven „ausbalanciert" – dem Management, aber auch den Mitarbeitern die Richtung weisen.

Vision und Strategie werden heruntergebrochen bis auf eine für die Mitarbeiterinnen und Mitarbeiter handlungsrelevante Ebene. Die strategische Planung wird integriert mit dem Jahresbudgetierungsprozess. Zu definierende Meilensteine und regelmässige Standortbestimmungen ermöglichen die Feststellung kurzfristiger Planfortschritte innerhalb eines langfristigen Plans.

Die Balanced Scorecard ist nicht – wie manchmal missverstanden – ein neues Kennzahlensystem, das auch nicht finanzielle Kennzahlen integriert, sondern ein Managementsystem. Es hat die Funktion, den gesamten Planungs-, Steuerungs- und Kontrollprozess der Organisation zu gestalten. Durch die vernetzte Mehrdimensionalität der Steuerungsgrössen werden finanzielle Symptome mit den dahinterliegenden Ursachen verknüpft.

Die Konzeption der Balanced Scorecard füllt eine Lücke, die sich zwischen dem Shareholder Value-Ansatz und dem Instrumentarium des Kosten- und Erlösmanagements auftut. Mit Hilfe des Steuerungssystems der Balanced Scorecard erhalten die Unternehmen – aber auch andere Organisationen – ein Instrumentarium, das in der Lage ist, Strategien klar zu kommunizieren und umzusetzen.

## 2 Perspektiven

Traditionelle Kennzahlen reflektieren lediglich vergangene Ereignisse, was im Industriezeitalter, durchaus ausreichte, da Investitionen in langfristige Fähigkeiten und Kundenbeziehungen nicht erfolgskritisch waren. Diese finanziellen Kennzahlen sind jedoch unangebracht für die Reise, welche Informationszeitalter-Unternehmen antreten müssen, um zukünftige Werte durch Investitionen in Kunden, Zulieferer, Mitarbeiter, Prozesse, Technologien und Innovationen zu schaffen.

Die Balanced Scorecard ergänzt finanzielle Kennzahlen vergangener Leistungen um die treibenden Faktoren zukünftiger Leistungen. Die Ziele und Kennzahlen dieses Berichtsbogens werden von der Vision und Strategie des Unternehmens abgeleitet. Die Ziele und Kennzahlen fokussieren die Unternehmensleistung aus vier Perspektiven: der finanziellen Perspektive, der Kundenperspektive, der Perspektive der internen Geschäftsprozesse sowie der Innovationsperspektive. Diese vier Perspektiven schaffen den Rahmen für die Balanced Scorecard.

# 3 Balanced Scorecard als Management System

## 3.1 Nutzen

Viele Unternehmen besitzen schon Leistungsmessungssysteme, die sowohl finanzielle als auch nicht finanzielle Kennzahlen beinhalten. Was ist dann eigentlich neu an einem „balanced" Satz an Kennzahlen? Während praktisch alle Organisationen zwar über finanzielle und nicht finanzielle Kennzahlen verfügen, verwenden doch viele ihre nicht finanziellen Kennzahlen lediglich für operative Verbesserungen in der Produktion und im Vertrieb auf lokaler Ebene.

Die Balanced Scorecard betont, dass finanzielle und nicht finanzielle Kennzahlen ein Teil des Informationssystems für Mitarbeiter aller Organisationsebenen sein müssen. Ausführende Mitarbeiter müssen die finanzielle Konsequenz ihrer Handlungen und Entscheidungen kennen; die Geschäftsleitung muss die treibenden Faktoren für langfristigen finanziellen Erfolg kennen.

Genau darin liegt der Nutzen der gut eingesetzten und richtig aufgebauten Balanced Scorecard: die „Voraussage" der Zukunft auf fundierten Informationen abstützen, die das Risiko einer Fehleinschätzung vermindert und die Erfolgsaussichten steigern.

## 3.2 Mission und Strategie

Die Ziele und Kennzahlen der Balanced Scorecard sind mehr als eine ad hoc-Sammlung von finanziellen und nicht finanziellen Leistungsmessern. Sie werden aus einem top-down-Prozess hergeleitet, dessen Mission und Strategie der Geschäftseinheit der treibende Faktor ist.

Die Balanced Scorecard sollte die Mission und Strategie einer Geschäftseinheit in materielle Ziele und Kennzahlen übersetzen können. Die Kennzahlen sind eine Balance zwischen extern orientierten Messgrössen für Teilhaber und Kunden und internen Messgrössen für kritische Geschäftsprozesse, Innovation sowie Lernen und Wachstum. Die Kennzahlen halten die Balance zwischen den Messgrössen der Ergebnisse vergangener Tätigkeiten und den Kennzahlen, welche zukünftige Leistungen antreiben. Und die Scorecard ist ausgewogen in bezug auf objektive, leicht zu quantifizierende Ergebniskennzahlen und subjektive, urteilsabhängige Leistungstreiber der Ergebniskennzahlen.

Innovative Unternehmen verwenden die Balanced Scorecard als ein strategisches Managementsystem, um ihre Strategie langfristig verfolgen zu können. Sie verwenden den Blickwinkel der Scorecard, um kritische Management Prozesse zu meistern:

- Klärung und Herunterbrechen von Vision und Strategie
- Kommunikation und Verknüpfung von strategischen Zielen und Massnahmen
- Planung, Festlegung von Zielen und Abstimmung strategischer Initiativen
- Verbesserung von strategischem Feedback und Lernen

## 3.3 Strategischer Handlungsrahmen

Der Schlüssel, um eine strategieorientierte Organisation zu werden, liegt darin die Strategie in den Mittelpunkt des gesamten Management-Prozesses zu legen. Zuerst muss jedoch ein verlässlicher und beständiger Rahmen geschaffen werden zur Beschreibung der Strategie. Die Balanced Scorecard beschreibt diesen Rahmen.

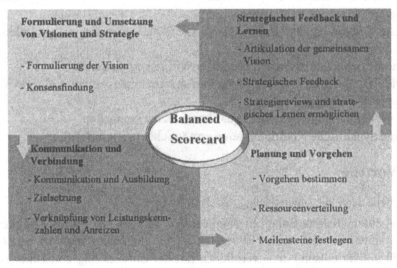

Abbildung 1

# 4 Einsatz von Software

## 4.1 Einleitung

Das Ziel heisst: Performance auf einen Blick. Der Manager von morgen wird seine elektronische Agenda aufklappen und auf Knopfdruck die aktuelle Unternehmenssituation auf einer einfachen Grafik dargestellt sehen, eine Kurve, die einen steigenden, gleichbleibenden oder gar sinkenden Trend darstellt.
Ein zweiter Mausklick gibt ihm den Blick frei auf die dieser Kurve zugrunde liegenden Werte (z.B. Kunden, Mitarbeiter, Prozesse, Ressourcen) und zeigt auf, in welchem dieser Elemente der grösste Einflussfaktor für das vorliegende Ergebnis zu finden ist.
Und ein dritter Klick zeigt ihm konkret auf, wo er mit seinen Softwaremassnahmen anzusetzen hat und wie die Ursache und Wirkung zusammenspielen. Um diese Prozesse zu unterstützen und die Informationen zum richtigen Zeitpunkt in richtiger Quantität und Qualität zur Verfügung zu stellen, braucht es eine Softwarelösung.

## 4.2 Möglichkeiten

Eine Balanced Scorecard-Software kann .....
• Unternehmensweit eingesetzt werden
• Eine Verbindung der Unternehmensvision und den strategischen Zielen sowie den Zahlenwerten herstellen
• Die Beziehungen zwischen Ursachen Wirkungen aufzeigen
• Die Erstellung und Verknüpfung von unternehmensweiten und individuellen Scorecards ermöglichen
• Sowohl quantitative als auch qualitative Daten beinhalten
• Eine dynamische Kommunikation ermöglichen

## 4.3 Vorteile

Die Vorteile durch die Unterstützung mittels Software sind:
• Die automatisierte Balanced Scorecard erlaubt das sofortige Kommunizieren der Unternehmensvision – Strategien können schneller umgesetzt werden.
• Die Softwarelösung ist – verglichen mit der Entwicklung und Unterstützung einer hausinternen Applikation - sowohl zeit- als auch kostensparend.
• Bei geeigneter IT-Infrastruktur kann ein breiter Zugriff auf die Balanced Scorecard gewährt werden.
• Persönliche und unternehmensweite Strategien sind leichter aufeinander auszurichten.

- Durch einheitliche Leistungsmessungen wird unternehmensweit ein einheitliches Wertemodell verwendet.
- Eine höhere Transparenz durch die Balanced Scorecard kann zu günstigen Einflüssen auf den gepflegten Management-Stil führen.
- Andere analytische Daten können via Balanced Scorecard in das strategische Management einbezogen werden.

## 4.4 Abgrenzung

Der wesentliche Unterschied zwischen EIS-Systemen und dem STRAT&GO Balanced Scorecard-Ansatz besteht darin, dass nicht reine Schlüssel-Indikatoren vorliegen, sondern dass die Abhängigkeiten zwischen den Faktoren beleuchtet werden (welche Kunden-Faktoren etwa haben welche Auswirkungen auf welche Finanz-Faktoren).

## 4.5 Einsatzmöglichkeiten

Durch skalierbare Einsatzmöglichkeiten, automatisierte Beurteilungen und Rückkoppelungsprozeduren mittels einer Software sind sowohl unternehmensweite als auch persönliche Scorecards entwickelbar.
Eine Balanced Scorecard – Software sollte den gesamten erfolgskritischen Management Teilprozesse nach dem Regelkreisprinzip unterstützen:

- Klären und Uebersetzen von Visionen und Strategie in konkrete Aktion
- Kommunizieren und Verbinden strategischer Ziele mit Massnahmen
- Aufstellen, Planen, Formulieren von Vorgaben und Abstimmen der Initiativen sowie
- Verbessern des Feedback und des Lernens

## 4.6 Implementierungsstufen

STRAT&GO Balanced Scorecard unterstützt sämtliche Stufen der Implementierung:

- Erarbeitung und Formulierung der Vision
- Kommunikation der Strategie im Management
- Entwicklung von Scorecards
- Festlegung struktureller Veränderungen
- Ueberprüfung und Aktualisierung der unternehmensweiten Scorecards
- Kommunikation der Scorecards im gesamten Unternehmen
- Entwicklung individueller Leistungsziele
- Aktualisierung des langfristigen Zielrahmens
- Einführung regelmässiger Strategieprüfungen

# Ist die Besteuerung der Eigenmiete gerechtfertigt? Was sagt der Computer dazu?

Ludwig Pack
Universität Konstanz, Fachhochschule Liechtenstein

## 1    Einführung

Wer in der Schweiz oder Liechtenstein in seinem Eigenheim (abgekürzt EH) wohnt, dem wird zu seinem sonstigen Einkommen eine Eigenmiete hinzugerechnet, die er zu dem für ihn dadurch sich ergebenden Grenzsteuersatz versteuern muss. Im Folgenden wird von der Situation der Schweiz ausgegangen. Eigenmiete ist dort für den Eigenheimbesitzer (abgekürzt EHB) die „geldwerte wirtschaftliche Leistung, die er, gehörte die Liegenschaft nicht ihm selber, zu Marktbedingungen erwerben müsste" (so in „Botschaft über die Volksinitiative 'Wohneigentum für alle' vom 24.5.1995", Bundes-Drucksache Nr. 95.038, S.8 Mitte; im Folgenden kurz „Botschaft" genannt).

Die Eigenmietwertbesteuerung (abgekürzt EMB) wird in der Schweiz damit begründet, dass der EHB „alle seine mit dem selbstgenutzten Wohneigentum zusammenhängenden Aufwendungen ... steuerlich vollumfänglich zum Abzug bringen" könne, während hingegen „der Mieter seine Wohnkosten steuerlich nicht geltend machen" kann (ebenda). „Die Notwendigkeit des 'Daches über dem Kopf' trifft aber Mieter wie Eigentümer in gleicher Weise, weshalb die Steuerordnung sicherstellen muss, dass Mieter und Eigentümer hinsichtlich dieses Grundbedürfnisses eine rechtsgleiche Behandlung erfahren" (ebenfalls „Botschaft", S.8, unter direktem Hinweis auf den „Bericht der Expertenkommission zur Prüfung des Einsatzes des Steuerrechts für wohnungs- und bodenpolitische Ziele - erstattet dem Eidgenössischen Finanzdepartement" vom Juni 1994, im Folgenden kurz „Expertenbericht" genannt). Diese Forderung nach einer „rechtsgleichen Behandlung" von Mieter und EHB ist voll zu unterstützen. Aber: Kann das durch die Eigenmietwertbesteuerung erreicht werden?

Diese Frage ist im Folgenden im Rahmen eines Vergleiches zwischen Mieter und EHB zu untersuchen. Wenn dieser Vergleich die Bezeichnung „objektiv" verdienen soll, dann muss von einer Situation ausgegangen werden, welche für beide dieselbe ist, bis auf die Tatsache, dass der Mieter in fremden Räumen wohnt, während der EHB in seinen eigenen vier Wänden lebt. Das bedeutet vor allem: Mieter und EHB müssen dasselbe Einkommen und infolgedessen den gleichen Steuersatz haben (streng genommen den gleichen Grenzsteuersatz), gleiche Lebenshaltungskosten aufweisen, etwaige Einnahmenüberschüsse in der gleichen Weise verwenden, und es muss gleiche Wohnungsqualität vorliegen. Alle diese Vergleichsbedingungen werden im Folgenden vorausgesetzt und als erfüllt angesehen. Preisänderungen (Inflation) werden zur Vereinfachung ausgeklammert.

Eine besondere Schwierigkeit der Diskussion von Fragen, welche die Eigenmiete betreffen, liegt darin, dass die Eigenmiete eine Opportunitätsgrösse ist. Das Arbeiten mit Opportunitätsgrössen ist schwierig. Deshalb wird im Folgenden nicht mit Opportunitätsgrössen gearbeitet, sondern: Es werden stattdessen alle wohnungsbedingten Zahlungsvorgänge berücksichtigt, die in Form von Ausgaben oder Einnahmen auftreten, und zwar vollständig, d.h. einschliesslich der Steuerzahlungen (Bruttomethode bzw. Totalrechnung). Dabei wird davon ausgegangen, dass der EHB eine Eigenmiete gemäss den heute in der Schweiz geltenden Vorschriften versteuern muss. Die daraus resultierenden Steuerzahlungen werden genauso wie andere Ausgaben behandelt. Dies erspart das komplizierte Durchdenken von Fragen der Art „was wäre wenn...?" Es genügt zu berücksichtigen, was tatsächlich ist.

# 2 Vergleichsrechnung unter vereinfachten Bedingungen

## 2.1 Rahmenbedingungen

Vergleichsbedingt müssen Mieter und EHB den gleichen Grenzsteuersatz haben. Zusätzlich wird zunächst von folgenden vereinfachenden Annahmen ausgegangen:
1. Mieter und EHB haben kein Vermögen, so dass der EHB sein EH nur mit Fremdkapital finanziert und der Mieter kein Einkommen aus Vermögen hat.
2. Auch der Vermieter habe denselben Grenzsteuersatz wie Mieter und EHB.
3. Der Vermieter möge die volle Kostenmiete erhalten, erziele also keinen Gewinn und erleide auch keinen Verlust.

## 2.2 Zur Ermittlung der Miete

Besondere Bedeutung kommt im Rahmen der hier anzustellenden Überlegungen natürlich der Miete zu, weil auch die Höhe der Eigenmiete üblicherweise an der ortsüblichen Miete ausgerichtet ist. Der überwiegende Teil der vom Vermieter verlangten und vom Mieter zu zahlenden Miete wird dabei durch die Höhe des

Kapitaldienstes bestimmt, der Zins und Tilgung (oder Abschreibung) umfasst. Neben dem Kapitaldienst fallen weitere Kosten an, die hier unter der Bezeichnung Unterhaltskosten zusammengefasst werden. Sie betreffen vor allem Instandhaltungen, Reparaturen, Renovationen, Gebühren, Versicherungen usw., jedoch nicht die sogenannten Nebenkosten (v.a. die Kosten für Wasser, Strom und Heizung).

**Ermittlung des Kapitaldienstes**
Für die Berechnung der Höhe des Kapitaldienstes stehen im wesentlichen drei Verfahren zur Verfügung. Nach der Art der Tilgung ist dabei zwischen der Amortisation in gleichen Annuitäten (Annuitätenmethode) und der Tilgung in gleichen Beträgen zu unterscheiden (vgl. G. Altrogge, „Finanzmathematik", München 1999, S.140). Beides sind exakte Verfahren. Daneben gibt es noch die sogenannte Ingenieurformel. Im Folgenden wird nur die Annuitätenmethode benutzt, weil sie einfacher anzuwenden ist als die Tilgung in gleichen Beträgen, und weil die Ingenieurformel für die bei Häusern zu beachtenden langen Lebensdauern viel zu ungenau arbeitet.

Nach der Annuitätenmethode, welche im Zeitverlauf pro Jahr für die Summe aus Tilgung und Zins einen gleich hohen Betrag ergibt, wird zur Ermittlung dieses Betrages die Anschaffungsausgabe eines Miethauses oder eines EH mit dem sogenannten Wiedergewinnungs- bzw. Kapitaldienstfaktor multipliziert. Wenn T die Lebensdauer (oder die Laufzeit) des angeschafften Hauses (des Kredites) ist, wenn i den als Faktor geschriebenen Zinssatz und s den ebenfalls als Faktor geschriebenen Grenzsteuersatz bedeuten (wobei s hier genau genommen den Grenzsteuersatz des Vermieters bezeichnet) und wenn die Anschaffungsausgabe gleich A [CHF] ist, dann muss für die als Kapitaldienst jährlich zu zahlende Annuität a gelten:

$$A = \sum_{\tau=1}^{T} \frac{a}{1 + i(1-s)^{\tau}}, \text{ woraus folgt:}$$

(1)
$$a = A\frac{[1 + i(1-s)]^{T} i(1-s)}{[1 + i(1-s)]^{T} - 1} = A\frac{i(1-s)}{1 - [1 + i(1-s)]^{-T}} \left[\frac{CHF}{Jahr}\right].$$

Dabei ist i(1-s) der aus dem Zinssatz i vor Steuern folgende Zinssatz nach Steuern.
Die Annuität a ist der exakte Kapitaldienst. Das kann leicht dadurch bewiesen werden, dass man a mit dem sogenannten Rentenbarwertfaktor (dem Kehrwert des Kapitaldienstfaktors) malnimmt und so zeigt, dass der Barwert, welchen die T jährlichen Zahlungen in Höhe von a für den Vermieter haben, gleich A ist:

(2)
$$a\frac{1-\left[1+i(1-s)\right]^{-T}}{i(1-s)} = A\frac{i(1-s)}{1-\left[1+i(1-s)\right]^{-T}}\frac{1-\left[1+i(1-s)\right]^{-T}}{i(1-s)} = A[CHF]$$

Um eine kostendeckende Miete zu erhalten, muss der Vermieter vom Mieter als Teil seiner Miete einen Kapitaldienst verlangen, der es ihm ermöglicht, das Kapital, das er in die Mietwohnung investiert hat, nach Steuern sowie einschliesslich Zins und Zinseszins innerhalb der Lebensdauer T der Wohnung wiederzugewinnen (deshalb der Ausdruck „Wiedergewinnungsfaktor" für den Faktor, mit dem die Annuität berechnet wird). Das besagen (1) und (2).

Nun ist zu beachten, dass (1) die Einnahmenannuität des Vermieters nach Steuern definiert. Soll dem Vermieter diese Annuität a nach Steuern verbleiben, dann muss der Mieter ihm jährlich vor Steuern den Betrag

$$\frac{a}{1-s}\left[\frac{CHF}{Jahr}\right]$$

zahlen, denn erst das ergibt nach Steuern a/(1-s) x (1-s) = a [CHF/Jahr].

Ferner ist zu beachten, dass der Vermieter nicht den ganzen Kapitaldienst zu versteuern braucht, weil er die Wertminderung = Abschreibung =A/T steuerlich absetzen kann und dadurch jährlich As/T an Steuern spart. Infolgedessen beträgt die Kapitaldienstzahlung c, die der Mieter dem Vermieter pro Jahr leisten muss,

(3)
$$c = \frac{a}{1-s} - \frac{As}{T} = A\left\{\frac{i}{1-\left[1+i(1-s)\right]^{-T}} - \frac{s}{T}\right\}\left[\frac{CHF}{Jahr}\right].$$

Auf c muss der Vermieter Steuern zahlen in Höhe von

$$A\left\{\frac{is}{1-\left[1+i(1-s)\right]^{-T}} - \frac{s}{T}\right\}\left[\frac{CHF}{Jahr}\right],$$

so dass ihm von c nach Steuern noch bleiben

$$A\left\{\frac{i(1-s)}{1-\left[1+i(1-s)\right]^{-T}} - \frac{s}{T} + \frac{s}{T}\right\} = a\left[\frac{CHF}{Jahr}\right]$$

Dass der Barwert von T jährlichen Zahlungen in Höhe von a gleich der Anschaffungsausgabe A ist, wurde bereits in (2) gezeigt. Ein Zahlenbeispiel möge den Sachverhalt erläutern. Wenn A=600.000 CHF, i=5%, s=16% und T=100 Jahre, dann ist c nach (3) gleich 29.538,315 CHF/Jahr. Darauf zahlt der Vermieter Steuer in Höhe von 3.919,73 CHF/Jahr (vgl. obige auf (3) folgende Formel). Nach

Steuern verbleiben dem Vermieter von c also noch 25.618,585 CHF/Jahr, was mit a nach (1) übereinstimmt und nach (2) einen Barwert von 600.000 CHF ergibt.

### Berechnung der Unterhaltskosten

Neben dem Kapitaldienst verursacht eine Wohnung sowohl dem Vermieter als auch dem Eigenheimbesitzer (EHB) weitere Kosten; wie bereits gesagt, werden diese im Folgenden kurz „Unterhaltskosten" genannt. Sie werden mit U bezeichnet und in Übereinstimmung mit der Steuerverwaltung als Prozentsatz q der Miete (M) ausgedrückt, so dass für sie gilt

(4)
$$U = Mq \left[ \frac{CHF}{Jahr} \right].$$

Über die Höhe von q gehen die Meinungen verständlicherweise auseinander. Mieter und Mieterverband plädieren für eher niedrige Werte bis herunter zu 10 %, die Vermieter sprechen eher von Werten bis zu 30 %, die Steuerverwaltung liegt mit ihrem Pauschalsatz von 20 % genau in der Mitte. Deshalb wird in den folgenden Zahlenbeispielen vor allem mit q=20% gearbeitet.

### Die zu zahlende Miete

Aus den vorausgehenden Ausführungen folgt, dass die vom Mieter zu zahlende Kostenmiete durch die Summe aus Kapitaldienst und Unterhaltskosten bestimmt ist. Unter Verwendung der bisher gegebenen Definitionen gilt deshalb für die auf Kostenbasis errechnete Kostenmiete M:

$$M = (3) + (4) = A \left\{ \frac{i}{1 - [1 + i(1-s)]^{-T}} - \frac{s}{T} \right\} + Mq \left[ \frac{CHF}{Jahr} \right],$$

woraus als Definitionsgleichung der Miete folgt

(5)
$$M = \frac{A}{1-q} \left\{ \frac{i}{1 - [1 + i(1-s)]^{-T}} - \frac{s}{T} \right\} \left[ \frac{CHF}{Jahr} \right].$$

Im Folgenden wird davon ausgegangen, dass die durch (5) definierte Kostenmiete zugleich die Marktmiete ist. Weil die Eigenmiete grundsätzlich gleich der Marktmiete sein soll, ist deshalb auch die Eigenmiete durch (5) definiert.

Die Berechnung der Miete M nach (5) sei an einem kleinen Zahlenbeispiel erläutert: Für A = 600.000 CHF, q = 20 %, i=5 %, s=16% und T=100 Jahre erhält man

$$M = \frac{600.000}{1-0,2} \left\{ \frac{0,05}{1-[1+0,05(1-0,16)]^{-100}} - \frac{0,16}{100} \right\} =$$

$$= 36.922,89 \left[ \frac{CHF}{Jahr} \right] = 3.076,91 \left[ \frac{CHF}{Monat} \right].$$

## 2.3  Die wohnungsbedingten Ausgaben des Mieters

Die wichtigste Grösse in der hier durchzuführenden Vergleichsrechnung zwischen EHB und Mieter sind die „wohnungsbedingten Ausgaben inclusive (zugehörige) Steuern", im Folgenden mit WAiS abgekürzt.

Wenn ein Mieter, wie hier angenommen, über kein Vermögen verfügt, sind seine WAiS gleich der von ihm zu zahlenden Miete, also durch (5) definiert. In diesem Fall entspricht der betrachtete Mieter dem Mieter B im Vergleich 1 des zuvor zitierten Expertenberichtes (vgl. Expertenbericht, S. 47). Bezeichnet man die wohnungsbedingten Ausgaben eines Mieters ohne Vermögen inclusive zugehörige Steuern mit AMo, dann gilt also AMo = M.

## 2.4  Die wohnungsbedingten Ausgaben des Eigenheimbesitzers

Jeder EHB muss in der Schweiz eine Eigenmiete versteuern. Ausserdem entstehen ihm Unterhaltskosten für sein EH; wenn er mit Fremdkapital finanziert, auch Fremdkapitalzinsen. Beide kann er steuerlich absetzen. Darüber hinaus muss er die Wertminderung seines Eigenheimes tragen. Diese wird durch Abnutzung und Veralterung verursacht und kann durch die Abnahme des bei Veräusserung erzielbaren Erlöses seines EH gemessen werden. Der EHB darf die Wertminderung steuerlich nicht absetzen, denn es ist ihm nicht erlaubt, Abschreibungen auf sein EH vorzunehmen. Das ist inkonsequent; infolgedessen kann er nämlich gerade nicht „alle seine mit dem selbstgenutzten Wohneigentum zusammenhängenden Aufwendungen ... steuerlich vollumfänglich zum Abzug bringen." („Botschaft" a.a.O., S.8). Denn Abschreibungen sind Aufwendungen.

Zur Vereinfachung der anzustellenden Berechnungen wird angenommen, dass der Veräusserungserlös des EH zeitproportional, also linear abnimmt, wie bei einer linearen Abschreibung. Dennoch wird der Abnahme des Veräusserungslöses hier nicht durch Abschreibungen Rechnung getragen, sondern durch eine die Wertminderung ausgleichende jährliche „Sparzahlung", die wesentlich niedriger ist als die Abschreibung. Zur Ermittlung dieser Sparzahlung ist wie folgt vorzugehen:

Unter den zuvor genannten Bedingungen hat der Veräusserungserlös eines EH, ausgehend von seinem Anschaffungswert von A [CHF], bis zum Ende des Jahres t um t x A/T, also um t Abschreibungsbeträge abgenommen. Um diese Wertminderung nach t Jahren ausgleichen zu können, muss der EHB pro Jahr einen Betrag von

$$A\frac{t}{T}\frac{i(1-s)}{[1+i(1-s)]^t-1}\left[\frac{CHF}{Jahr}\right]$$

zurücklegen. Denn das jährliche Sparen dieses Betrages ergibt einschliesslich Zins und Zinseszins nach t Jahren und nach Steuern genau die Wertminderung des EH bis zum Ende des Jahres t, nämlich

$$A\frac{t}{T}\frac{i(1-s)}{[1+i(1-s)]^t-1}\cdot\frac{[1+i(1-s)]^t-1}{i(1-s)}=t\cdot\frac{A}{T}[CHF]$$

Wenn ein EHB, wie hier angenommen, kein Vermögen besitzt, dann muss er sein EH notwendigerweise mit Fremdkapital finanzieren, dessen Zinsen er allerdings, wie die Unterhaltskosten, steuerlich absetzen kann. Die wohnungsbedingten Ausgaben dieses EHB ohne Vermögen inclusive zugehörige Steuern, im Folgenden mit AEo bezeichnet, betragen deshalb pro Jahr bis zum Ende des Jahres t einschliesslich

(6)
$$AEo(t)=Ms+Mq(1-s)+Ai(1-s)+A\frac{t}{T}\frac{i(1-s)}{[1+i(1-s)]^t-1}\left[\frac{CHF}{Jahr}\right].$$

Dabei ist Ms die Steuer auf die Eigenmiete, Mq(1-s) sind die Unterhaltskosten nach Steuern, Ai(1-s) die Hypothekarzinsen nach Steuern und der letzte Summand ist die „Sparzahlung", welche der Wertminderung des EH Rechnung trägt. In (6) bedeutet s in jedem Fall den Grenzsteuersatz des EHB, wobei bekanntlich der Grenzsteuersatz für EHB und Mieter vergleichsbedingt derselbe sein muss.
Geht man von dem bereits zweimal benutzten Zahlenbeispiel zu (5) aus (mit M = 36.922,89), dann erhält man aus (6) für AEo(t=30)

$$AEo(t=30)=M[s+q(1-s)]+600.000\cdot0,042+600.000\cdot\frac{30}{100}\cdot\frac{0,05(1-0,16)}{1,042^{30}-1}=$$

$$=36.922,89\cdot0,328+25.200+3.103,67=40.414,38\left[\frac{CHF}{Jahr}\right]=$$

$$=3.376,865\left[\frac{CHF}{Monat}\right]$$

Die Sparzahlung in Höhe von 3.103,67 CHF/Jahr ist dabei wesentlich niedriger als die Abschreibung von 6.000 CHF/Jahr, in diesem Falle rund um die Hälfte.

## 2.5 Vergleich zwischen EHB und Mieter

Wenn EHB und Mieter, wie hier angenommen, über kein Vermögen verfügen, ist die Differenz zwischen den WAiS des EHB und den WAiS des Mieters für t Nutzungsjahre pro Jahr gleich (6) - (5), also

(7)
$$AEo(t) - AMo = M[s + q(1-s)] + Ai(1-s) + A\frac{t}{T}\frac{i(1-s)}{[1+i(1-s)]^t - 1} - M.$$

Daraus wird nach einigen Umformungen

(8)
$$AEo(t) - AMo = Ai(1-s)\left\{1 + \frac{t}{T}\frac{1}{[1+i(1-s)]^t - 1}\right\} - M(1-q)(1-s)\left[\frac{CHF}{Jahr}\right].$$

## 2.6 Ermittlung einer Generalpauschale

Als Generalpauschale p wird der Prozentsatz bezeichnet, in Höhe dessen die Eigenmiete grundsätzlich steuerfrei bleiben muss, wenn die pro Jahr anfallenden WAiS für einen EHB und für einen Mieter, der eine gleiche Wohnung gemietet hat, übereinstimmen sollen, wenn beide also „rechtsgleich" behandelt werden sollen. Von (8) ausgehend, gilt für die Generalpauschale p allgemein die Definitionsgleichung

(9)
$$p = \frac{AEo(t) - AMo}{Ms} = \frac{(8)}{Ms} =$$

$$= \frac{Ai(1-s)\left\{1 + \frac{t}{T}\frac{1}{[1+i(1-s)]^t - 1}\right\} - M(1-q)(1-s)}{Ms}.$$

Daraus errechnet sich nach Einsetzen von M gemäss (5) und einigen Veränderungen

(10)
$$p = (1-q)\frac{1-s}{s}\left[\frac{1 + \frac{t}{T}\cdot\frac{1}{[1+i(1-s)]^t - 1}}{1 - [1+i(1-s)]^{-T}} - \frac{s}{Ti} - 1\right].$$

Tabelle 1 (auf der nächsten Seite) enthält die aus (10) für die Generalpauschale p folgenden Werte. Wie aus (10) ersichtlich, ist die Generalpauschale p proportional zu (1-q). Deshalb sind in Tabelle 1 für die Unterhaltskosten q nur zwei Werte betrachtet worden, nämlich q=0 und q=0,2=20%. Wenn man den auf der linken Halbseite von Tab.1 für q=0 ausgewiesenen Prozentsatz von p mit 1-0,2 = 0,8 multipliziert, dann erhält man den Wert von p für q=0,2=20% auf der rechten Halbseite. Analoges gilt für andere Werte von q, z.B. für q=10% oder q=30%.

| T | t | s [%] | q=0 | | | q=20% | | |
|---|---|---|---|---|---|---|---|---|
| | | | i=4% | 5% | 6% | i=4% | 5% | 6% |
| 100 | 20 | 8 | 206,51 | 163,94 | 130,35 | 165,21 | 131,15 | 104,28 |
| | | 16 | 113,31 | 91,72 | 74,30 | 90,65 | 73,37 | 59,44 |
| | | 24 | 80,12 | 66,10 | 54,50 | 64,10 | 52,88 | 43,60 |
| | | 32 | 61,66 | 51,90 | 43,57 | 49,32 | 41,52 | 34,85 |
| | | 40 | 48,85 | 42,04 | 35,99 | 39,08 | 33,63 | 28,79 |
| | 30 | 8 | 166,17 | 126,92 | 96,80 | 132,93 | 101,53 | 77,44 |
| | | 16 | 94,09 | 73,88 | 57,96 | 75,27 | 59,10 | 46,37 |
| | | 24 | 68,07 | 54,78 | 44,01 | 54,46 | 43,82 | 35,21 |
| | | 32 | 53,31 | 43,95 | 36,11 | 42,65 | 35,16 | 28,88 |
| | | 40 | 42,83 | 36,20 | 30,44 | 34,26 | 28,96 | 24,35 |
| | 40 | 8 | 131,93 | 97,12 | 71,29 | 105,54 | 77,69 | 57,03 |
| | | 16 | 77,49 | 59,18 | 45,16 | 61,99 | 47,34 | 36,13 |
| | | 24 | 57,50 | 45,24 | 35,55 | 46,00 | 36,19 | 28,44 |
| | | 32 | 45,87 | 37,10 | 29,91 | 36,70 | 29,68 | 23,93 |
| | | 40 | 37,37 | 31,07 | 25,71 | 29,90 | 24,86 | 20,56 |
| 200 | 20 | 8 | 120,25 | 88,61 | 67,71 | 96,20 | 70,89 | 54,17 |
| | | 16 | 67,09 | 50,16 | 38,86 | 53,68 | 40,13 | 31,09 |
| | | 24 | 48,65 | 36,85 | 28,86 | 38,92 | 29,48 | 23,09 |
| | | 32 | 38,79 | 29,78 | 23,56 | 31,03 | 23,82 | 18,85 |
| | | 40 | 32,22 | 25,14 | 20,11 | 25,78 | 20,11 | 16,09 |
| | 30 | 8 | 99,73 | 70,04 | 50,97 | 79,79 | 56,03 | 40,78 |
| | | 16 | 57,32 | 41,24 | 30,74 | 45,85 | 32,99 | 24,59 |
| | | 24 | 42,50 | 31,19 | 23,66 | 34,00 | 24,95 | 18,93 |
| | | 32 | 34,49 | 25,79 | 19,86 | 27,59 | 20,63 | 15,89 |
| | | 40 | 29,08 | 22,18 | 17,35 | 23,26 | 17,75 | 13,88 |
| | 40 | 8 | 82,32 | 55,10 | 38,25 | 65,86 | 44,08 | 30,60 |
| | | 16 | 48,88 | 33,89 | 24,37 | 39,10 | 27,11 | 19,50 |
| | | 24 | 37,11 | 26,42 | 19,47 | 29,68 | 21,14 | 15,57 |
| | | 32 | 30,66 | 22,35 | 16,79 | 24,53 | 17,88 | 13,44 |
| | | 40 | 26,22 | 19,59 | 14,99 | 20,98 | 15,67 | 11,99 |

Tabelle 1: Die Generalpauschale p gemäss (10), d.h. der Prozentsatz der Eigenmiete, der steuerfrei bleiben muss, wenn EHB und Mieter „rechtsgleich
behandelt" werden und deshalb bei gleichem Grenzsteuersatz für gleiche
Wohnungen gleiche WAiS aufweisen sollen

Die Anschaffungsausgabe A kommt in (10) nicht vor, d.h. die Generalpauschale p ist von A unabhängig. Das bedeutet u.a., dass (10) und Tabelle 1 nicht nur für Neubauten gelten, sondern auch für Altbauten, nicht nur für den Erstbesitzer, sondern auch für Nacherwerber. Lediglich die Nutzungsdauer t gilt immer nur für einen einzigen EHB und zählt jeweils ab dem Zeitpunkt, zu dem dieser sein EH erwirbt.

Für das bereits mehrfach benutzte Zahlenbeispiel kann die Generalpauschale p gemäss (9) wie folgt errechnet werden:

$$\frac{AEo(t) - AMo}{Ms} = \frac{40.414,38 - 36.922,89}{36.922,89 \cdot 0,16} = 59,101\%.$$

Derselbe Wert kann aus Tabelle 1 abgelesen werden. Seine Berechnung nach Gleichung (10) geschieht wie folgt:

$$p = (1 - 0,2)\frac{1 - 0,16}{0,16}\left\{\frac{1 + \dfrac{30}{100}\dfrac{1}{1,042^{30} - 1}}{\dfrac{1}{1 - 1,042^{-100}} - \dfrac{0,16}{100 \cdot 0,05}} - 1\right\} = 0,59101 = 59,101\%.$$

Eine „rechtsgleiche Behandlung", die zu gleich hohen WAiS von Mieter und EHB führt, ergibt sich nur dann, wenn nicht die volle, sondern nur 100-p % der Eigenmiete besteuert werden. Im vorgenannten Beispiel bedeutet das, dass nur 100-59,1=40,9 % der Eigenmiete versteuert werden dürfen. Für einen EHB, dessen Generalpauschale p grösser als 100 % ist, weil seine WAiS um mehr als seine Steuer auf die Eigenmiete höher sind als die WAiS eines in einer gleichen Wohnung lebenden Mieters, bedeutet es sogar, dass auf die Besteuerung der Eigenmiete ganz verzichtet und ihm darüber hinaus eine wohnungsbedingte Subvention in Höhe der Steuer auf 100(p-1)% der Eigenmiete gezahlt werden muss. Das kann sehr deutlich gezeigt werden, wenn man in dem zuvor benutzten Zahlenbeispiel vom Grenzsteuersatz s=8% (statt 16%) ausgeht, wofür Tabelle 1 den Wert p = 101,53 % ausweist. Dann ergibt sich nach (5): M = AMo = 37.322,40 CHF/Jahr. Für AEo(t) erhält man nach (6): AEo(t)=40.353,9556 CHF/Jahr. Wird diesem EHB, weil sein p grösser als 100 % ist, die Besteuerung der Eigenmiete erlassen, und ihm darüber hinaus eine wohnungsbedingte Subvention in Höhe der Steuer auf 101,533 - 100 = 1,533 % der Eigenmiete gezahlt, dann betragen seine WAiS

$$40.353,9556 - 37.322,40 \cdot 0,08 \cdot 1,01533 = 37.322,39 \left[\frac{CHF}{Jahr}\right],$$

was mit den WAiS des Mieters von 37.322,40 CHF/Jahr bis auf eine rundungs-
bedingte Differenz von 1 Rappen übereinstimmt. Ausserdem gilt nach (9)
natürlich p = (40.353,9556 - 37.322,40) : (37.322,40 x 0,08) = 101,533 %.

# 3  Vergleichsrechnung ohne vereinfachende Bedingungen

Im einzelnen sind nunmehr die Annahmen aufzugeben, dass EHB und Mieter
1. kein Vermögen haben und der EHB infolgedessen nur mit Fremdkapital
   finanziert,
2. denselben Steuersatz haben wie der Vermieter,
3. dass der Vermieter weder Gewinn noch Verlust macht (reine Kostenmiete).

Ad 1: Wenn der EHB mit Eigenkapital finanziert, hat das zwar auf die vom
Mieter zu zahlende Miete M keinen Einfluss, aber: Der EHB braucht erstens auf
die Anschaffungsausgabe A seines EH keine Zinsen zu zahlen. Um
Vergleichbarkeit von EHB und Mieter herzustellen, muss zweitens auch der
Mieter über ein Vermögen in Höhe von A verfügen. Dieses verwende er jedoch
nicht zum Kauf eines EH; er möge es vielmehr in Wertpapieren anlegen, die sich
ebenfalls zum Zinssatz von i% vor Steuern verzinsen (auch der „Expertenbericht"
geht im Vergleich 2 auf S.47 richtigerweise von diesen beiden Annahmen aus).
Diese Zinseinnahmen (nach Steuern) kann der Mieter zur Zahlung eines Teiles
seiner WAiS verwenden. Dann gelten für die wohnungsbedingten Ausgaben des
Mieters mit Vermögen [vgl. (5)]):

$$AMm = M - Ai(1 - s) \left[ \frac{CHF}{Jahr} \right].$$

Die entsprechenden Ausgaben des EHB mit Vermögen sind dann [vgl. (6)]

$$AEm(t) = M[s + q(1 - s)] + A \frac{t}{T} \frac{i(1 - s)}{[1 + i(1 - s)]^t - 1} \left[ \frac{CHF}{Jahr} \right].$$

Daraus folgt für die Differenz aus AEm(t) und AMm:

$$AEm(t) - AMm = Ai(1 - s) \left\{ 1 - \frac{t}{T} \frac{1}{[1 + i(1 - s)]^t - 1} \right\} - M(1 - q)(1 - s) = (8).$$

Eigen- und Fremdfinanzierung führen also zum gleichen Ergebnis (das
Modigliano-Miller-Theorem ist erfüllt). Das bedeutet: Der Wert der Generalpau-

schale p ist unabhängig davon, ob nur mit Fremd-, nur mit Eigenkapital oder gemischt finanziert wird.

Ad 2: Der Grenzsteuersatz des Vermieters (hier $s_v$ genannt) wirkt zwar auf die Miete und über diese auf Eigenmiete und verrechnete Unterhaltskosten, jedoch nicht auf den Kapitaldienst des EHB. Wenn s und $s_v$ verschieden sind, braucht deshalb in (10) im Nenner des grossen Bruches nur s durch $s_v$ ersetzt zu werden; alles andere bleibt unverändert. Das führt dazu, dass p höher wird, wenn $s_v$ grösser ist als s, bzw. kleiner wird, wenn $s_v$ niedriger ist als s; nur für sehr hohe Grenzsteuersätze des Vermieters ($s_v$ >32%, vgl. Tabelle 2, nächste Seite) ist es geringfügig umgekehrt. In der Realität dürfte der Grenzsteuersatz $s_v$ des Vermieters in der Regel höher sein als der Grenzsteuersatz s des Mieters. Die Generalpauschale p wird also in der Realität zumeist höher sein als in Tabelle 1 für $s_v$ = s angegeben.

Ad 3: Wenn der Vermieter die Miete gegenüber der Kostenmiete um y% erhöhen kann (y positiv) oder vermindern muss (y negativ), dann hat dies auf die WAiS des EHB nur wenig Einfluss. Miete und Eigenmiete werden dadurch allerdings erhöht oder vermindert. In der Definitionsgleichung (10) von p ist dafür jedoch nur der Nenner des grossen Bruches mit (1+y) zu multiplizieren; alles andere bleibt unverändert. Dadurch sinkt die Generalpauschale p gegenüber den Werten in Tab. 1, wenn y positiv ist, bzw. sie steigt, wenn y negativ ist. In der heutigen Situation dürften positive Werte von y relativ selten vorkommen. Aber auch für positive Werte von y ergeben sich bis einschliesslich y=4% nur positive Werte von p. Erst ab y=5% erhält man für p auch negative Werte, und zwar für y=5% z.B. nur in etwa 6% der in Tab.1 betrachteten Fälle, die jedoch fast alle eher Extremsituationen darstellen.

Nach den vorausgehenden Ausführungen kann eine allgemeine Formel für die Berechnung der Generalpauschale p, welche sowohl der Verschiedenheit von s und $s_v$ als auch einem Zuschlag von +y% oder -y% auf die Kostenmiete Rechnung trägt, wie folgt gegeben werden:

$$(11) \qquad p = (1-q)\frac{1-s}{s}\left[\frac{1+\dfrac{t}{T}\dfrac{1}{[1+i(1-s)]^t-1}}{(1+y)\left\{\dfrac{1}{1-[1+i(1-s_v)]^{-T}}-\dfrac{s_v}{Ti}\right\}}-1\right].$$

Die Tabellierung von (11) würde sehr umfangreich werden (mindestens 3 Seiten). Deshalb gibt Tabelle 2 (auf der nächsten Seite) stattdessen eine gewisse Vorstellung von den bestehenden Grössenordnungen, und zwar beispielhaft für die beiden bereits benutzten Zahlenbeispiele mit s=8% bzw. s=16% sowie für q=20%, i=5%, t=30 und T=100 Jahre, in Abhängigkeit von verschiedenen Werten für $s_v$ und y. Aus Tab. 2 geht klar hervor:

1. Die Höhe der Generalpauschale p steigt sehr stark mit sinkendem Grenzsteuersatz s von Mieter und EHB (vgl. die linke mit der rechten Hälfte von Tab. 2).

2. Die Generalpauschale p steigt auch stark mit sinkendem y, d.h. fallendem Mietniveau (vgl. die Werte in einer Spalte). Für einen Grenzsteuersatz von s=8% und eine Marktmiete, die mit y=0% gleich der Kostenmiete ist oder mit y=-3% um 3% darunter liegt, ist die Generalpauschale p in Tab.2 immer höher als 100 % (vgl. die linke, obere Hälfte von Tab.2). D.h. Gleichstellung von Mietern und EHB ergibt sich dann nur bei Wegfall der EMB und zusätzlicher Subventionierung der EHB.

3. Die Generalpauschale p steigt auch leicht bei steigendem Steuersatz $s_v$ des Vermieters, wie die Entwicklung ihrer Werte in einer beliebigen Zeile von Tab.2 zeigt; erst beim Anstieg von 32% auf 40% tritt ein schwacher Rückgang ein.

| | s | 8% | | | | | 16% | | | | |
|---|---|---|---|---|---|---|---|---|---|---|---|
| y | $s_v$ | 8% | 16% | 24% | 32% | 40% | 8% | 16% | 24% | 32% | 40% |
| -3% | | 133,13 | 144,52 | 153,26 | 157,66 | 155,14 | 68,63 | 73,92 | 77,97 | 80,01 | 78,84 |
| 0% | | 101,53 | 112,59 | 121,06 | 125,33 | 122,88 | 53,97 | 59,10 | 63,03 | 65,01 | 63,88 |
| +3% | | 71,78 | 82,51 | 90,74 | 94,88 | 92,51 | 40,17 | 45,15 | 48,97 | 50,89 | 49,78 |
| +6% | | 43,71 | 54,14 | 62,13 | 66,16 | 63,85 | 27,14 | 31,98 | 35,69 | 37,56 | 36,49 |

Tabelle 2: Der Einfluss von Grenzsteuersatz $s_v$ und Gewinnaufschlag y des Vermieters auf die Generalpauschale p

# 4 Zusammenfassung

In den vorausgehenden Ausführungen ist mit der Generalpauschale p ein Mass für den Vergleich von Eigenheimbesitzer (EHB) und Mieter unter dem Gesichtspunkt der Eigenmietwertbesteuerung (EMB) geschaffen worden. Es kann davon ausgegangen werden, dass die Tabellen 1 und 2 die Realität recht gut wiedergeben, zumindest insofern, als realistischerweise kaum mit niedrigeren Werten von p gerechnet werden kann. Das bedeutet:

1. Die Besteuerung der Eigenmiete ist zumindest im heutigen Umfang nicht gerechtfertigt. Von ganz seltenen Ausnahmen abgesehen, steht sich der EHB bei Besteuerung der Eigenmiete immer schlechter als der Mieter, und zwar um so mehr
   - je niedriger sein Einkommen und infolgedessen sein Grenzsteuersatz s ist; die EMB ist also unsozial, denn sie trifft Bürger mit niedrigem Einkommen sehr viel härter als Bürger mit hohem Einkommen,
   - je niedriger der Hypothekarzinssatz i ist,
   - je geringer die Nutzungsdauer t durch den EHB ist,
   - je kürzer die Lebensdauer T seines EH ist,
   - je niedriger das Niveau der Mieten ist (gemessen durch y),
   - je niedriger die Unterhaltskosten sind (gemessen durch q) und
   - je höher der Grenzsteuersatz $s_v$ des Vermieters ist.

2. Die heute noch vielfach übliche Generalpauschale von 20 % ist zu niedrig und reicht unter realistischen Bedingungen (z.B.T=100 Jahre) allenfalls für EHB mit sehr hohem Einkommen und entsprechend hohem Grenzsteuersatz von über 32%. Für die weit überwiegende Mehrzahl der EHB mit einem Grenzsteuersatz unter 32% muss die Generalpauschale wesentlich höher sein als 20%, wenn eine „rechtsgleiche Behandlung" von Mietern und EHB erreicht werden soll. Da die Besteuerung der Eigenmiete hohe Verwaltungskosten verursacht, stellt sich allerdings die Frage, ob die EMB dann überhaupt noch sinnvoll ist.

# Prozesskostenrechung – Auf dem Weg zur High – End – Kalkulation?

Roman Macha
Berufsakademie Ravensburg

Stellen Sie sich vor, Sie spielten in einem 4er Flight Golf. Am Ende des Spiels fragen Sie den Zähler: Wieviel Schläge hatte ich? Und er antwortet: Wir alle zusammen benötigten 400 Schläge. Er bedauert, er könne nicht sagen, wer an welchem Loch wieviel Schläge benötigt hatte. Die originäre Divisionskalkulation informiert über Leistungen und Kosten auf eben beschriebenen Niveau. Eine Qualitätsverbesserung ist im Golf einfach. Pro Loch wird notiert, wieviel Schläge der Spieler benötigte. Die *differenzierende Zuschlagskalkulation* entspricht dem Notieren der Schläge pro Loch. Für die Analyse seines Spiels benötigt der Golfer jedoch weit mehr Informationen. Jeder Schlag lässt sich in seine Bestandteile zerlegen: Stand, Griff, Schwung, Holz, Tee und Höhe, Wind, Temperatur der Luft und viele weiteren Einflüsse. Vor lauter Umwelteinflüssen und Theorie sollte der Spass am Spiel nicht verloren gehen. Ähnlich ergeht es uns auf dem Weg hin zur perfekten Kalkulation. Ein ausgewogenes Verhältnis zwischen den Nutzen ausgefeilter Kalkulation und deren Kosten muss gegeben sein. Wie ein Golfer, der sein Handycap stetig verbessert sollte die Kalkulation in kleinen Schritten stetig verbessert werden.

Eine gute Kalkulation informiert über den Prozess der Leistungserstellung. Progressive Kalkulationen starten beim Materialeinsatz. Den Wertverzehr an Material und in der Produktion liefern die Herstellkosten. Nach Umlage der Verwaltungskosten und Berücksichtigung der Vertriebskosten sind die Selbstkosten gegeben. Individuelle Gewinnzuschläge bestimmen den Angebotpreis. Die erste Abbildung zeigt den Prozess der Leistungserstellung und stellt diesem die differenzierende Zuschlagskalkulation mit ihrer Kostenerfassung gegenüber.

Die differenzierende Zuschlagskalkulation war vor 100 Jahren für die Verteilung der damals grössten Kostenblöcke Rohmaterial und Arbeit konzipiert worden. Einzelkosten konnten exakt den unterschiedlichen Produkten zugeordnet werden. Die verbleibenden Gemeinkosten verteilte man per Zuschlag. Am Leistungsprozess beteiligte Kostenstellen (Hauptkostenstellen) gaben ihre Gemeinkosten proportional ihrer Bezugsbasis an die Kostenträger weiter. Zu dieser Zeit hatten die Gemeinkosten jedoch noch einen recht geringen Anteil an den Gesamtkosten. Daher sah man dieses Verfahren als zweckmässig an. Die Gemeinkosten sind inzwischen erheblich angestiegen. Komplexe Produkte und die Substitution von Arbeit durch Maschinen verursachten Gemeinkostenzuschlagssätze von mehreren

hundert Prozent. Eine nicht mehr verursachungsgerechte unbefriedigende
Kalkulation war gegeben.

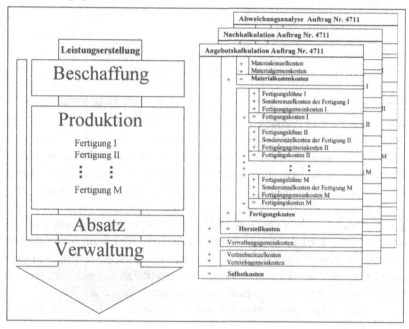

Abbildung 1: Gegenüberstellung von Leistungsprozess und differenzierender
Zuschlagskalkulation.

Durch die Kalkulation mit Maschinenstundensätzen konnte dieses Problem im
Produktionsbereich nahezu gelöst werden. Der grosse Block der Fertigungs-
gemeinkosten wird gespalten in Maschinenkosten und Restgemeinkosten.
Abbildung 2 zeigt hierzu das Vorgehen.

In der Produktion erfolgt die Kalkulation eines Kostenträgers in mehreren Stufen.
Pro Kostenstelle berücksichtigt die Kalkulation jetzt verursachungsgerecht den
spezifische Fertigungslohn, die Maschinenkosten und die Sonderkosten der Fertigung. Die Restgemeinkosten der Stelle sind auf eine akzeptable Grösse
geschrumpft. Die gesamten Fertigungskosten erhält man als Summe über alle
Fertigungsstellen.

Diese für die Produktion entwickelten Kalkulationsverfahren lassen sich jedoch
nicht ohne weiteres auf die indirekten Bereiche der Produktion, wie Konstruktion
und Arbeitsvorbereitung als auch nicht auf Beschaffung, Vertrieb und Verwaltung
übertragen. Internationale Beschaffung von Standard und Spezialteilen stellt die
unterschiedlichsten Anforderungen an eine Beschaffungsabteilung und auch der
weltweite Vertrieb der Produkte verlangt eine differenzierte Exportkalkulation.

Horváth und Mayer1 stellen daher fest: " ...,dass bei nicht weiter differenzierten Material-, Verwaltungs- und Vertriebsgemeinkostenzuschlägen die jeweils spezifische Leistungsinanspruchnahme unberücksichtigt bleibt. Ob einfache oder komplexe Material- und Teilstruktur, ob hoher oder niedriger Wertschöpfungsanteil, ob Grossserienprodukt oder exotische Variante, ob Gross- oder Kleinauftrag, ob aufwendiger oder weniger aufwendiger Vertriebskanal - prozentuale Aufschläge auf der Basis von Material- oder Herstellkosten ignorieren diese Unterschiede."

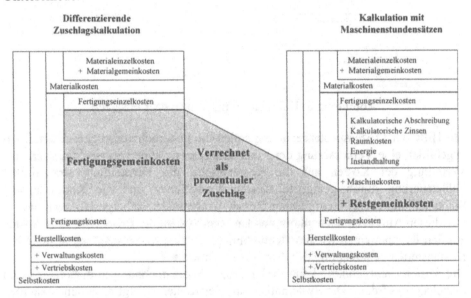

Abbildung 2: Kalkulation der Selbstkosten ohne und mit Maschinenkosten2

Ein Ausweg bietet hier die Prozesskostenrechnung. Mit ihrer Hilfe kann in den indirekten Leistungsbereichen Beschaffung, Vertrieb und Verwaltung die Kostentransparenz erhöht, Kapazitätsauslastung aufgezeigt und ein effizienter Ressourcenverbrauch sichergestellt werden. Bei der Prozesskostenrechnung werden die Gemeinkosten der Kostenstelle gespalten in prozessmengenabhängige, den mengenindizierten (mi) Leistungskosten und prozessmengenneutral (pmn) fixe Kosten. Abbildung 3 zeigt das Vorgehen.

---

1  Vgl. HORVÁTH, P.; MAYER, R.: Prozeßkostenrechnung - Der neue Weg ..., in: Controlling,
     1. Jg., 4/1989, S. 215.
2  Vgl. MACHA R.: Grundlagen der Kosten- und Leistungsrechnung, 2. Auflage, Frankfurt NY 1999, S.192

254

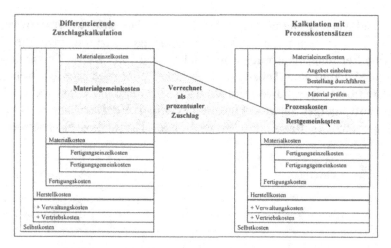

Abbildung 3: Kalkulation mit Prozesskostensätzen

Mit Hilfe der Prozesskostenrechnung sollen die Unternehmensprozesse detailliert abgebildet, eine Verbesserung der Kostentransparenz, eine verursachungsgerechte Verteilung der Kosten auf die Kostenträger, die Vermeidung strategischer Fehlsteuerung durch geeignete Kosteninformationen und die Kontrolle und Sicherstellung eines ökonomischen Ressourceneinsatzes sichergestellt werden.

Um diesen Aufgaben nachzukommen baut das System der Prozesskostenrechnung auf den Komponenten Kostenartenrechnung, Kostenprozessrechnung anstelle der Kostenstellenrechnung und der Prozesskalkulation auf.

Die *Kostenartenrechnung* kann in der Prozesskostenrechnung in bisheriger Form beibehalten werden.. Die Systematisierung der Kosten erfolgt nach den bekannten Kriterien, wie in Einzel- und Gemeinkosten, in primäre und sekundäre Kostenarten und in fixe und variable Kosten. Von besonderer Bedeutung sind die fixen Gemeinkosten. Diese haben zur Einführung der Prozesskosten geführt. Für sie werden in der Kostenprozessrechnung geeignete Bezugsgrössen (Kostentreiber - cost drivers) gesucht.

Das Herz der Prozesskostenrechnung ist die Kostenprozessrechnung. Sie erfolgt in fünf Schritten:[3]

1. Erhebung der Tätigkeiten der Kostenstellen zur Identifikation von Prozessen
2. Wahl geeigneter Massgrössen (Prozessgrössen, Aktivitäten, cost drivers)
3. Festlegung von Planprozessgrössen
4. Planung der Prozesskosten
5. Ermittlung der Prozesskostensätze

---

3  Vgl. HORVÁTH, P.; MAYER, R.: Prozeßkostenrechnung - Der neue Weg ..., in: Controlling, 1. Jg., 4/1989, S. 226f.

In der Kostenprozessrechnung werden zunächst betriebliche Prozesse und ihre Prozessgrössen, die später die Bezugsgrössen der Prozesskalkulation bilden, gesucht. Ein Prozess ist dadurch gekennzeichnet, dass er eine Folge von Aktivitäten (Vorgänge, Tätigkeiten, Arbeitsgänge) umfasst, die sich auf ein bestimmtes Arbeitsobjekt beziehen und bei erneutem Arbeitsvollzug an einem neuen Arbeitsobjekt identisch wiederholt werden.4

Zur Prozessbildung eignen sich besonders logistische, ausgleichende, qualitätsbezogene und aktualisierende Aktivitäten.5 Die Materialwirtschaft wird von logistischen und ausgleichenden Aktivitäten bestimmt. Die Gestaltung und Durchführung des Materialflusses von der Bestellauslösung bis zum Versand des fertigen Produktes gehören zur Logistik (*logistische Aktivität*). In der Prozesskette des Materialflusses reihen sich Hauptprozesse aneinander. Material beschaffen, Produkt herstellen, Verkaufen sind Beispiele für Hauptprozesse. Der Hauptprozess zerfällt in Teilprozesse. Der Hauptprozess „Material beschaffen" lässt sich in die Teilprozesse „Material einkaufen", „Materialeingang", „Materialprüfung" und „Lagerhaltung" zerlegen. Kennzeichnend für eine *ausgleichende Aktivität* ist das Auffüllen eines Lagers, die Ermittlung des Kapitalbedarfs und die Sorge um die Liquidität. *Qualitätsbezogene Aktivitäten* findet man in der Konstruktion, der Planung und der Kontrolle. *Aktualisierende Tätigkeiten* bringen eine Datenbasis auf den neuesten Stand.

Die Materialwirtschaft wies bisher 330.000 Mark Gemeinkosten aus. Wie hieraus Prozesskosten werden und wie sich diese abrechnen lassen zeigt die Tabelle 1.

Auf den Prozesskostensatz für den Prozess „Angebot einholen" von 200 Mark werden nun zehn Prozent für das Leiten der Abteilung zugeschlagen. Die Gesamtprozesskosten „Angebot einholen" betragen nun 220 Mark pro eingeholtes Angebot. Mit dieser Umlage ist sichergestellt, dass -wie in der Vollkostenrechnung üblich- alle betrieblichen Kosten einem Kostenträger zugerechnet werden.6

Im Vertrieb und auch in der Verwaltung lassen sich die Gemeinkosten entsprechend dem beschriebenen Vorgehen spalten. Mit jeder direkten Abrechnung von Prozesskosten verbessert man die Kalkulation. Schritt für Schritt kommt man zu einer verursachungsgerechten Abrechnung auch der Gemeinkosten näher.

---

4 Vgl. SCHWEITZER M., KÜPPER H.-U.: Systeme der Kostenrechnung, 6. Auflage, Landsberg am Lech 1995, S.327

5 Vgl. MILLER J.G., VOLLMANN Th. E.: The Hidden Factory, in: Harvard Business Review„Vol.55, 1985, S.144f

6 Vgl. MACHA R.:Kosten- und Leistungsrechnung – Was Sie für die Praxis wissen müssen, Frankfurt NY 2000, S.170f.

256

| Prozesse | Prozess-kosten | Prozess-mengen | Prozess-kostensatz (mi) | Umlagesatz (pmn) | Gesamt-prozesskosten |
|---|---|---|---|---|---|
| Angebote einholen (mi) | 200.000 | 1 000 | 200,00 | 20,00 | 220,00 |
| Bestellungen durchführen (mi) | 50.000 | 5 000 | 10,00 | 1,00 | 11,00 |
| Material prüfen (mi) | 50 000 | 100 | 500,00 | 50,00 | 550,00 |
| Summe (mi) Prozesskosten | 300 000 | | | | |
| Abteilung leiten (pmn) | 30 000 | | | | |

$$\text{Umlagesatz} = \frac{\text{Prozesskosten (pmn)}}{\sum \text{Prozesskosten (mi)}} = \frac{30\,000\,\text{Mark}}{300\,000\,\text{Mark}} = 10\%$$

Tabelle 1: Beispiel zur Berechnung von Prozesskosten

Um die *Kosten eines Kostenträgers* zu kalkulieren kann nach Abbildung 3 vorgegangen werden. Die Selbstkosten setzen sich aus Einzelkosten, Prozesskosten, Maschinenkosten und Restgemeinkosten zusammen.

Die Bedingungen, unter denen eine Prozesskostenrechnung angewendet werden kann, sollten stets im Auge behalten werden. Es müssen für die indirekten Leistungsbereiche Kosteneinflussgrössen gefunden werden, die präzise abgrenzbar sind und bei denen sich die Bezugsgrössen proportional zu den Prozesskosten entwickeln. Eine Einführung der Prozesskostenrechnung verursacht einen hohen organisatorischen Aufwand und führt zur Bildung von neuen Hierarchien. Aus dem Kostenstellenleiter wird ein Prozessverantwortlicher. Durch Neuorganisation und prozessorientiertes Denken kommt es bei der Einführung der Prozesskostenrechnung in vielen Fällen zum Straffen der betrieblichen Abläufe.

# Konzeptionelle und organisatorische Aspekte der erfolgreichen Internet-Nutzung im Tourismus

Helge Klaus Rieder, Dorothea Witter-Rieder
Fachhochschule Trier, Universität Trier

## 1 Einleitung

Informationen spielen beim Vertrieb von Tourismus-Dienstleistungen eine zentrale Rolle, weil der Kunde die Leistung buchen und sich damit zur Bezahlung zumindest verpflichten muss, bevor er sie in Anspruch nehmen und damit erproben kann, und während er sich räumlich mehr oder weniger weit vom Dienstleister entfernt befindet[1]. Gleichzeitig ist die Beschaffung der relevanten Informationen für den Reisenden, der keinen standardisierten Pauschalurlaub buchen will, sondern individuelle Wünsche hat, mühsam und mit vielen Unsicherheiten behaftet. Für die Anbieter solcher nicht-standardisierter Reiseangebote, also insbesondere für Reiseziele mit einem hohen Anteil an Individualreisenden, war es andererseits bislang sehr schwierig, Informationen über das eigene Angebot zu verbreiten, weil Marketing-Instrumente, die ausreichend viele potentielle Interessenten erreichen, wie Werbung in Massenmedien oder Messeauftritte, mit hohen Fixkosten verbunden sind.

Das Internet eröffnet hier für beide Seiten ein grosses Potential. Auch "kleine" Reiseziele können mit Hilfe eines internetbasierten Informationssystems kostengünstig eine breite Gruppe potentieller Gäste ansprechen. Und der Interessent kann seinerseits mit Hilfe der Suchfunktionen, die das Internet ermöglicht, zielsicher und mit geringem Aufwand Informationen über Reiseziele bekommen, die seinen spezifischen Anforderungen entsprechen[2].

Entscheidend für den Erfolg des Internet-Auftritts ist dabei die Qualität der bereitgestellten Informationen[3]. Je mehr und aktuellere Informationen im Internet angeboten werden sollen, umso mehr Aufwand muss der Informationsanbieter aber auch betreiben. Nur wenn die Konzeption des Internet-Angebots an die eigenen personellen, technischen und organisatorischen Möglichkeiten angepasst

---

[1]  Vgl. Buhalis (1996), S. 34, und Ewers (1998), S. 31.
[2]  Siehe auch Fröschl und Werthner (1994), S. 276ff.
[3]  Vgl. Chen und Sheldon (1997), S. 156.

ist, kann es adäquat gepflegt werden, und nur dann wird es die erwünschte Wirkung entfalten. Bei der Konzeption des Web-Auftritts ist deshalb abzuwägen zwischen dem Ziel eines möglichst attraktiven und umfassenden Informations- und Serviceangebots einerseits und den bestehenden personellen bzw. finanziellen Restriktionen andererseits.

Es ist das Ziel dieses Beitrags, eine Systematik zu entwickeln, mit der das Potential, das das Internet für das Tourismus-Marketing bietet, unter Berücksichtigung der individuellen Voraussetzungen des jeweiligen Anbieters bestmöglich ausgenutzt werden kann. Anbieter von Informationen können dabei sowohl touristische Einzelanbieter wie z.B. Hotels sein als auch Institutionen wie z.B. lokale Tourismusverbände. Der Artikel ist aufgebaut wie folgt: Abschnitt 2 befasst sich mit den Hauptmerkmalen, die das Internet als Marketing-Instrument auszeichnen, und die es auszunutzen gilt. Abschnitt 3 befasst sich mit den neuen technischen, personellen und organisatorischen Anforderungen, die der Einstieg ins Internet-Marketing mit sich bringt. Abschnitt 4 entwickelt davon ausgehend ein dreistufiges Modell eines Internet-Auftritts, der den Voraussetzungen des Informationsanbieters angepasst ist.

# 2 Das Internet als Marketing-Instrument

Das Internet kann als nicht nur relativ neues sondern auch tatsächlich neuartiges Informations- und Kommunikationsmedium bezeichnet werden, weil es eine Reihe von Merkmalen aufweist, die traditionelle Medien entweder nicht oder nicht kombiniert bieten konnten. Im folgenden soll kurz skizziert werden, welche Anknüpfungspunkte sich für das Tourismus-Marketing aus den spezifischen Charakteristika des Internet ergeben.

## 2.1 Permanente Zugriffsmöglichkeit und Findbarkeit

Ein elementares Merkmal des Internet, das ganz wesentlich zu seiner Eignung als Marketing-Instrument beiträgt, ist die Tatsache, dass Informationen, die sich auf einem mit dem weltweiten Netz verbundenen Server befinden, prinzipiell rund um die Uhr von jedem anderem Rechner in diesem Netz aus zugänglich sind. Welche wichtigen Vorteile dies hat, wird deutlich anhand des Vergleichs mit traditionellen Medien: Fernseh- und Radiosendungen sind z.B. nur während der Ausstrahlung verfügbar, gedrucktes Material wie Prospekte oder Broschüren erreichen den Adressaten nur, soweit er sie entgegennimmt und aufbewahrt. Im Internet veröffentlichte Informationen sind dagegen permanent vorhanden, und damit kann auch der Website selbst gezielt beworben werden.

Darüberhinaus ist es mit Hilfe von Verzeichnissen und Suchmaschinen möglich, ein Angebot wie z.B. ein Urlaubsziel aufgrund abstrakter Kriterien zu finden. Dies impliziert gleichzeitig, dass mit einem Internet-Auftritt potentielle Kunden bzw. Gäste wesentlich treffsicherer erreicht werden können als mit traditionellen Marketing-Instrumenten wie Anzeigen oder Werbesendungen. Voraussetzung dafür ist allerdings eine adäquate Gestaltung des Website, die das Gefunden-werden mittels Suchmaschine sicherstellt.

## 2.2  Geringe Kosten der Informationsbereitstellung

Eine ebenfalls unter Marketing-Gesichtspunkten hochinteressante Eigenschaft des Internet liegt darin, dass mit Hilfe der Internet-Browser Informationen multimedial präsentiert werden können, die digital vorliegen und damit zu sehr niedrigen Kosten bereitgestellt werden können. Dies hat eine Reihe von Vorteilen für das Tourismus-Marketing.

So können dem potentiellen Gast wesentlich mehr Informationen zur Verfügung gestellt werden als z.B. mit einem Prospekt[4]. Der Gast kann sich also ein besseres Bild machen und die Vorzüge des eigenen Angebots können besser zum Ausdruck gebracht werden. Gleichzeitig reduziert die Bereitstellung von Informationen über das Netz den Bedarf an Information und Beratung im direkten Gespräch; in diesem Bereich können also Kosten gesenkt werden. Zudem verbessern sich die Chancen gerade kleinerer Reiseziele auf Selbstvermarktung, wenn sich der Interessent selbst informieren kann und somit nicht mehr auf Vermittler wie Reisebüros und -veranstalter angewiesen ist.

Darüberhinaus kann das Informationsangebot stärker zielgruppenspezifisch gestaltet werden. Durch die Kombination mit Hypertext und Retrieval-Funktionen ist es möglich, stark differenzierte Informationen übersichtlich zu präsentieren. Auch dies trägt dazu bei, dass das eigene Angebot attraktiver dargestellt und gleichzeitig potentielle Interessenten zielgerichteter angesprochen werden können.

## 2.3  Laufende Aktualisierbarkeit

Wichtig ist weiterhin die laufende Aktualisierbarkeit von Daten, die im Internet zugänglich gemacht werden. Während Prospekte und dergleichen nur selten aktualisiert werden können, lassen sich die Internet-Seiten jederzeit mit minimalem Aufwand verändern.

Dies verbessert zuallererst einmal die Informationsqualität. Darüberhinaus wird es möglich, Informationen mit kurzem "Verfalldatum" zu veröffentlichen, wie z.B. Wetterberichte u.ä., und nachträgliche Veränderungen nachzutragen, z.B. die

---

[4]  Vgl. auch Riedl (1999), S. 241.

Absage oder Verschiebung einer angekündigten Veranstaltung. Die Möglichkeit der laufenden Aktualisierung und Ergänzung des Website eröffnet ausserdem die Chance eines dauerhaften Kontakts mit dem Gast, der damit immer wieder einen Grund hat, den Website zu besuchen.

Gerade die Aktualisierbarkeit hat aber auch eine Kehrseite: der Besucher des Website erwartet mit Recht, dass die bereitgestellten Informationen jederzeit aktuell sind. Je mehr die auf dem Website präsentierten Informationen vom Veralten bedroht sind, desto grösser ist also der notwendige Pflegeaufwand.

## 2.4 Direkte Kommunikation per e-mail

Über die Bereitstellung "vorgefertigter" Informationen hinaus bietet das Internet dem Interessenten mittels e-mail auch die Möglichkeit, schneller und einfacher als bisher in direkten Kontakt mit einem Informationsanbieter zu treten. Auch dies eröffnet in mehrfacher Hinsicht neue Möglichkeiten für das Tourismus-Marketing.

So kann der Einsatz traditioneller Marketing-Instrumente wie Prospekte und Unterkunftsverzeichnisse effektiver gestaltet werden. Der Interessent hat sich mit Hilfe des Website bereits ein Bild von jeweiligen Angebot gemacht, bevor er ggf. gedrucktes Informationsmaterial anfordert. Zudem können Bestellformulare für Informationsbroschüren u.ä. so gestaltet werden, dass der potentielle Gast selbst die für ihn relevanten Unterlagen auswählen kann.

Ausserdem ist die Hemmschwelle beim Schreiben einer e-mail erheblich niedriger als bei einem Brief oder einem Telefonat[5]. So wird der Anbieter einerseits auf zusätzliche potentielle Interessenten aufmerksam. Er erhält aber andererseits auch erheblich mehr positive wie negative Rückmeldungen über seine Leistungen, die es auszuwerten und zur Weiterentwicklung der eigenen Angebots zu nutzen gilt.

Darüberhinaus können mit Hilfe von e-mail auch zeit- und kostensparend eigene Aktivitäten zur Kontaktpflege unternommen werden, wie z.B. das Versenden von Newslettern u.ä.[6].

## 2.5 Dezentralität und Verknüpfung

Ein letzter wichtiger Aspekt ist die Möglichkeit der Verknüpfung mehrerer Internet-Angebote, die dezentral gepflegt werden können, zu einem Gesamtangebot. Dies kann entweder so geschehen, dass einzelne Seiten innerhalb eines einheitlichen Website von unterschiedlichen Personen und/oder Institutionen erstellt und gepflegt werden. Es ist aber auch möglich, mehrere voneinander

---

[5] Vgl. Frost (1999), S. 103f.
[6] Siehe dazu auch Horstmann und Timm (1999).

unabhängige Websites, zum Beispiel die Seiten regionaler Einzelanbieter (Hotels, Restaurants, Betreiber von Sporteinrichtungen usw.) über eine gemeinsame regionale Dach- oder Portalseite zu verknüpfen.

Der Vorteil der Verknüpfbarkeit liegt darin, dass Informationen einerseits dort ins Netz gestellt werden können, wo sie anfallen (z.B. Speisekarten, Zimmerpreise, Sonderangebote, Veranstaltungen etc.), dass aber der Gast bzw. Interessent trotzdem ein übersichtliches und kohärentes Informationsangebot über sein Reiseziel vorfindet. Dass eine solche Verknüpfung besteht, ist für die Wirksamkeit des Internet-Auftritts von besonderer Bedeutung, denn der potentielle Gast ist an Informationen über die Destination insgesamt, so wie er sie wahrnimmt, interessiert[7].

Eine gute innerregionale Abstimmung ist daher wichtig, um eine möglichst hohe, einheitliche Informationsqualität und -aktualität und gleichzeitig eine gute Übersichtlichkeit des Internet-Angebots zu gewährleisten. Sie stellt aber gleichzeitig auch ein organisatorisches Problem dar, das unter Umständen nicht leicht zu lösen ist.

# 3 Personelle und organisatorische Kapazität und Konzeption des Website

Das Internet eröffnet nicht nur neue Möglichkeiten für das Tourismus-Marketing, der Einstieg ins Online-Marketing bringt auch neue Aufgaben und neue technische und insbesondere organisatorische Anforderungen mit sich[8]. Die Konzeption eines Web-Auftritts ist daher in keiner Weise vergleichbar mit der Entwicklung einer neuen Image-Broschüre, die ein abgeschlossenes Produkt darstellt, das einmal erstellt wird und dann verteilt werden kann.

Zwar ist nicht selten festzustellen, dass gerade im Tourismusbereich vorhandene Imagebroschüren weitgehend unverändert einfach "ins Netz gestellt" werden. Selbst wenn nur wenig laufende Arbeitszeit für das Internet-Angebot aufgewendet werden kann, ist eine solche Vorgehensweise aber wenig effektiv. Auch ein Angebot, das mit minimalem Pflegeaufwand auskommen muss, ist in verschiedener Hinsicht an die spezifischen Bedingungen des Internet anzupassen[9]. Erst recht ist es aber bei aufwendigen Web-Angeboten wichtig, bereits bei der Planung und Entwicklung zu berücksichtigen, welche Ressourcen dauerhaft benötigt werden.

---

[7] Vgl. Haedrich (1998), S. 6f.
[8] Siehe auch Fröschl und Werthner (1994), S. 302f.
[9] Vgl. Bargen (1999), S. 2, sowie unten Abschnitt 4.1.

## 3.1 Bereitstellung des technischen Know-how und der technischen Infrastruktur

Eine erste Frage betrifft den Aufbau des benötigten technisch-konzeptionellen Know-how im eigenen Hause. Je aufwendiger der Website ist und je anspruchsvoller die Ziele, die damit verfolgt werden, desto mehr wird der Informationsanbieter selbst in die Erstellung und Weiterentwicklung des Website involviert sein.

Dies ist zunächst einmal und in gewissem Umfang sicherlich "Chefsache": die Entscheidungsträger selbst müssen beurteilen können, wieviel Geld wofür ausgegeben wird. Zusätzlich sollten aber auch ein oder mehrere Mitarbeiter in gewissem Umfang Kenntnisse besitzen bzw. erwerben, die sich einerseits auf die prinzipiellen Möglichkeiten des Internet beziehen und andererseits auf die Realisierbarkeit verschiedener Ziele und Aufgaben bei der Gestaltung des Website.

Dabei ist es auch wichtig, dass zumindest die direkt mit dem Internet-Marketing befassten Mitarbeiter selbst Zugang zu Internet und e-mail haben. Dies ist nicht nur die notwendige Voraussetzung dafür, dass sie Aktualisierungen vornehmen und Kundenanfragen beantworten können (siehe dazu auch die folgenden Abschnitte). Mindestens ebenso wichtig ist es, dass sie eigene Erfahrungen mit der Nutzung des Internet sammeln, um die Erwartungen eines Internet-Nutzers überhaupt einschätzen zu können, und nicht zuletzt auch, um sich über das Internet-Angebot der Konkurrenz auf dem laufenden zu halten.

## 3.2 Informationsbeschaffung und -aktualisierung

Ein sehr wichtiger Punkt sind die im Website bereitgestellten Informationen. Auch hier unterscheidet sich das Internet grundlegend vom traditionell wichtigsten Instrument des Tourismus-Marketing, der Image-Broschüre. Wie oben bereits gesagt, ermöglicht das Internet nicht nur die kostengünstige und übersichtliche Bereitstellung umfangreicher und differenzierter Informationen. Der Internet-Benutzer erwartet auch eine entsprechende Informationsqualität und -quantität.

Gerade die Beschaffung und Systematisierung der relevanten Informationen kann der Informationsanbieter aber nicht einem Web-Design-Unternehmen überlassen, das mit der technischen Realisierung des Internet-Auftritts beauftragt wird. Hier muss der Auftraggeber selbst einen sehr erheblichen Input leisten, wobei der Web-Designer sicherlich bei der Präsentation, Strukturierung und Erschliessung der Informationen im Rahmen des Website eine wichtige beratende Funktion hat.

Die Chance, die in der leichten und schnellen Aktualisierbarkeit der Internet-Seiten liegt, wurde bereits in Abschnitt 2.3 erläutert. Je mehr diese Möglichkeit zur Schaffung eines Mehrwerts für den Besucher des Website und zur Kundenbindung genutzt werden soll, desto mehr Aufwand muss bei der Pflege des Website betrieben werden. Dafür müssen geeignete organisatorischer Abläufe geschaffen werden und nicht zuletzt auch eine entsprechende "Bewusstseins-bildung" stattfinden, damit sichergestellt ist, dass anfallende Informationen auch wirklich zeitnah ins Internet gestellt werden.

## 3.3 Kommunikation mit den Nutzern

Auch auf die besonderen Chancen, die sich durch e-mail für die direkte Kommunikation mit den (potentiellen) Gästen ergeben, wurde bereits eingegangen (Abschnitt 2.4). Auch dies bindet aber erhebliche personelle Kapazitäten - besonders wenn das Web-Angebot insgesamt erfolgreich ist, also viele tatsächlich interessierte Besucher hat. E-mail hat dabei aber auch den grossen Vorzug, dass man rund um die Uhr erreichbar ist und Anfragen kurzfristig beantwortet werden können, ohne dass eine Person pausenlos damit beschäftigt sein muss. Wichtig ist aber, dass Anfragen auch tatsächlich zumindest innerhalb eines Werktags beantwortet werden.

## 3.4 Kommunikation und Kooperation innerhalb der Destination

Jeder touristische Anbieter steht mit seiner Dienstleistung im Rahmen einer Destination, die insgesamt den Bedürfnissen des potentiellen Gastes entsprechen muss. Es ist deshalb für den Erfolg des Internet-Marketing ausschlaggebend, dass dem Gast die von ihm gewünschten Informationen über sein Reiseziel als Ganzes geboten werden. Dies kann effizient nur bei guter Abstimmung des Internet-Angebots innerhalb der Destination erreicht werden. Beim Einstieg ins Online-Marketing sollte deshalb bereits von Anfang an Wert darauf gelegt werden, funktionierende Strukturen der innerregionalen Kommunikation und Kooperation zu schaffen. Idealerweise sollten die Internet-Aktivitäten von Anfang an aufeinander abgestimmt werden, umd dem Interessenten ein übersichtliches Angebot mit hoher Informationsqualität bieten zu können.
Gerade die Abstimmung der Internet-Aktivitäten innerhalb der Destination ist jedoch in der Praxis vielfach mit immensen Schwierigkeiten verbunden. Schon durch wenige definierte Schnittstellen zwischen einem destinationsübergreifenden Angebot und den Websites der Einzelanbieter kann aber der Nutzen des Web-Angebots für den potentiellen Gast erheblich gesteigert werden[10].

---

[10] Siehe auch die Abschnitte 4.2 und 4.3 unten.

# 4 Abgestuftes Modell einer den Anbieterressourcen angepassten Website

Je nachdem, wie gross ein Informationsanbieter ist, und über welche finanziellen und insbesondere personellen Ressourcen er verfügt, können die im vorigen Abschnitt skizzierten Anforderungen in höherem oder geringerem Masse erfüllt werden. Wichtiger als die Verfügbarkeit von viel Geld und Arbeitszeit ist für den Erfolg der Internet-Aktivitäten aber die Angemessenheit der Grundkonzeption: Auch ein unaufwendiger, sowie wenig pflegebedürftiger Website kann durchaus spürbar positive Wirkungen entfalten, wenn er richtig konzipiert ist.

Im folgenden soll ausgehend von den allgemeinen Überlegungen ein dreistufiges Modell eines Website vorgestellt werden, wobei die vorhandenen Ressourcen jeweils so eingesetzt werden, dass eine bestmögliche Ausnutzung des Internet als Marketing-Instrument erreicht wird.

## 4.1 Basisangebot

Zwei zentrale Vorzüge des Internet lassen sich auch mit einem unaufwendigen und kaum pflegebedürftigen Website nutzen: die Findbarkeit und die Möglichkeit der leichten Kontaktaufnahme.

Kann nur in minimalem Umfang Zeit zur Pflege des Web-Auftritts aufgewendet werden, und darf zudem das Web-Design nicht viel kosten, dann bietet sich eine Grundkonzeption an, die aus wenigen, statischen Seiten besteht und nur solche Informationen enthält, die sich selten ändern. Auch ein solches Basisangebot sollte aber nicht aus einem eingescannten Prospekt bestehen.

Entscheidend für die Wirksamkeit des Web-Auftritts ist die Relevanz der angebotenen Informationen. Seine Hauptfunktion besteht darin, auf die Existenz des jeweiligen Anbieters aufmerksam zu machen, deshalb steht bei der Gestaltung die zielsichere Findbarkeit des Angebots mit Hilfe von Suchmaschinen im Vordergrund. Das setzt voraus, dass einerseits diejenigen Begriffe, die (aus der Perspektive des potentiellen Gastes) kennzeichnend für das jeweilige Angebot sind, im Seitentext und insbesondere in den Überschriften bzw. Seitenanfängen auftauchen, besonders relevante Begriffe auch mehrfach, und dass andererseits viel Wert auf die Anmeldung des Website bei den Suchmaschinen und insbesondere auch bei allen relevanten Verzeichnissen u.ä. gelegt wird[11].

Die anderen Hauptfunktionen des Web-Auftritts bestehen darin, beim Besucher des Website Interesse für das eigene Angebot zu wecken und ihm eine leichte

---

[11] Der Aufwand, der für die sogenannte "Site Promotion" notwendig ist, wird vielfach unterschätzt; vgl. auch Werner (1999), S. 271.

Kontaktaufnahme zu ermöglichen. Dementsprechend sollten die Informationen über das Angebot präzise und zutreffend sein und ansprechend präsentiert werden. Ausserdem sollten alle bestehenden Möglichkeiten zur Kontaktaufnahme angegeben werden. Bereits zum Basisangebot sollte dabei eine e-mail-Adresse gehören. Zwar sind zur Zeit noch Web-Angebote verbreitet, die lediglich eine telefonische oder postalische Kontaktaufnahme vorsehen, es ist aber zu bedenken, dass bei fehlender e-mail die Gefahr besteht, dass der Besucher trotz anfänglichem Interesse auf eine Kontaktaufnahme verzichtet, weil sie ihm zu umständlich erscheint.

## 4.2  Standardangebot

Das beschriebene Basisangebot kann einen guten Anfang darstellen, um kurzfristig überhaupt im Netz vertreten zu sein und um erste Erfahrungen zu sammeln. Um das Potential, das das Internet für das Tourismus-Marketing bietet, wirkungsvoll zu nutzen, sollte der Website über das Basisangebot hinaus eine Reihe weiterer Merkmale besitzen, die für dieses Anwendungsgebiet als Standard gelten können.

Zunächst einmal sollten die Informationen über die Destination und über die Leistungen der Einzelanbieter, die einerseits für den Gast hohe Relevanz haben und sich andererseits selten oder gar nicht ändern, so vollständig wie möglich enthalten sein, um den Vorteil der kostengünstigen Informationsbereitstellung auszuschöpfen. Derartige Informations-Seiten können durchaus nach und nach ausgebaut werden, es sollte jedoch von Anfang an eine adäquate Grundstruktur geschaffen werden. Zu den relevanten Informationen gehören insbesondere Lagepläne und Preisangaben sowie Informationen über Sehenswürdigkeiten, Freizeitangebote, Ausflugsmöglichkeiten usw.

Darüberhinaus sollten die wichtigsten aktuellen Informationen aufgenommen und gewissenhaft gepflegt werden, insbesondere ein Veranstaltungskalender sowie - je nach Destination besonders wichtig - ein Wetterbericht (z.B. Schneelage!).

Des weiteren sollte unbedingt eine direkte Buchungsanfrage möglich sein, wobei eine Vorselektion (nach Preis, Lage, Nichtraucher, Extrabett für Kinder etc.) vorzusehen ist. Ebenso ist ein Bestellformular für Informationsmaterial wichtig. Mit einer Seite "Wir über uns" sollte der Besucher sich ein Bild von seinen Gesprächs- bzw. Korrespondenzpartnern machen können.

Auch eine minimale destinationsübergreifende Abstimmung über ein zentrales Angebot mit sinnvollen Schnittstellen zu den Seiten der Einzelanbieter sollte zum Standard gehören. Damit müssen allgemeine Informationen nicht auf jedem einzelnen Website auftauchen, und dem Gast wird eine erheblich bessere Orientierung ermöglicht als wenn er z.B. allein auf Suchmaschinen angewiesen ist, um alle Internet-Angebote seines Reiseziels zu finden.

Schliesslich gehört zum Standard des Internet-Marketing auch die Auswertung derjenigen Informationen, die die Besucher "automatisch" hinterlassen, also z.B. welche Seiten wie häufig und in welcher Reihenfolge aufgesucht werden[12].

## 4.3 Ausgebautes Angebot

Stehen mehr personelle und sonstige Ressourcen zur Verfügung, dann lässt sich durch einen weiteren Ausbau und durch pflegeaufwendigere und technisch anspruchsvollere Anwendungen zusätzlicher Mehrwert für die Nutzer des Website schaffen. Hier sind Punkte zusammengefasst, die technisch derzeit schon möglich sind, in den wenigsten Fällen aber bereits in konkrete Angebote umgesetzt wurden.

Besonders sinnvoll ist sicherlich die Schaffung einer destinationsübergreifenden Online-Buchungsmöglichkeit; dies setzt voraus, dass die Angebote aller einschlägigen Dienstleister über eine gemeinsame Datenbank verwaltet werden. Weitergehende Aktivitäten zur Kundenbindung sind möglich, wenn ausreichend Arbeitszeit zur Verfügung gestellt werden kann, um z.B. laufend Neuigkeiten auf eine "Aktuelle Seite" zu stellen und ganz allgemein, um häufige Aktualisierungen vorzunehmen.

Darüberhinaus bietet das Internet zahlreiche weitere technischen Möglichkeiten. Interaktive Karten, Animationen, Videos, 3D-Welten, und/oder Panoramabilder sollen dem potentiellen Gast Appetit auf das Angebot einer Destination machen. Wenn die erforderliche Zusammenarbeit realisiert werden kann, ist eine zentrale Datenbank mit allen wichtigen touristischen Informationen die Grundlage zur automatischen Beantwortung intelligenterer Fragen (z.B.: "Welches Hallenbad oder Museum im Umkreis von 20 km um mein Hotel hat montags nachmittags geöffnet?"). Diese Technologie kann insbesondere auch genutzt werden, um es dem Interessenten zu ermöglichen, sich einen individuellen Urlaubsplan interaktiv zusammenzustellen.

Auch wenn derartige hochentwickelte Angebote fuer die meisten Anbieter noch fuer längere Zeit Zukunftsmusik bleiben dürften, ist es trotzdem sinnvoll, sich frühzeitig und immer wieder Gedanken darüber zu machen, was man dem Gast gerne noch bieten würde und welche zusätzlichen Informationsangebote sinnvoll sind. Die laufende Verbesserung und Weiterentwicklung ist eine allgemeine Erfolgsbedingung, die nicht nur für ein "ausgebautes" Angebot gilt, sondern für das Online-Marketing generell.

---

[12] Vgl. zur Gewinnung der im Netz generierten Informationen z.B. Bensberg und Weiß (1999), insb. S. 426.

# 5 Literaturverzeichnis

**Bargen, Carsten v. (1999):** Der Einsatz ausgewählter Kommunikationsinstrumente im Internet, in: Lampe, Frank (Hg.): Marketing und Electronic Commerce, Braunschweig und Wiesbaden, S. 117-135.

**Bensberg, Frank und Weiss, Thorsten (1999):** Web Log Mining als Marktforschungsinstrument für das World Wide Web, in: Wirtschaftsinformatik 40/5, S. 426-432.

**Buhalis, Dimitrios (1996):** Information Technology as a Strategic Tool for Tourism, in: Revue de Tourisme (Zeitschrift für Fremdenverkehr) 51/2, S. 34-36.

**Chen, Hong-Mei und Sheldon, Pauline J. (1997):** Destination Information Systems: Design Issues and Directions, in: Journal of Management Information Systems 14/2, S. 151-176.

**Ewers, Johannes (1998):** Multimedia-Marketing für Leistungsträger und Reisemittler im Tourismus, in: Informationstechnik und Technische Informatik 40/2, S. 30-37.

**Froeschl, Karl Anton und Werthner, Hannes (1994):** Die Konzeption von Tourismus-Informationssystemen, in: Schertler, Walter (Hg.): Tourismus als Informationsgeschäft, Wien, S. 257-305.

**Frost, Fraser (1999):** Relationship Marketing und das Internet, in: Lampe, Frank (Hg.): Marketing und Electronic Commerce, Braunschweig und Wiesbaden, S. 99-116.

**Haedrich, Günther (1998):** Destination Marketing - Überlegungen zur Abgrenzung, Positionierung und Profilierung von Destinationen, in: Revue de Tourisme (Zeitschrift für Fremdenverkehr) 53/4, S. 6-12.

**Horstmann, Ralph und Timm, Ulf J. (1999):** Pull-/Push-Technologie, in: Wirtschaftsinformatik 40/3, S. 242-244.

**Riedl, Joachim (1999):** Rahmenbedingungen der Online-Kommunikation, in: Bliemel, Friedhelm; Fassott, Georg; Theobald, Axel (Hg.): Electronic Commerce. Herausforderungen - Anwendungen - Perspektiven, Wiesbaden, S. 227-246.

**Werner, Andreas (1999):** Agenturunterstützung bei Werbe- und Verkaufsaktivitäten im Internet, in: Bliemel, Friedhelm; Fassott, Georg; Theobald, Axel (Hg.): Electronic Commerce. Herausforderungen - Anwendungen - Perspektiven, Wiesbaden, S. 261-275.

# Was Bananenkurven, perfekte Bestellung und E-Business verbindet

Paul van Marcke
Hilti Befestigungstechnik AG, Schaan

## 1 Die Dynamik des Umfelds

### 1.1 Die Bananenkurve im Bestellwesen

Ein gesunder Menschenverstand sagt, dass das Kundenverhalten die Bestellungsdynamik der Firma bestimmt. Paradox ist, dass diese Dynamik aber oft vom Verkaufsverhalten geprägt wird. Eine Darstellung:

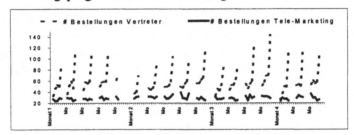

Abb.1.1: Die Bestelldynamik nach Wochentag, Monatsanfang und –ende

**Annahme**: eine Firma verkauft ihre Ware über zwei Absatzkanäle, Handelsvertreter und Telemarketing, an homogene Kundschaft.

**Resultat**: Die Anzahl der im Telemarketing eingegangen Bestellungen zeigt - in 22% der Fälle - an Freitagen kaum eine Wochenspitze. Der Freitag wird zudem als ein eher „ruhiger" Tag angesehen. Die Handelsvertreter buchen aber in 80% der Fälle gerade am Freitag den höchsten Wocheneingang, und jeder weitere Montag des Betrachtungsmonats zeigt bis zum Schluss des Monats wachsende Bestellungseingänge. Die Wocheneingänge unterliegen einer sog. „**Bananenkurve"**.

**Interpretation**: Handelvertreter erhalten Provisionen je gebuchter Bestellung sowie für die Einhaltung der monatlichen Planzahlen. Das wirkliche Steuerungsorgan ist aber das Einhalten der Planzahlen. Planüberschreitungen bringen zwar einen zusätzlichen Sonderbonus, aber auch Plankorrekturen im Folgejahr, wenn sie regelmässig stattfinden. So buchen die Handelsvertreter an jedem Freitag von allen bereits erhaltenen Kundenbestellungen nur jene, welche die Zielerreichung garantieren. So bestimmen sie auch das Buchungs- und

Verkaufsverhalten ab dem nächsten Montag. Kundennähe, Kundenzufriedenheit, Behebung von EDV-Kapazitätsengpässen etc. bleiben nach dem Motto „*après moi le déluge!*" komplett unbeachtet.

## 1.2 Die perfekte Kundenbestellung

Die perfekte Kundenbestellung ist - **aus Sicht des Kunden** - ein Mass für Kundenzufriedenheit. Der Kunde ist 100% zufrieden, wenn ihm an die richtige Adresse, termingerecht genau das geliefert wird, was er zum verabredeten Preis inkl. Versand- und Zollspesen vereinbarte. In so einem Fall zahlt der Kunde termingerecht, ohne Reklamationen und Warenrücknahmen. **Aus Sicht des Betriebs** berücksichtigt die perfekte Kundenbestellung zusätzlich alle Unterbrechungen in sämtlichen internen Prozesse.

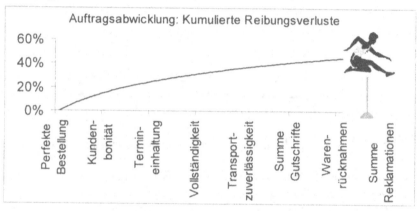

Abb. 1.2: Die Hürden der Bestellungsabwicklung

Interne Prozesse sind für den Kunden nicht immer sichtbar und deren Einflüsse erscheinen nicht auf den Kundenrechnungen. Auftragssuspendierungen sind sog. Unterprozesse, die in der Regel eine menschliche Intervention zur Beseitigung eines Bestellproblems benötigen. Bestellprobleme kommen aufgrund von Kredit- und Rabattgewährungen, Disposition oder übermässig grossen Bestellungen (big hits), Adressenkontrolle, Debitorenverluste durch IT-Ausfälle, nachgelagerten Reklamationen und Reparaturen zustande. All diese Vorfälle blockieren im Betrieb viele Ressourcen, werden aber oft in Minuten wieder erledigt. Konkret bedeutet dies, dass von 100 ausgelieferten Kundenbestellungen, 60 mehr als nur einmal einen Unterprozess durchlaufen sind.

## 1.3 E-Business

Die Begriffe „E-Commerce" und „E-Business" fallen immer häufiger. Die angestrebte E-Orientierung einer Firma basiert auf ihrem Geschäftsmodell. Prinzipiell lassen sich drei komplementäre Modelle unterscheiden:

| Modell | Geschäftsaktivität |
|---|---|
| **Internet** <br> Business-to- <br> Consumer | Anbieter: Handel, Hersteller <br> Zielgruppe: Endverbrauchermarkt <br> Ansprache einer offenen Internet-Benutzergruppe <br> Verkauf von Produkten und Dienstleistungen |
| **Intranet** <br> Business-to- <br> Employee | Anbieter: Unternehmen <br> Zielgruppe: Unternehmenspersonal <br> Einbindung von Unternehmenslieferanten Optimierung des internen Bestellwesens <br> Bestellung von allg. Bürobedarfsartikeln |
| **Extranet** <br> Business-to- <br> Business | Anbieter: Hersteller, Händler <br> Zielgruppe: Fach-/Einzelhändler, Lieferanten, Zulieferer <br> Ansprache einer geschlossenen Benutzergruppe |

**Electronic Commerce** (E-Commerce, EC) beschreibt den Handel zwischen Konsumenten und Händlern (Business-to-Consumer) und ist somit ein **Internet-Verfahren**. Wunschartikel werden elektronisch frei gewählt. Über Preise, Lieferkonditionen und Lieferzeit kann nicht mehr verhandelt werden.
**E-Business** bindet Kunden und Anbieter mit individuell verhandelten Kaufverträgen (*negotiated deals)* für beratungsintensive Güterportfolios (*durables*) und Verbrauchsartikel (*consumables*). Preise, Lieferkonditionen und Lieferzeit sind nur einige von den vielen Attributen, welche kundenspezifisch gespeichert und später verwaltet werden müssen. E-Business ist ein **Extranet-Verfahren**, bekannt von EDI-gestützten Transaktionen in der Logistik bei Grosskunden. Neben Handelsvertretung, Ladenverkauf, Telemarketing, EDI etc. entpuppt sich E-Business als neuartiger und selbständiger Absatzkanal.
**Einige Zahlen zur Anschauung:** F&E-Abteilungen renommierter Software-häuser entwickeln Programme für das Bestellwesen mit Eingangskapazitäten von 200.000 Bestellinien pro Stunde oder einer Million pro Tag (E-Commerce). Doch gestützt auf die obige Definition von E-Business sind bei mittleren Konzernen hundert E-Business Transaktionen pro Tag noch ein fast unüberwindbares Ziel.
Angenommen ein Marktgebiet zählt 200.000 Kunden mit 10% Key Accounts. Bei einem Angebot über 250 Artikelnummern führt die elektronische Ablage der Preise für diese Key Accounts, ohne sonstige Konditionen, zu einer Preis/Kunden-Matrix von $5 \times 10^6$ Positionen. Im Moment dient E-Business primär dem

Informationsangebot und nicht dem Bestellwesen. Aufgrund Erfahrungs-werten, liegt der EDI-Verkehr bei 1,5% aller Bestellinien eines Marktes. So setzt ein Markt mit täglich 6.000 bis 10.000 Bestellinien die Rahmenbedingungen für das Geschäft im E-Business bis maximal 120 Bestellinien pro Tag.

Der wirkliche Einfluss von Internet auf den Detailhandel kennt viele Abstufungen. Den neuesten Trends in der Fachliteratur folgend, sollte eine *„business-to-business"*-Lösung auf vier 4 Säulen aufbauen:

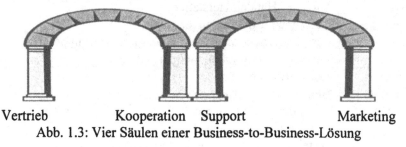

Vertrieb         Kooperation  Support         Marketing

Abb. 1.3: Vier Säulen einer Business-to-Business-Lösung

In der heutigen Zeit wird der Begriff „Marktplatz" durch Bezeichnungen wie „Market" oder „Cyberspace" ersetzt. Der *Prozess des Handelns* und nicht der Handel an sich wird vorrangig. E-Commerce, I-Store, E-Store, E-Business und „E-Sonstiges" haben vieles gemeinsam: Marketingaktivitäten werden technisch zentralisiert (R.B. Fuller: *„Think global.."*). Die Auslieferung tendiert paradoxerweise durch globale E-Aktivitäten stark zur Dezentralisierung („...*Act local!"*).

## 1.4 Die Kundenzufriedenheit

Als Banken in den USA erstmals mit Bankautomaten experimentierten und diesbezüglich die Kundenzufriedenheit messen wollten, stellte sich für sie überraschendes heraus: Es war allein die Bedienungsfreundlichkeit der elektronischen Oberfläche, welche als wichtig erachtet wurde und nicht wie zinsengünstig, imagebewusst, kundennah, fortschrittlich etc. die Bank ihre Konditionen anbot. Kundenzufriedenheit wird weiterhin als eine Funktion von Verfügbarkeit, Liefereffizienz und Preispolitik gesehen. Durch mangelnde Integration der vorhandenen IT-Infrastruktur im Betrieb, auch *„legacy-systems"* genannt, ist der Perfektionsgrad im „manuellen" Bestellwesen schwer messbar. Die Kundenzufriedenheit war vor der Umstellung auf Internet vermutlich unzureichend definiert, sowie aufgrund ihres interdisziplinären Charakters schlecht greifbar. Demzufolge war damals auch alles „offensichtlich" in Ordnung. Nun sind aber im Bestellwesen des E-Business alle Prozesse automatisiert. Ein Logbuch registriert alle Bewegungen und so werden Prozesse messbar. Peter Drucker, Marketing-Philosoph und Begründer vieler bewährter Marketingprozesse, betont: „Wir verkaufen, was wir liefern können!" Nie zuvor wurde die Idee einer kundennahen Logistik als Wettbewerbsfaktor erkannt. Internet ist hier der Grund für den Wandel vom Verkäufer- zum Käufermarkt. Die Perspektive im Bestellwesen hat sich durch E-Business um 180° gedreht. Die für das Unternehmen „überlebenswichtig" gewordene Rückkoppelung des *„post-sales-marketing"* mit der ursprünglichen Marketingaktivität führt zu Strategien wie *„customer-relationship-management"*, die vorhandene Betriebsprozesse in ein ganz anderes Rampenlicht rücken. Hier baut E-Business auf.

Aktuelle Ansätze - wie *„Shareholder Value", „More Value Added", „Core Competence" etc.* - beeinflussen das Verhalten in der Geschäftsleitung. Somit wird Internet als neues Instrument zur Förderung von Kundentreue gesehen: *„Customer attrition"* oder „Verluste im Kundenstamm" müssen entschieden eingedämmt werden. Dies kann nur dann erfolgen, wenn Zyklen im Kundenstamm mittels „Datamining" eruiert und mit Strategien für Kundenbindung gekoppelt werden. „Brick-and-mortar"-Geschäfte, oder Baumärkte, mögen sich beispielsweise zwar zu „click-and-mortar"-Geschäften entwickeln, die Kundenzufriedenheit wird aber entgegen dem populären Glauben mehr als eine Stärke der Logistik denn eine Stärke des Marketing gesehen. Wo liegt aber die Grenze zwischen perfekter Marktversorgung der Logistik und kundenorientiertem Marketing?

Erhöhte Produktleistungen, mit dem Ziel einen zusätzlichen Kundenwert zu schaffen, reichen allein nicht mehr aus. Nur noch die sogenannten *„service channels"* wie Logistik, Controlling, Marketing und Marktkommunikation sind „wertsteigernde" Instrumente. Grosskunden bestehen beispielsweise auch vermehrt auf eine Anbindung der betrieblichen KANBAN-Funktionalität an Internet- oder EDI-Systeme. KANBAN bedeutet, dass ein Lagersystem nach Entnahme des letzten Artikels (dies wird durch die im Regalfach hinterlegte Karte erkannt) ein Signal, z.B. ein Produktionsvorschlag, auslöst, ohne dass eine Bestellung zugrunde liegt.

## 2    Die Erfolgsfaktoren von Internet

Wenn sich Anlagevermögen innerhalb von Netzen, Rechnern und Kommunikationssystemen bewegt, können traditionelle Finanzanalytiker wenig bei deren Bewertung helfen. Wie bewertet der Buchhalter schon die Lage, wenn die Firma lediglich den Zugang zum Netz besitzt, nicht aber das Netz selbst? Das Geschäftsrisiko wird vernachlässigt, Investoren sehen das Wachstumspotential und schon längstens nicht mehr nur die ausgeschüttete Dividende. „High-Tech-Firmen" wie AOL, Amazon etc. verfolgen vermehrt eine Politik der Null-Dividende: P/E-Verhältnisse von 40 bis 200 sind heute keine Seltenheit mehr.

Schwere Jahresverluste werden von Finanzträgern noch als vorläufiges Übel akzeptiert und die Aktien haben gigantische Börsencodierungen.

*"Application Programmable Interfaces,"* „*User Interfaces"* und „*Flexfields"* verknüpfen assoziativ und umsatzorientiert Software-Engines oder sogar die Software-Suites mit Giga-Datenbanken und Tera-Datawarehouses. Durch diese Informationstechniken können „virtual-reality.com"-Firmen gezielt auf dem E-Commerce-Markt agieren ohne dabei – vorläufig noch – grosse Lagerhäuser und/oder sonstige Anlagevermögen besitzen zu müssen.

Die *wirkliche Stärke von E-Business* liegt in seiner Eigenschaft als „*single source of communication"*. Dies bedeutet, dass häufige Änderungen von Produkten, Preisen sowie Lieferzeiten schnell und vor allem zentral durchgeführt werden können. Die hohe Aktualität kommt sowohl den Kunden als auch den Anbietern zugute. Der Kunde braucht nicht mehr Stapel von Papier durchzublättern und zu horten; es reicht ein „Klick" auf aktualisierte Seiten. Die Bearbeitung von Broschüren, Katalogen, Konvertierungstabellen, die Verknüpfung mit Produktbeschreibungen, technischen Unterlagen, Kopien der Zertifikate sowie Homologierung allgemeiner Firmendaten sind auf Papier komplex darzustellen und schwer zu pflegen.

Mit Internet erfolgt dies einfach über „*Links"*. Gedruckte Informationen kennen de facto nur „Topdown-Links". Die in der „Web-Site" eingebauten Links ermöglichen einen guten Marketingmix im Bereich Marktfragmentierung und Kundensegmentierung durch sehr elegante und gezielte Suchabläufe. Es kann jetzt nach einer multidimensionalen Informationshierarchie gesucht werden. Die Gestaltung von „Web-Sites" wird komplexer, wenn horizontale Links die gleiche Rangordnung haben sollten wie die vertikale Informationsfülle oder der Detailgrad. Dies muss im gleichen Niveau zur Interaktivität der Informationen (*level-of-interactivity*) gesehen werden.

**Beispiel:**
*Informationsfülle (Detailgrad):* Wand aus Gasbeton (und nicht nur „die Wand")
*Interaktivität:* 8mm Loch, für Dübelbefestigung, Schwerlast, mit Eisentreffen.

Auf diesem Niveau interessiert sich der Kunde noch nicht für die Verpackungsgrösse, Lieferkonditionen etc. Raffinierte Analyseprogramme erlauben dem Anbieter noch tiefgehender zu agieren. Entscheidet sich der Kunde zum Beispiel für Artikel A und ist bereits als Kaufkunde registriert, so lässt sich nun ein weiteres Angebot am Bildschirm aufbauen, das dem bestimmten Kundenprofil entspricht. Viele Unternehmen erfahren dadurch einen Paradigmawechsel, indem sie bildorientierte Werbung, geprägt von vielen „*catchy slogans"*, vermehrt durch inhaltsorientierte Werbung ersetzen müssen. Push-Marketing zum Kunden wird ein Pull-Marketing der Kunden.

Theoretisch betrachtet verlieren Anbieter ihre Beratungsrolle bei der Auswahl von Produkten oder Dienstleistungen. E-Business reduziert sie somit zu Vertrags- und Güterflussnetzwerken. Dieses digitale Umlaufvermögen der Firma kann mehrfach angewendet und unendlich oft vermehrt werden.

# 3 Das „Prozess- Reengineering" im Bestellwesen

## 3.1 Die Bestelldynamik

Bei „*Datamodelling*" sollte die Frage: „*Welche Entscheidung trifft der Kunde in welchem Zeitrahmen?*" zuerst beantwortet werden. Man denke hierzu an die verschiedenen Arten von Kundenprofilen („*Contentgenerierung*"). Dauert der Bestellvorgang im üblichen EDV-Umfeld 11 oder 12 Sekunden, so empfindet der Kunde dies als äusserste Grenze. Überraschend für viele E-Business-Spezialisten ist die Tatsache, dass sich bereits in diesem frühen Stadium, die optimale Logistik in Gang setzt. Wird durch die erhöhte Funktionalität des Mediums die Transaktionsgeschwindigkeit noch langsamer, beispielsweise durch viele Farbbilder und Grafiken, so muss die ganze Prozedur sorgfältig überdacht werden. Natürlich stellt sich hier auch die Frage, ob dem Kunden, der entschieden Fachinformation sucht, der ganze „Präsentationswirrwarr" dank „intelligent" gesetzter Links erspart werden sollte.

Voraussetzungen für das E-Business im Bestellwesen:
- aus Kundensicht selbsterklärendes Bestellwesen
- Online-Funktionalität der Produktpräsentation und Materialverfügbarkeit
- aktuelle Preise
- Selbstbestimmung der Lieferkonditionen: Frachtart, Versandzeit als Funktion von Auftragseingabe und/oder Auslieferung, aktuellem Auslastungsgrad des Lagers etc.
- konstanter Bearbeitungsfluss mit dem Hauptrechner, sei es online oder im „Batch"
- Notifikationsfunktionalität, d.h. dem Kunden wird bei Bedarf und/oder automatisch zugemailt, wie zum Beispiel: Versandzeit, Frachtstatus (*tracking and tracing*) der spedierten Ware, Fotobild der Ware zum Zweck der Wiedererkennung oder Schadenersatzbestimmungen. (Man denke hier besonders an „*Exception Management*" –Technologien).

Obige Analyse legt nahe, dass das Hauptproblem (Bananenkurve, Grad der Perfektion einer Bestellung) nicht im EDV-Bereich, sondern in der menschlichen

276

Kommunikation zu suchen ist. Das früher „manuell-computer" unterstützte Bestellwesen, erlaubte eine grosszügigere Kundennähe und hatte auch bekanntlich als Ergebnis grosse Reklamationsbestände. Die Teams zur Bearbeitung der Reklamationen hatten dadurch den Vorteil, sich positiv im Betrieb zu profilieren, da sie viele Kundenkontakte zu generieren wussten und auch wirklich dem Kunden „am nächsten" waren.

Sollte das Bestellwesen im E-Business nach momentanen Betriebsabläufen aufgebaut werden - dies ist durchaus eine zeit- und sachgerechte Einstellung - müssten schwierige Fragen beantwortet werden. Zum Beispiel sollte geklärt werden, ob die Genauigkeit der Bestellungen mit den Vertriebskanälen übereinstimmt, ob etwa nur der Umsatz eine Rolle spielt, ob die Lieferfristen wirklich kundennah sind etc. Massnahmen des *„Change Management"* erlauben es, Unternehmenskultur zu ändern, die vorhandenen *„best practics"* aufzuspüren, zu analysieren und sie zu verbessern.

## 3.2 Die Defaults

Die Auftragsabwicklung im Internet sollte auf einfachen Regelungen (defaults) basieren. Der Kunde zahlt mit seiner *„swipe card"* oder Bankverbindung. Alle Bestellprozesse werden nur noch durch die Maxime: *„Wie vermeidet das Unternehmen Geschäftsrisiken sowie Kundenreklamationen und dies bei angenommener konstant steigender Kundenzufriedenheit?"*.

Die Verkürzung zwischen Bestell- und Auslieferungszeit führt zu einer fortschreitenden Automatisierung der Auftragsbearbeitung in Abhängigkeit zur Komplexität der benötigten Internet-Technologie sowie zu der Differenzierungsstrategie der Firma. Es wird dadurch mehr Zeit für die Pflege der Kernkunden gewonnen. Je mehr Einflüsse auf strukturelle Abläufe zu erwarten sind (z.B. das Absterben der Zwischenhändlerkette), desto tiefgreifender drängen sich Reformen auf. Der User-Zugang zur E-Business-Oberfläche sollte somit auf Basis der Kundenspezialität, Beratungstiefe und hierarchischen Kundenfreigabe (Firewalls) erfolgen.

## 3.3 Die IT-Strategie

*„Eine Trendkurve kann man nicht anhalten. Entweder man lässt als Mitspieler die Umwelt nach Belieben agieren, ist sozusagen „am Schwanz der Trendlinie", und ist glücklich darüber, dass man nicht aus der Kurve geschleudert wird, oder man nimmt sich dank erheblicher Ressourcen vor, die Trendkurve wenigstens mit zu beeinflussen."* Die E-Business-Funktion kann - Medienberichten zufolge - für einen deutschen Grosskonzern bis zu 32 Millionen DM kosten. EDV-Abteilungen werden des öfteren irrtümlicherweise als die „Produktivitätsverhinderer *par*

*excellence"* betrachtet (siehe Y2K). Es wird dabei vergessen, dass die sprunghafte Vermehrung der Anfrage nach EDV-generierten Daten und Leistungen nicht korrekt wahrgenommen wird. Die Verknüpfung von EDV und Geschäftsprozessen muss auf möglichst einfacher Basis stattfinden. Die EDV sollte einen Standard liefern, nicht standardisierte Systemabläufe *("enhancements")* auf ein Minimum reduzieren.

Die heranwachsende Vielfalt von Software im E-Business-Bereich führt oft zu Verzögerungen bei der Realisierung einer IT-Strategie. Die geforderten Leistungen werden nie wirklich erfüllt. Eine allumfassende Integration der IT-Funktionen in allen dazu notwendigen Prozessen führt zur Sicherstellung eines reibungslosen Güternetzwerkes. Die Verkürzung von Taktzeiten in der Versorgungskette setzt einen Quantensprung im IT-Bereich mit folgenden Wettbewerbsvorteilen voraus: *"Ist die beste IT, die es am Markt gibt und somit als "Standard der Technik" gilt, für das eigene Unternehmen gut genug?"* Die Konkurrenz kennt ebenso diese neuen Technologien und wäre, nach erfolgreicher Implementierung, gleich gut wie das eigene Unternehmen selbst. An dem Tag, wo das neue System nach Stabilisierungs- und Kontrollchecks endlich „live" wird (Projektdauer 2 bis 3 Jahre), ist die eingesetzte Internet-Technologie bereits wieder veraltet.

## 3.4 Die Betreuung

Es fehlen heute die MitarbeiterInnen mit dem entsprechenden Realisierungswissen. Nicht nur EDV-Kenntnisse alleine, sondern vor allem Erfahrung im Umgang mit Veränderungen interner Abläufe sind gefragt. Die im E-Business involvierten MitarbeiterInnen sitzen wortwörtlich auf einer Lernkurve, die sie unentbehrlich für die eigene Firma und interessant für „Head-Hunter" macht.

*„People-retention"* oder das „Halten" solcher exzellenter und hoch motivierter Mitarbeiter setzt die Personalabteilung unter hohen Druck. Harmonische Lösungen diesbezüglich finden mit Techniken statt, welche zurzeit noch recht unerforscht sind. Die Unfähigkeit in diesem Feld die eigenen Leute zu behalten, misst sich rasch an der Qualität aktualisierter Web-Seiten sowie an einer wenig systematischen Erhebung und Pflege individueller Kundendaten. Die Kernfähigkeit solcher Projektmitglieder ist das exakte, mehrjährige Wissen aus Kundensicht über die Produkte sowie ein umfassendes Wissen von PC- und Datenbank-Instrumenten. Solche Profile sind in der Regel nur im Kundeninnendienst und Telemarketing zu finden. Und dies ist ein weiteres Hemmnis beim Aufbau von E-Business: solche Zentren muss der Betrieb erst einmal haben! Menschliche Kooperation im Betrieb muss alle an den Prozessen Beteiligte einbeziehen; alle müssen davon überzeugt sein, dass es auf ihre Aussagen ankommt. Die Qualifikation und Sensibilisierung der

278

Prozesseigentümer für ihren Prozess eigenständig Lösungen und Massnahmen zu erarbeiten, bringen eine hohe Akzeptanz und führen zu Weiterqualifizierung und Schulungen.

Der Aufbau von E-Business-Funktionalitäten muss notgedrungen eine Marketing und nicht eine MIS-Priorität sein. Marketing sollte stets die einzelnen Funktionalitäten erforschen, hinterfragen und kritisch bewerten. Selbst wenn sich nicht alle Kernfunktionalitäten auf das Marketing beziehen, müssen spätestens beim Starten der E-Business-Maschine und während späterer Stabilisierungsprozesse alle Kompetenzzentren im Betrieb, durch das Marketing überwacht werden.

# 4 Literaturverzeichnis

**Marketing und Vertrieb mit dem Internet.** Anita Berres. Springer-Verlag. Berlin Heidelberg New York. 1997.

**Informationsverarbeitungs-Controlling;** ein datenorientierter Ansatz. B. Britzelmaier. Stuttgart-Leipzig Teubner-Reiche. Wirtschaftsinformatik.1999.

**Goldsuche im Datenbergwerk:** Dani Metzger. Tages-Anzeiger. TA-Media AG. Zürich. 1999.

**Die Welt in Zahlen:** Aus dem Englischen von Henrik Salzbrei. Das Magazin. TA-Media AG. Zürich. 1999.

**Retailing:** Confronting the challenges that face brick-and-mortar stores. Regina Fazio Maruca. Harvard Business Review. Boston. MA. July-August 1999.

**Managing in the Marketplace:** Jeffrey F. Rayport and John J. Sviokla. Harvard Business Review. Boston. MA. Reprint November-December 1994.

**E-Commerce – das unbekannte Wesen:** Fritz L. Steiner. Absatzwirtschaft 5/99.

# Umsetzung der EU-Richtlinie 97/7/EG (über den Verbraucherschutz bei Vertragsabschlüssen im Fernabsatz) anhand eines Praxisbeispiels

Mag. Stephan Geberl
Fachhochschule Liechtenstein

## 1 Zusammenfassung

Die Anwendbarkeit der Richtlinie 97/7/EG (umzusetzen bis 04.06.2000) und des und die Richtlinienentwurfs KOM(1998) 586 endg. auf alle kommunikations-technologie- basierten kommerziellen Angebote für Verbraucher im Sinne der Richtlinie ist unter Juristen zwar immer noch umstritten[1], aber es ist abzusehen, dass die sog. „Fernabsatzrichtlinie" und die weitere zum Teil noch im Planungsstadium befindliche einschlägige Richtlinien in der Praxis tiefgreifende Auswirkungen auf verbraucherbezogene Angebote über Telekommunikations-medien (Web, Mobilfunk, etc.) haben werden.

Das bestehende und geplante Regelungswerk der EU bringt in den angesprochenen Bereichen eine Zunahme an Rechtssicherheit und Verbesserungen vor allem im Bereich der Vertragsabschlüsse, der Werbe- und Dienstleistungsfreiheit und des Verbraucherschutzes. Die Verbesserungen sind allerdings begleitet von strengen Anforderungen an die Ausgestaltung der Angebote, deren praktische Umsetzung nicht nur den Juristen, sondern auch den Wirtschaftsinformatiker fordern.

Die Anbieter treffen vor allem Informations- und Aufklärungspflichten und die Verpflichtung zur Einhaltung bestimmten Prozeduren bei Vertragsabschlüssen. Das komplizierte Vertragsabschlussprozedere und auch das Erforderniss dem Verbraucher Zugang zu Informationen in einer ihm gängigen Form sowie Kor-rekturmöglichkeiten und Rücktrittsmöglichkeiten zu gewähren müssen beispiels-weise im Daten und Prozessmodell des Unternehmens verankert werden.

Das Referat behandelt die Problematik des Handels (Angebot, Vertragsabschluss, Vertragserfüllung) mit Waren und Dienstleistungen über Telekommunikations-

---

[1] siehe dazu U. Widmer 1997, S. 179 und dagegen die in RL 97/7/EG (9) und in KOM(1998) 586 endg. Art. 1 (3) a gegebene Definitionan bezugnehmend auf alle Arten von Kommunikationsmedien bei denen der Lieferant nicht körperlich anwesend ist.

medien mit Verbrauchern und geht nicht auf andere relevante Rechtsgebiete in diesem Bereich ein. Dies wären beispielsweise Produkthaftung, Signaturrecht, Wettbewerbs-, Markenrecht sowie Standes-, Steuerrechts etc.. Der Business to Business-Bereich ist davon ebenfalls abzugrenzen, da hier zusätzlich andere Rechtsquellen (wie beispielsweise das UN-Kaufrecht) und andere bzw. zusätzliche Regelungen gelten[2].

## 2  Intentionen der Regelungen

Die Richtlinie 97/7/EG und die Richtlinienvorschläge KOM(1998) 586 endg. mit der Änderung von 1999 und hat zum Ziel, den freien Verkehr von Waren und Dienstleistungen innerhalb der Staaten der europäischen Union sicherzustellen. Der Verbraucher (Privatperson) eines beliebigen Mitgliedslandes soll die Möglichkeit haben, Güter und Dienstleistungen auch unter Umgehung der nationalen Vertriebsstrukturen von jedem beliebigen Anbieter im Wirtschaftsraum zu beziehen. Dabei sollen Mindeststandards gelten, die Verbraucher vor aggressiven Verkaufsmethoden (z.B. unbestellt zugestellte, aber fakturierte Waren) schützen und gleichwertige Konditionen über die Nationalstaatengrenzen hinaus sicherstellen.

Die Mitgliedsstaaten müssen zudem Voraussetzungen für rechtlich gültige Vertragsabschlüsse mittels Telekommunikationsmedien schaffen. Das bedeutet in der Praxis, dass rechtliche Grundlagen für technische Entsprechungen bestimmter Formerfordernisse (Schriftlichkeit, Unterschrift) zu schaffen sind[3]. Ein Teil dieser Regelungen, wie etwa Signaturgesetze, sind in einigen Staaten der EU bereits in Kraft.

Als weiterer Grundsatz gilt, ein Verbraucher, der über ein Fernabsatzmedium kauft, darf in Bezug auf Konditionen, Informationen etc. nicht schlechter gestellt werden als ein Verbraucher, der über konventionelle Vertriebswege kauft. Der Lieferant muss seinen Vorteil in Bezug auf die Beherrschung der Technologie mit einem verschärften Widerrufsrecht (Rücktrittsrecht) (wegen der Unmöglichkeit, die Waren vor der Lieferung zu begutachten) des Konsumenten ausgleichen und hat im Streitfall in vielen Fällen die Beweislast zu tragen[4]. Die Zuordnung der Beweislast im Detail, beispielsweise für die vorhergehende Unterrichtung des Verbrauchers, die schriftliche Bestätigung durch den Verbraucher, Einhaltung der

---

[2]  U. Loewenheim (1998), S. 179
[3]  KOM(1998) 586 endg.
[4]  RL 97/7/EG (14) und (22)

Fristen und die Zustimmung des Verbrauchers kann (aber muss nicht) von den Mitgliedsstaaten dem Lieferanten auferlegt werden[5].

Für die proktische Umsetzung in den einzelnen Mitgliedsstaaten steht bis auf wenige Ausnahmen nur wenig Gestaltungsspielraum zur Verfügung. Lediglich Regelungen bezüglich der Sprache und ein mit der EU-Gesetzgebung verträgliches Verbot bestimmter Waren und Dienstleistungen sind möglich[6]. Prinzipiell ist es für einen Anbieter nicht möglich, das Recht eines Drittlandes zum anwendbaren Recht zu erklären um damit EU-Recht zu umgehen. Verbraucher können ausserdem bis auf wenige Ausnahmen auf die ihnen durch die Richtlinie 97/7/EG erwachsenden Rechte nicht verzichten.

Der Geltungsbereich der Richtlinie 97/7/EG ist in Art. 3 eingeschränkt und klammert beispielsweise Finanzdienstleistungen, Immobiliengeschäfte (mit Ausnahme Vermietung), Automatenverkäufe und Verkäufe über öffentliche Fernsprecheinrichtungen aus.

# 3 Umsetzung in den einzelnen Teilen des Geschäftsprozesses

## 3.1 Bestandteile des Geschäftsprozessmodells

Der vereinfachte Mustergeschäftsprozess geht, im Falle von physisch zu liefernden Waren, von der Präsentation des Angebotes über den Vertragsabschluss und die Vertragserfüllung zu einer allenfalls nötigen Warenrücknahme (sieheAbbildung 1).

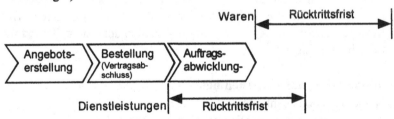

Abbildung 1: Einfaches Geschäftsprozessmodell

Der Unterschied zwischen der Lieferung physischer Produkte und der Erbringung von Dienstleistungen liegt (in diesem Kontext) im Start der Fristen für einen allfälligen Rücktritt vom Vertrag. Bei Dienstleistungen kann der Verbraucher ab

---

[5] RL 97/7/EG Art. 11 (3) a)
[6] RL 97/7/EG (8) und Art. 14

dem Zeitpunkt des Vertragsabschlusses und dem Zugang der Informationen laut Art. 5 97/7/EG stornieren.

## 3.2 Angebotserstellung

Die am schwierigsten zu erfüllenden Regelungen finden sich im Bereich der Unterrichtungspflicht des Verbrauchers vor Vertragsabschluss[7]. Die Unterrichtung muss klar, verständlich und unzweideutig sein. Der kommerzielle Zweck des Angebotes muss deutlich erkennbar sein und die Informationen müssen dem jeweiligen Medium angepasst sein. Auf den Schutz von nicht geschäftsfähigen Personen (Minderjährige) muss den jeweiligen Mitgliedsstaaten entsprechend Rücksicht genommen werden. Die Unterrichtungspflichten umfassen das liefernde Unternehmen, die gelieferte Ware bzw. Dienstleistungen inclusive Lieferkonditionen und allgemeine Informationen bezüglich dem gesetzlichen Widerrufsrecht. Zusätzlich ist zu beachten, dass die Informationspflichten nach KOM(1998) 586 endg. wesentlich weiter gehen als die nach der Richtlinie 97/7/EG[8]. Die Informationen müssen für den Verbraucher (Vertragspartner) ständig, unmittelbar und leicht zugänglich sein. In der Praxis werden die wichtigsten Informationen unmittelbar auf der Webpage gehalten (Eigeninteresse des Dienstanbieters) während alle anderen Informationen über einen deutlich gekennzeichneten Link ständig erreichbar sein müssen.

**Allgemeine Grundsätze**
- Kommerzielle Kommunikationen müssen klar als solche zu erkennen sein
- Die natürliche oder juristische Person, in deren Auftrag kommerzielle Kommunikationen erfolgen, muss klar identifizierbar sein (siehe Unternehmen)
- Auf das Bestehen eines Rücktrittsrechts muss hingewiesen werden
- Alle Informationen die zur Ausführung des Vertrages erforderlich sind (rechtzeitig, schriftlich – diese Informationen sind spätestens bei Erfüllung des Vertrags beizubringen)

**Informationen über das Unternehmen:**
- der Name des Diensteanbieters
- die Anschrift, unter der der Diensteanbieter niedergelassen ist
- die Angaben, die es ermöglichen, zügig mit dem Diensteanbieter Kontakt aufzunehmen und unmittelbar und effizient mit ihm zu kommunizieren, einschliesslich seiner E-mail-Adresse

---

[7] RL 97/7/EG Art. 4
[8] KOM(1998) 586 endg. Art. 5

- gegebenenfalls das Handelsregister, in das der Diensteanbieter eingetragen ist, und seine Handelsregisternummer
- soweit für eine Tätigkeit eine Zulassung erforderlich ist, welche Tätigkeiten unter die dem Diensteanbieter erteilte Zulassung fallen und die Angaben der Zulassungsbehörde
- hinsichtlich reglementierter Berufe gegebenenfalls der Berufsverband, die Kammer oder eine ähnliche Einrichtung, dem der Diensteanbieter angehört, die im Mitgliedstaat der Niederlassung verliehene Berufsbezeichnung, die dort anwendbaren Berufsregeln sowie die Mitgliedstaaten, in denen Dienste der Informationsgesellschaft regelmässig erbracht werden
- in Fällen, in denen der Diensteanbieter Tätigkeiten ausübt, die der Umsatzsteuer unterliegen, die Umsatzsteuernummer unter der er bei seiner Steuerbehörde registriert ist.

**Informationen bezüglich Ware bzw. Dienstleistungen:**
- wesentliche Eigenschaften der Ware oder Dienstleistung[9]
- Preis der Ware oder Dienstleistung einschliesslich aller Steuern
- gegebenenfalls Lieferkosten und andere Nebenkosten
- Einzelheiten hinsichtlich der Zahlung und der Lieferung oder Erfüllung
- Kosten für den Einsatz der Fernkommunikationstechnik, sofern nicht nach dem Grundtarif berechnet
- Gültigkeitsdauer des Angebots oder des Preises
- gegebenenfalls Mindestlaufzeit des Vertrags über die Lieferung von Waren oder Erbringung von Dienstleistungen, wenn dieser eine dauernde oder regelmaessig wiederkehrende Leistung zum Inhalt hat
- Soweit Angebote zur Verkaufsförderung wie Preisnachlässe, Zugaben und Geschenke durch den Mitgliedstaat, in dem der Diensteanbieter niedergelassen ist, erlaubt sind, müssen sie klar als solche erkennbar sein, und die Bedingungen für ihre Inanspruchnahme müssen leicht zugänglich sowie zutreffend und unzweideutig angegeben werden.
- Soweit Preisausschreiben oder Gewinnspiele durch den Mitgliedstaat, in dem der Diensteanbieter niedergelassen ist, erlaubt sind, müssen sie klar als solche erkennbar sein, und die Teilnahmebedingungen müssen leicht zugänglich sowie zutreffend und unzweideutig angegeben werden.

Es gilt ausserdem das Prinzip, dass Informationen von Verbraucherseite jederzeit nachgefordert werden können. In der Praxis wird vor allem die Angabe der Preise inclusive Umsatzsteuer und aller Nebenkosten sowie der Lieferzeiten und der

---

[9] vgl. dazu auch RL 84/450/EWG Art. 3

284

staatenspezifischen Auszeichnungsverpflichtungen im europäischen Umfeld eine anspruchsvolle technische Aufgabe darstellen.

Die Zusendung von unbestellten Waren oder die Erbringung von Dienstleistungen ohne vorherige Bestellung ist untersagt[10]. Der Verbraucher ist für diesen Fall von jedweder Gegenleistung befreit. Das Ausbleiben einer Reaktion seitens des Verbrauchers (konkludentes Handeln) ist in diesem Fall nicht als Zustimmung zu werten.

Die Verwendung bestimmter Fernkommunikationstechniken (Kommunikation mit Automaten, Telefax) bedarf der Zustimmung des Verbrauchers[11]. Andere Kommunikationstechniken dürfen nur dann verwendet werden, wenn der Verbraucher die Verwendung nicht offenkundig abgelehnt hat (Robinson-Liste, opt-out-Register). Der Richtlinienvorschlag KOM(1998) 586 endg. verpflichtet die Anbieter sogar diese Listen regelmässig zu konsultieren[12].

### 3.3 Bestellung, Vertragsabschluss

Vertragsabschlüsse ohne besondere Formerfordernisse (also der Grossteil der einfachen Verbrauchergeschäfte) sind nach geltender Rechtslage (zumindest im deutschshprachigen Raum) über Telekommunikationsmedien möglich und gültig. Die Rechtssysteme sehen ausdrücklich die Möglichkeit der Willenserklärung unter Abwesenden vor[13]. Neu wird die Gültigkeit und das Zustandekommen von Verträgen im Richtlinienvorschlag KOM(1998) 586 endg. Art. 9 geregelt. Es ist vorgesehen, dass die Mitgliedsstaaten das Zustandekommen von Verträgen im Fernabsatzbereich legistisch und technisch ermöglichen müssen. Ausgenommen werden können lediglich (Stand 1999):

- Verträge, die die Mitwirkung eines Notars erfordern;
- Verträge, die erst wirksam werden, wenn sie in ein Register einer Behörde eingetragen werden;
- Verträge im Bereich des Familienrechts sowie
- Verträge im Bereich des Erbrechts.

Bei Annahme über elektronische Medien gilt der Vertrag als abgeschlossen wenn der Verbraucher vom Anbieter des Dienstes (der Ware) eine Bestätigung des Empfangs seiner Annahme erhalten hat und diese wiederum bestätigt hat[14]. Insbesondere gelten nach KOM(1998) 586 endg. Art. 11 folgende Grundsätze (siehe auchAbbildung 2):

---

[10] RL 97/7/EG Art. 9
[11] RL 97/7/EG Art. 10
[12] KOM(1998) 586 endg. Art. 7 (2)
[13] U. Loewenheim (1998), S. 182
[14] KOM(1998) 586 endg. Art. 5

- die Empfangsbestätigung gilt als zugegangen, wenn der Nutzer sie abrufen kann
- der Diensteanbieter hat die Empfangsbestätigung unverzüglich abzusenden.
- der Vertrag ist geschlossen, wenn der Nutzer vom Diensteanbieter auf elektronischem Wege die Bestätigung des Empfangs seiner Annahme erhalten und wenn er den Eingang der Empfangsbestätigung bestätigt hat,
- die Empfangsbestätigung gilt als dem Nutzer zugegangen und die Bestätigung ihres Erhalts gilt als erfolgt, wenn die jeweils andere Partei, für die sie bestimmt sind, sie abrufen kann
- die Empfangsbestätigung des Diensteanbieters und die Bestätigung ihres Erhalts durch den Nutzer sind so schnell als möglich abzusenden

Das Verfahren des Zustandekommens eines Vertrages muss vom Dienstanbieter vor Abschluss klar und unzweideutig erklärt werden. Insbesondere muss der Vertragspartner auch darüber aufgeklärt werden wie er zu einer Kopie (elektronisch, Papier) des Vertrages kommt, wo und wie der Vertrag gespeichert wird und wie Eingabefehler korrigiert werden können.

Im Verbraucherbereich müssen zusätzlich folgende Informationen schriftlich oder auf dem Verbraucher dauerhaft zugänglichem Datenträger übermittelt werden:

- schriftliche Informationen über die Bedingungen und Einzelheiten der Ausübung des Widerrufsrechts
- die geographische Anschrift einer Niederlassung des Lieferers, bei der der Verbraucher Beanstandungen vorbringen kann
- Informationen über Kundendienst und geltende Garantiebedingungen;
- die Kündigungsbedingungen bei unbestimmter Vertragsdauer bzw. einer mehr als einjaehrigen Vertragsdauer.

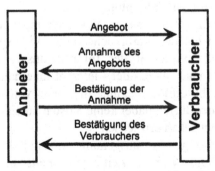

Abbildung 2: Zustandekommen von Verträgen über elektronische Medien

Die Übermittlung der Informationen ist für die Fristigkeit des Rücktrittsrechts von entscheidender Bedeutung. In der Praxis wird man dieser Informationspflicht am Besten bei Vertragsabschluss nachkommen.

Die Kommission empfiehlt Verbänden, Berufsgruppen, Unternehmervertretungen etc. zusätzlich zu den gesetzlich festgelegten Vorgaben Verhaltenscodices aufzustellen[15].

## 3.4 Auftragsabwicklung, Vertragserfüllung

Lieferungen von Waren sind soweit vertraglich nichts anderes vereinbart wurde spätestens 30 Tage nach der Übermittlung der Bestellung auszuführen[16]. Hier wird es vor allem darauf ankommen, dem Verbraucher Transparenz bezüglich Lieferfähigkeit und Lieferzeiten zu gewähren. Sollte die Ware nicht verfügbar sein muss der Lieferant den Verbraucher unterrichten und dieser muss die Möglichkeit haben, sich geleistete Zahlungen binnen 30 Tagen erstatten zu lassen. Die einzelnen Mitgliedsstaaten haben hier das Recht bei der Umsetzung die Möglichkeit von qualitäts- und preisgleichen Ersatzlieferungen vorzusehen wenn dies im Vertrag vorgesehen ist. Der Verbraucher ist darüber in klarer und verständlicher Form zu informieren. Kosten, die durch allfällige Rücksendungen in Ausübung des Widerspruchsrechtes entstehen, sind in diesem Fall zur Gänze vom Lieferanten zu tragen.

# 4 Stornierung von Verträgen

Die Widerspruchsfrist bei **Warenlieferungen** für den Verbraucher hängt von der Erfüllung der Informationsverpflichtung nach Art. 5 97/7/EG durch den Lieferanten ab. Ist der Lieferant seinen Verpflichtungen vor der Lieferung der Waren nachgekommen hat der Verbraucher eine Widerspruchsfrist von sieben Werktagen. Kommt der Lieferant der Informationsverpflichtung nicht nach, beträgt die Frist drei Monate. Wenn der Lieferant innerhalb der Drei-Monatsfrist seine Informationspflicht erfüllt, beginnt die Frist von sieben Werktagen zu laufen. Dem Verbraucher dürfen dabei keine Kosten ausser denen die unmittelbar aus der Rücksendung entstehen erwachsen.

Von der Widerspruchsregelung ausgenommen sind kundenspezifische Anfertigungen, verderbliche Waren, Zeitungen, Zeitschriften, Illustrierte und Software bzw Video- und Audioaufzeichnungen, die vom Verbraucher entsiegelt wurden.

---

[15] vgl. dazu RL 92/295/EWG
[16] RL 97/7/EG Art. 7

Bei **Dienstleistungen** beginnt die Widerspruchsfrist mit dem Tag des Vertragsabschlusses sofern der Lieferant seine Informationspflicht nach Art. 5 97/7/EG erfüllt hat. Ansonsten besteht wie bei Waren eine dreimonatige Frist. Ausgenommen sind Dienstleistungen, mit deren Ausführung mit Zustimmung des Verbrauchers vor Ablauf der Sieben-Tagefrist begonnen wurde. In der Praxis ist es also sinnvoll sich möglichst im Vertrag die Zustimmung des Vertragspartners zur sofortigen Ausführung einzuholen oder aber die Widerspruchsfrist abzuwarten.

Allgemein ausgeschlossen vom Widerspruchsrecht sind Waren oder Dienstleistungen, deren Preis vom Finanzmarkt abhängt, und Dienstleistungen im Wett- und Lotteriebereich.

Allfällige gewährte oder vermittelte Kredite zur Finanzierung des Kaufpreises müssen vom Lieferanten kostenfrei storniert werden.

# 5 Umsetzung

Die geschilderte Regelungsdichte wird einerseits dazu führen, dass die Geschäftsprozesse zunehmend automatisiert werden müssen um einerseits dem Kunden Transparenz bezüglich der Lieferkonditionen (Lieferzeit, Verfügbarkeit, ...) bieten und andererseits eine „rund um die Uhr – Dienstleistung zur Verfügung stellen zu können. In einer groben Übersicht müssen dabei die in Abbildung 3 genannte Anwendungsfälle angeboten werden wobei die Anwendungsfälle, die von den Richtlinien stark betroffen sind unterstrichen gekennzeichnet wurden.

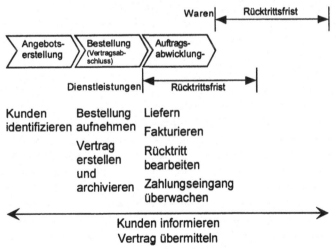

Abbildung 3: Anwendungsfälle (Used-Cases)

# 6 Literatur

**U. Loewnenheim (1998):** Ulrich Loewenheim, Frank A. Koch; Praxis des Online-Rechts; Verlag Wiley-VCH Weinheim 1998

**U. Widmer (1997):** Dr. Uraula Widmer, Lonrad Bähler; Rechtsfragen beim Electronic Commerce; Orell Füssli Verlag Zürich 1997

**RL 97/7/EG:** Richtlinie 97/7/EG des Europäischen Parlamentes und des Rates vom 20. Mai 1997 über den Verbraucherschutz bei Vertragsabschlüssen im Fernabsatz

**RL 84/450/EWG:** Richtlinie 84/450/EWG des Rates vom 10. September 1984 zur Angleichung der Rechts- und Verwaltungsvorschriften der Mitgliedsstaaten über irreführende Werbung

**92/295/EWG:** Empfehlung der Kommission vom 7. April 1992 über die Verhaltenscodices zum Verbraucherschutz bei Vertragsabschlüssen im Fernabsatz

**KOM(1998) 586 endg.:** Vorschlag für eine Richtlinie des Europäischen Parlamentes und des Rates über bestimmte rechtliche Aspekte des elektronischen Geschäftsverkehrs im Binnenmarkt (Fassung von 1999)

# Business Knowledge Management für kundenzentrierte Finanzdienstleistungen

Doris Beck, Volker Bach
LGT Bank in Liechtenstein, Universität St. Gallen (HSG)

## 1 Kundenzentrierung durch Prozessportale

Lange Zeit galt der Banksektor als das Musterbeispiel eines stabilen Marktes, auf dem sich durch die aussergewöhnliche Kundenbindung nur mittel- und langfristige Änderungen vollzogen. Seit einigen Jahren ist die Wettbewerbssituation im Bankensektor infolge rascher technologischer Entwicklungen sowie einschneidender globaler Veränderungen durch ein besonderes Mass an Dynamik gekennzeichnet.

Der Wettbewerbsdruck auf etablierte Anbieter verstärkt sich durch die zunehmende Internationalisierung des Bankgeschäfts, die Deregulierungen im rechtlichen Umfeld und den Markteintritt neuer Wettbewerber. Non-Banks wie Automobilhersteller oder Handelsgesellschaften und Near-Banks wie Leasingfimen oder Kreditkartengesellschaften bieten Finanzierungs-, Leasing- und Kreditleistungen an. Spezialinstitute für Homebanking oder Discount Brokering erobern mit ihren innovativen Produkten Marktanteile. Der Konkurrenzdruck in der Finanzdienstleistungsbranche wächst.

Auf der Nachfrageseite sehen sich Finanzdienstleister immer anspruchsvolleren Zielgruppen hinsichtlich Zeit, Qualität und Flexibilität von Leistungen gegenüber. Um bei weitgehend ausgeschöpften Kundenpotenzialen noch Ertragssteigerungen zu realisieren, ist eine Individualisierung des Leistungsangebots notwendig. Gleichzeitig wächst das Preisbewusstsein der Kunden, was zur Verengung preispolitischer Spielräume führt[1].

Von besonderer Bedeutung für den Wandel im Bankbereich ist die Entwicklung der Informationstechnologie (IT), die einerseits den Auslöser des Wandels und zum anderen eine Option zu dessen Bewältigung darstellt. Beispiele reichen vom elektronischen Geld über Internet-Banking bis hin zur „virtuellen Bank". Intern ergeben sich Potenziale in der Integration verschiedener Medien in Call oder Contact Centern bis hin zur "Rundum-Versorgung" der Kundenberater mit Wissen über Kunden, Produkte, Konkurrenten etc.[2]

---

[1] vgl. R. E. Wayland, P. M. Cole (1997)
[2] s. M. Stender, E. Schulz-Klein (1998)

Um ihre Wettbewerbsfähigkeit in Zukunft zu sichern, sind die Banken heute gefordert, entsprechende Massnahmen einzuleiten. Dazu zählt insbesondere eine klare Ausrichtung auf die Kundenbedürfnisse. Der Oberbegriff Customer Relationship Management (CRM) fasst sämtliche Aktivitäten zusammen, deren Ziel eine verbesserte Kundenorientierung ist. Alle Bankinstitute haben die ersten Schritte in Richtung Customer Relationship Management bereits hinter sich, sei es Internet-Präsenz mit Produktinformationen, Database Marketing, Call Centers, eigene Internet-Marktplätze oder Intranets zur Unterstützung der Markting- und Verkaufsprozesse etc.[3]

Bei der Weiterentwicklung dieser Lösungen ist die Orientierung am Kundenprozess unerlässlich. Insbesondere da im Informationszeitalter nicht nur der Bereich der Finanzdienstleister starken Veränderungen unterliegt, sondern die gesamte wirtschaftliche Struktur. Deshalb müssen Banken zunächst ihre Position im sich abzeichnenden Geschäftsmodell des Informationszeitalters neu bestimmen. Die Kundenprozesszentrierung ist der Schlüssel hierzu[4].

## 1.1 Beispiel: yourhome.ch

In letzter Zeit sind verschiedene Angebote entstanden, die zum Ziel haben, Kundenprozesse möglichst umfassend zu unterstützen.

Abb. 1: www.yourhome.ch

Die Websites www.immoseek.de von der HypoVereinsbank und www.yourhome.ch (s. Abb. 1) von der Credit Suisse nutzen das Internet, um dem Kunden möglichst viele Services rund um den Immobilienerwerb zur Verfügung zu stellen. Bei yourhome kann sich der Kunde in der Rubrik „Was muss ich wissen?" zunächst grundlegend informieren. Hier findet er Hintergrundinfor-

---

[3] s. R. Schmid, V. Bach (2000)
[4] s. V. Bach, H. Österle (2000)

mationen über die Bedarfsermittlung, die Objektsuche sowie über Rechtsfragen, Steuerthemen, Finanzierungsmöglichkeiten und Versicherungsfragen. Diese Informationen helfen dem Kunden, den Ablauf seines Kundenprozesses optimal zu organisieren. Checklisten und Hinweise, was bei den einzelnen Aktivitäten zu beachten ist, erlauben es, auf einfache Weise Prozess-know-how aufzubauen.

Konkrete Unterstützung der Suche nach einem geeigneten Objekt findet man in der Rubrik „Was gibt es auf dem Markt?". Der Kunde kann hier in zwei von Drittanbietern zur Verfügung gestellten Immobiliendatenbanken nach geeigneten Objekten suchen. Ausserdem hat er Zugriff auf Kartenmaterial, das ihm Auskunft über die Wohnlage und die Umgebung eines gefundenen Objektes gibt. Eine weitere Funktion bietet Unterstützung, wenn der Kunde ein Objekt individuell bewerten lassen möchte. Ausserdem besteht Zugriff auf nützliche Adressen zum Beispiel von Immobilienmaklern und Liegenschaftsbewertern.

Geht es um die Finanzierung der Immobilie, bietet yourhome unter der Rubrik „Online-Finanzierung" die Möglichkeit der persönlichen Budgetplanung, der Ermittlung von Konditionen für Hypotheken der Credit Suisse sowie der Berechnung von steuerlichen Auswirkungen und von Versicherungsvarianten. Es besteht die Möglichkeit, online einen Antrag für ein Hypothek zu erstellen.

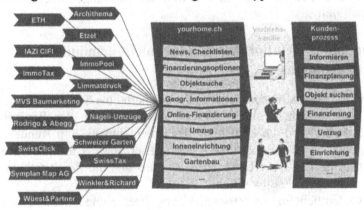

Abb. 2: Yourhome.ch integriert externe und eigene Angebote

Die Rubrik „Rund ums Wohnen" bietet eine weitergehende Unterstützung des Kundenprozesses. Unter „Bau/Umbau/Renovation" findet man Informationen über einen typischen Bauablauf sowie diverse Checklisten. Der Umzug wird durch Informationen über Umzugsmöglichkeiten und -kosten sowie durch einen Link auf ein Speditionsunternehmen unterstützt. Zur Planung der Inneneinrichtung stehen Checklisten sowie eine kostenlose Möblierungssoftware zum Download zur Verfügung.

Das Beispiel yourhome zeigt, wie die eigentliche Kernleistung der Credit Suisse – die Finanzierung – nicht mehr als alleinstehendes Produkt angeboten wird, sondern eingebettet in eine Lösung zur Unterstützung des gesamten Kundenprozesses. Zur Bereitstellung dieses umfassenden Leistungsspektrums kooperiert die Credit Suisse mit verschiedenen Drittanbietern wie zum Beispiel Herstellern von Kartenmaterial, Umzugsunternehmen, Immobilienmaklern, Steuerspezialisten etc. Die Angebote von den Drittanbietern und die eigenen Angebote bündelt die Credit Suisse und stellt sie im wesentlichen über Internet, aber auch teilweise per Telefon oder in der Filiale, dem Kunden zur Verfügung (s. Abb. 2). Zusammengefasst bieten Prozessportale dem Kunden folgenden Nutzen:

- *Everything:* Er bekommt alle Produkte, Dienstleistungen und Informationen aus einer Hand, benötigt nur eine Geschäftsbeziehung.
- *One-stop:* Der Kunde kann das gesamte Geschäft in einem einzigen Vorgang erledigen. Er muss – abgesehen vom physischen Warentransport – nie auf den Lieferanten warten (keine Unterbrechung des Kundenprozesses).
- *Anyhow:* Er erhält Prozessunterstützung gemäss seiner bevorzugten Weise (z. B. per Telefon und Fax).
- *One-to-one:* Die Kommunikation mit dem Lieferanten ist vom Marketing bis zum After-Sales-Service auf seinen Bedarf (Kundenprofil) abgestimmt.
- *Everywhere und non-stop:* Er bekommt die Leistungen überall auf der Welt und jederzeit.

## 1.2 Customer Relationship Management ermöglicht Prozessportale

Aus Sicht des Unternehmens stellt das Prozessportal die Schnittstelle zum Kunden dar. Bei jedem Kontakt nimmt der Kunde Leistungen des Prozessportals in Anspruch. Dabei wird die Beziehung des Unternehmens zum Kunden aufgebaut und gepflegt. Unternehmensintern ist daher das Customer Relationship Management für den Betrieb des Prozessportals und die Bereitstellung der angebotenen Leistungen verantwortlich.

Abb. 3 verdeutlicht diesen Zusammenhang. Der Kunde durchläuft einen hier verallgemeinert dargestellten Kundenprozess. Dabei tritt er mehrfach über verschiedene Vertriebskanäle mit einem Prozessportal, das seinen Kundenprozess unterstützt, in Kontakt. Unternehmensseitig sind die CRM-Prozesse Marketing, Verkauf und Service dafür verantwortlich, die Leistungen des Prozessportals bereitzustellen und damit die Kundenkontakte zu unterstützen. Das Unternehmen greift dazu in der Regel auf ein Netzwerk von Lieferanten und Drittanbietern wie z.B. Versicherungen zurück. Hochstandardisierte Dienstleistungen wie z.B. die Abwicklung des Zahlungsverkehrs werden von darauf spezialisierten e-Service-Anbietern über standardisierte Schnittstellen – den sogenannten Business Bus – bezogen.

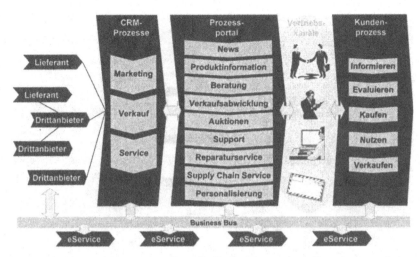

Abb. 3: Die CRM-Prozesse stellen die Leistungen eines Prozessportals bereit

Zur Abgrenzung der Prozesse Marketing, Verkauf und Service voneinander werden einerseits die Zielgruppen der Prozessaktivitäten und andererseits die Ereignisse Kundenkontakt und Vertragsabschluss betrachtet[5] (s. Abb. 6). Der Marketing-Prozess hat prinzipiell den gesamten Markt als Zielgruppe. In der Regel wird diese Zielgruppe anhand verschiedener Kriterien eingegrenzt, um einen Kreis potenzieller Kunden mit hoher Erfolgswahrscheinlichkeit anzusprechen. Für die Abgrenzung ist es irrelevant, ob ein breites Massenmarketing oder ein stark individualisiertes Marketing durchgeführt wird. Ziel des Marketing-Prozesses ist es in jedem Fall, beim potenziellen Kunden Interesse für ein bestimmtes Produkt zu erzeugen. Die Zielgruppe kann dabei durchaus bestehende Kunden umfassen, denen ein zusätzliches Produkt angeboten wird. Marketingaktivitäten können auch allein auf die Bindung bestehender Kunden abzielen (Kundenbindungsmarketing). Sobald ein Kunde in einem individuellen Kontakt konkretes Interesse an dem angebotenen Produkt bekundet, geht der Marketingprozess in den Verkaufsprozess über.

Der Verkaufsprozess umfasst alle Aktivitäten, die im Kontakt mit einem interessierten Kunden zu einem Vertragsabschluss führen sollen. Dies können zum Beispiel Beratungsgespräche oder die Bereitstellung von Informationsmaterial sein. Mit dem Vertragsabschluss endet der Verkaufsprozess. Es schliessen sich einerseits der Serviceprozess und andererseits der Prozess Leistungserstellung an. Die Leistungserstellung ist ein Backoffice-Prozess ohne direkten Kundenkontakt. Hier werden die vertraglich vereinbarten Leistungen erbracht und z.B. im Falle eines Bankkontos die Transaktionen abgewickelt.

---

[5]  s. J. Schulze et al. (1999)

294

Abb. 4: Abgrenzung der CRM-Prozesse

Alle weiteren Kundenkontakte finden im Service-Prozess statt, über den der Kunde Auskünfte und Hilfestellungen erhält, aber auch z.B. Transaktionsaufträge erteilen kann. Aus dem Serviceprozess heraus kann ein Potenzial für den Verkauf eines weiteren Produktes entstehen, das dann wiederum vom Marketing- oder Verkaufsprozess weiterverfolgt wird.

Ein wesentlicher Bestandteil des Customer Relationship Management ist die integrierte Betrachtung der Prozesse Marketing, Verkauf und Service. Um das volle Potenzial von CRM ausschöpfen zu können, muss der Informationsfluss zwischen diesen Prozessen sichergestellt werden. In jedem dieser drei Prozesse muss den Mitarbeitern das relevante Wissen über Kunden, Produkte, Märkte etc. zur Verfügung stehen. An diesem Punkt setzt die LGT Bank in Liechtenstein an.

# 2 Wissensmanagement im Beratungsprozess

## 2.1 Wertschöpfung durch Wissen

Die LGT Bank in Liechtenstein AG ist ein Finanzdienstleister, der international als Privatbank und regional als Universalbank tätig ist. Schwerpunkt der Geschäftstätigkeit ist die Vermögensverwaltung und die Anlageberatung für anspruchsvolle Privatkunden. Auch für die LGT Bank in Liechtenstein steht der Kunde im Zentrum strategischer Überlegungen. Der persönliche Kontakt sowie Objektivität und Kompetenz in der Beratung sind entscheidend für eine langfristig erfolgreiche Kundenbeziehung.

Marketing und Organisationsstruktur der Bank waren bislang an den Produkten der Bank ausgerichtet. Aber: „Das Kundenverhalten und die Kundenbedürfnisse verändern sich zusehends. Der Kunde verlangt eine gesamtheitliche Beratung und Betreuung aus einer Hand", so Dr. Konrad Bächinger, Generaldirektor der LGT Bank in Liechtenstein. Auf Grundlage dieser Überlegungen hat die Bank 1996 beschlossen, den Kunden noch stärker in den Mittelpunkt zu stellen.

Das Projekt „KUNO" (Kundenorientierung) strukturierte die Geschäftsbereiche nach Individual-, Privat- und Finanzkunden neu. Entsprechend den Geschäfts- bereichen gibt es nun Beratungs- und Verkaufsteams, die eine Beratung aus einer Hand ermöglichen. Jeder Kunde hat einen Kundenberater, der Ansprechpartner für alle Bedürfnisse ist. Zur Unterstützung der Kundenberater baute die LGT das KUNO-Frontsystem auf, das als Wissensportal folgenden Zielen dienen sollte (s. Abb. 5):

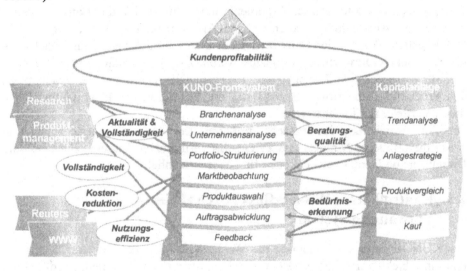

Abb. 5: Ziele des Wissensmanagements bei der LGT Bank in Liechtenstein

- *Steigerung der Beratungsqualität:* Der Kundenberater muss in der Lage sein, über die gesamte Palette von Produkten und Dienstleistungen der Bank hinweg eine kompetente Beratung anzubieten. Dies erfordert umfassendes Fachwissen zu den verschiedenen Anlage- und Finanzierungsformen, aber auch zu den Themen Versicherung, Altersvorsorge, Steuern, Erbschaften, Immobilien, Treuhand und Recht. Notwendig ist dazu eine gesteigerte *Aktualität und Vollständigkeit* der Informationen aus dem Research und dem Produktmanagement.

- *Bessere Bedürfniserkennung:* Kundenbedürfnisse sollen konsequent in die Produktentwicklung einfliessen. Ungelöste Kundenprobleme müssen dazu

möglichst *vollständig* vom Kundenberater zum verantwortlichen Produkt-
manager weitergegeben werden.

- Weitere Ziele betreffen die *Senkung der Kosten* für externe Informations-
dienste wie Reuters sowie eine *effizientere* Nutzung von Informationsquellen
im Internet.
- Zusammen soll dies zu einer gesteigerten *Kundenprofitabilität* führen.

## 2.2 Strukturierung der Wissensbasis ist der Schlüssel zur Integration

Die Bank strukturierte das verfügbare Wissen nach Hintergrund-, Finanz-,
Anlage- und Produktinformationen. Letztere gliedern sich in Informationsblöcke
zu Eigenschaften, Pricing, Kurse/Zinssätze, Markt/Konkurrenz, Alternativen,
Bedingungen, Verkaufshilfen, Argumentarium, Nutzen für die Bank, Produkt-
manager und Abwicklung (s. auch Abb. 8). Als problematisch hat sich im Projekt
herausgestellt, dass in der Bank weder ein klares Produktverständnis noch eine
klare Produktverantwortung vorhanden waren. Es ging deshalb zunächst darum,
hier für entsprechende Transparenz zu sorgen. Die Zuordnung der Produkte zu
den Produktklassen erfolgte ebenso wie die Definition der Informationsblöcke
durch Vertreter der Fachbereiche[6].
Die Vorstrukturierung des Wissens ermöglicht die prozessorientierte Navigation
sowie die effiziente Nutzung und Pflege des verfügbaren Wissens, aber auch die
Definition von Verantwortlichkeiten für bestimmte Inhalte.

## 2.3 Kontrollierter Wissensfluss durch Objekt-Verwaltungssystem

Das KUNO-Frontsystem integriert das World Wide Web, den Reuters Datenstrom
und ein Objekt-Verwaltungssystem, das Funktionen zum Erfassen, Modifizieren
und Löschen von Informationen bietet, die in der Bank selbst entstehen:

- Objekte müssen explizit für den Zugriff durch alle Kundenberater freigeben
werden ("Einchecken" in das System). So hat der Kundenberater die Sicherheit, dass es sich bei jedem "eingecheckten" Dokument um die aktuell gültige
Fassung handelt[7].
- Sobald eine neue Fassung z.B. einer Weisung verfügbar ist (d.h. "einge-
checkt" wurde), wird der Benutzer auf diese Neuigkeit aufmerksam gemacht:
er erhält beim Einstieg in das System eine Liste der in letzter Zeit geänderten
oder hinzugefügten Informationen.

---

[6] s. Th. M. Kaiser et al. (1998)
[7] vgl. U. Kampffmeyer, B. Merkel (1997)

- Versionierung und Archivierung von Dokumenten ermöglichen bei Bedarf den Rückgriff auf ältere Fassungen.
- Das System unterstützt mehrsprachige Information (Deutsch, Englisch, Französisch und Italienisch).
- Eine Datenbank enthält zusätzlich Meta-Daten über Informationen, wie z.B. Autor, Datum der letzten Aktualisierung und Version.

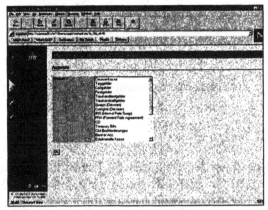

Abb. 6: Produktinformationen im KUNO-Frontsystem

## 2.4 Organisatorische Verankerung durch Online-Redaktor, Content-Manager und Wissensmanagement-Prozesse

Für den Erfolg des Systems war die Aktualität der bereitgestellten Informationen von entscheidender Bedeutung. Der Wissensfluss zwischen Produktmanagement, Marktanalyse und Vertrieb funktioniert nur dann, wenn die Bereitstellung von Informationen in den Arbeitsabläufen der Mitarbeiter verankert ist. Die Bank hat deshalb frühzeitig den Ablauf zur Bereitstellung von Informationen spezifiziert (d.h. Wissensmanagement-Prozesse eingeführt; s. Abb. 7) und entsprechende Verantwortlichkeiten zugeordnet (d.h. Wissensrollen etabliert). Die technische und inhaltliche Gesamtverantwortung wurde zwei eigens geschaffenen Stellen – dem Web-Master bzw. dem Online-Redaktor – übertragen. Darüber hinaus wurden in den einzelnen Fachbereichen ca. 15 Content-Manager definiert. Content-Manager haben die inhaltliche Verantwortung für eine Gruppe von Informationen (z.B. Kreditprodukte). Sie definieren und leiten ein Team von Autoren, überprüfen die erstellten Informationen und checken diese in das System ein.

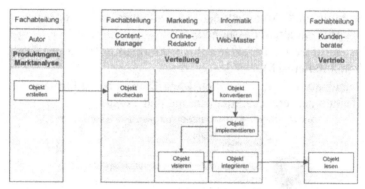

Abb. 7: Wissensmanagement-Prozess „Verteilung"

## 2.5  Kosten und Nutzen

Die unmittelbaren externen Projektkosten für Hardware, Software und Beratung beliefen sich auf 190.000 CHF. Insgesamt investierte die Bank knapp 600 Personentage in die Entwicklung und Einführung der Anwendung (hinzu kamen ca. 400 Tage für den Aufbau der Intranet-Infrastruktur). Dem stehen Kostensenkungen von jährlich 465.000 CHF gegenüber, die durch Einsparungen bei externen Informationsdiensten und der papierbasierten Informationsverteilung entstehen. Darüber hinaus wird sich der Aufwand im Support der Kundenberater um dreissig Prozent reduzieren. Der qualitative Nutzen lässt sich zusammenfassen als „Quantensprung in der Informationsbeschaffung und –vermittlung bei der LGT Bank in Liechtenstein" (Walter G. Marxer, Geschäftsfeldleiter und Mitglied der Generaldirektion).

# 3  Zusammenfassung: Das Modell des Business Knowledge Managements

Die LGT Bank in Liechtenstein hat für ihre Kundenberatung ein systematisches Wissensmanagement, basierend auf dem Modell des Business Knowledge Management[8], aufgebaut (s. Abb. 8):

---

[8]  s. V. Bach et al. (2000). Dieses Modell ist auf Basis der Zusammenarbeit mit mehreren Partnerunternehmen im Kompetenzzentren „Business Knowledge Management" und „Customer Relationship Management – Herausforderung für Banken" entstanden (s. dazu www.iwi.unisg.ch/ccbkm und www.iwi.unisg.ch/cccrm)

Das KUNO-Frontsystem ist erfolgreich, weil es die Wissensbedarfe der Kunden-berater umfassend abdeckt – von aktuellen Finanzdaten, über Marktanalysen bis hin zu Verkaufsmaterialien – und die Nutzung durch eine integrierte Oberfläche erleichtert. Auch weitere Erfahrungen in der Praxis zeigen: Wissensmanagement muss vom Geschäftsprozess ausgehen und die Nutzung von Wissen sicherstellen[9].

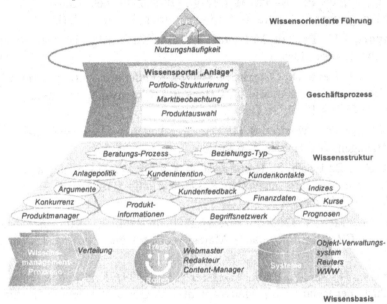

Abb. 8: Modell des Business Knowledge Managements am Beispiel der LGT Bank in Liechtenstein

Die LGT Bank in Liechtenstein hat zunächst das für den Beratungsprozess notwendige und verfügbare externe und interne Wissen (Finanzdaten, Produktin-formationen usw.) ermittelt und strukturiert (*Wissensstruktur*), dann die Prozesse und Verantwortlichkeiten zum Aufbau und zur Pflege dieses Wissens formuliert und implementiert. Schliesslich hat sie die technische Infrastruktur in Form eines Intranets geschaffen, das heterogene Systeme wie Reuters oder ein Objekt- Ver-waltungssystem integriert (*Systeme*). Allein aufgrund der Kostenreduktionen bei der Papierdokumentation und bei externen Informationsdiensten hat sich das System innerhalb eines Jahres bezahlt gemacht. Das Hauptziel, die Verbesserung der Beratungsqualität, wird anhand von Prozessführungsgrössen wie der Abschlussquote konsequent verfolgt (*wissensorientierte Führung*)[10].

---

[9] s. auch D. Skyrme, D.M. Amidon (1997) und T.H. Davenport, L. Prusak (1998)

[10] s. Th. M. Kaiser et al. (1998) und G. J. B. Probst (1999)

# 4 Literatur

**Bach, V., Österle, H. (Hrsg.) (2000):** Customer Relationship Management in der Praxis, Springer Verlag, Berlin et al. (im Druck)

**Bach, V., Vogler, P., Österle, H. (Hrsg.) (2000):** Business Knowledge Management in der Praxis, Springer Verlag, Berlin et al. (im Druck)

**Davenport, T.H., Prusak, L. (1998):** Working Knowledge, Harvard Business School Press, Boston

**Kaiser, T.M., Beck, D., Österle, H. (1998):** Kundenorientierung durch I-NET Technologie – Fallstudie LGT Bank in Liechtenstein, Arbeitsbericht IM HSG/CC I-NET/2, St. Gallen

**Kampffmeyer, U., Merkel, B. (1997):** Grundlagen des Dokumenten-Managements, Gabler, Wiesbaden

**Probst, G. J. B., Raub, S., Romhardt, K. (1999):** Wissen managen – Wie Unternehmen ihre wertvollste Ressource optimal nutzen, 3. Auflage, Gabler Verlag, Wiesbaden

**Schmid, R., Bach, V. (2000):** Prozessportale im Banking – Kundenzentrierung durch CRM, in: Information Management & Consulting, Jg. 15, Nr. 1, S. 49-55

**Schulze, J., Thiesse, F., Bach, V., Österle, H. (1999):** Knowledge Enabled Customer Relationship Management, in: Österle, H., Fleisch, E., Alt, R. (Hrsg.), Business networking – Shaping Enterprise Relationship on the Internet, Springer, Berlin et al., S. 143-160

**Stender, M., Schulz-Klein, E. (1998):** Internetbasierte Vertriebsinformationssysteme, Fraunhofer-Institut für Arbeitswirtschaft und Organisation, Fraunhofer IRB Verlag, Stuttgart

**Skyrme, D., Amidon, D.M. (1997):** Creating the Knowledge-Based Business, Business Intelligence Ltd., London

**Wayland, R. E., Cole, P. M. (1997):** Customer connections: new strategies for growth, Harvard Business School Press, Boston

# ECommerce und Logistik
# Web-basierte Logistikservices

Oswald Werle
inet-logistics GmbH

# 1 Einleitung

An der Schwelle zum dritten Jahrtausend befinden wir uns in einem tiefgreifenden und extrem raschen Wandel von der Industriegesellschaft zur **Informationsgesellschaft**. Nach Picot / Reichwald / Wigand[1] sind die wichtigsten Dimensionen des dabei stattfindenden Strukturwandels die Veränderung der **Wettbewerbssituation**, die Innovationspotentiale der **ICT** sowie die Veränderung der **Umweltsituation**. Diese drei Dimensionen generieren in ihren Ausprägungen und gegenseitigen Einflüssen auch völlig neue Herausforderungen für Logistikdienstleister, welche mit den heutigen Geschäftsmodellen sowie den konventionellen Organisations- und Führungskonzepten nicht erfolgreich bewältigt werden können.

Unter Nutzung von neuen und wirtschaftlich verfügbaren Technologien werden sich deshalb die heutigen Geschäftsmodelle mehr und mehr zu **elektronischen, vernetzten Märkten** transformieren. Während dieser umfassenden Transformationsphase werden **virtuelle Unternehmen** entstehen, welche durch Auflösung von Hierarchien, durch Symbiosen und Kooperationen sowie die Gestaltung von und die Teilnahme an elektronischen Märkten geprägt sein werden. **eCommerce**, der elektronische Handel von physikalischen und immateriellen Gütern, bedeutet dabei aber nicht etwa nur ein Verlagern von bestehenden Geschäftsprozessen in das Internet. Vielmehr ist für die elektronischen Märkte eine Gestaltung von **neuen Geschäftsmodellen** erforderlich, welche die Möglichkeiten der ICT (Information & Communication Technology) voll ausnützen und dadurch zu neuen Produkten / Dienstleistungen sowie integrierten und effektiven Wertschöpfungsketten führen. Bei der Beurteilung von eCommerce ist zu

---

[1] Picot, A.; Reichwald, R.; Wigand R.T. (1996)

berücksichtigen, dass heute umsatzmässig ca. 80% der elektronischen Geschäfte im Bereich **„Business-to-Business"** (B2B) und nur ca. 20% im Bereich **„Business-to-Consumer"** (B2C) abgewickelt werden. Laut Prognosen soll es in den nächsten 5 Jahren bei einem jährlichen Wachstum von ca. 200% eine weitere Verlagerung zu Gunsten des Bereiches „Business-to-Business" geben.

# 2 Ausgangslage

## 2.1 Logistik im Umbruch

Durch die Verbreitung von elektronischen Märkten werden sich auch völlig neue Spielregeln auf dem Gebiet der Logistik ergeben. Waren die Supply chains bisher eher statisch und von einem längerwährenden Charakter, werden sich zukünftig vermehrt dynamische und am jeweiligen Kundenprozess ausgerichtete Supply chains etablieren. Die Kunden werden z.B. für die Transportabwicklung die jeweils leistungsfähigsten Logistikdienstleister auswählen und diese via Internet flexibel und individuell beauftragen. Der Kunde rückt immer mehr in den Mittelpunkt und nimmt auch direkten Einfluss auf die logistische Abwicklung seiner Aufträge.

Um den Kunden im Internet eine durchgängige Auftragsabwicklung bieten zu können, müssen die Geschäftsprozesse entsprechend angepasst und die eCommerce-Lösungen mit den Logistiksystemen (Lagerbewirtschaftung, Transportsysteme, Auftragsabwicklung, Zahlungssysteme) integriert werden. Diese Kopplung der verschiedenen Informationssysteme ist eine komplizierte und vor allem für kleinere und mittlere Unternehmen sehr kostenintensive Aufgabenstellung.

## 2.2 Logistik als Enabler für eCommerce

Der Erfolg von elektronischen Märkten (eCommerce) ist in hohem Masse von funktionierender Logistik abhängig. Aber bisher erfolgreiche Logistikkonzepte funktionieren im Umfeld von elektronischen Märkten teilweise nicht mehr. Folgende Treiber für neue Logistikkonzepte sind von besonderer Bedeutung:

* Flexible Gestaltung von Supply Chains
* Elektronisch vermittelte und optimierte Logistikdienstleistungen
* Integration von eCommerce & Logistik
* Coopetition der Logistikdienstleister
* Neue Player am Logistikmarkt (z.B Tankstellen)
* Bildung von Logistik Communities

Weiters ist zu beachten, dass viele der für eCommerce erforderlichen Logistik-
dienste – vor allem im Bereich B2B - vorhanden sind, aber nicht effektiv koordiniert werden. Deshalb kann Web-basiertes Logistik-Management die Qualtität der
Supply Chains erhöhen und die Logistikkosten markant senken.

# 3 Elektronische Märkte

## 3.1 Das Electronic-Channel System (ECS)[2]

Nachfolgend beschreiben wir in kurzer Form die verschiedenen Rollen der
Agenten in einem Electronic Channel System, wobei das Modell die wichtigsten
Vermittleraktivitäten sowie den Mehrwert, den sie erarbeiten, aufzeigt.

**Kunden:**
Der Kunde hat primär ein Bedürfnis in der Überbrückung von zeitlichen und
räumlichen Diskrepanzen zwischen der Bereitstellung und der Entnahme von
Gütern. Daraus ergeben sich die beiden grundsätzlichen Aufgaben Transport und
Lagerung. Konkret will er ein physisches Gut von A nach B zu bestimmten
Konditionen transportiert bekommen (Recht). Er verpflichtet sich dazu, für die
Dienstleistungen einen bestimmten Gegenwert zu entrichten (Pflicht).

**Market Makers:**
Market Makers bringen Verkäufer und Käufer zusammen und machen den Markt
effizienter. Sie integrieren Hersteller und Kundenbedürfnisse und betreiben das
Marktmanagement.

**Verkaufsagenten:**
Verkaufsagenten sind Vermittler, die den Anbietern den Marktzugang erleichtern
und ihr Marktwissen zur Verfügung stellen. Dies kann in der traditionellen Rolle
des Grosshändlers geschehen oder durch den Zugang zu speziellen Kundendaten.

**Einkaufsagenten:**
Die Einkaufsagenten erfüllen im Namen des Käufers Such- und Auswertungs-
funktionen für Waren und Dienstleistungen und liefern weiter Informationen, die
dem Kunden die Entscheidungsfindung erleichtern. Sie helfen dem Kunden auch,
seine individuellen Bedürfnisse zu definieren und suchen dann im Markt das
Produkt oder die Dienstleistung, die am besten dazu passen.

---

[2] Numes, P.; Pappas, B. (1998)

304

**Kontextanbieter:**
Die Kontextanbieter sind Unternehmen, die Käufer und Verkäufer bei der Nutzung eines elektronischen Kanals unterstützen, indem sie das virtuelle Terrain vereinfachen und zugänglich machen (z.B. online Portale).

**Zahlungsabwickler:**
Zahlungsabwickler wie Kundenkarten- und Kreditkartengesellschaften kümmern sich um den Einkauf und damit verbundene Geldtransfers sowie um das Risikomanagement einschliesslich Sicherheiten und Garantien.

**Ausführungsspezialisten / Anbieter der Logistikdienstleistungen:**
Ausführungsspezialisten verpflichten sich, eine festgelegte Logistikdienstleistung (Transport und Lagerung von Waren inkl. Koordination) und der Verarbeitung der damit zusammenhängenden Informationen (z.B. Transportlogistikdaten) zu erbringen. Im Gegenzug erhalten sie das Recht, eine bestimmte Gegenleistung, in der Regel einen bestimmten Geldbetrag, zu erhalten.

Abb. 1: Electronic Channel System (ECS)

Abbildung 1 zeigt das Electronic Channel System mit den involvierten Agenten in ihren verschiedenen Rollen. Ein „Cyber Logistiker" kann dabei theoretisch alle Rollen einnehmen oder aber auch nur eine. Unabdingbar ist, dass er sich in seiner Funktion und mit seinen Leistungen über Syntax und Semantik sowie Prozesse und Protokolle in das Channel System integrieren kann.

## 3.2 Neupositionierung der Logistikdienstleister

Die Player im Logistikmarkt müssen sich neu positionieren. Dazu kann auf den Ansatz von Muller[3] zurückgegriffen werden, welcher die LDL anhand ihrer Angebote vier verschiedenen Gruppen zuteilt. Von Frey/Furrer/Werle[4] werden die vier Gruppen nach Muller auf drei **Integrationsstufen** zugeordnet (Abbildung 2). Jede Stufe charakterisiert die LDL betreffend der jeweiligen Rolle innerhalb der Supply Chain (Cyber Logistics, Supply Chain Integrator, Supply Chain Provider).

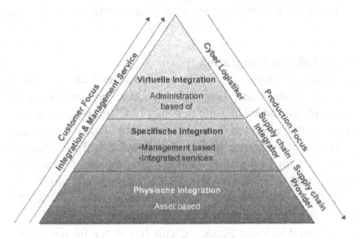

Abb. 2: Positionierung der Logistikdienstleister

Je höher die Positionierung in den Integrationsstufen ist, desto grösser ist dabei der Umfang (viele / wenige) von miteinander kombinierten (integrierten) logistischen Leistungen und die Anzahl der angebotenen Management Services (Value Added Logistics Services). Ebenfalls lässt sich der Grad der Kundenausrichtung (Customer Focus) bzw. die Ausrichtung in Richtung Produktion (Production Focus) aufzeigen. Je höher ein LDL auf den Integrationsstufen positioniert ist, desto intensiver ist seine Orientierung hin zu den Prozessen der Kunden. Die extreme Kundenorientierung stellt eine absolute Voraussetzung für einen möglichen Einstieg in die elektronische Geschäftswelt dar. Dieselbe Feststellung gilt auch für die Zahl der angebotenen Management Services..

---

[3]  Muller, E.J. (1993)
[4]  Frey, S.; Furrer, HP.; Werle, O. (1999)

Die Integrationsstufen können wie folgt eingeteilt werden:

### Physische / einfache Integration

Auf dieser Ebene bieten LDL Leistungen an, die hauptsächlich mit eigener Infrastruktur (Personal, Fahrzeugflotte, Lagerhäuser, ICT-Infrastruktur, usw.) und ohne Partner ausgeführt werden. Die Leistungen sind hoch standardisiert und deshalb wenig kundenindividuell (geringer Customer Focus / Produktionsorientierung) ausgelegt. Die Positionierung auf dieser Stufe erfolgt Infrastruktur-basiert. Wir bezeichnen diese Gruppe von Leistungsanbietern als Supply Chain Provider.

### Spezifische / mehrfache Integration

Auf dieser Ebene bieten LDL eine umfassende Palette von logistischen Leistungen (inkl. value-added Logistics Services) an. Dabei ist die Tendenz ersichtlich, dass möglichst viele Teile der Supply Chain für den Kunden aus einer Hand abgedeckt werden können (one-stop shopping / hoher Customer Focus). Die Leistungen werden mit eigener und / oder fremder Infrastruktur (inkl. Human Resources), sowie - im Bedarfsfall - unter Einbezug von Partnern kundenspezifisch konzipiert und ausgeführt. Die Positionierung auf dieser Stufe erfolgt Managementbasiert bzw. mittels Leistungsintegration. Diese Gruppe von Leistungsanbietern wird als **Supply Chain Integrator** bezeichnet.

Die Wettbewerbsstrategie der Supply Chain Integrator ist die Generierung von Mehrwerten (value-added Logistics Services) für den Kunden. Beispiele dafür sind die vertraglich definierte Übernahme der gesamten logistischen Prozesse von einem Kunden (Third-Party Services / Contracting Out / Outsourcing). Für die Abdeckung des gesamten Leistungsumfangs werden häufig strategische Unternehmenspartnerschaften eingegangen (Mergers & Akquisitions, Joint Ventures, Strategische Allianzen, Strategische ICT-Partnerschaften).

### Virtuelle / variable Integration

Auf dieser Ebene bieten LDL Leistungen im virtuellen Bereich an. Mittels vollständiger elektronischer Unterstützung im Internet-Bereich konfiguriert **der Cyber Logistiker** die Supply Chain für den Kunden ad hoc nach dessen spezifischen Anforderungen. Die einzelnen Leistungsschritte werden ausschliesslich mittels Internet Services zur gesamten Kette zusammengefügt und immer durch Partner physisch ausgeführt. Der Kontakt zwischen den verschiedenen Agenten (mit definierten Rollen; z.B. Kunde) innerhalb der Community erfolgt über das Internet. Dies bedingt, dass sämtliche involvierten Agenten über die Möglichkeit der Integration von Austauschbeziehungen über das Internet verfügen müssen.

## 3.3 Logistik eServices

Unter eServices sind Lösungen und Ressourcen zu verstehen, die einfach und kostengünstig via Internet zur Verfügung gestellt werden. Der grosse Vorteil dieser eServices liegt für die beteiligten Partner in einer gemeinsamen Nutzung von Informationen und Ressourcen via Internet.

Die Unternehmen beschäftigen sich zunehmend mit der Konzeption, der Entwicklung und dem Betrieb von Logistik eServices. Diese sollen sich durch eine offene Architektur sowie weitgehend standardisierte Schnittstellen auszeichnen und verbinden die Unternehmen mit ihren Logistikdienstleistern.

# 4 Praxisbeispiele für Logistik eServices

## 4.1 Track & Trace

### Grundfunktionalität

Gebrüder Weiss (www.gebr-weiss.com) bietet ein Web-basiertes Track&Trace an, welches allen Geschäftspartnern zeit- und standortunabhängige Statusinformation zu Ihren Aufträgen liefert. Dadurch sparen alle Partner Zeit und erreichen eine markante Qualitätverbesserung. Unternehmensübergreifende Transparenz in der Auftragsabwicklung ermöglicht eine laufende und nachhaltige Optimierung der Geschäftsprozesse. Aus Abbildung 3 ist ersichtlich, dass zur Realisierung eines umfassenden Track&Trace unterschiedlichste Technologien zum Einsatz kommen.

### Nutzenaspekte
Folgende Nutzenaspekte sind bei diesem Logistik eService gegeben:

* **Durchgängige Prozessinformationen**
  Alle an einem Prozess Beteiligten (Kunden, Partner, Mitarbeiter) wollen über den Status der Aufträge ab Auftragserteilung bis Erledigung aktuell informiert sein. Das Track&Trace stellt via Internet völlig zeit- und standortunabhängig eine lückenlose Auftragsverfolgung zur Verfügung und informiert auf Wunsch auch proaktiv.

* **Transparenz der Prozessqualität**
  Die verantwortlichen Prozessmanager müssen über evtl. Probleme in der

Abwicklung sowie über die Qualität der einzelnen Prozesspartner informiert sein. Das Track&Trace stellt diese Informationen zur Verfügung und ermöglicht dadurch eine kontinuierliche und unternehmensübergreifende Optimierung der Prozesse.

- **Einheitliche Schnittstelle zu Prozesspartnern**
  Sie wollen und können es sich nicht leisten, für jeden Prozesspartner individuelle Schnittstellen zu programmieren und zu pflegen. Das Track&Trace stellt den automatischen Austausch von Statusinformationen zwischen allen Prozesspartnern sicher.

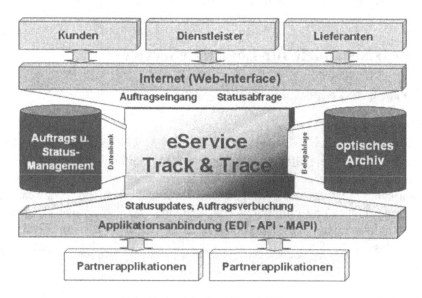

Abb. 3: Architektur Track&Trace

## 4.2 logistics-server

**Grundfunktionalität**

www.inet-logistics.com bietet eine offene, Web-basierte Logistikplattform. Der logistics-server optimiert die Abläufe ab der Bestellung über das Web bis hin zur physischen Auslieferung der Produkte. Der logistics-server ist ein Beispiel dafür, wie Geschäftspartner mit ihren Logistikdienstleister über das Internet alle relevanten logistischen Informationen effizient austauschen können.

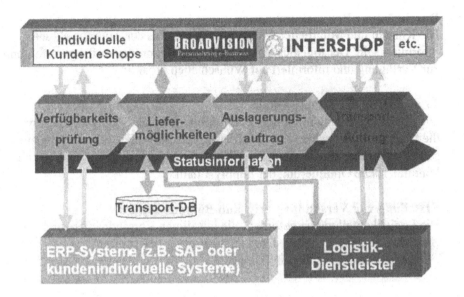

Abb. 4: Architektur logistics-server

**Nutzenaspekte**
Folgende Nutzenaspekte sind bei diesem Logistik eService gegeben:

- **Einheitliche Schnittstelle zu den Logistikdienstleistern**
Unternehmen wollen und können es sich nicht leisten, für jeden
Logistikdienstleister individuelle Schnittstellen zu programmieren und zu
pflegen. Der logistics-server stellt den automatischen Datenaustausch mit den
Logistikdienstleistern in beide Richtungen sicher.

- **Integration aller Vertriebskanäle**
Die internetgestützten Vertriebskanäle sind zwingend in die bestehenden
Geschäftsprozesse zu integrieren. Der logistics-server leitet Aufträge aus dem
Internet automatisch in die bestehenden Warenwirtschafts- und Logistik-
Systeme weiter.

- **Unmittelbare Verfügbarkeitsprüfung**
Die Kunden wollen bei der Bestellung im Internet über die Verfügbarkeit und
Lieferzeit der gewählten Produkte verlässliche Auskunft erhalten. Der
logistics-server prüft schon zum Zeitpunkt der Bestellung die Verfügbarkeit
der Waren direkt im Warenwirtschaftssystem und gibt Auskunft über die
Lieferzeit.

310

- **Durchgängige Prozessinformation**
  Die Kunden und Mitarbeiter wollen über den Status der Aufträge aktuell informiert sein. Der logistics-server stellt eine lückenlose Auftragsverfolgung zur Verfügung und informiert auf Wunsch auch proaktiv.

- **Transparenz der Supply-Chain**
  Die Logistikabteilung muss über evtl. Probleme in der Supply-Chain sowie die Qualität der einzelnen Logistikdienstleister informiert sein. Der logistics-server stellt diese Informationen zur Verfügung und ermöglicht dadurch eine kontinuierliche Optimierung der Supply-Chain.

- **Erstellung von Versandpapieren und Barcode-Labels**
  Die Logistikabteilung ist gefordert, die jeweiligen Versandpapiere und Barcode-Labels zu erstellen. Der logistics-server liefert diese Versanddokumente direkt via Internet.

# 5 Literatur

**Picot, A.; Reichwald, R.; Wigand R.T. (1996):** Die grenzenlose Unternehmung, Wiesbaden, 1996

**Numes, P.; Pappas, B. (1998):** Der Vermittler auf der Suche nach Reichtum und Glück, in: Andersen Consulting's Magazine. Heft 1, 1998.

**Muller, E.J. (1993):** The Top Guns of Third-Party Logistics, 1993

**Frey, S.; Furrer, HP.; Werle, O. (1999):** Framework für Logistikdienstleister, in: Diolomarbeit eCommerce und Logistik, St. Gallen, 1999

# Leistungspotentiale in der Logistik durch Akkommodieren der Informationstechniken

Roland H. Handl, Haimo L. Handl
Spedition Handl

# 1 Einleitung

In der Logistik, einem hochsensiblen Dienstleistungsbereich, werden Daten verschiedenster Art und Herkunft von MitarbeiterInnen erfasst, ausgewertet, gespeichert, verändert, transferiert. Nicht nur die Geschwindigkeit des Informationsflusses ist Voraussetzung zur materiell erfolgreichen Erfüllung der Logistikleistung, sondern vor allem die Qualität. Um höchste Qualität zu erreichen, halten und steigern zu können, bedarf es eines komplexen, lückenlosen und schnellen Informationssystems.

Durch strukturierte Arbeitstechniken, orientiert am modernen Prozessmanagement und den neuesten Standards der ISO 9000 - Revision 2000 ausgerichtet, soll auch unter Einsatz spezifisch entwickelter Software das Informationsmanagement für die Logistik reformiert werden. Ziel ist, durch neue Datenerfassungsmethoden und Prozessverknüpfungen redundante Erfassungen zu erübrigen. Dadurch werden potentielle Fehlerquellen vermieden. Der Datentransfer ist nach prozessorientiertem Verfahren so zu gestalten, dass ursprüngliche Daten ohne eigentliche Veränderung in unterschiedliche Prozesssysteme geleitet werden. Durch neue Kombinationen der Stammdaten mit variablen wird ein Informationsmehrwert geschaffen, der nicht nur den logistischen Abläufen oder einzelnen Abteilungen dient, sondern dem Gesamtunternehmen ein hohes Mass an Flexibilität, Schnelligkeit und Sicherheit gibt. (Controlling, KORE, Finanz- u. Personalwesen, QS und QM, Reklamationswesen etc.).

Innovativ verbesserte Analysemethoden neuer Informationen, die aus den bestehenden Daten gewonnen werden, motivieren den Leistungsträger (Personal) und führen zu fehlerfreier Leistungssteigerung sowie Qualitätssteigerung. Die damit resultierende Zeitressource kann profitabel in neue Arbeitsbereiche eingesetzt werden. Messbare Erfolge sind nachvollziehbar durch Verringerung der Durchlaufzeit, Erhöhungen des Lieferservicegrades oder Dekkungsbeitrages; durch Reduktion der Fehldisposition, der Fehlerquoten und Reklamationen.

# 2 Ausgangslage

Spedition und Logistik stellen zwei Dienstleistungsbereiche dar, die in der jüngsten Vergangenheit und Gegenwart drastische Veränderungen erfuhren und erfahren. Die Organisation, das Wesen der komplexen Dienstleistung, das Selbstverständnis und, nicht zuletzt, das Image haben sich grundlegend verändert, wobei der Stellenwert und die Bedeutung der Logistik sich enorm erhöhte. Logistik wurde zu dem strategischen Erfolgsfaktor.

Es geht nicht mehr um Güterverteilung oder Lagerhaltung wie im bisherigen Sinn. Immer noch werden Waren verschoben. Aber auf neue Weise: Logistikorganisationen übernehmen teilweise ganz (outsourcing), teilweise partiell die Konzeption und Durchführung der Logistik, die sich zum Management der ganzen Versorgung bzw. Lieferkette entwickelt hat, dem Supply Chain Management. Bedingt durch die technische Entwicklung im Bereich der Kommunikation und Güterbewegung ist heute eine vernetzte, prozessorientierte Logistik möglich bzw. erforderlich, in welcher das Informationsmanagement, gekoppelt mit adäquater Informationstechnik, bestimmend ist.

Nicht nur Produktionsstufen werden verbunden, sondern immer mehr wird das Informationsnetz ausgeweitet und schliesst in vielen Fällen bereits den Endkunden mit ein.

Neben der sich rasant weiterentwickelnden Technologie wirkt die Globalisierung als Motor auf diesen Trend. Die stete Verlagerung von Produktionsstätten in verschiedene Länder, die globale Verfügbarkeit und Distribution erzwingen eine noch stärkere Rationalisierung und aktuellste Information. Ohne neues Leitbild und Unternehmenskonzept, das diesem Paradigmenwechsel entspricht, kann am Markt nicht bestanden werden. Die Herausforderung ist besonders für Kleinbetriebe enorm. Um die Informationsströme zu leiten, bedarf es einer eigenen Technologie. Viele Speditions- und Logistikbetriebe haben zwar die Technologie und Infrastruktur für die Güterverteilung, noch nicht jedoch die für die vernetzte Information und des Datenaustausches.

Doch ohne die wird es nicht gehen, insbesondere nicht gegenüber den US-amerikanischen Firmen, die jetzt schon eine Vormachtstellung haben, aufgrund niederer Kommunikationskosten und besserer Informationsinfrastruktur. Der Zwang, Logistikkosten zu senken, wird zunehmen; während in den USA der Anteil der Logistikkosten am Sozialprodukt bei ca. 10 Prozent liegt, macht er z.B. in Deutschland schon an die 20% aus. Das wird sich nicht halten lassen.

Die "schlanke" Logistik wird nur dann nicht nur Kosten senken, sondern die Qualität halten bzw. steigern, wenn sie sich eines leistungsfähigen Informationssystems bedienen kann, das offen für alle Beteiligten ist: Hersteller, Auftraggeber, Sublieferanten, Empfänger, Endverbraucher.

Die gegenwärtige Wettbewerbssituation zeigt drei Bereiche, wo Vorteile zu Buche schlagen:

- Agilität
- Schlankheit
- Reaktionsfähigkeit

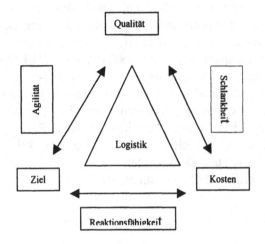

| Agilität: | Geschwindigkeit des Anpassungsvermögens an spezifische Bedingungen |
|---|---|
| Schlankheit: | Vermeidung unnötigen Aufwands |
| Reaktionsfähigkeit: | Reaktionsgeschwindigkeit (und Qualität) auf nicht antizipierte Ereignisse und Anforderungen |

Als Erfolge lassen sich ebenfalls drei Hauptbereiche nennen:

- Verkürzung der Lieferzyklen     (Lieferservicegrad)
- Senkung der Logistikkosten     (Effizienz)
- Steigerung der Qualität     (Stabilität)

Wir halten fest: nicht nur die Technologie, nicht nur die Kostenseite erzwingen Innovationen und neues Informationsmanagement, sondern der sich verändernde Markt, die Globalisierung mit einhergehender Aufsplitterung von Produktionsstätten in verschiedene Länder und dadurch bedingten Anforderungen, noch schneller und sicherer Informationen und dadurch auch Güter zu verteilen.

Der Spediteur und Logistiker wird damit zunehmend primär zum Informationsverteiler (Provider), der unter Einbezug möglichst aller beteiligten Partner (Auftraggeber, Sublieferanten, Kunden) die Informationsgewinnung, -verarbeitung und -verteilung möglichst sicher und vor allem schnell bewerkstelligen muss, um die Güterverteilung effizient und wirtschaftlich zu gewährleisten.

In der bisherigen, üblichen vertikalen Organisationsform entsprechend, nimmt die Spedition vom Auftraggeber Aufträge an, verarbeitete sie in den entsprechenden Abteilungen und wickelte den Auftrag ab, gegebenenfalls unter Einbezug von Sublieferanten (Frächtern, Spediteuren; Lagerhalter, Carriers etc.). Die Daten für diese Abwicklung wurden oft mehrmals erfasst bzw. gelangten immer nach dem vertikalen Organisationsplan an die zuständigen Mitarbeiterinnen in den betroffenen Abteilungen und von diesen an ausführende Stellen. Es werden keine Fremddaten direkt oder automatisch in den Informationsfluss eingespeist.

Das bewirkt eine Informationsüberlastung an der Spitze, lange, fixierte Kommunikationswege, Risiko der Übermittlungsfehler, Risiko der Übernahmefehler bei zahlreichen Schnittstellen, geringe Übersicht, keine präzise (Rück)Verfolgbarkeit von Gütern und Dokumenten.

Organigramm einer vertikalen Organisationsform:

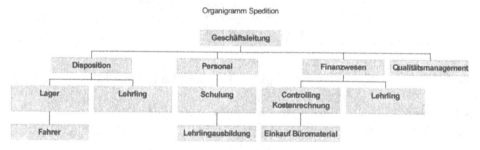

Auch ein Kleinbetrieb ist mit so einer Organisationsform und Arbeitsweise nicht "rasch" und "schlank", sondern verschwendet Ressourcen (Personal, Zeit, Energie) in redundante Abläufe.

Nehmen wir das Beispiel der Disposition:

Ein Auftraggeber wird als Kunde erfasst, d.h., seine "Stammdaten" werden gespeichert. Früher auf Karteikarten, heute mittels Computer. Die Disposition hat auch die Daten über eigene Abteilungen und Dienstleister: Lager (Art, Kapazität, Personal), Fuhrpark (Art, Anzahl, Einsatzbereitschaft, Personal) sowie Sublieferanten (Lagerhäuser, Frächter, Spediteure, Fahrer etc.). Vielleicht sind auch Daten abgespeichert über bestimmte Empfänger, die in der Erfüllung des Kundenauftrags bedient werden müssen. Wenn es sich nicht um Dauer- oder Rahmenaufträge handelt bzw. um eingerichtete Logistikkonzepte, müssen die

Destination und Lieferbedingungen (Zustellmöglichkeit bzw. -anforderungen) jeweils neu erfasst werden.

Bei Auftragseingang wird also geprüft, ob Kunde erfasst ist oder nicht. Dann wird der Auftrag bearbeitet, d.h. alle Informationsschritte erfolgen durch die Disposition subsequent: Übernahmestelle, Art, Volumen, Gewicht, besondere Gütereigenschaften oder Transportbedingungen (Kühl- oder Gefahrengut), Destination, Zwischenlager, Lieferzeit. Einteilung der Transporte mittels eigenen Fahrern und Fahrzeugen oder mittels Frächter oder anderem Sublieferanten. Anfragen müssen nach Kalkulation oder Dispositionsabstimmung bestätigt oder revidiert werden, endgültige Anweisungen weitergegeben werden. Fax und Telefon werden eingesetzt, doch müssen Notizen und, wenn ein Computersystem eingesetzt wird, auch Faxe transkribiert werden. Zur Illustration dieses Vorgangs der Auftragsverfassung siehe das Flussdiagramm im Anhang.

Jede Änderung verlangt eine langwierige Nachfassung relevanter Dokumente und entsprechender Korrektureinträge.

Daten ausserhalb dieses Arbeitsbereichs werden nur in beschränktem Ausmass weitergegeben: Verrechnung (Finanzwesen).

Mögliche andere Informationen, die den Daten bei anderer Organisation entnehmbar wären, werden nicht genutzt: Kombination von Stammdaten verschiedener in Beziehung stehender Einheiten (Auftraggeber, Sublieferanten). Derivation bestimmter Informationen aus dem Informationsfluss für bestimmte Bereiche: Kostenstellen, Kostenrechnung, Controlling (Fahrzeugauslastung, Wartung, Verhältnis Kapazität/Auslastung etc.) Schäden (Ladefehler, Unfälle, Verschleiss), QS und QM (Fehler, Mängel, Reklamationen, Wartung, Verbesserung, Personalschulung etc.); Rückverfolgbarkeit sowie aktuelle Verfolgbarkeit. (Sendungsverfolgung – Barcodierung)

Auch computerisierte Spediteure oder Logisitikfirmen müssen, nicht zuletzt wegen vieler Kunden, auf konventionelle Datenerfassung via Telefon und Fax zurückgreifen, um Auftrage annehmen zu können. Deshalb scheint eine Kombination von bisheriger Datenerfassung mit neuer, vernetzter unumgänglich. Sobald die manuell erfassten, transkribierten Daten ins Informationssystem gespeist sind, können sie vernetzt werden.


# 3    Die Reorganisation

Die notwendigen und anstehenden Innovationen beschränken sich nicht auf die technische Seite! Der Erfolg liegt nicht nur in der modernen Technologie. Damit diese Technologie "greifen" kann und erfolgreich genutzt werden kann, bedarf es entsprechender organisatorischer Voraussetzungen und, nicht zuletzt, eines offenen Bewusstseins.

Vernünftiges Reengineering zielt deshalb immer zuerst auf das Bewusstsein und die Organisation, dann erst auf die Methodik und Technologie.

Für die Logistik haben wir das Informationsmanagement und die vernetzte Kommunikation als notwendige Änderung und ausbaufähige Innovation reklamiert.

Damit diese bestmöglich funktionieren, soll die alte, vertikale Organisationsform gewandelt werden in eine sogenannt "modulare". Ihr Grundprinzip ist die Bildung kleiner Einheiten überschaubarer Aufgabenfelder, deren Hierarchie die Organisation von unten nach oben erlaubt bzw. in einem höheren Grad von Selbstorganisation auch Selbstverantwortung und damit mögliche Querverbindung (Kommunikation) ermöglicht.

Modulare Organisation ist Segmentierung in selbstverantwortliche Einheiten.

Die modulare Organisationsform erlaubt direkte Kommunikation der Beteiligten in überschaubaren Kommunikationswegen, weniger Schnittstellen, Nutzung derselben Stammdaten, ohne redundante Datenerfassung, Zugang und Kenntnis neuer Daten und relevanter Informationen, hohe Selbstorganisation und dadurch gesteigerte Flexibilität der Systemeinheiten.

Organigramm einer modularen Organisationsform:

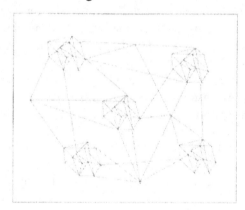

(Grafik zitiert aus Osterloh/Frost: Prozessmanagement als Kernkompetenz. Wiesbaden, Gabler 1998)

In so einer Organisation laufen die Kommunikationswege nicht als Einbahnen und nicht nur von oben nach unten. Es gibt keine starren Abteilungen mit fixen Aufgabenfelder, sondern Einheiten ("Module"), die projekt- und prozessorientiert in enger Kommunikation die Aufgaben erfüllen und dabei auf ein Kommunikationsnetz zurückgreifen, das redundante Datenerfassungen und Leerläufe unnötig macht und im Gegenteil durch die Vernetzung über die eigentlichen Aufgabenfelder Informationsnutzen durch spezifische Filterungen und Kombinationen der Daten ermöglicht.

Gespeichert und nach einheitlicher Benutzeroberfläche (Masken, Menüs) können relevante Daten laufend, also immer, eingesehen und abgerufen bzw. übertragen werden. Wesentlicher Unterschied zur vorherigen, üblichen Arbeitsweise: die Übernahme und Nutzung von "Fremddaten", die Möglichkeit, ohne "hierarchische" Umwege selbst sofort direkt Daten in das Systems zu stellen und zu verbinden.

Diese Möglichkeit bietet nicht nur Vorteile, auf die noch speziell hingewiesen werden soll. Die Kehrseite sind Probleme der Zuständigkeit, der Authentizität, der Nachprüfbarkeit (Rückverfolgung von Dokumentenstadien - nicht zu verwechseln mit der Verfolgbarkeit von Gütern im Lieferprozess).

Wenn, wie die oben gezeigte schematische Darstellung der modularen Organisation, X Einheiten in das Informationssystem Zugang haben und über direkte Dateneingabe Dokumente verändern können, müssen bestimmte Vorkehrungen getroffen werden, die die verschiedenen Stadien der Dokumente ausweisen und erkennbar machen, wer wann was (welche Daten) eingab. Die Software und die danach erfolgte Gestaltung der Benutzeroberflächen muss dem Rechung tragen, weil sonst im eigenen System nicht erreicht wird, was im externen gefordert wird: hohe Transparenz und Sicherheit.

Mit der Erfüllung dieser Forderung kann jederzeit abgelesen werden, wer (welche Einheit) zu welchem "Fall" (Auftrag) was schrieb (Auftrag, Anweisung, Korrektur etc.). Für den Dokumentenlauf wird somit eine Transparenz erreicht, die bis anhin unmöglich war. Die "Zugänge" in das Informationssystem sind natürlich auch in den Modulen nach Kompetenzen geregelt: nicht jeder muss bzw. darf in alles Einsicht bzw. Zugang haben (Lese- oder Schreibberechtigung.

Auftraggeber als auch Lieferanten können bestimmte Daten zur Verfügung stellen bzw. nach Vereinbarung direkt in das System einspeisen, die wiederum, mittels Zugangscodes, den Beteiligten jederzeit zugänglich sind.

Für die Logistik ist nicht nur der Dokumentenlauf wichtig, sondern die Verfolgbarkeit der Güter im Lieferprozess. Durch die neue Software, welche die Stammdaten mit den variablen verbindet und kombiniert, sind durch Eingabe relevanter "Verlaufdaten", die z.B. der Fahrer einer bestimmten Lieferung meldet (telefonisch oder mittels Laptop direkt ins System) bzw. Meldungen von Vertragspartnern nach vereinbarten, vorgegebenen Kriterien (Fuhr X passierte an Zeitpunkt Y Marke N). Im System wird diese Meldung identifiziert und weist über gekoppelte Karte (Lageplan, Strassenkarte) die genaue Örtlichkeit aus (Strassenkilometer bzw. Örtlichkeit: Tankstelle, Parkplatz, Empfängerdestination etc.). Im Bereich der Disposition lassen sich, wie in allen anderen Einheiten auch, sofort aus den Datenbeständen jeweilige spezifische Anforderungen, Engpässe, Zeitlimits etc. ablesen und ermöglichen rasche, adäquate und damit kompetente (Re)Aktion.

Somit können nicht nur Mitarbeiterinnen und Mitarbeiter der Disposition, Lagerverwaltung, Verrechnung, Controlling, QM, Geschäftsleitung oder wer sonst Einblick in den Auftrags- oder Lieferprozess nehmen, sondern, entsprechend der Kompetenz, Daten herausfiltern, um ganz aktuelle Auskünfte über Kostenstellen, Deckungsbeitragssätze, Kennzahlen (Rechenergebnisse nach erstellten Makros aus spezifischen Daten gewonnen) zu erhalten, als auch über aktiven Personalstand, Auslastung des Fuhrparks, Lagerkapazität, Wartungskapazität bzw. Mängelwesen (was fiel bei wem wann an?).

Kunden und Lieferanten können nach Vereinbarung über Zugangskodes die für sie relevanten Daten zum Auftrags- und Lieferprozess einsehen. Sie stellen also nicht nur einseitig Daten zur Verfügung bzw. erlauben die geregelte Datenübernahme, sondern treten selbst in das Informationssystem, um bestimmte Informationen zu gewinnen.

Dieses Informationssystem beschleunigt damit die Kenntnis aller beteiligten Partner, interner wie externer, reduziert den Datenerfassungsaufwand, erübrigt redundante Erfassungen und Transkribtionen, verringert damit drastisch die Fehlermöglichkeiten solcher Tätigkeiten und erhöht damit die Datensicherheit bzw. die Qualität des Informationslaufes.

Intern wird die modulare Organisationsform voll genutzt durch sofortige Übernahme und Verarbeitung relevanter Daten für jede der Betriebseinheiten, ganz gleich, welches Modul sie generiert hat. Das Informationssystem wird zu einem aktiven Teil des Managementinformationssystems!

# 4 Zusammenfassung

Logistik und Spedition haben sich vom traditionellen Güterverteiler zum vernetzten Informationsmanagement unter Einbezug der beteiligten Partner entwickelt. Die Durchführung der Kommunikationsprozesse erfolgt in neuen, den Anforderungen des Prozessmanagement gehorchenden Organisationsformen und dem Einsatz der Neuen Medien, insbesondere des Intranet und des Internet.

Auch Kleinbetriebe haben die Chance durch Übernahme dieser Organisationsformen und -praktiken, konkurrenzfähig sich am Markt zu behaupten. Mit Nutzung dieser technologischen Strukturen erhöhen sie im Gegensatz zu aufgeblasenen Apparaten ihre Stärke der Felxibilität.

Nachweisbar werden nicht nur Kosten in der Datengenerierung, -verarbeitung und -distribution gesenkt, sondern gleichzeitig der Sicherheitsgrad der einzelnen Arbeitsschritte erhöht, die Fehlerrate minimiert, redundante Arbeiten eliminiert.

Die Daten bzw. die sich anbietenden Kombinationsmöglichkeiten erlauben Arbeitsschritte, die vorher nur separat und kostspielig durchführbar waren: Datentransfer, ganz oder teilweise automatisiert für spezifische Auswertungen in anderen Geschäftsbereichen als der Logistik, wie z.B. Finanz- und Personalwesen, Fehler- und Reklamationswesen, Wartung, QS und QM, um nur einige zu nennen. Die technischen Neuerungen und damit bedingte Arbeitsplatzgestaltungen (Computersysteme, Datenverbindungen, abgestimmte Software zum Datentransfer, -austausch und -bearbeitung) schlagen vorerst als Investitionen zu Buche, amortisieren sich aber rasch durch die hohe Leistungssteigerung.
Motivationstreiber der Mitarbeiter durch Kommunikation mit Information.
Generell kann neben den günstigeren Kostenfaktoren vor allem der Wettbewerbsvorteil als Hauptargument für die neue prozessorientierte Organisation angeführt werden.

# 5  Anhang

Im Flussdiagramm wird der einzuleitende Auftragsprozess dargestellt. Alle damit verbundenen Informationsdaten als Grund- oder Stammdatenverwaltung müssen in aktueller Form bereitstehen.
Der Prozessablauf gestaltet sich manuell wie automatisiert und muss vermehrt in die Informationsflusspyramide des automatisierten Systems integriert werden.
Für die Produktionsplanung- und Steuerung sind im EDV-System auftragsunabhängige Fenster installiert. Diese Informationshilfsmittel dienen dazu, wirkungsvoll und effizient in die Datenverwaltung einzudringen.
Sämtliche im Rahmen der Stammdatenverwaltung projizierten Daten werden im durchgängigen Prozess verwendet und sind die Beziehungsoberfläche von Auftrag, Auftraggeber, Dispositionsmanagement, Administration, Verrechnung und Verwaltung.
Gleichzeitig wird neben der elektronischen Archivierung aus gesetzlichen Vorschriften auch die physische Archivierung nach wie vor als Notwendigkeit angesehen.
Das Flussdiagramm (Prozesssteuerung) soll aufzeigen, wie der Wandel vollzogen wird in bezug auf Planung – Disposition – Steuerung und des damit verbundenen Materialflusses. (Bewegung der Güter)
Der Materialfluss ist die Ausführungsebene von Punkt A nach Punkt X, über die implementierten Organisationsstrukturen des gesamten Verwaltungssystems.

In der Produktionsprogrammplanung (Disposition) erfolgt die Produktion vice versa des Beschaffungssegments. (Transport-Lagerkapazitäten.

320

Bei der Bedarfsermittlung der Mengenplanung gehen wir in der Disposition auf die vorgegebenen Ebenen des Systems ein.

Bestandesführung des Eigenfuhrparks wie auch des Zukaufs- Fremdbeschaffungspotentials sollen Integrationsfaktor des Vernetzungssystems sein bzw. werden.

In der Disposition erfolgt die Termin- und Kapazitätsplanung und werden in die Informationsfelder die erforderlichen Daten involviert.

Die eingespeisten Daten und Informationen sind zweckdienlich für den Prozessdurchlauf, da diese Datentransfers bis zum Auftragende (Verrechnung und Archivierung) im vernetzten System eine hohe Rangordnung inne haben müssen.

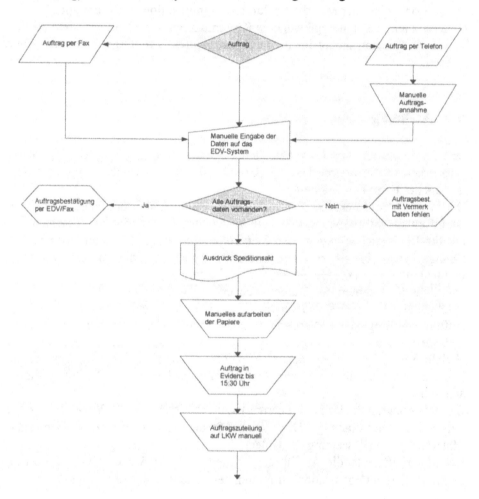

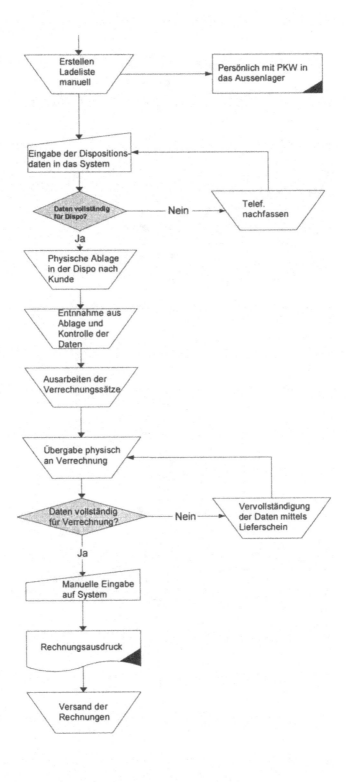

322

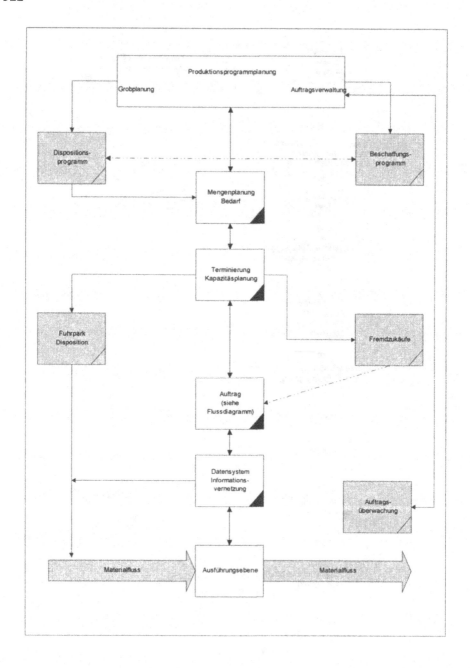

# Die zunehmende Fragmentierung der Bank-Wertschöpfungskette und die daraus entstehenden Märkte

Adolf E. Real

Verwaltungs- und Privat-Bank Aktiengesellschaft, Vaduz

## 1 Einleitung

Mit der rasanten Entwicklung der Informationstechnologie[1] wurden einerseits die Rechnerleistung kontinuierlich erhöht[2] und andererseits die Herstellungskosten derart reduziert, dass der Computer auch in nicht kommerziellen Anwendungsgebieten (Bildungseinrichtungen, Verwaltungen, Haushalte, etc.) Einzug fand. Der Einsatz von Informationstechnologie war nicht länger ein Privileg von kapitalstarken Finanzinstituten, als vielmehr zum Instrument des täglichen Lebens geworden. Dieser Trend wurde mit dem Aufkommen des Internet, insbesondere mit der Einführung einer grafischen Oberfläche in Form des World Wide Web (WWW) 1989, im Jahre 1993 fortgesetzt bzw. beschleunigt. Dem Computer kam, nebst den bisherigen Anwendungsgebieten, eine neue und ausserordentlich wichtige Bedeutung zu - als Einstiegspunkt ins globale Datennetz! Der Rechner, aber vor allem das Internet[3], hat seither zahlreiche Veränderungen hervorgebracht. Dessen epochale Errungenschaft aber liegt in der Möglichkeit, Informationen nun in Sekundenschnelle zeit- und ortsunabhängig weltweit zur Verfügung zu stellen, und das darüber hinaus zu Quasi-Nullkosten!

Dieser kurze historische Abriss bildet die Ausgangslage für die Entwicklungen, die sich im heutigen Finanzdienstleistungssektor abzeichnen. Bis vor wenigen Jahren war die Erbringung von Finanzdienstleistungen beinahe ausnahmslos in den Händen von Banken und Versicherungen. Der Markt war klar umrissen und die teilnehmenden Organisationen hinlänglich bekannt.

---

[1]  definiert als Computer Hard- und Software, sowie Kommunikationstechnik.

[2]  ‚Moore's Law' besagt, dass sich die Rechnerleistung alle 18 Monate verdoppelt.

[3]  fortan als Synonym für das World Wide Web, Mail, File Transfer und weitere Services verwendet.

Die Gründe dafür sind aus heutiger Perspektive offensichtlich:

- die hohen Investitionsvolumen bildeten Eintrittsbarrieren für neue Marktteilnehmer, zumindest für Komplementäranbieter
- durch die Finanzkraft der Banken und Versicherungen waren diese Institute bereits früh in der Lage, Netzwerke für die Abwicklung von Finanztransaktionen aufzubauen
- das weitgefächerte Verbindungsnetz innerhalb der Finanzbranche schaffte einen Informationsvorsprung, der massgebend für die Wertschöpfung verantwortlich war.

Insbesondere dem letzten Punkt kommt eine besondere Bedeutung zu. Das Internet hat die Vernetzung, den Informationszugang und die Markttransparenz zum Allgemeingut gemacht. Das führt einerseits dazu, dass die Finanzinstitute ihr Leistungsangebot partiell neu legitimieren müssen und andererseits zu Markteintritten von neuen Mitbewerbern.

# 2 Traditionelle Wertschöpfungskette der Banken

Die Wertschöpfungskette der Banken, nachfolgend am Beispiel des Private Banking veranschaulicht, hat sich im Verlauf der letzten zehn Jahre nur unmerklich verändert. Die Leistungserstellung gegenüber dem Kunden erfolgt in einer linearen Abfolge von – teils iterativen – Teilprozessen. Durch die Abhängigkeiten von Prozessinput und –output sowie den fliessenden Übergängen von wertmehrenden Aktivitäten ergibt sich eine offensichtliche Notwendigkeit, die einzelnen Fragmente der Wertschöpfung innerhalb der gleichen Organisation zu erbringen. Der Begriff der ‚Wertschöpfungs*kette*‘ unterstreicht diese streng sequentielle und ortsgebundene Aneinanderreihung von Teilprozessen.

Analysiert man die einzelnen Teilprozesse nach heutigen Gesichtspunkten, muss ehrlicherweise konstatiert werden, dass der Begriff ‚Wertschöpfung‘ ziemlich unkritisch verwendet wird. Leistungen wie:

- Informationsbeschaffung
- Simulationen
- Anlageaufträge
- Portfolioüberwachung
- Wertschriftenhandel
- u. a. m..

erbringen keinen eigentlichen ‚added value‘, sondern gründen vielmehr auf Umständen wie einem Informationszugang, Softwareeinsatz und regulatorischen Gegenbenheiten. Durch die Entwicklungen, wie sie eingangs beschrieben wurden, entfallen diese traditionellen Wettbewerbsvorteile zusehends. Neue Marktteilnehmer etablieren sich als Spezialisten auf dem Gebiet einzelner oder mehrerer dieser ‚Kettenglieder'; es kommt zu einer diesbezüglichen Fragmentierung, der sog. ‚Dis-Intermediation'.

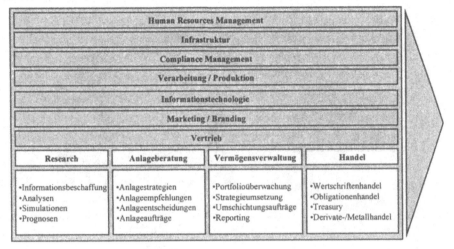

Abb. 1: Wertschöpfungskette im Private Banking[4]

## 2.1 Dis-Intermediation

Mit der weltweiten Vernetzung und der Technologisierung des Bankgeschäftes verlieren die Dimensionen ‚Zeit' und ‚Raum' an Bedeutung. Was zählt, ist die Schaffung von Mehrwerten in Form von innovativen Lösungen zu preisgünstigen Konditionen. Der Technologieschub hat eine Unzahl von neuen Mitbewerbern wie Pilze aus dem Boden schiessen lassen, die solche Dienste zu erbringen im Stande sind, wovon ein beachtlicher Anteil aus finanz- oder zumindest bankfremden Branchen stammt[5]. Aufgrund der meist virtuellen Leistungserstellung in Form von Informationsflüssen (im Gegensatz zur physischen Leistungserstellung in Form von Warenflüssen) sind die Markteintrittskosten niedrig.

Der hohe Spezialisierungsgrad dieser Unternehmen führt zu Skaleneffekten mit entsprechend tiefen Kostenstrukturen, die in traditionellen Banken aufgrund der

---

[4]  in Anlehnung an Pechlaner, H., 1993.

[5]  Man spricht in diesem Zusammenhang auch von sog. ‚Non-' oder ‚Near-Banks'.

Leistungsbreite undenkbar sind[6]. Die Folge davon ist ein Auseinanderbrechen der bisherigen Wertschöpfungskette, die sog. Dis-Intermediation.

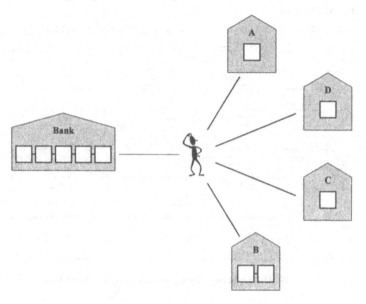

Abb. 2: Schematische Dis-Intermediation

Am Beispiel des Private Banking bedeutet dies, dass der Kunde beim Anbieter A qualitativ hochstehende Researchinformationen unter Umständen kostenlos erhält, diese mit einer Empfehlungsliste einer virtuellen Anlegergemeinschaft abgleicht und die resultierenden Börsenaufträge bei einem elektronischen Discountbroker plaziert. Sein Portfolio wird durch einen Vermögensverwalter überwacht und mit weiteren Vermögenspositionen zum Zwecke des Reportings konsolidiert. Der Bank obliegt in diesem Beispiel nur die Funktion der Verbuchung und Abrechnungserstellung.

---

[6]  Darüber hinaus sehen die Ertragsmodelle von spezialisierten Anbietern, v.a. derjeniger im Internet, anders aus. Diese basieren vielfach auf Provisionsbasis und der geschickten Vermarktung von Werbeflächen innerhalb der Internetpräsenz. Dieser Umstand ermöglicht es diesen Anbietern, ihre Produkte kostenlos an Kunden abzugeben, da ihre Ertragsquellen andernorts zu suchen sind.

## 2.2  Re-Intermediation

Die Fragmentierung der Wertschöpfungskette in eine Vielzahl von dezentralen Teilprozessen führt zu einem Anstieg von Geschäftspartnern verbunden mit zahlreichen Organisations- und Systemübergängen. Durch die Inanspruchnahme von alternativen Anbietern erhält der Kunde zwar massgeschneiderte und kostengünstige Lösungen, gleichzeitig sieht er sich aber mit einem komplexen Netzwerk von Leistungsanbietern konfrontiert, die voneinander nichts wissen. Der Discountbroker hat keine Kenntnis von den Beziehungen zum Researchlieferanten, wie auch die Anlegergemeinschaft den individuellen Vermögensverwalter des Kunden nicht kennt. Das Bedürfnis entsteht, das lose Konglomerat von Geschäftsbeziehungen und Leistungsanbietern zu konsolidieren. Damit ist der Grundstein zu einem weiteren logischen Schritt gelegt; der Re-Intermediation. Die einzelnen Fragmente werden neu zusammengeführt. Aus der bisherigen Wertschöpfungskette wird ein Wertschöpfungsnetzwerk, welches aus einer Vielzahl von Leistungsanbietern besteht.

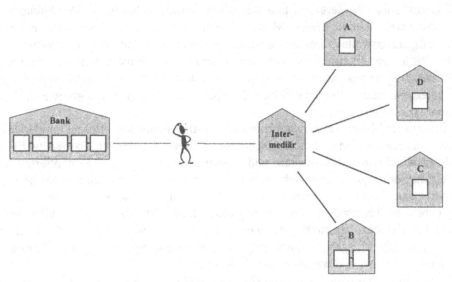

Abb. 3: Schematische Re-Intermediation

Selbstverständlich wird sich die Re-Intermediation in Form eines Wertschöpfungsnetzwerkes[7] komplexer abspielen, als hier schematisch veranschaulicht. Mehrstufige Netze mit zahlreichen Intermediären sind denkbar, wie auch der Direktbezug von Leistungen durch den Kunden.

---

[7]  im angelsächsischen Raum wird der Begriff ‚value web' verwendet.

## 2.3 Neue Märkte im Wertschöpfungsnetzwerk

Mit dem Aufbrechen der traditionellen Wertschöpfungskette und dem Übergang zu Wertschöpfungsnetzwerken entstehen neue Bedürfnisse. Finden sich entsprechende Angebote dazu, was angesichts des finanziell lukrativen Umfeldes als wahrscheinlich gilt, entstehen neue Märkte. Zu den beutendsten gehören sicherlich:

- Markt für Finanzintermediäre
- Markt für Zertifizierungsstellen (sog. ‚Certification Authorities‘ oder ‚Trusted Third Parties‘)
- Markt für spezialisierte Anbieter von hocheffizienten Finanzdienstleistungen.

Dem Finanzintermediär kommt eine besondere Bedeutung zu, ist diese Funktion doch die dominante Schnittstelle zum Kunden hin. Wie in Abb. 3 schematisch dargestellt wurde, ‚schiebt‘ sich dieser Mittler zwischen den Endkunden und dem eigentlichen Produzenten von Produkten. Die Konsequenz daraus ist ein umfassendes Wissen um die Vermögenslage des Kunden einerseits, und die Kenntnis seiner Präferenzen und Verhaltensweisen andererseits. Der Finanzplatz Liechtenstein kennt dieses Modell bereits teilweise in Form der externen Vermögensverwalter, Treuhandunternehmen und Rechtsanwälte. Abstrahiert man die Rolle des Intermediärs von den finanziellen Dienstleistungen, wäre eine Ausweitung seines Angebots auf komplementäre Wertschöpfungsnetzwerke zur Abdeckung neuer Bedürfnisfelder denkbar, wie z.B. Immobilienerwerb, Head Hunting, IT-Beratung, etc..

Ein weiterer Markt, der sich aufgrund der Re-Intermediation eröffnet, ist derjenige der Vertrauensstiftung. Traditionsgemäss verfügen die Banken über so wertvolle Güter wie Seriosität, Konstanz und Vertrauen. Infolge der Fragmentierung der Leistungserbringung sieht sich der Kunde mit neuen Lieferanten konfrontiert, die über keine implizite Vertrauenslandschaft verfügen, wie sie bei den Banken gegeben ist. Es entsteht somit ein grosses Bedürfnis nach einem ‚Gütesiegel‘ welches darüber Auskunft gibt, wem zu vertrauen ist. Dieser Markt wird seit wenigen Jahren intensiv durch sog. Zertifizierungsstellen wie z.B. Swisskey, Verisign, Entrust und weiteren aktiv bearbeitet.

Schliesslich offenbaren sich neue Geschäftsfelder für neue, innovative Unternehmen, die in der Lage sind, Teilprozesse aus der Wertschöpfungskette auf höchst effiziente Art abbzubilden und ihre Dienstleistungen in einem Netzwerk zur Verfügung zu stellen (z.B. über Intermediäre). Dieser Markt kann seit mehreren Jahren beobachtet werden. Protagonisten im Umfeld der Finanzbranche sind etwa Discountbroker, Transaktionsbanken, Finanzplaner, Researchagenturen, etc.. Durch die Virtualisierung der Informationsflüsse spielt sich ein Grossteil dieses Marktes im Internet ab. Damit verbunden ist eine Verlagerung der erforderlichen

Geschäftskompetenzen feststellbar. Nebst dem Know-how aus der Finanzwelt kommen wesentliche neue hinzu: Design von neuen Geschäftsmodellen, Netzwerkinfrastrukturen, Softwareentwicklung, Brandingfähigkeiten - um nur einige zu nennen.[8]

# 3 Drei Thesen zu den Auswirkungen auf den Finanzplatz Liechtenstein

Basierend auf obigen Ausführungen ist davon auszugehen, dass sich die Finanzbranche auch auf dem Platz Liechtenstein wandeln wird, obwohl dort gewisse Strukturen und Rahmenbedingungen vorherrschen, die verzögernde Wirkung haben. Entscheidend dabei ist hingegen, dass nicht die Technologie direkt den Markt verändern wird, sondern das durch die Technologie hervorgerufene veränderte Kundenverhalten. Blättert man in der Historie zurück, finden sich zahlreiche Analogien, die Beleg genug sind[9].

Aus dieser Betrachtung heraus stelle ich drei Thesen in den Raum, die sich meines Erachtens innerhalb der nächsten drei bis fünf Jahre auf dem Finanzplatz Liechtenstein manifestieren werden:

- E-Business wird auch im Private Banking zu einem der zentralen Themen
- Dem Finanzintermediär kommt eine zunehmend wichtige Bedeutung zu
- Das Eingehen von strategischen, branchenübergreifenden Allianzen verschafft den Banken entscheidende Wettbewerbsvorteile.

## 3.1 E-Business im Private Banking

Internet-Banking oder weiter gefasst 'E-Business' war bislang die Domäne im Retailbanking. Aufgrund des steigenden Kostendrucks wurden dort neue Wege gesucht, um die Vertriebskosten[10] im betreuungsintensiven Kleinkundengeschäft

---

[8] Ein Indikator dafür sind Allianzen zwischen Finanzdienstleistern und IT-Unternehmen, wie sie z.B. die Deutsche Bank mit America Online betreibt.

[9] Fuhrhalterbetriebe wurden durch mechanisierte Transportunternehmen verdrängt, Quartierläden durch Einkaufszentren und Telegraphenstationen durch die Telefonie, um nur einige zu nennen.

[10] gem. einer amerikanischen Studie von Booz, Allen & Hamilton Mitte der 90-er Jahre liegen die durchschnittlichen Vertriebskosten beim Bankschalter mit USD 1.07 rund zehn Mal höher beim Internet mit USD 0.10.

330

mit geringen Deckungsbeiträgen zu minimieren. Demzufolge kommt dem Internet dort die Verwendung als zusätzlicher Vertriebskanal zu.

Das weitaus vielversprechendere Einsatzgebiet des Internets liegt hingegen im Aufbau neuer Geschäftsmodelle und Dienstleistungen. Im Private Banking steht nicht primär die Kostensenkung im Vordergrund, sondern die Erhöhung der Servicequalität. In diesem Bereich sind grosse Pontentiale, die mittels Einsatz von modernen Instrumenten erschlossen werden könnten. Vor allem im Business-to-Business Markt kann die Ausweitung der Dienstleistungspalette zu einer Ausweitung der bestehenden Vermögenswerte führen sowie attraktive Felder für neue Gelder eröffnen.

Die in einer Umfrage[11] erhobenen Gründe für den Abbruch von Geschäftsbeziehungen im Private Banking lassen erahnen, wo willkommene Einsatzgebiete für E-Business Lösungen warten.

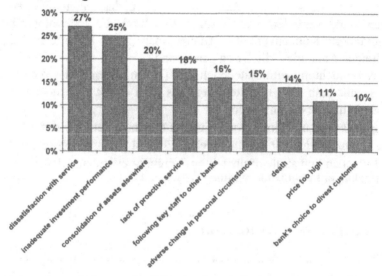

Abb. 4: Gründe für den Abbruch von Geschäftsbeziehungen

## 3.2 Zentrale Bedeutung der Finanzintermediäre

Die Finanzintermediäre bilden die (neue) Schnittstelle zwischen der Anbieterseite (Banken, Börsen, Versicherungen, Pensionskassen, Brokern, etc.) und der Nachfrageseite (Endkunden in Form juristischer oder natürlicher Personen). Die Konsequenz daraus ist die Entkoppelung der Bank zum Endkunden. Die Befolgung des alten Marketinggrundsatzes "Kenne deinen Kunden!" wird dadurch zunehmends erschwert.

---

[11]  Quelle: PriceWaterhouseCoopers, 1999.

Für die Bank ergeben sich als Folge daraus im wesentlichen zwei Varianten zum Marktauftritt:

a) Aufbau eines eigenen Finanzintermediär-Geschäftsfeldes:
   Die Funktion des Intermediärs wird durch die Bank selber sichergestellt, wobei eine partnerneutrale Einstellung gegenüber der Leistungserstellung dazu führt, dass eine rechtlich unabhängige Organisation geschaffen werden muss.

b) Etablierung als Partner von Finanzintermediären:
   Die Bank profiliert sich gegenüber den Finanzintermediären als professioneller Anbieter von Finanzdienstleistungen, wobei sich dadurch der Zielkundenmarkt weg vom Endkunden hin zum Business-to-Business Markt entwickelt. Die zentrale Herausforderung für die Bank wird es sein, ihre (E-Business) Dienstleistungen so zu gestalten, damit der Anteil des durch den Intermediär alloziierten Geschäftsvolumens bei dieser Bank maximiert wird.

## 3.3 Branchenübergreifende Allianzen

In der modernen Welt reicht es nicht mehr aus, eine gute Bank mit ausgeprägtem Know-how der Finanzmaterie zu sein! Als logische Konsequenz der Digitalisierung von Informationsflüsse, der zunehmenden Vernetzung und des sich verändernden Kundenverhaltens kommen neue Disziplinen hinzu, mit denen sich auch eine Bank auseinandersetzen muss. Zu den relevantesten zählen unter anderem:

- Informationstechnologie
- Marketing
- Compliance Management.

Es liegt nahe, dass nicht alle diese Fähigkeiten und Kompetenzen innerhalb der Bank aufgebaut werden können, sei dies aus personellen Gründen, Kostenüberlegungen oder zeitlichen Aspekten heraus. Es sind nicht Fusionen anzustreben, die zu beinahe irreversiblen Gemeinschaften führen, sondern gezielte und flexible strategische Allianzen.

So könnte die Bank eine Partnerschaft mit einem Netzwerkprovider eingehen, um den Zugang zum Datennetz und damit zum Kunden zu erhalten. Umgekehrt kommt der Netzwerkanbieter zu einer grösseren Auslastung seiner Infrastruktur. Bezeichnend für diese Vorgehensweisen sind ausgeprägte Win-Win Situationen, die es beiden Partnern ermöglichen, Vorteile aus einer Allianz zu ziehen, ohne sich lebenslang binden zu müssen.

Die Dynamik der Märkte erfordert von allen teilnehmenden Unternehmen neue und teils auch unkonventionelle Ansätze, um sich den Bedingungen flexibel anpassen zu können. Obwohl die akute Fusionswelle annehmen lässt, dass Grösse zum wettbewerbsentscheidenden Faktor wird, glaube ich fest daran, dass

Geschwindigkeit als ausschlaggebendes Kriterium gilt, die auf modularen und temporären Strukturen aufbauen muss.

# 4 Literatur

**Pechlaner, Harald:** Private Banking – Eine Wettbewerbsanalyse des Vermögensverwaltungs- und Anlageberatungsmarktes in Deutschland, Österreich und der Schweiz, Verlag Rüegger, Zürich/Chur, 1993, Seite 184 ff.

**PriceWaterhouseCoopers:** European Private Banking Survey 1998/99 – An Examination of the Key Trends, Challenges and Opportunities Facing Private Banks in Europe on the Brink of the New Millennium, London, 1999, Seite 30.

# Fachsprachlich normierte Anwendungssysteme – Eine neue Generation von Applikationssoftware für Unternehmen mit globalen Geschäftsbeziehungen

Erich Ortner
Technische Universität Darmstadt

# 1 Abstract

Time has come for the development of application software with elements which are standardised through expert languages – the so called Application Objects. The "knowledge-pre-products" for this venture are at hand, they just have to be picked up, i. e. to be reconstructed through normative languages and to be made available as "expert components", "expert referential models" and "expert terminologies" to the software industry as well as to the applying enterprises. Coordinating these processes, standardising the application objects and publishing them is best left to a "supra-industrial" organisation. To share such standardisation projects would offer competitive advantages to enterprises both from the producer's and the user's point of view. Application objects always have to be completely reconstructed and integrated to the proprietary systems by users as well as by producers. This paper features the methodological bases, an organisational conception and the technical means for achieving the objectives.

# 2 Repräsentation von Wissen

Die Frage, die hier zu beantworten ist, lautet nicht: Was ist Wissen, sondern wie wird Wissen repräsentiert? Die Antwort darauf lautet: Mit Aussagen. Dabei wird der Terminus „Aussage" als Oberbegriff für „Behauptungen", „Fragen", „Aufforderungen" etc., die zur Unterscheidung von Sprachhandlungstypen (speech act types) verwendet werden, eingeführt. Demnach können wir Sprachartefakte wie Software, Bücher, Formulare, Pläne, Gebrauchsanleitungen, Dokumente, Theorien, Konstruktionszeichnungen, Beipackzettel für Medikamente etc. als „Wissensprodukte" auffassen, da ihre „Inhalte" prinzipiell als Aussagensysteme rekonstruierbar sind.

Ein sprachlich repräsentiertes Aussagensystem besteht aus einer Menge von Aussagen (Sätzen), zwischen denen Beziehungen definiert sind. Während der interne Aufbau von Aussagen durch Begriffe und Beziehungen zwischen den Begriffen gekennzeichnet ist.

In diesem Zusammenhang ist die Unterscheidung zwischen „singulären Aussagen" und „allgemeinen Aussagen" einerseits sowie die Unterscheidung zwischen „objektsprachlichen Aussagen" und „metasprachlichen Aussagen" andererseits (Bild 1) von Bedeutung. Aus allgemeinen Aussagen werden Schemata (z. B. Datenschemata) abgeleitet, während singuläre Aussagen zu Ausprägungen eines Schemas führen. In einer allgemeinen Aussage werden Begriffe in Beziehung gesetzt, während in singulären Aussagen abstrakte oder konkrete Gegenstände unter einen Begriff fallen. Wird in singulären Aussagen auf abstrakte Gegenstände Bezug genommen, sollte der Bezeichner (z. B. „Familienstand") des referenzierten abstrakten Gegenstands in Anführungszeichen gesetzt werden.

| Informationen über Objekt-informationen | - Ein Objekttyp besteht aus Attributen | Allgemeine Aussagen |
|---|---|---|
| (Sprachstufe 2/ Metasprache) | - "Familienstand" ist ein Attribut | Singuläre Aussagen |
| Informationen über Objekte | - Ein Kunde hat einen Familienstand | Allgemeine Aussagen |
| (Sprachstufe 1/ Objektsprache) | - Müller ist ein verheirateter Kunde | Singuläre Aussagen |
| Objekte | 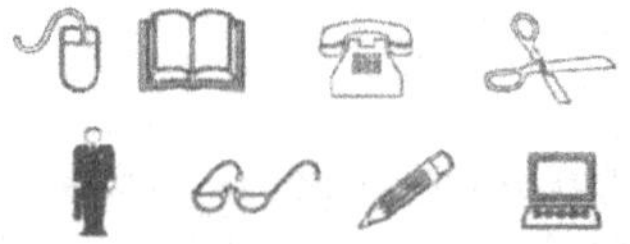 | Welt von Einzeldingen |

**Bild 1:** Aussagenarten und Sprachstufen

Auf die Unterscheidung zwischen Objektsprachen und Metasprachen wird in der Informatik und Wirtschaftsinformatik erst seit der Beschäftigung mit Dictionaries und Repositoriumssystemen methodisch Bezug genommen. Dies ist verwunderlich, denn Konzepte wie „Modellierung", „Formalisierung" oder „Programmierung" beruhen auf dem Sprachstufenwechsel und einer Unterscheidung zwischen Objekt- und Metasprachen.

Bei der Modellierung von Anwendungen wird die Syntax, die Semantik und die Pragmatik objektsprachlicher Ausdrücke mit den formalen Mitteln einer Metasprache dargestellt. In den Aussagen:

- Das Beziehungsverhältnis von KUNDE und RECHNUNG ist 1 : n.
- Der Datentyp des Attributs ALTER in der Relation PERSON ist Integer.
- Die BESTELLMENGE ist voll funktional abhängig von der RECHNUNGSNUMMER in der Relation RECHNUNGSPOSTEN.
- RECHNUNGSPOSTEN ist eine Relation.

gehören die in Majuskeln (Grossbuchstaben) geschriebenen Wörter zur Anwenderfach- oder Objektsprache, während die Fachtermini „Beziehungsverhältnis", „Integer", „funktionale Abhängigkeit", „Relation" etc. zu einer Metasprache (hier zum Relationenmodell) gerechnet werden. Wie Bild 1 zeigt, sind obige Aussagen in die Kategorie „singuläre, metasprachliche Aussagen" einzuordnen. Die Anführungszeichen wurden in den Aussagen durch die Schreibweise der Bezeichner für die abstrakten Gegenstände in Grossbuchstaben ersetzt.

Zum Verhältnis von Informatik und Wirtschaftsinformatik kann man hier festhalten, dass sich die Informatik i. e. L. mit Metasprachen befasst, während zum Aufgabengebiet der Wirtschaftsinformatik auch die (Re-) Konstruktion von Objektsprachen gehört.

# 3 Normsprachen

Zur Entwicklung von Sprachartefakten (Wissensprodukten) werden Sprachen (Bild 2) eingesetzt. Neben einer Unterscheidung zwischen Objektsprachen – sie beziehen sich auf nichtsprachliche Objekte – und Metasprachen – ihr Gegenstand sind sprachliche Objekte -, ist eine Unterscheidung zwischen natürlichen Sprachen (sie entstehen unkontrolliert, empirisch) und künstlichen Sprachen (sie entstehen kontrolliert, z. B. durch Rekonstruktion aus der Praxis) zweckmässig. Einen Teil der Metasprachen kann man auch „formale Sprachen" nennen. Das sind solche „Sprachen", deren Ausdrücke ausschliesslich aufgrund ihrer Form – unabhängig von jedem Inhalt – gültig (wahr) sind. Man kann beispielsweise die Prädikatenlogik 1. Stufe zu den formalen Sprachen rechnen. Daneben werden zur Modellierung „formalisierte" oder „semiformale" Sprachen, sogenannte „Diagrammsprachen", eingesetzt. Sie werden auch zu der Klasse der Metasprachen gerechnet.

Für einen konstruktivistischen Sprachen-Ansatz (Bild 2) ist charakteristisch, dass sämtliche Sprachen, die während der Entwicklung und der Nutzung der Anwendersysteme zum Einsatz kommen, zuvor aus der Praxis rekonstruiert wurden. Dabei nimmt die „Beschreibungssprache" (Bild 2) den Status einer

„Hilfssprache" ein. Sie liegt aus der Praxis rekonstruiert bereits vor und wird verwendet, um Rekonstruktionssituationen für den weiteren Aufbau der Norm-sprache zu „simulieren", wenn die erforderliche Praxis (reale Wortver-wendungssituationen in den Anwendungsbereichen) einmal nicht hergestellt werden kann. Somit ist garantiert, dass nur explizit rekonstruierte Sprachen oder Sprachkonstrukte bei der Entwicklung, während des Betriebs und bei der Nutzung der Anwendungssysteme zum Einsatz kommen.

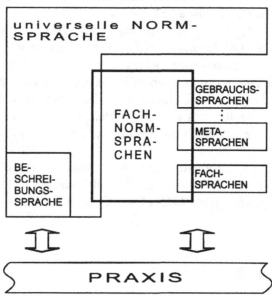

**Bild 2:** Konstruktivistischer Sprachen-Ansatz

Zur Entwicklung von Anwendungssystemen werden Sprachen, i. d. R. Meta-sprachen, die teilweise formalisiert sind, eingesetzt. Es spricht nichts dagegen, auch rekonstruierte Objektsprachen (Fach-Normsprachen) oder „materiale Sprachen" [Ortn97] zur Entwicklung von Anwendungssystemen einzusetzen. Dabei können die rekonstruierten Sprachkonstrukte beispielsweise in Form fachlicher Komponenten [Mert97], [KaLO99], Fach-Referenzmodellen [Sche95], [Fran97] oder fachlicher Terminologien [Schi97], [Ortn97] vorliegen.
Bei der Entwicklung von Anwendungssystemen mit „materialen Sprachen" [Ortn97] ist es möglich, ihre Korrektheit nicht nur in struktureller (Grammatik), sondern auch in inhaltlicher (Fach-Terminologie) Hinsicht anhand der einge-setzten Sprachen oder Sprachartefakte zu überprüfen. Dies setzt eine aus Sicht der einzelnen Anwendungen neutrale Normierung der Inhalte (Fachsprachen, Termini) voraus.
Eine „künstliche" Sprache, die mit den Anwendern zusammen rekonstruiert wird und sich dadurch auszeichnet [Ortn97], dass sie

mit ihrer Gegenstandseinteilung nicht an einem spezifischen Modellierungsparadigma ausgerichtet ist (**Methodenneutralität**),

sowohl objekt- als auch metasprachliche Termini in ihrem Wortschatz aufnimmt (**Materialsprachlichkeit**),

Normierungen als Gebrauchsfestlegungen sprachlicher Ausdrucksmittel, die kontinuierlich überprüft und an aktuelle Situationen angepasst werden müssen, administriert (**Normsprachlichkeit**) und

mit einer allgemeinen Übersetzbarkeitsbehauptung verbunden ist, so dass jeder Terminus einer Gebrauchssprache über sie in einen synonymen Terminus einer anderen Gebrauchssprache übersetzt werden kann (**globale Uniformität**),

wird (universelle) Normsprache [vgl. Lehm98] genannt. Daneben können an spezifischen Anwendungsbereichen (z. B. Rechnungswesen, Produktionsbereich, Marketing) orientierte Fach-Normsprachen (Bild 2) eingeführt werden, mit denen (Anwender-) Inhalte für den methodenneutralen und methodenspezifischen Entwurf von Informationssystemen normiert wurden. Die universelle Normsprache fungiert dabei als eine „allgemeine Zwischensprache", auf deren Basis Übergänge von einem Lösungsparadigma zu einem anderen koordiniert [Schi97] oder die (inhaltliche) Kommunikation zwischen verschiedenen Systemen „transparent" (für die Systembenutzer „unsichtbar") organisiert [Ortn99] werden kann.

Faktisch existieren „Fach-Normsprachen" in der computerunterstützten Informationsverarbeitung durch „Wissensprodukte" wie die SAP R/3-Software, Branchen-Referenzmodelle, STEP (Standard for the Exchange of Product Model Data) oder EDIFACT (Electronic Data Interchange for Administration, Commerce and Transport) bereits. Man muss nur noch ihre „faktische Genese" durch eine kontrollierte (rekonstruierte) „normative Genese" ersetzen. Bei dieser Arbeit sollten Regeln der Qualitätssicherung, wie sie beispielsweise in [BeRS95] aufgestellt wurden, eingehalten werden. Sie sollte federführend von einem überindustriellen Gremium organisiert werden. Daraus könnten Wettbewerbsvorteile für die an diesem Prozess beteiligte Software-Industrie ebenso wie für die Anwender-Unternehmen resultieren. Von der Wirtschaftsinformatik könnten fachliche Fortschritte durch Beteiligung an solchen Projekten erzielt werden.

# 4  Verteilte Informationsverarbeitung

Die verteilte Informationsverarbeitung ist heute an CORBA (Common Object Request Broker Architecture) orientiert. CORBA ist eine von der Object Management Group (OMG) spezifizierte Beschreibung eines verteilten Objektverwaltungssystems, die festlegt, wie verteilte Objekte (z. B. Anwendungen) mit Hilfe eines Object Request Brokers (ORB) miteinander kommunizieren können (Bild 3). Im Unterschied zum Microsoft „Distributed Component Object Model"

(DCOM) ist CORBA Plattformenneutral (unabhängig von Betriebssystemen) und unterstützt die Kommunikation zwischen heterogenen Anwendungen. Sowohl DCOM als auch CORBA sind von konkreten Programmiersprachen weitgehend unabhängig und sind daher eindeutig der als „Middleware" bezeichneten Systemsoftware zuzuordnen.

Die in Bild 3 dargestellte Architektur wird OMA (Object Management Architecture) genannt. Sie stellt eine universelle Kommunikationsplattform dar, mit deren Hilfe Objekte zusammenarbeiten können, deren Implementierungen sich auf unterschiedlichen Plattformen befinden. Der „Datenaustauschmechanismus", der sich in der Mitte des Bildes 3 befindet, wird Object Request Broker genannt. Er sorgt dafür, dass Objekte bzw. Software-Komponenten über Grenzen von Betriebssystemen und Hardwareplattformen hinweg miteinander durch Nachrichtenaustausch kommunizieren können.

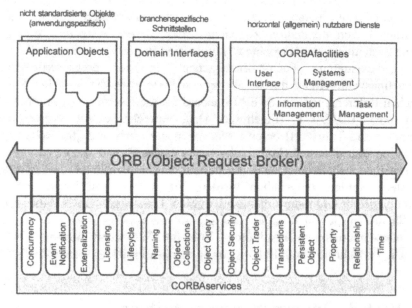

**Bild 3:** Architekturenmodell der Middleware nach OMG [OMG96a]

Neben dem ORB sind in der OMA vier weitere Bereiche enthalten: CORBAservices, CORBAfacilities, Domain Interfaces und Application Objects [Schu99]. Bei den CORBAservices handelt es sich um eine Sammlung elementarer Basisdienste, die im Falle der nichtverteilten Informationsverarbeitung von Compiler-Laufzeitsystemen, von Entwicklungswerkzeugen oder von Betriebssystemen bereitgestellt werden. Diese Dienste sind hochgradig modular, elementar und ohne Überdeckung (redundanzfrei) spezifiziert. Erheblich mehr Funktionalität als CORBAservices bieten die CORBAfacilities, die auch als „Common Facilities" bezeichnet werden. Hier handelt es sich um horizontale, dass heisst fachneutrale Komponenten, die einen klar umrissenen Funktionsumfang besitzen und von den Entwicklern verteilter Anwendungen ähnlich wie Basissysteme (z. B. Datenbank-Management-Systeme) genutzt werden können.

Im Bereich der „Domain Interfaces" werden branchenspezifische Sachverhalte für die verteilte Informationsverarbeitung zwischen Unternehmen spezifiziert. Dabei wurden mit dem Ziel, die Standardisierung der Domain Interfaces voranzutreiben, von der OMG eigene Arbeitsgruppen (Task Forces) eingerichtet, die sich jeweils mit einem abgegrenzten Aufgabengebiet (z. B. Business Objects, Electronic Commerce, CORBAmanufacturing) beschäftigen.

„Application Objects" (Bild 3) bilden jenen Teil CORBA-basierter verteilter Anwendungssysteme, die fachbezogene Aufgaben aus den jeweiligen Anwendungsbereichen lösen und nicht ohne weiteres in anderen Kontexten wiederverwendet werden können. Aufgrund der Vielfalt und der individuellen Anforderungen ist hier eine Standardisierung durch die OMG **nicht** vorgesehen. Der Standardisierungsbedarf kann durch den sich abzeichnenden Komponentenmarkt in den nächsten Jahren jedoch rasch anwachsen.

CORBA ist ein gigantisches Projekt zur Sicherstellung der globalen Interoperabilität zwischen heterogenen Informationsverarbeitungen über eine sogenannte Middleware-Komponente (Bild 3). Während für die Normierung im technischen Middleware-Bereich die Object Management Group (OMG) federführend ist, könnte die Normung im fachlichen „Middleware-Bereich" (Bild 4) einer Institution wie der „KnowTech-Initiative" (KTI) – komplementär zur technischen Middleware-Standardisierung - übertragen werden. Die KnowTech-Initiative hat zum Ziel, existierende Konzepte im Wissensmanagement-Bereich zu einer integrierten Wissensmanagement- und Technologie-Basis zusammenzuführen und weiterzuentwickeln. Dabei ist geplant, auch zu einer Normungsinitiative im Bereich der Anwenderfachsprachen (Fach-Normsprachen) zusammen mit DIN, VDI/VDE, ISO und anderen Organisationen zu kommen. Diese Fachstandards wären im Bereich „Domain Interfaces" (Bild 3) zu hinterlegen. Sie garantieren die Entwicklung von Applikationssoftware (Application Objects, Bild 3) zwischen der über Unternehmensgrenzen hinausgehend Daten konsistent ausgetauscht werden können.

Bild 4 stellt eine mögliche Aufgabenteilung zwischen den beiden Organisationen (KnowTech-Initiative und OMG) dar. Zur Zeit wird der inhaltliche (fachliche) Bereich „Domain Interfaces" noch von der OMG koordiniert. Aber auch im

Bereich „Application Objects" (Bild 3, Bild 4) sollten Normungen global oder europaweit in Angriff genommen werden.

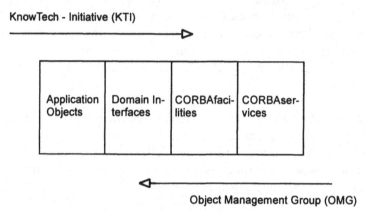

**Bild 4:** Normung von Komponenten für die verteilte Informationsverarbeitung

# 5   Repositorien

Repositorien [Bern99] bilden derzeit den „Gipfel" der rechnerunterstützten Informationsverarbeitung. Berners Lee, Erfinder des World Wide Web (W 3), spricht im Zusammenhang mit Repositorien und der sich entwickelnden „Metainformationsverarbeitung" von einer „neuen Ära der Aufklärung" [Taps98]. Gemeint ist die Tatsache, dass sich durch die weltumspannende Informationsverarbeitung eine Annäherung der Sprachen (auch der Gebrauchssprachen) bis auf „globale Uniformität" zahlreicher Fachbegriffe (durch den systematischen Aufbau von „Fach-Normsprachen", beispielsweise für den Electronic Commerce-Bereich) bereits abzeichnet. Ein mächtiges Instrument zur Bewältigung dieser Aufgabe stellt ein Repositorium dar.

Repositorien markieren den gegenwärtigen Höhepunkt [Tann94] der mehr als 20jährigen Entwicklung von „Data-Dictionary-Systemen" [LePl82]. Es handelt sich im Grunde um eine Art von Datenbank-Anwendung, die über Funktionen verfügt, die über die konventionellen Datenbankdienste wie Wiederanlauf im Fehlerfall, Zugriffsschutz, Gewährleistung der Datenintegrität oder SQL-Schnittstelle hinausgehen. Ein Repositorium stellt zusätzliche Modellierungsfunktionen bereit, mit denen die Dokumentationsstruktur (z. B. Microsofts „Open Information Model" [Bern99]) für Repositoriumsobjekte angelegt, administriert und weiterentwickelt werden kann. Leistungsstarke Konfigurationsmanagement-Funktionen (z. B. ein Status-Konzept für Entwicklungsresultate) ermöglichen die

Erstellung und Verwaltung von unterschiedlichen Versionen der Objekte in Repositorien. Über Generierungsschnittstellen wird schliesslich der Metadatenaustausch (die Beschreibungen von Typen und Beziehungen) zwischen Entwicklungswerkzeugen (z. B. einem Prozessmodellierungs-Tool) und Basissystemen (z. B. einem Workflow-Management-System) sowie ihre Integration erleichtert. Aktuelle Produkte basieren sowohl auf netzwerkartigen (z. B. DATAMANAGER von msp) als auch auf relationalen (z. B. IBMs Visual Warehouse Information Catalog) Datenbanksystemen, oder sie bieten eine objektorientierte Schnittstelle wie das „Microsoft Repository" mit COM (Component Object Model) oder das „UNISYS Universal Repository", das in Teilen den von der OMG (Object Management Group) zur „Meta Object Facility" (MOF) verabschiedeten Standard erfüllt, an.

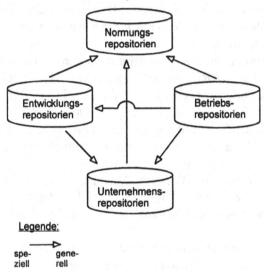

**Bild 5:** Repositoriumsarten

Entsprechend ihrer Einsatzfelder können verschiedene Arten (Bild 5) von Repositorien unterschieden werden. Die grösste Verbreitung haben Entwicklungsrepositorien [Ortn99], während „Betriebsrepositorien", die natürlich in noch grösserer Zahl vorkommen, i. d. R. „(System-)Katalog", „Directory" oder „Dictionary" und nicht „Repository", genannt werden. In letzter Zeit wird hier häufiger zwischen „Build-Time-Repositories" für die Entwicklungsarbeit und „Run-Time-Repositories" für den Systembetrieb unterschieden.
Unternehmensrepositorien und Normungsrepositorien würden zwar einen grossen Bedarf auf dem Gebiet der verteilten, globalen Informationsverarbeitung decken können, allerdings gibt es sie in der hier angedachten Form bei den Anwendern (als Unternehmensrepositorien) oder bei den Standardisierungsorganisationen (als

Normungsrepositorien) heute noch nicht. 1983 wurde ein Projekt bei DATEV mit dieser Zielsetzung [Ort83b] in Angriff genommen. Wie weit man dabei gekommen ist, wird in [Ortn91] beschrieben. Auf ein Normungsrepositorium kommen wir im letzten Abschnitt (5 Ausblick) dieses Beitrags noch einmal zu sprechen.

Zwischen den Repositorien (Bild 5) können spezielle „Generalisierungs-/ Spezialisierungs-Beziehungen" in der Weise definiert werden, dass Normungsrepositorien ihre Standards auf Entwicklungsrepositorien, Betriebsrepositorien und Unternehmensrepositorien „vererben". Betriebsrepositorien stellen die für den Betrieb (Run-Time) erforderliche Teilmenge der Metadaten eines Entwicklungsrepositoriums bereit. Unternehmensrepositorien schliessen Entwicklungs- und Betriebsrepositorien ein, gehen aber im Hinblick auf das Management der Informationsverarbeitung einer Organisation (z. B. im Hinblick auf das „Informationsverarbeitungs-Controlling" [Brit99]) mit ihren Metadaten über Entwicklungs- und Betriebsrepositorien hinaus.

Der Idee eines „Unternehmensrepositoriums" kommt, von den Marktprodukten aus betrachtet, das „ARIS-Toolset" [Sche98] am nächsten. Am MIT (Massachusetts Institute of Technology) gibt es seit 1993 ein Projekt „Process Handbook" [Malo99], in dem es darum geht, Organisatoren mit vordefinierten Komponenten (Stellenbeschreibungen, Geschäftsprozessbeschreibungen etc.) beim Auf-, Ab- und Umbau von (virtuellen) Unternehmen zu unterstützen. Das „Process Handbook" steht aber nicht als Repositorium implementiert zur Verfügung. Im Rahmen von Workflow-Management-Systemen (WfMS) finden sich beispielsweise bei Bussler [Bussl98] erste Überlegungen zur Realisierung eines Organisationsverwaltungssystems für die „Aufbauorganisation" mit einem Repositorium.

Um den Aspekt der Normsprachlichkeit von Repositorien zu erläutern, gehen wir von einer Repositoriumsarchitektur aus, wie sie Bild 6 zeigt. Die Architektur erstreckt sich über vier Sprachstufen. Auf der 1. Sprachstufe ist der Anwendungsbereich durch seine Fachsprache (Objektsprache) und die zu entwickelnden Anwendungen vertreten. Auf der 2. Sprachstufe wird die Dokumentationsstruktur für die entwickelten Sprachobjekte (Typen) der 1. Sprachstufe, das Repositoriumsmetaschema, modelliert. Im Prinzip geht es dabei um eine besondere „Implementierung" der Methoden (Sprachen) und Werkzeuge (Tools i. w. S.), die bei der Entwicklung (z. B. als Modellierungstools), dem Betrieb (z. B. als Basissysteme) oder der Nutzung (z. B. als Anwendungen) von Informationssystemen zum Einsatz kommen [Ortn99], als Metaschema. Mit einem Metaschema können die in einer Entwicklungssprache (Methoden, Tools) dargestellten Entwicklungsresultate strukturiert (in Teile und Beziehungen zwischen den Teilen zerlegt) beschrieben und verwaltet werden.

Auf der 3. Sprachstufe (Bild 6) wird die auf alle Sprachstufen eingesetzte objekt- und metasprachliche Terminologie auf Basis eines Normsprachenschemas [Ortn99], verwaltet.

Von der 2. Sprachstufe aus gesehen (Bild 3) unterliegen die Entwicklungs- ergebnisse auf der 1. Sprachstufe einer strukturellen Kontrolle. Es wird z. B. bei der Entwicklung einer Tabelle (Relation) auf der 1. Sprachstufe auf der 2. Sprachstufe festgehalten, ob es sich um eine normalisierte Relation handelt, aus wie vielen Attributen die Relation besteht, welche Attribute Schlüssel- und welche Attribute Nichtschlüsselattribute sind, welcher Datentyp den Attributen zugeordnet ist, etc.

Auf der 4. Sprachstufe (Bild 6) ist schliesslich der „Katalog" bzw. das „Run- Time-Repository" des zur Realisierung des normsprachlichen Repositoriums eingesetzten DBMS (Datenbank-Management-Systems) untergebracht. Von dieser Sprachstufe aus findet die strukturelle Kontrolle aller als Datenbank- Anwendung implementierten Sprachobjekte (Metaschema, Normsprachenschema) eines (normsprachlichen) Repositoriums statt.

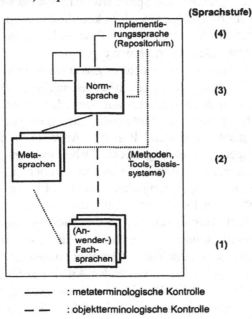

**Bild 6:** Aufbau eines normsprachlichen Repositoriums

In [Bern99] wird der Aufbau eines Repositorium auf der Grundlage eines Objektmodells (COM: Microsofts Component Object Model) als „Implementierungssprache" (4. Sprachstufe, Bild 6) vorgestellt. Es wird das Metaschema (2. Sprachstufe, Bild 6) für die Dokumentation der Entwicklungsergebnisse – von ihrer Modellierung mit UML (Unified Modeling Language) bis zur Implementierung der Ergebnisse z. B. mit den DBMS „DB 2" oder „ORACLE" – erörtert. Da das Metaschema von den Anwendern (den Method-Engineers, [Ortn99]) für die eingesetzten Tools erweiterbar sein muss, wird es „Open Information Model"(OIM) genannt. Die Integration einer 3. Sprachstufe (Bild 6), auf der die objekt- und metasprachliche Terminologie aller Sprachartefakte (Entwicklungsergebnisse) konsistent verwaltet werden kann, wird in der Arbeit von Bernstein et al. [Bern99] nicht behandelt.

# 6 Ausblick

Die Zeit ist reif für die Entwicklung von Anwendungssystemen auf der Grundlage fachsprachlicher Normen und Standards. Deshalb muss die faktische Genese der Fachsprachen in den Anwendungsbereichen um eine kontrollierte (rekonstruierte) normative Genese der Sprachen und Sprachartefakte ergänzt werden. Diese Arbeit sollte von einem überindustriellen Gremium koordiniert werden. Daraus könnten sich Wettbewerbsvorteile für die an diesem Prozess beteiligte Software-Industrie ebenso wie für die Anwender-Unternehmen ergeben.

Die Anwendungssystementwicklung wird in Zukunft komponentenorientiert sein. Anwendungssysteme werden nach dem „Baukastenprinzip" (mit Komponenten-sammlungen und Lösungskatalogen) aus auf dem Markt verfügbaren Bausteinen (Application Objects) in hoher Variantenzahl, nach dem Prinzip „Auswahl und Verbindung" und nicht nach dem Prinzip „Auswahl und Anpassung", zu individuellen Lösungen zusammengesteckt. Dabei müssen jedoch bestehende Lösungen (die sogenannten „Wissens-vor-Produkte" oder „Legacy Systems") an die Komponentenorientierung „herangeführt" werden. Ebenso ist das Konzept der „Schemaintegration" (Fach-Referenzmodelle) um das Konzept der „Termino-logiebasierung" (Fach-Terminologien und Fach-Normsprachen) in der Anwendungssystementwicklung zu ergänzen. Einen besonderen Stellenwert erhalten hierbei Repositorien oder Metainformationssysteme.

In Bild 7 werden die Aspekte der zu leistenden Arbeit aus Sicht eines geeigneten Werkzeugs (Servers) dargestellt. Der Untersuchungsgegenstand, die „Wissens-vor-Produkte", liegen gewissermassen „auf der Strasse". Sie müssen nur noch „aufgehoben", d.h. sprachkritisch rekonstruiert und in Form von „Fach-Kompo-nenten", „Fach-Referenzmodellen" und „Fach-Terminologien" (Bild 7) der Software-Industrie sowie den Anwender Unternehmen zur Verfügung gestellt werden. Dabei wäre ein Werkzeug, das fachlich „Normungsrepositorium" (Bild 5) genannt wurde und beispielsweise auf Basis eines objektrelationalen DBMS [Ston96] und eines geeigneten (erweiterbaren) Metaschemas wie dem „Open Meta

Referenz Model" der KnowTech-Initiative als W3-Server installiert werden könnte, sehr nützlich.

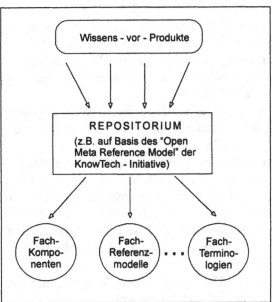

**Bild 7:** New Organon Server – NOGS

# 7 Literatur

[Bern99]   **Bernstein, P. A.; Bergstraeser, T.; Carlson, J.; Pal, S.; Sanders, P.; Shult, D.:** Microsoft Repository Version 2 and the Open Information Model, in: Information Systems, 24 (1999) 2, S. 71 – 98.

[BeRS95]   **Becker, J.; Rosemann, M.; Schütte, R.:** Grundsätze ordnungsgemässer Modellierung, in: Wirtschaftsinformatik, 37 (1995) 5, S. 435 – 445.

[Brit99]   **Britzelmaier, B.:** Informationsverarbeitungs-Controlling, Ein datenorientierter Ansatz, B. G. Teubner Stuttgart/Leipzig 1999.

[Bussl98]  **Bussler, Ch.:** Organisationsverwaltung in Workflow-Management-Systemen, Deutscher Universitäts-Verlag, Wiesbaden 1998.

[Fran97]   **Frank, U.:** Enriching Object-Oriented Methods with Domain Specific Knowledge: Outline of a Methode for Enterprise Modeling, Arbeitsbericht des Instituts für Wirtschaftsinformatik, Nummer 4, Koblenz 1997.

346

[KaLO99]   **Kalkmann, J.; Lang, K.-P.; Ortner, E.:** Anwendungs
systementwicklung mit Komponenten, in: Information Management
& Consulting, 14 (1999) 2, S. 35 – 45.

[Lehm98]   **Lehmann, F. R.:** Normsprache, Das aktuelle Schlagwort, in:
Informatik Spektrum, 21 (1998) 5, S. 360 – 367.

[LePl82]   **Leong-Hong, B. W.; Plagmann, B. U.:** Data Dictionary/Directory
Systems, Administration, Implementation and Usage, John Wiley
Publ., New York 1982.

[Malo99]   **Malone, T. W. et al.:** Tools for inventing organisations – Toward a
handbook of organisational processes, in: Management Science, 45
(1999) 3, S. 425 – 443.

[Mert97]   **Mertens, P. et al:** Formen integrierter betrieblicher
Anwendungssysteme zwischen Individual- und Standardsoftware,
Forschungsbericht des Bayerischen Forschungszentrums für
Wissensbasierte Systeme (FORWIss), FR-1997-005, Erlangen 1997.

[OMG96a]  **Object Management Group:** Object Management Architecture,
Chapter 5.2 of the new OMG Guide, OMG Document AB/96 –08-01,
August 1996.

[Ortn83b]  **Ortner,. E.:** DD-Systeme ebnen Weg zu genormten DV-Sprachen,
in: CW-Spotlight, Computerwoche, 16. Juni 1983, S. 22 – 23.

[Ortn91]   **Ortner, E.:** Ein Referenzmodell für den Einsatz von Dictionary-
/Repository-Systemen in Unternehmen, in: Wirtschaftsinformatik, 33
(1991) 5, S. 420 – 430.

[Ortn97]   **Ortner, E.:** Methodenneutraler Fachentwurf, Zu den Grundlagen
einer anwendungsorientierten Informatik, B. G. Teubner Verlagsgesellschaft, Stuttgart/Leipzig 1997.

[Ortn99]   **Ortner, E.:** Repository Systems – Aufbau und Betrieb eines
Entwicklungsrepositoriums, in: Informatik-Spektrum, 22 (1999) 4, in
Druck und in: Informatik-Spektrum, 22 (1999) 5, in Druck.

[Sche95]   **Scheer, A.-W.:** Wirtschaftsinformatik – Referenzmodelle für
industrielle Geschäftsprozesse, Springer-Verlag, Berlin/Heidel-
berg/New York 1995.

[Sche98]   **Scheer, A.-W.:** ARIS – Vom Geschäftsprozess zum
Anwendungssystem, Springer-Verlag, Berlin/Heidelberg/New York
1998.

[Schie97]  **Schienmann, B.:** Objektorientierter Fachentwurf, Ein
terminologiebasierter Ansatz für die Konstruktion von
Anwendungssystemen, B. G. Teubner Verlagsgesellschaft, Stutt-
gart/Leipzig 1997.

[Schu99]   **Schulze, Wolfgang:** Ein Workflow-Management-Dienst für ein
verteiltes Objektverwaltungssystem, Dissertation, Technische

Universität Dresden, Fakultät Informatik, März 1999.

[Ston96]   **Stonebraker, M.**: Object-Relational DBMSs – The Next Great Wave, Morgan Kaufmann, San Francisco 1996.

[Tann94]   **Tannenbaum, A. S.**: Implementing a Corporate Repository, The Models Meet Reality, John Wiley & Sons, Inc., New York 1994.

[Taps98]   **Tapscott, D.**: Net Kids: Die digitale Generation erobert Wirtschaft und Gesellschaft, Verlag Dr. Th. Gabler GmbH, Wiesbaden 1998.

# Hilti Telemarketing (HTM) – ein Beispiel für eine erfolgreiche teamorientierte Kundenbetreuung

Dietrich Schäffler
Hilti Befestigungstechnik AG, Schaan

## 1 Einleitung

Dieser Vortrag stellt eine Konzeptstudie vor, die die Konzerninformatik der Hilti AG, Schaan zusammen mit der Marktorganisation (MO) Großbritannien im Sommer 1999 entwickelt hat [1].

Ziel dieser Konzeption war es, Wege aufzuzeigen, wie Elemente des Telemarketing benutzt werden können, um

- Kundeninformationen, die mit dem Vertriebsinformationssystem HSFA (Hilti Sales Force Automation) verwaltet werden, effizient und gezielt für Marketingaktivitäten (outbound telemarketing, mail shots) bereitgestellt werden können,
- die Durchführung dieser Marketingaktivitäten zwischen den beteiligten Mitarbeitern zu koordinieren,
- die Ergebnisse von Marketingaktivitäten umgehend an den Aussendienst zur Weiterbearbeitung zu übermitteln,
- der Erfolg von durchgeführten Marketingaktivitäten zu bewerten.

## 2 Die Hilti-Gruppe

Hilti ist ein spezialisiertes, auf dem Gebiet der Befestigungs- und Abbautechnik weltweit führendes Unternehmen: Qualität, Innovation und umfassendes Anwendungs-Know-how durch grosse Kundennähe zeichnen Hilti aus.

Als Gruppe ist Hilti in über 100 Ländern der Welt präsent. Zwei Drittel der 12000 Mitarbeiterinnen und Mitarbeiter sind in den Marktorganisationen tätig, das heisst im Verkauf, in der Beratung und im Service. Der Sitz der Konzernzentrale

---

[1] HSFA Development Team (1999): Business Requirements for Telemarketing

befindet sich in Schaan im Fürstentum Liechtenstein. Hilti unterhält mehrere Produktionswerke in Europa, in Amerika und in Asien. Forschung und Entwicklung sind im Fürstentum Liechtenstein, in Deutschland und in China angesiedelt.

Hilti bietet dem professionellen Anwender am Bau ein umfassendes Sortiment an Systemen der Bohr- und Abbautechnik, Direktbefestigung, Dübeltechnik, Diamanttechnik sowie Bauchemie mit hohem wirtschaftlichem Mehrwert. Zum Leistungsprogramm gehören Geräte mit entsprechenden Werkzeugen und Verbrauchselementen, Beratung, Anwendungsschulung und technische Dokumentation sowie ein kundenorientierter Service auch nach dem Verkauf. Die Marktbearbeitung erfolgt in der Regel über den eigenen spezialisierten Direktvertrieb und, wenn sinnvoll, zusätzlich auch über qualifizierte und beratungsorientierte Vertriebspartner.

Um seine technologische Führungsposition weiter auszubauen, betreibt das Unternehmen eine intensive Produkt- und Prozessinnovation auf der Grundlage modernster Forschung und Entwicklung.

In einem integrierten Personalentwicklungs- und Schulungsprozess fördert Hilti die Mitarbeiterinnen und Mitarbeiter. Das Unternehmen gewährleistet eine solide fachliche Qualifikation für höchste Leistungen im Dienste der Kunden.

Die Hilti Gruppe ist als Familienunternehmen gross geworden, und auch heute sind die Stimmrechte in Familienbesitz. Die langfristige Ausrichtung der Gruppe, die Qualität der Mitarbeiterinnen und Mitarbeiter sowie die starke Verankerung in den Märkten sind wesentliche Grundlagen für die weitere positive Entwicklung in die Zukunft.


# 3   Das Hilti Verkaufsmodell

Der Ausgangspunkt für das Konzept ist die Verkaufsstrategie der Hilti AG, die von ihren nationalen Verkaufsorganisationen (Marktorganisationen) eine koordinierte Vorgehensweise in der Kundenbetreuung durch den Aussendienst, die Hilti Center sowie den zentralen Kundendienst (Customer Service) verlangt.

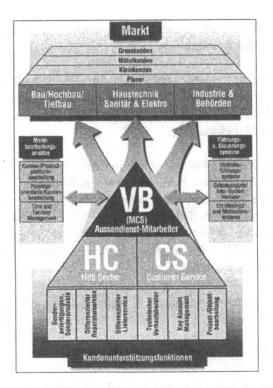

Abb. 1. Das Hilti Verkaufsmodell

Innerhalb dieses Verkaufsmodell sollen die Möglichkeiten eines sinnvollen Einsatzes des Telemarketing aufgezeigt werden. Damit soll einerseits erreicht werden, den Schwerpunkt des Aussendienst auf Kunden mit hohen Potential sowie der Gewinnung von Neukunden zu konzentrieren, anderseits Kunden mit geringerem Potential durch kostengünstigere Vertriebswege persönlich zu betreuen.

# 4 Definition 'Telemarketing'

In der Literatur sind vielfältige Definitionen sowohl des Begriffs 'Marketing' als auch des Begriffs 'Telemarketing' zu finden. Hier sei die folgende Definition gegeben: [2]

**"Telemarketing utilizes sophisticated telecommunication and information systems combined with personal selling and servicing skills to help companies**

---

[2] Stone, Wyman (1994), S. 3

**keep in close contact with present and potential customers, increase sales, and enhance business productivity."**

Telemarketing benötigt somit neben den für diese Aufgaben qualifizierten Mitarbeitern ein herausragendes Telekommunikationssystem sowie ein Informationssystem, das die wesentlichen Informationen über die zu kontaktierenden Firmen und Personen beinhaltet.

Nach dieser Literaturquelle kann der Funktionsbereich 'Telemarketing' nach unterschiedlichen Gesichtspunkten betrachtet werden. Eine der häufigsten Betrachtungsweisen ist die nach dem Gesichtspunkt des 'Initiator des Anrufs'. Dabei spricht man von reaktivem Telemarketing (reactive telemarketing), wenn die Initiative vom Kunden ausgeht, von einem proaktiven Telemarketing (proactive telemarketing, outward telemarketing, outbound telemarketing), wenn die Initiative beim Unternehmen liegt.

Eine weitere Gliederung ermöglicht die Unterteilung des Bereichs nach der angesprochenen Zielgruppe, z.B. zwischen Unternehmen (business-to-business telemarketing) oder zwischen Unternehmen und Endkunden (business-to-consumer telemarketing).

Eine rein funktionale Aufteilung des Bereichs 'Telemarketing' kann in folgende Teilfunktionen vorgenommen werden:

*   Auftragsbearbeitung (order processing),
*   Kundendienst (customer service),
*   Verkaufsunterstützung (sales support),
*   Kundenbearbeitung (account management).

# 5   Leistungsspektrum 'Telemarketing'

Auf Basis der o.a. Definitionen wird dieses Konzept den Geschäftsbereich (business area) 'Telemarketing' so positionieren, dass er seinen internen Kunden die folgenden Dienstleistungen zur Unterstützung und Verbesserung ihrer eigenen Geschäftsprozesse auf der Basis von Projekten (Marketingkampagnen) im Bereich des 'proaktiven Telemarketing' (outbound telemarketing) anbietet.

*   Dem Produktmanagement wird die Erhebung zusätzlicher Kundeninformationen (inquiry, check-up) angeboten, um spezielle Marketingaktivitäten zu lancieren,

- Der Vertriebsorganisation wird die Unterstützung bei der Beseitigung temporärer Engpässe innerhalb eines Verkaufsgebiete angeboten sowie die Generierung zusätzliche Verkaufsgelegenheiten (sales opportunity, lead),
- Den regionalen Verkaufsniederlassungen werden Dienste für die Durchführung von gezielten, regionalen Werbemassnahmen angeboten.

**Wichtiger Hinweis:** Die Fäden für die professionelle Kundenbetreuung liegen aber weiterhin in den Händen des Aussendienstmitarbeiters, die Entscheidungen für die Kundenbetreuung werden von ihm auf der Basis der Information getroffen, die im von ihm selbst erzeugt sowie von den Innendienstabteilungen (Customer Service, Hilti Center) zugeleitet werden.

# 6    HTM-Datenflussmodell

In dem folgenden Datenflussmodell werden die Integration des Geschäftsbereichs 'Telemarketing' in die Vertriebsorganisation sowie die Informationsflüsse zwischen den beteiligten Organisationseinheiten dargestellt.

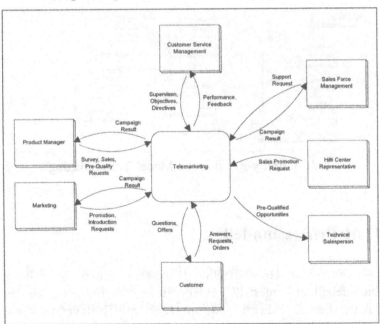

Abb. 2. Datenflussmodell 'Telemarketing'

354

# 7 HTM-Datenmodell

Das folgende Datenmodell in IDEF1X-Notation gibt die in diesem Modell verwendeten Datenobjekte und deren Beziehungen wider. Hinweise zur verwendeten Methodik und der Notation sind in Literatur zu finden [3].

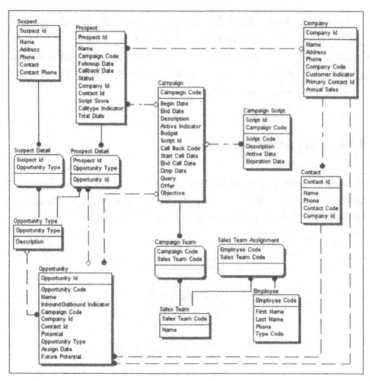

Abb. 3. Entity-Relationship Model 'Telemarketing'

# 8 HTM-Prozessmodell

Einige exemplarische Geschäftsfälle (Prozesse) sollen in den folgenden Abschnitten detailliert vorgestellt werden, um zu demonstrieren, wie Telemarketingaktivitäten speziell als Ergänzung zum Direktvertrieb eingesetzt werden:

---

[3] Logic Works (1995)

- Betreuung aktiver Kunden (buying customer) mit geringem Potential,
- Reaktivierung von Kunden, die länger als 12 Monate nicht mehr gekauft haben (dormant customer),
- kurzfristige Kontaktierung von allen Kundengruppen, die bestimmte Produktgruppen (nicht) im Einsatz haben, in Form von ein- bis zweitägigen Marketingaktionen,
- Qualifikation von Nichtkunden (prospects) auf der Basis von öffentlichen Datensammlungen,
- Vertretung des Aussendienstmitarbeiters in Fällen von Abwesenheit,
- Betreuung eines Verkaufsgebiets, das nicht durch einen Aussendienstmitarbeiter betreut wird.

Als Nebenbedingung ist zu beachten, dass ein Kunde zu einem Zeitpunkt nur durch eine Telemarketingaktivität angesprochen wird.

## 8.1 Betreuung aktiver Kunden mit geringem Potential

Der Aussendienstmitarbeiter ermittelt für alle Firmen seines Verkaufsgebiets deren Potential aufgrund ihrer Branchenzugehörigkeit und damit verbundenen Kenngrössen. Diesen rechnerisch ermittelten Wert ('default potential') korrigiert er aufgrund seiner persönlichen Einschätzung. Liegt dieses Potential ('potential') unter einem von der Marktorganisation festgelegten Schwellenwert, wird die Bearbeitung des Kunden durch das Telemarketing freigegeben.

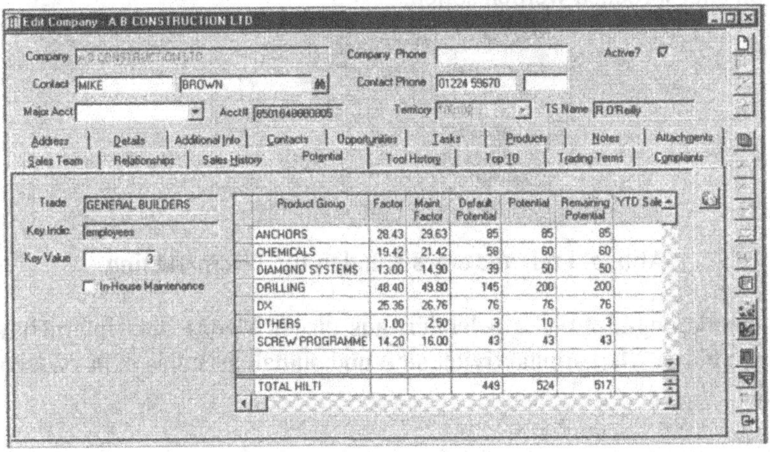

Abb. 4. Softwareunterstützte Kundenpotential-Beurteilung

Der Telemarketingmitarbeiter stehen diese Potential-Informationen ebenfalls zur Verfügung und kann diese basierend auf den vereinbarten Schwellenwerten in

356

Verbindung mit weiteren Kriterien in die Planung von Telemarketingkampagnen einfliessen lassen.

Der Telemarketingmitarbeiter kontaktiert die Firma telefonisch und hält die Ergebnisse des Gesprächs fest, die er an den Aussendienstmitarbeiter weiterleitet.

Der Aussendienstmitarbeiter wertet die ihm zur Verfügung gestellten Unterlagen sowie die eventuell aus diesem Gespräch hervorgegangene Kundenaufträge aus, was zu einer Neueinschätzung des Potentials und damit wieder zu einer Übergabe des Kunden an den Aussendienstmitarbeiter führen kann.

## 8.2 Betreuung ehemaliger Kunden

Der Telemarketingmitarbeiter hat Zugriff auf die Informationen ehemaliger Kunden einschliesslich aller Verkaufsaktivitäten des Aussendienstmitarbeiters. Aufgrund dieser Informationen ordnet der Telemarketingmitarbeiter diese Firma einer geeigneten Kampagne zu. Die Ergebnisse des telefonischen Kundenkontakts wird, werden dem Verkaufsmitarbeiter zur Verfügung gestellt.

## 8.3 Kurzfristige Kontaktierung von Kunden

Der Aussendienstmitarbeiter kennzeichnet die Unternehmen seines Verkaufsgebiets, die generell für eine kurzfristige, produkt-spezifische Marketingaktion angesprochen werden sollen.

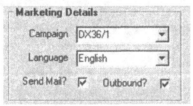

Abb. 5. Freigabe eines Kunden für Telemarketing

Der Telemarketingmitarbeiter selektiert aus dieser Menge der Unternehmen, die Zielgruppe dieser Marketingaktivität sind und signalisiert dies dem Aussendienstmitarbeiter.

Der Aussendienstmitarbeiter erhält die Ergebnisse der Aktivität und berücksichtigt diese bei der zukünftigen Kundenbetreuung.

## 8.4 Qualifikation von Nichtkunden auf der Basis von öffentlichen Datensammlungen

Der Telemarketingmitarbeiter erhält aus öffentlichen Datensammlungen (Yellow Pages) Firmeninformationen, mit der Massgabe, potentielle Neukunden zu erkennen. Nach dem Abgleich dieser Datensammlung mit denen schon im Informationssystem enthaltenen Firmendaten werden diese identifizierten Nicht-kunden zu einer oder mehreren Telemarketingkampagne zusammengefasst.

In dem folgenden Telefonkontakt werden die Nichtkunden qualifiziert. Erreichen diese einen definierten Schwellenwert, werden diese Nichtkunden als sogenannte 'Verkaufsgelegenheit' (sales opportunity) an den Aussendienstmitarbeiter zur weiteren Analyse sowie der Festlegung des weiteren Bearbeitungsansatzes übergeben.

## 8.5 Vertretung des Aussendienstmitarbeiters in Fällen von Abwesenheit

Der Aussendienstmitarbeiter stellt dem Telemarketingmitarbeiter eine Liste der Firmen seines Verkaufsgebiets (Terminplan) zur Verfügung, die in der Zeit seiner Abwesenheit telefonisch betreut werden sollen.

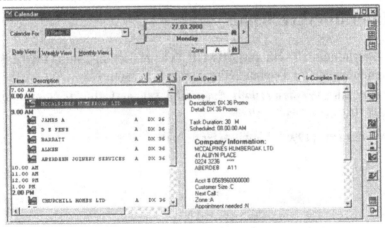

Abb. 6. Planung von telefonischen Kontakten

Der Telemarketingmitarbeiter führt die gewünschten Telefonkontakte durch, notiert die Ergebnisse dieser Gespräche und leitet diese an den Aussendienst-mitarbeiter weiter.

358

## 8.6 Betreuung eines nicht besetzten Verkaufsgebiets

Ist das Verkaufsgebiets für eine längere Zeit nicht durch einen Aussendienstmitarbeiter besetzt, legt der für das Gebiet verantwortliche Verkaufsleiter gemeinsam mit dem Bereich 'Sales und Marketing' sowie Telemarketing die weitere Betreuung der Kunden in diesem Gebiet fest. Kunden werden temporär entweder benachbarten Verkaufsgebieten zugewiesen oder nach einem festgelegten Schema von Telemarketing betreut.

# 9 Zusammenfassung

In dem vorliegenden Konzept wurden exemplarisch Wege aufgezeigt, wie Elemente des Telemarketing in die bestehende Verkaufsinfrastruktur eingebettet werden können. Die zwischen den beteiligten Verkaufskanälen abgestimmten Prozesse sowie die ausgetauschten Informationen ermöglichen es der Verkaufsorganisation insgesamt, erfolgreich einen teamorientierten Ansatz zur individuellen Kundenbetreuung zum Nutzen des Kunden zu verfolgen: **Information als Erfolgsfaktor.**

# 10 Literaturverzeichnis

**HSFA Development Team and MO GB Telemarketing Team (1999):** Business Requirements for Telemarketing Support, Version 1.0

**Bob Stone, John Wyman (1999):** Successful Telemarketing, Second Edition, NTC Business Books, 1994

**Logic Works Inc. (1995):** ERwin User's Guide, Version 3.0

# Autorenverzeichnis

**Arnold Ulli**
Prof. Dr. Dr. habil.

Universität Stuttgart
Keplerstrasse 17
D-70174 Stuttgart

**Bach Volker**
Dr.

Universität St. Gallen
Müller-Friedberg-Str. 8
CH-9000 St. Gallen

**Beck Doris**

LGT Bank in Liechtenstein
Herrengasse 12
FL-9490 Vaduz

**Ehrenberg Dieter**
Prof. Dr.

Universität Leipzig
Marschnerstrasse 31
D-04109 Leipzig

**Essig Michael**
Dr.

Universität Stuttgart
Keplerstrasse 17
D-70174 Stuttgart

**Fahr Erwin**
Prof. Dipl.-Inf.

Berufsakademie Ravensburg
Hofkammerstrasse 40
D-88069 Tettnang

**Gatziu Stella**
Dr.

Universität Zürich
Winterthurerstr. 190
CH-8057 Zürich

**Geberl Stephan**
Mag.

Fachhochschule Liechtenstein
Marianumstrasse 45
FL-9490 Vaduz

**Handl Haimo L.**
Dr.

Spedition Handl
Reichsstrasse 84
A-6800 Feldkirch

**Handl Roland H.**

Spedition Handl
Reichsstrasse 84
A-6800 Feldkirch

**Hillbrand Christian**
Mag.

Universität Wien/
BOC Information Technologies
Baeckerstrasse 5/3
A-1010 Wien

**Hofmann Georg Rainer**
Prof. Dr.

Fachhochschule Aschaffenburg
Würzburger Straße 45
D-63743 Aschaffenburg

**Holl Alfred**
Prof. Dr.-Phil.

Fachhochschule Nürnberg
Kesslerplatz 12
D-90489 Nürnberg

**Kaiser Alexander**
a.o. Univ. Prof. Dr.

Wirtschaftsuniversität Wien
Augasse 2-6
A-1090 Wien

**Kaufmann Hans-Rüdiger**
Dr.

Fachhochschule Liechtenstein
Marianumstrasse 45
FL-9490 Vaduz

**Krach Thomas**

Fachhochschule Nürnberg
Kesslerplatz 12
D-90489 Nürnberg

**Kruczynski Klaus**
Prof. Dr.

Hochschule für Technik,
Wirtschaft und Kultur
Karl-Liebknecht-Str. 132
D-04277 Leipzig

**Künzler Rolf**

LGT Bank in Liechtenstein
Herrengasse 12
FL-9490 Vaduz

**Macha Roman**
Prof. Dr.

Berufsakademie Ravensburg
Oberamteigasse 4
D-88181 Ravensburg

**Mnick Roman**

Fachhochschule Nürnberg
Kesslerplatz 12
D-90489 Nürnberg

| | |
|---|---|
| **Ortner Erich**<br>Prof. Dr. | Technische Hochschule Darmstadt<br>Hochschulstrasse 1<br>D-64289 Darmstadt |
| **Ottiger Marcel** | Procos AG<br>Fürst-Franz-Josef-Strasse 73<br>FL-9490 Vaduz |
| **Pack Ludwig**<br>Prof. em. Dr. | Universität Konstanz<br>D-78457 Konstanz |
| **Real Adolf E.**<br>Dipl.-Ing. ETH | VP Bank<br>Im Zentrum<br>FL-9490 Vaduz |
| **Rieder Helge Klaus**<br>Prof. Dr. | Universität Trier<br>Universitätsring 15<br>D - 54286 Trier |
| **Ritter Jörg**<br>Dipl.-Inf. | Universität Oldenburg<br>Escherweg 2<br>D-26121 Oldenburg |
| **Sandmann Carina**<br>Dipl.-Inf. | Universität Oldenburg<br>Escherweg 2<br>D-26121 Oldenburg |
| **Schäffler Dietrich**<br>Dipl.-Inf. | Hilti AG<br>Im alten Riet 102<br>FL-9494 Schaan |
| **Schindler Martin**<br>Dipl. Wirtsch.-Inf. | Universität St. Gallen<br>Müller-Friedberg-Str. 8<br>CH-9000 St. Gallen |
| **Schlapp Manfred**<br>Dr. | Liechtensteinisches Gymnasium<br>Marianumstrasse 45<br>FL-9490 Vaduz |
| **Schmid Beat**<br>Prof. Dr. | Universität St. Gallen<br>Müller-Friedberg-Str. 8<br>CH-9000 St. Gallen |

**Schmidt Günter**
Prof. Dr.-Ing.

Universitätversität des Saarlandes
Postfach 151150
D-66041 Saarbrücken

**Schwarz Jürgen**
Dr.

Kanzlei Dr. Schwarz & Partner
Kipsdorferstrasse 99
D-01277 Dresden

**Seifried Patrick**
Dipl. Wirtsch.-Inf.

Universität St. Gallen
Müller-Friedberg-Str. 8
CH-9000 St. Gallen

**Teschke Thorsten**
Dipl.-Inf.

Institut OFFIS
Escherweg 2
D-26121 Oldenburg

**Thurnheer Andreas**
lic. rer. pol.

Universität Basel
Petersgraben 51
CH-4003 Basel

**van Marcke Paul**
Dipl.-Ing.

Hilti AG
Im alten Riet 102
FL-9494 Schaan

**Vavouras Athanasios**
lic. oec. publ.

Universität Zürich
Winterthurerstr. 190
CH-8057 Zürich

**Weinmann Siegfried**
Dipl.-Inf., Dipl.-Math.

Fachhochschule Liechtenstein
Marianumstrasse 45
FL-9490 Vaduz

**Werle Oswald**

Gebrüder Weiss
Bundesstrasse 10
A-6923 Lauterach

**Witter-Rieder Dorothea**
Dipl.-Volksw.

Fachhochschule Trier
Postfach 1826
D-54208 Trier

Bernd Britzelmaier/
Hans Peter Studer
**Starthilfe Marketing**
2000. 92 S. Br. DM 25,00
ISBN 3-519-00313-9

Dieses Buch soll den Start in ein BWL-Studium erleichtern. Es wendet sich an Schüler, die ein Studium der Betriebswirtschaftslehre aufnehmen wollen, sowie an Studierende im ersten Studienjahr. In kompakter Form wird ein prägnanter und anschaulicher Überblick über die Grundlagen des Marketing vermittelt. Vor allem werden zentrale Begriffe und Zusammenhänge erklärt sowie die wichtigsten Aspekte des strategischen und operativen Marketing diskutiert. Diese Teubner-Starthilfe erleichtert den Übergang von der Schule zur Hochschule. Sie soll kein umfassendes Lehrbuch ersetzen, sondern einen verständlichen Zugang zum Themenkomplex Marketing eröffnen.

Erhältlich im Buchhandel
oder beim Verlag.
Stand: 1.5.2000
Änderungen vorbehalten.

B. G. Teubner
Abraham-Lincoln-Str. 46
65189 Wiesbaden
Fax 0611.7878-400
www.teubner.de

**Teubner**

Bernd Britzelmaier
**Informations-
verarbeitungs-
Controlling**
1999. 243 S. mit 74 Abb.
(Teubner-Reihe Wirt-
schaftsinformatik)
Br. DM 64,80
ISBN 3-519-00273-6

Unter dem Stichwort „IV-Controlling" hat sich in den letzten Jahren
eine Vielzahl von Abrechnungs- und
Analyse-Instrumenten etabliert. Bislang fehlt jedoch eine grundlegende
Datenbasis, die die Ermittlung der
notwendigen Parameter zur Erstellung der jeweiligen Berechnungen
vereinfachen bzw. erst ermöglichen
würde. Schmalenbach bezeichnet
diese anwendungsneutrale Datenbasis als Grundrechnung, welche die
notwendigen Geld- und Mengen-
größen für Sonderrechnungen zur
Verfügung stellt. Ausgehend von
verschiedenen Instrumenten des IV-
Controlling, den Sonderrechnungen,
wird daher der Informa-tionsbedarf
einer Grundrechnung für die IV
ermittelt und diese konzipiert.
Durch den Einsatz einer Grundrechnung wird die Abrechnung bzw. das
Controlling der IV wesentlich erleichtert. Der Ansatz ist nicht auf das
Anwendungsobjekt IV-Controlling
beschränkt, sondern kann auch als
Vorlage für andere Projekte dienen.

Erhältlich im Buchhandel
oder beim Verlag.
Stand: 1.5.2000
Änderungen vorbehalten.

B. G. Teubner
Abraham-Lincoln-Str. 46
65189 Wiesbaden
Fax 0611.7878-400
www.teubner.de

**Teubner**